Bioética cristiana

ANTONIO CRUZ

Bioética cristiana

Una propuesta para el tercer milenio

A mis hijas, Lidia y Eva,
que tendrán que proveerse de respuestas sabias
en un mundo nuevo y cambiante.

Editorial CLIE
Ferrocarril, 8
08232, VILADECAVALLS (Barcelona)
E-mail: libros@clie.es
Web: http://www.clie.es

BIOÉTICA CRISTIANA
Una propuesta para el tercer milenio

Portada: Obra de Alfonso Cruz
Diseño y maquetación interior: Marta Begué

ISBN 978-84-8267-358-5

Clasifíquese: 690 SOCIEDAD Y CRISTIANISMO
Problemas de ética
C.T.C. 02-09-0690-06
Referencia: 224555

PREFACIO 11

INTRODUCCIÓN 15
El término *bioética* 16
¿Bioética cristiana? 18
La breve historia de la bioética 19
Principios de la bioética 21
a. El principio de autonomía 22
b. El principio de beneficencia 22
c. El principio de no maleficencia 23
d. El principio de justicia 23
Distintos tipos de vida 24
Microbioética y macrobioética 25

Capítulo 1
¿QUÉ ES EL HOMBRE?: Raíces antropológicas de la bioética 27
1.1. Antropologías del siglo XX 29
a. Antropología existencialista 29
b. Antropología estructural 30
c. Antropología neomarxista 32
d. Antropología biologista 34
e. Antropología conductista 38
f. Antropología cibernética 40
1.2. La antropología cristiana frente a las nuevas antropologías 41

Capítulo 2
PRINCIPIOS BÍBLICOS SOBRE EL VALOR DE LA VIDA HUMANA 45
2.1. Dios crea y ama la vida. Pero... ¿por qué? 46
2.2. Si la vida proviene de Dios, todos los hombres somos hermanos 48
2.3. Dignidad original de la vida humana 49
2.4. El cuerpo humano como templo de Dios 51
2.5. ¿Es sagrada la vida humana? 56
2.6. Jesucristo ennoblece la vida del hombre 58

2.7. La vida humana, ¿valor relativo o absoluto? 60
2.8. Responsabilidad del ser humano ante la vida 61

Capítulo 3
REPRODUCCIÓN ASISTIDA 65
3.1. El proceso natural de la fecundación 68
3.2. Inseminación artificial (IA) 73
a. Aspectos técnicos de la inseminación artificial 75
b. Aspectos legales de la reproducción asistida 78
c. Valoraciones éticas acerca de la inseminación artificial 80
Ideas griegas sobre la ley natural 81
El asunto de la masturbación 83
-El uso del preservativo 84
-La artificiosidad de la procreación asistida 85
¿Es lo mismo sexualidad que procreación? 86
¿Y cuando se requiere el semen de un donante ajeno? 87
La IA fuera del matrimonio 89
La triste paradoja de la sociedad actual 90
3.3. Fecundación "in vitro" (FIV) 92
a. Aspectos técnicos de la fecundación "in vitro" 93
b. Valoraciones éticas de la fecundación "in vitro" 97
Congelación de embriones 97
Donación de embriones 99
3.4. Investigación con embriones o fetos humanos 101
3.5. Estatus del embrión humano 101
a. ¿Cuándo empieza la vida humana según la ciencia? 103
b. Valoración ética del embrión 107
3.6. Elección del sexo 108
a. Anomalías cromosómicas sexuales 109
b. Homosexualidad 111
c. Cambio de sexo 114
3.7. Fecundación "post mortem" 116
3.8. Maternidad de alquiler 118
a. ¿Quiénes recurren a las madres de alquiler? 120
b. Situación humana de estas madres 121
c. Inconvenientes éticos 122
d. ¿Hay aspectos positivos en la maternidad subrogada? 124
e. La Biblia y la maternidad de alquiler 128
3.9. Parto postmenopáusico 130
3.10. ¿Hombres embarazados? 132
3.11. Clonación y partenogénesis 133

a. Técnica de la clonación ... *139*
b. Ética de la clonación ... *143*
c. Biblia y clonación humana ... *148*
d. Partenogénesis ... *151*

Capítulo 4
DEMOGRAFÍA Y CONTROL DE LA NATALIDAD ... **155**
4.1. Crecimiento de la población ... 157
a. El pesimismo de Malthus ... *159*
b. Las pirámides de edad ... *160*
4.2. Biblia y política demográfica ... 165
4.3. Planificación familiar responsable ... 167
a. ¿Existe el derecho a tener hijos? ... *168*
b. Católicos y protestantes frente a la anticoncepción ... *170*
4.4. Métodos para el control de la natalidad ... 171
a. Métodos naturales ... *172*
b. Métodos de barrera mecánica o química ... *173*
c. Métodos fisiológicos ... *174*
d. Métodos abortivos ... *176*
4.5. Esterilización ... 177

Capítulo 5
CONSEJO GENÉTICO Y DIAGNÓSTICO PRENATAL ... **181**
5.1. Consejo genético ... 182
5.2. Cribado genético ... 184
5.3. Diagnóstico preconcepcional ... 187
5.4. Diagnóstico preimplantatorio ... 188
5.5. Diagnóstico prenatal ... 190
a. Métodos para el diagnóstico prenatal ... *190*
-Ecografía ... *190*
-Análisis de la alfafetoproteína (AFP) ... *191*
-Amniocentesis ... *191*
-Biopsia corial ... *191*
-Fetoscopia ... *192*
-Funiculocentesis ... *192*
-Radiografía ... *192*
b. Valoración ética del diagnóstico prenatal ... 193

Capítulo 6
ABORTO: Un antiguo dilema ... **197**
6.1. Sociedad abortista ... 198
6.2. Definición y tipos de aborto ... 199

a. Aborto terapéutico *200*
b. Aborto eugenésico *200*
c. Aborto criminológico, humanitario o ético *201*
d. Aborto psicosocial *201*
6.3. El aborto en los pueblos de la Biblia 201
a. El Nuevo Testamento ante el aborto y el infanticidio *203*
b. Judíos y cristianos primitivos frente al aborto *205*
6.4. Católicos y protestantes ante el dilema del aborto 207
6.5. Aborto y ley civil 210
6.6. Valoraciones éticas del aborto 214
a. Relativismo moral *214*
b. Argumentos utilitaristas *215*
c. La ética de situación protestante *217*
d. El aborto en los casos límite *218*
e. Reflexión final *219*

Capítulo 7
EUGENESIA: El deseo de mejorar al ser humano 221
7.1. Definición de eugenesia 222
7.2. Antecedentes históricos 223
a. Darwin y el origen de la eugenesia *224*
b. Galton y la religión de la eugenesia *226*
c. Spencer y el darvinismo social *227*
d. Medidas eugenésicas llevadas a la práctica *228*
e. ¿Existen las razas? *230*
f. ¿Se hereda la inteligencia? *231*
7.3. La eugenesia, hoy 234
7.4. Eugenesia, ética y fe cristiana 236

Capítulo 8
MANIPULACIÓN GENÉTICA Y BIOTECNOLOGÍA 239
8.1. Breve historia de la genética 240
8.2. La nueva genética 251
a. Las herramientas vivas de la ingeniería genética *255*
b. Los virus bacteriófagos *256*
8.3. Manipulación genética del ser humano 263
a. Modificación del ADN humano *264*
b. Manipulación de células *266*
c. Manipulación génica de individuos (terapia génica) *267*
-Terapia génica de células somáticas *270*
-Terapia génica de células germinales *270*
-Valoración ética de la terapia génica *271*

d. Manipulación de poblaciones humanas (eufenesia) *273*
8.4. ¿Qué es la biotecnología? 274
a. Nuevos productos biotecnológicos *276*
b. Agricultura, ganadería y alimentos transgénicos *278*
c. Tesoros escondidos en selvas y océanos *281*
d. Cuestiones éticas de la biotecnología *283*
-Moralidad de las biopatentes *285*
8.5. Peligros de la manipulación genética 287
8.6. Reflexiones sobre "gen-ética" a la luz de la Biblia *289*

Capítulo 9
PROYECTO GENOMA HUMANO 291
9.1. Origen del mayor proyecto biológico de la historia 292
9.2. Repercusiones del Proyecto Genoma Humano 293
9.3. Conclusiones de dos congresos: Valencia y Bilbao 296
9.4. Problemas éticos del Proyecto Genoma 299
9.5. ¿Está jugando el hombre a ser Dios? 300

Capítulo 10
SALUD Y ENFERMEDAD 303
10.1. El cristiano y la salud 305
10.2. Dolor y sufrimiento 306
10.3. El problema del SIDA 308
a. Biología del SIDA *311*
b. Aspectos éticos del SIDA *313*
c. Teología del SIDA 317
10.4. Drogodependencias 318
a. ¿Qué es droga? *319*
b. Clasificación de las drogas *320*
c. Causas que llevan a la drogadicción *321*
d. ¿Es posible la rehabilitación total? *323*
e. El Evangelio ante las toxicomanías *324*
10.5. Trasplante de órganos 325
a. Tipos de trasplantes *326*
b. Valoración moral 328
10.6. La investigación médica con seres humanos 330

Capítulo 11
EUTANASIA: ¿muerte buena? 333
11.1. Una palabra confusa 335
11.2. Historia de la eutanasia 337
11.3. La cultura de la muerte 341

11.4. Movimientos pro-eutanasia ... 343
11.5. Defensa de la vida ... 346
11.6. Legalización de la eutanasia ... 348
11.7. Características del enfermo terminal ... 349
11.8. Testamento vital o biológico ... 353
11.9. El suicidio en la Biblia ... 355
11.10. Alternativas a la eutanasia ... 357
11.11. Discusión ética sobre eutanasia ... 359
11.12. Vivir el morir ... 362

Capítulo 12
BIOÉTICA Y BIODERECHO ... 365
12.1. Nivel jurídico y nivel moral ... 366
12.2. Ámbito del bioderecho ... 367
12.3. Disposiciones legales de la bioética ... 368

Capítulo 13
BIOÉTICA Y ECOLOGÍA ... 401
13.1. Origen de la crisis medioambiental ... 402
13.2. Ecopecados de la humanidad ... 404
13.3. Filosofía y crisis medioambiental ... 406
13.4. ¿Es el cristianismo culpable de la crisis ecológica? ... 409
13.5. Solución ética al problema ecológico ... 412
13.6. Teología y conciencia ecológica ... 414

EPÍLOGO ... 417

GLOSARIO ... 421

ÍNDICE ONOMÁSTICO Y DE CONCEPTOS ... 453

RELACIÓN DE FIGURAS ... 459

PUBLICACIONES Y CENTROS DE INVESTIGACIÓN BIOÉTICA ... 461

DIRECCIONES EN INTERNET ... 465

BIBLIOGRAFÍA ... 467

Otros libros del mismo autor ... 477

Prefacio

Si durante la segunda mitad del siglo XIX la química fue la reina de las ciencias, la física tomó indudablemente el relevo en la primera mitad del siglo XX. Hoy, en los inicios del XXI, nadie pone en duda que la genética es la gran soberana y lo seguirá siendo durante bastante tiempo. Pues bien, esta reciente ciencia de la herencia es ni más ni menos que la abuela de la bioética. Y, como cabría esperar, de una abuela tan joven sólo puede surgir una jovencísima nieta. Hace tan sólo 25 años ni siquiera existía la palabra "bioética". Sin embargo, en la actualidad no hay hospital que se precie que no disponga ya de su comité de ética asistencial para aconsejar a los pacientes.

La razón del presente libro está precisamente en reconocer la relevancia contemporánea de esta nueva ciencia, la bioética, para enfocarla desde los valores del Evangelio, intentando comparar algunos de los múltiples problemas concretos que abarca con la moral cristiana evangélica. No se trata, ni mucho menos, de un catecismo de principios éticos que pretenda sentar cátedra, sino de una opinión más en el extenso mundo de las opciones bioéticas. Una opción, eso sí, que aspira a ser respetuosa con los principios fundamentales del cristianismo. La intención es también empezar a llenar el hueco que sobre tales asuntos existe en la literatura protestante latinoamericana, así como estimular la aparición de otros posibles trabajos y aportaciones.

Después de delimitar y definir el concepto de bioética en la introducción, el primer capítulo procura hurgar en la antropología para desenterrar las distintas concepciones de lo humano y confrontarlas con la visión cristiana. El

valor de la vida humana se rastrea en las páginas de la Biblia y sus enseñanzas se resumen en los ocho apartados que constituyen el capítulo segundo. Es el amplio tema de las técnicas sobre la reproducción humana asistida -el capítulo más extenso de todo el trabajo- el que nos introduce de lleno en la bioética aplicada (c. 3), analizando asuntos tan polémicos como la inseminación artificial, fecundación "in vitro", "post mortem", maternidad de alquiler, clonación e incluso hasta la posibilidad del embarazo masculino. Los problemas éticos planteados por la explosión demográfica y el estudio de los diferentes métodos para la planificación familiar responsable conforman el siguiente apartado (c. 4). El diagnóstico prenatal que suele suponer una verdadera preocupación, sobre todo para aquellos padres que pertenecen a los llamados grupos de riesgo por poseer antecesores con anomalías genéticas, se estudia en el capítulo quinto. En el sexto se hace lo propio con el espinoso y dramático asunto del aborto. Asimismo el añejo deseo de mejorar al ser humano, la denominada eugenesia, se investiga a partir de sus antecedentes históricos y hasta el momento presente de la nueva genética (c. 7). La moralidad de la biotecnología y de las técnicas de manipulación genética a la luz de la Palabra de Dios conforman el octavo apartado que sirve de introducción al siguiente sobre el Proyecto Genoma Humano. Los dos capítulos siguientes, el décimo y el undécimo, se sumergen en las dolorosas aguas de la enfermedad, el sufrimiento y la muerte procurando resaltar la esperanza cristiana de una vida transmundana, capaz de otorgar fuerzas al ser humano creyente para que pueda enfrentarse al problema de la eutanasia. La bioética y sus implicaciones sobre el derecho civil se introduce por medio de ciertos informes importantes que fueron elaborados en Europa y se convirtieron pronto en modelos de referencia para los demás países (c. 12). Finalmente, el último capítulo abre las puertas de la macrobioética y analiza los pros y contras de la responsabilidad cristiana ante las acusaciones seculares de haber sido la principal culpable en la actual crisis ecológica del planeta.

El glosario que se incluye después del breve epílogo contiene las explicaciones pertinentes a todos aquellos términos científicos o especializados que aparecen en el texto acompañados de un asterisco (*). El índice de conceptos se ha fusionado con el onomástico para lograr una mayor agilidad. Se aporta también una relación de entidades, laicas o religiosas, que trabajan y publican asuntos relacionados con la bioética, así como una lista de direcciones en

internet. La bibliografía que existe sobre estas materias no sólo en inglés, sino también en castellano es muy extensa. De ahí que en el presente trabajo se haya optado por mencionar únicamente algunas de las publicaciones en lengua española a las que hemos tenido acceso.

Por último, deseo expresar mi sincero agradecimiento a mi esposa Ana por su amable labor correctora, así como a Alfonso Cruz, mi hermano, por la excelente idea pictórica que conforma la portada de este libro.

Terrassa, junio de 1999

Antonio Cruz

Desde que en 1978 nació la primera niña-probeta del mundo, Louise Brown, los medios de comunicación han venido contribuyendo de manera decisiva a popularizar las técnicas de reproducción asistida, la manipulación genética, las diferentes metodologías biotecnológicas y hasta la posible clonación de seres humanos a raíz del éxito alcanzado con la famosa oveja Dolly. Esta incesante carrera de acontecimientos biomédicos y tecnológicos ha hecho que la palabra *bioética*, hasta no hace mucho casi desconocida, haya saltado a la palestra del debate ético actual que plantean los últimos logros científicos. Asimismo, en numerosos centros hospitalarios de todo el mundo, existen ya comités de bioética que trabajan con el deseo de ofrecer respuestas válidas a todos aquellos problemas que genera la medicina contemporánea en su trato con los enfermos.

Tales exigencias han provocado la aparición de una bioética laica que procura adecuarse al pluralismo existente en la sociedad. Y, en cierto sentido, es evidente que la biomedicina debe optar por respuestas éticas que satisfagan la mayor parte de las concepciones morales actuales. No obstante, en ocasiones, estas resoluciones plurales pueden chocar contra los principios del Evangelio. A veces, lo que satisface a muchos puede molestar o no ser compartido por unos pocos. Las soluciones que se ofrecen al problema del aborto, la eutanasia, la experimentación con seres humanos, el control de la natalidad o el trato a los deficientes mentales, no siempre respetan los valores y principios de la fe cristiana. ¿Qué hacer en tales casos? ¿Deben los creyentes someterse a la opinión de la mayoría?

El futuro que proponen la biología y medicina modernas es altamente esperanzador, pero también es verdad que algunos nubarrones preocupantes se han empezado a elevar sobre el horizonte del respeto y la dignidad del ser humano. En definitiva, todo dependerá de las respuestas acertadas o equivocadas que se den a estas disciplinas. ¿Es lícito aplicar a la vida humana todo aquello que médicamente es posible hacer? ¿Se pueden extrapolar, sin más ni más, las prácticas veterinarias a la procreación humana? ¿Es admisible tratar al hombre como si fuera material para experimentos de laboratorio? ¿Hay alguna diferencia cualitativa entre la vida animal y la vida humana? Estos y otros muchos retos de nuestro tiempo suponen un claro desafío a la conciencia cristiana y exigen una respuesta sincera, coherente y desapasionada.

En este trabajo se plantean todos estos asuntos procurando resaltar, siempre que resulta posible, los argumentos de la Biblia frente a las diferentes concepciones éticas.

El término *bioética*

La palabra *bioética* (del griego *bios* = vida, y *ethos* = ética) fue empleada por primera vez en un artículo del médico investigador del cáncer, Van Rensselaer Potter, en el año 1970. El trabajo se titulaba *Bioethics: The science of survival.* Un año después volvía a aparecer en su libro *Biothics: Bridge to the Future.* Nacía así una nueva disciplina humanística que acabaría imponiéndose también en el ámbito científico como la ética de la biología. En realidad, fueron los problemas éticos planteados en Estados Unidos, durante la década de los 60, en torno a la experimentación con seres humanos, lo que desencadenó la aparición de la bioética como defensora y garante del futuro de la humanidad. La cuestión a decidir era si todo aquello que tecnológicamente se podía hacer, había realmente que hacerlo. De manera que, en sus orígenes, se trataba de una ética al servicio de la vida, que pretendía crear una conciencia responsable, sobre todo, en el colectivo médico y científico. Pocos años después, en 1978, el término bioética se definía como «*el estudio sistemático de la conducta humana en el campo de las ciencias de la vida y del cuidado de la salud, en cuanto que esta conducta es examinada a la luz de los valores y principios morales»* (Elizari, 1994: 16).

Sin embargo, en la actualidad, este término parece haber adquirido connotaciones muy distintas. Ante la crisis de valores y la pérdida de certezas absolutas acerca de la vida, el sufrimiento y la muerte que padece el mundo occidental, se ha llegado a aceptar que los investigadores, biólogos, médicos o genetistas son los que tienen la última palabra, la competencia exclusiva en casi todas las cuestiones de la existencia humana. La bioética se ha convertido así en un término peligroso, en una "ciencia postmoderna" que puede servir para justificar cualquier manipulación drástica de la vida.

La pérdida de la fe en Dios que experimenta el individuo contemporáneo, así como el deseo de alargar su vida eliminando toda enfermedad o suavizando el conflicto de la muerte, constituye un caldo de cultivo apropiado para la aceptación incondicional de esta nueva bioética alejada de lo trascendente. El problema de tal concepción es que pretende ser completamente secular y al alejarse de cualquier consideración religiosa cae en el terreno del agnosticismo y el ateísmo. Las conclusiones prácticas a las que se llega, mediante estos prejuicios, se fundamentan en el consenso social de la mayoría democrática. De manera que todo aquello que esté autorizado por la ley se concibe como moralmente bueno y lo que no, se considera automáticamente como malo. Pero, si la ética se reduce a las costumbres predominantes o a una mera estrategia de votos, sin reconocer ni hacer caso a ningún valor universal que sea indiscutible, es muy difícil lograr soluciones que realmente protejan la vida humana.

«Se ha llegado a aceptar que los investigadores, biólogos, médicos o genetistas son los que tienen la última palabra, la competencia exclusiva en casi todas las cuestiones de la existencia humana.»

De cualquier forma, lo que hoy parece evidente es que la bioética se ha convertido en una disciplina fundamental del mundo contemporáneo que augura el comienzo de una nueva fase en la historia de la humanidad.

¿Bioética cristiana?

¿Es posible hablar en este tiempo de una "bioética cristiana" sin caer también inmediatamente bajo el estigma de la sospecha ideológica? ¿Por qué en determinados ambientes el calificativo de "cristiana" contribuye a darle mala fama o a considerarla partidista, acientífica y dogmática? La elección de este título para el presente libro se ha hecho precisamente con la intención de resaltar tal aspecto. La bioética cristiana no implica una renuncia al análisis racional, serio y bien argumentado, para sustituirlo por unas máximas religiosas discutibles, sino que aspira a una reflexión profunda de todas las valoraciones éticas que tienen que ver con la vida. No se trata de cerrarse sistemáticamente a los avances de la ciencia en nombre de una pretendida ortodoxia doctrinal, sino de abrir bien los ojos para escudriñar aquellos aspectos bioéticos problemáticos que demandan hoy una justa interpretación evangélica. De manera que una tal bioética cristiana no debiera convertirse jamás en una moral paralela, exclusivista, irracional o de gueto. La visión cristiana de la vida contribuye a añadir luz sobre las cuestiones relacionadas con el respeto a la dignidad del ser humano. La fe cristiana va más allá en la promoción de la vida que cualquier otra fuerza exclusivamente racional o emocional.

En ocasiones ocurre, cuando los planteamientos evangélicos se comparan con otro tipo de bioéticas, que aquéllos suelen ser claros y evidentes mientras que éstas ocultan, muchas veces, sus presupuestos básicos. La bioética cristiana muestra abiertamente y sin disimulos sus creencias principales. Se concibe al hombre como ser creado a imagen de Dios, de ahí que toda vida humana posea, por tanto, dignidad y valor en sí misma; el cuerpo es templo de Dios, el sufrimiento no está carente de sentido y la muerte no tiene por qué ser el fin absoluto del ser humano. Estos supuestos son criticados frecuentemente por aquellos que afirman que sus bioéticas son más libres y auténticas ya que están exentas de convicciones previas. Sin embargo, la realidad es que cuando se escarba un poco, cuando se hace un análisis más profundo, se descubre que esto no es cierto. Detrás de tales argumentaciones hay siempre presupuestos evolucionistas, materialistas, utilitaristas o naturalistas. Entender la bioética laica o secular como la única científica y racional frente a la bioética cristiana, anticientífica e irracional, es caer en un reduccionismo erróneo, en una simplificación injusta y equivocada.

No habrá más remedio que exigir a cada ética de la vida que muestre sus cartas. Será menester que toda bioética exponga la antropología en la que se sustenta; qué concepto de hombre se oculta detrás de los enunciados éticos, aparentemente libres y exentos de supuestos. Pues sólo así se podrá comprobar la coherencia de sus valoraciones. Decir "sí" al aborto y "no" a la pena de muerte es tan incoherente como lo contrario. No existe una antropología unitaria en tales respuestas. ¿En qué se fundamentan estas decisiones? ¿En los intereses cambiantes de cada sociedad, de sus intelectuales o políticos? La creación de "bioéticas a la carta", al capricho de cada cultura, sociedad o persona, no parece una solución aceptable. Tratar la vida de manera aleatoria en función del origen étnico, geográfico o económico es también completamente injusto.

La bioética cristiana debe aspirar, por el contrario, a realizar un discurso razonable, científico y documentado, pero, a la vez, apoyado en las premisas evangélicas del sentido trascendental de la vida y la dignidad del ser humano. Sólo así se podrá construir un verdadero humanismo cristiano que sea respetuoso con la libertad de toda criatura y que contribuya al engrandecimiento del reino de Dios en la tierra.

La breve historia de la bioética

Tal como se ha señalado, fue el cancerólogo estadounidense Van Rensselaer Potter quien utilizó por vez primera el neologismo "bioética". Sin embargo, existe todavía cierta discusión en cuanto a la paternidad de tal término. Según parece, otro médico holandés, André Hellegers, especialista en obstetricia, que trabajaba en la Universidad de Georgetown en Washington, unos seis meses después de la aparición del libro de Potter, le puso este nombre al Instituto de Reproducción Humana de esta Universidad. Al centro se le llamó *Joseph and Rose Kennedy Institute for the Study of Human Reproduction and Bioethics*. De manera que podría hablarse por tanto de un origen doble del término, separado sólo por una diferencia de seis meses. El primero en Madison (Wisconsin) y el segundo en Georgetown (Gafo, 1996).

No obstante, aparte de la curiosidad histórica, esta doble localización del inicio de la bioética carecería de mayor trascendencia si no fuera porque cada uno de los autores dio una interpretación diferente de tal concepto. Para Potter la idea de "bioética" poseía un significado amplio y ambiental que pretendía crear un puente entre dos disciplinas, las ciencias y las humanidades. Quiso combinar el conocimiento de los sistemas biológicos con el de los sistemas humanos y, como objetivo final, se propuso enriquecer la existencia del hombre, prolongando su supervivencia en el marco de una sociedad mejor.

Sin embargo, la realidad de esta nueva disciplina ha seguido más bien los pasos, algo más modestos, marcados por Hellegers. La bioética se ha convertido casi en una rama de la ética médica y no en lo que Potter pretendía, una combinación de conocimiento científico y filosófico.

Los principales acontecimientos que desencadenaron el nacimiento de la bioética en Estados Unidos fueron los siguientes. En primer lugar la publicación de los criterios de selección de candidatos para aplicarles hemodiálisis renal, llevada a cabo hacia finales de 1962 en la revista *Life*. Hasta entonces eran siempre los médicos quienes elegían a los pacientes según sus propios criterios. No obstante, a partir de esta fecha el personal sanitario delegó tal responsabilidad en los profanos que representaban a la comunidad.

El segundo evento importante lo marcó también otra publicación. El *New England Journal of Medicine* recogió, en 1966, un trabajo firmado por Beecher en el que se recopilaban 22 artículos de otras revistas. Todos ellos trataban acerca de las atrocidades éticas cometidas por medio de la experimentación en humanos. Desde las barbaridades realizadas en los campos de extermino nazis hasta ciertas pruebas biomédicas de la época, como la inoculación del virus de la hepatitis a niños que eran deficientes mentales, en Willowbrook.

En 1970 el senador Edward Kennedy destapó el asunto del terrible experimento llevado a cabo en Tuskegee, Alabama, en el que se impidió el tratamiento con antibióticos a personas de raza negra infectadas de sífilis, con el fin de poder estudiar la evolución de esta enfermedad. La conmoción originada en la opinión publica fue el germen que provocó la creación de la Comisión Nacional para el estudio de las directrices que deben regir en materia de experimentación con seres humanos. El llamado *Informe Belmont*, creado por esta Comisión Nacional, y que se refería al respeto a los grupos humanos vulnerables, tuvo mucha influencia también en el desarrollo de la bioética.

El primer trasplante de corazón, realizado por el Dr. Christian Barnard en el hospital Groote Schur de Ciudad del Cabo, el 3 de diciembre de 1967, contribuyó asimismo a la polémica acerca del consentimiento de los donantes y la exacta determinación del momento de la muerte.

Otro acontecimiento singular que, sin duda, influyó en el nacimiento de la disciplina bioética fue el famoso caso de Karen A. Quinlan, la muchacha norteamericana que en 1975 quedó en estado de coma a consecuencia de la ingestión de alcohol y barbitúricos. La petición formulada por sus padres adoptivos de que le fuera retirado el respirador que la mantenía con vida, desató la discusión pública acerca del derecho a morir en paz y la conveniencia de los testamentos vitales.

A partir de los años 80 la bioética salta desde los Estados Unidos a otros países del mundo. Los comités asistenciales de ética se ponen de moda en la mayoría de los hospitales e incluso se empieza a enseñar esta disciplina como una asignatura más en las carreras de medicina y enfermería.

Principios de la bioética

A pesar de las evidentes diferencias que existen entre los planteamientos éticos seculares y aquellos que se hacen desde un punto de vista teológico o moral, lo cierto es que la bioética en líneas generales aspira a ser una verdadera ciencia. Una ciencia humana, eso sí, y como tal sujeta a todas las limitaciones propias de las ciencias hechas por los hombres. Es verdad que el estudio interdisciplinario de los problemas éticos que se generan hoy entre la biología y la medicina, así como de sus posibles soluciones, no puede aspirar a tener el grado de precisión científica de las ciencias exactas, de la física o de las matemáticas. Sin embargo, esto no debe llevar a creer que la bioética no sea una verdadera ciencia. En efecto, lo es en el mismo grado que puedan serlo la sociología o la misma economía (Trevijano, 1998: 136).

Admitido que la bioética es una ciencia, queda por determinar cuáles son los principios básicos sobre los que se fundamenta. En el presente trabajo se van a considerar solamente cuatro: el principio de autonomía, el de beneficencia, el de no maleficencia y el de justicia.

a. El principio de autonomía

Es el que afirma que los individuos deben ser tratados como agentes libres e independientes. Se parte de la creencia en que cada persona tiene que ser considerada como un ser autónomo cuya libertad ha de ser respetada. Tal principio ha supuesto una verdadera revolución en el campo de la medicina. Aquella imagen del médico de cabecera paternalista, de principios del siglo XX, que siempre tenía razón y, por tanto, convenía obedecerle sin rechistar, se ha venido hoy abajo. Ha perdido su gloriosa omnipotencia ante la autonomía conseguida por el paciente. En la actualidad, los enfermos deben ser correctamente informados de su situación clínica y de las posibles opciones o tratamientos que se les pueden aplicar. La opinión de la persona que acude al médico se considera muy importante, de ahí que se valore tanto su consentimiento informado. El principio de autonomía reconoce la libertad de opinión, de creencia o de cultura y deja en manos de cada ciudadano el libre albedrío para decidir sobre su propia vida.

b. El principio de beneficencia

No es tan reciente como el de autonomía ya que hunde sus raíces en el mismísimo juramento hipocrático de la medicina tradicional. El más grande de los médicos de la antigüedad, Hipócrates, que vivió en el siglo V a. C. escribió unas reglas de conducta moral que han venido constituyendo un verdadero código de deontología médica. Durante siglos los facultativos, al iniciar el ejercicio de su profesión, juraban estos principios hipocráticos. Entre las promesas que se realizan en dicho texto destaca la siguiente: «*Prescribiré el régimen de los enfermos atendiendo a su beneficio, según mi capacidad y juicio, y me abstendré de todo mal y de toda injusticia*». De manera que desde siempre la figura del médico se vio casi como un "sacerdocio" que obligaba a practicar la benevolencia y la caridad con los enfermos.

La bioética toma también como axioma prioritario este principio fundamental de hacer el bien siempre que se pueda. El peligro que acecha a tal plateamiento es el de caer en el paternalismo. El de decidir por el paciente en un exceso de celo protector, sin permitir que lo haga él mismo. Entonces es cuando el principio de beneficencia entra en conflicto con el de autonomía. Este delicado equilibro es el que se pone de manifiesto, por ejemplo, en el respeto al rechazo de las transfusiones de sangre de los Testigos de Jehová o en la inyección terapéutica que se asigna a los toxicómanos.

c. El principio de no maleficencia

Es el que impide hacer sufrir a los enfermos inecesariamente en nombre del avance de la ciencia. Hoy la tecnología médica ha alcanzado un grado de sofisticación tal que en demasiadas ocasiones se impone a los pacientes una terapia intensiva que les aisla del ambiente familiar. A veces se abusa de medios extraordinarios o de un exceso de intervenciones quirúrgicas en enfermos claramente irrecuperables. Se corren riesgos inútiles o se realizan operaciones que reportan al que las sufre más mal que bien. Contra todos estos males de la medicina contemporánea se alza el principio de no maleficencia, intentando dar respuesta a cuestiones difíciles de resolver.

«El principio de autonomía reconoce la libertad de opinión, de creencia o de cultura y deja en manos de cada ciudadano el libre albedrío para decidir sobre su propia vida.»

d. El principio de justicia

Entre todos los principios bioéticos quizás sea éste el más complejo de definir y sobre todo de llevar a la práctica. Si la justicia es la inclinación por dar y reconocer a cada uno lo que le corresponde, ¿cómo debe actuarse hoy al distribuir los recursos sanitarios, sabiendo que éstos no son suficientes para todos?, ¿quién debe tener prioridad a la hora de una costosa terapia o una compleja intervención quirúrgica? ¿qué tipo de enfermedades deberían tener preferencia para ser investigadas, las que afectan a pocas personas del primer mundo o aquellas que constituyen auténticas epidemias en los países pobres?

Las relaciones entre lo económico y lo sanitario son las que con mayor frecuencia incumplen el principio de justicia, siempre que a personas iguales se las trata de manera diferente.

Distintos tipos de vida

La vida suele entenderse, desde la perspectiva secular, como un fenómeno único e indiferenciado al que sólo puede dársele una posible interpretación. No se hace distinción cualitativa entre la vida de las plantas, los animales o el propio ser humano. Todas serían sustancialmente iguales. Las diferencias visibles se deberían únicamente al grado, pero no a la calidad. La constatación de que todos los seres vivos están constituidos por la misma materia fundamental, por glúcidos, lípidos, proteínas y ácidos nucleicos, legitimaría el trato igualitario de todos ellos. Desde este planteamiento, la ingeniería genética podría aplicarse sin reparos tanto a los animales como a las personas. Cualquier técnica propia de la veterinaria no tendría por qué suscitar escrúpulos cuando se practica en el ser humano. Las fronteras de la bioética se ampliarían así para poder acoger también a la veterinaria.

Sin embargo, desde el punto de vista cristiano la vida se contempla como algo diverso, plural y variado. Es cierto que existen notables semejanzas o parecidos entre todos los seres vivos, pero esto no significa que sean iguales. Hay algo que es común en organismos que, de hecho, son cualitativamente diferentes. El apóstol Pablo se refiere a esta misma idea en su argumentación acerca de la resurrección: «*No toda carne es la misma carne, sino que una carne es la de los hombres, otra carne la de las bestias, otra la de los peces, y otra la de las aves... Mas lo espiritual no es primero, sino lo animal; luego lo espiritual*» (1 Co. 15: 39,46). La Biblia enseña que Dios ha dado a cada criatura viva un cuerpo físico acorde con el papel que ésta desempeña en la creación. No obstante, cuando se refiere al ser humano hay un énfasis especial en que, además, éste posee una dimensión espiritual propia y característica. La vida humana es análoga a la de los animales y vegetales en su dimensión física, pues está constituida por la misma materia orgánica, pero no es unívoca en el sentido de que no exista diferencia con todos los demás tipos de vida. Las palabras de Jesús infundiendo ánimo a sus discípulos dejan entrever esta diferencia: «*Así que, no temáis; más valéis vosotros que muchos pajarillos*» (Mt. 10:31). El ser humano posee un carácter trascendente del que carecen las otras formas de vida. El hombre trasciende el mundo de los objetos, de los fenómenos naturales, de las plantas y los animales porque es persona hecha a la "imagen de Dios".

Desde esta óptica, no es posible tratar de la misma manera a una patata, o una vaca, que a un ser humano. La manipulación genética de vegetales y animales para su mejora, o para beneficio del propio hombre, lógicamente no se enfrentará a los mismos reparos éticos que la intervención científica en el cuerpo humano. Las personas no deben ser usadas como si fueran material de laboratorio para experimentos médicos. El ser humano posee derechos inalienables que deben ser siempre respetados. La bioética cristiana hace especial énfasis en el respeto fundamental a toda forma de vida pero señala también esta matización, que los privilegios no son iguales en los diversos tipos de vida.

Microbioética y macrobioética

La microbioética se ha definido como «*aquella parte de la ética o filosofía moral que estudia la vida humana en sus orígenes biológicos, desarrollo cualitativo y terminación feliz mediante la aplicación de técnicas biomédicas avanzadas en el ámbito de la salud y promoción de la calidad de vida*» (Blázquez, 1996: 187). Se trata de una bioética en sentido estricto que se ocupa sólo del ser humano. Su principal campo de acción se centra en la medicina, enfermería y farmacia, así como en las investigaciones clínicas y aplicaciones terapéuticas. Las propuestas de la microbioética se plantean la legitimidad y justicia de las intervenciones biomédicas sobre la vida de las personas. Entran dentro de este ámbito la reflexión sobre la reproducción humana asistida y las técnicas de manipulación genética aplicadas al hombre; también la experimentación con seres humanos, desde fetos hasta cadáveres, así como el aborto, el diagnóstico prenatal y la terapia génica; el problema de la enfermedad, la drogadicción y el trato hospitalario a los enfermos constituye asimismo un

importante apartado dentro de la microbioética; los trasplantes de órganos, el suicidio, la pena de muerte, la eutanasia y todas las cuestiones humanas que se le plantean hoy al bioderecho tienen indudablemente que ver con esta primera división de la bioética.

Por su parte, la macrobioética extiende el campo de interés al resto de los seres vivos. La vida animal y vegetal tiene que ser protegida, en la actualidad más que nunca, debido a la amenaza continua de agresiones al medio. La biotecnología está revolucionando positivamente la agricultura y ganadería pero sus efectos sobre los ecosistemas y el ser humano deben de ser calculados y minimizados. Los desastres ecológicos provocados por el impacto demográfico, los accidentes nucleares, las guerras o la utilización de armas bioquímicas, así como la investigación y experimentación con animales constituyen otros tantos centros de atención importantes para esta nueva macrobioética sin fronteras.

En esta obra se analizan todos estos asuntos, especialmente de la micro pero también de la macrobioética, con el deseo de ofrecer al lector evangélico un intento de aproximación desde la perspectiva bíblica. Para el no creyente tales valoraciones pueden contribuir también a completar su visión acerca de un tema tan importante y de actualidad.

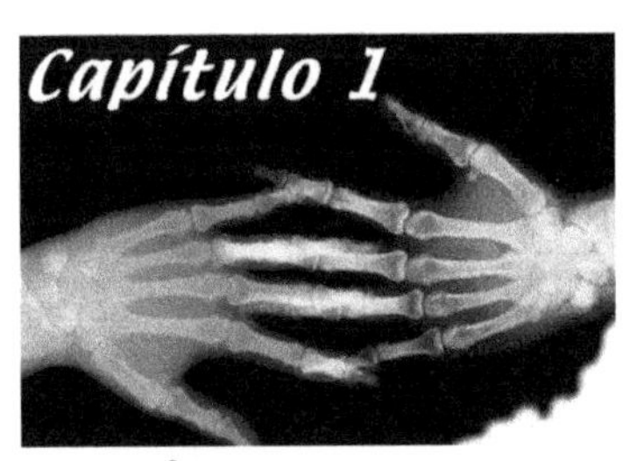

¿QUÉ ES EL HOMBRE? RAÍCES ANTROPOLÓGICAS DE LA BIOÉTICA

Hace tres mil años el salmista le preguntaba asombrado a Dios: "¿Qué es el hombre, para que tengas de él memoria?" (Sal. 8:4). Después de todo este tiempo transcurrido, el ser humano continúa planteándose la misma cuestión. La extensa gama de respuestas que se han dado a lo largo de la historia no parecen, ni mucho menos, haber agotado el tema. Hoy, los hombres y las mujeres seguimos siendo tanto o más problemáticos que en el pasado. Sabemos amar pero no hemos olvidado todavía el odio. Somos capaces de realizar magníficas empresas altruistas y, a la vez, estamos dispuestos a devorarnos como los lobos. Prolongamos nuestra existencia amándonos, reproduciéndonos y apostando por la vida, sabiendo de antemano que estamos destinados a desaparecer de este mundo. ¿Dónde está el secreto de nuestra complejidad? ¿Por qué es tan difícil entender la ambivalencia humana? ¿Será quizás que el hombre es incapaz de conocerse a sí mismo y ser objeto de su propio estudio?

Tal ha sido siempre el reto de la antropología, en sentido general, llegar a conocer la esencia fundamental del ser humano. Sin embargo, lo cierto es que no existe consenso. Hay todavía numerosas concepciones de lo que es el hombre. Las diversas soluciones antropológicas configuran un amplio abanico que va desde la más pura animalidad hasta las nociones míticas del superhombre, el hombre-semidios, pasando por las ideas del hombre-objeto y hombre-máquina. ¿Es el ser humano una cosa más en el mundo de los objetos o, por el contrario, estamos frente a una realidad subjetiva, ante un ser personal? ¿So-

mos una especie zoológica como las otras del pretendido árbol evolutivo, o existen realmente diferencias cualitativas que nos distinguen de los demás seres vivos? ¿Puede equipararse la mente humana al órgano del cerebro o lo mental supera con creces lo cerebral? Las respuestas que se den a todas estas cuestiones configurarán modelos bioéticos distintos y contrapuestos. De ahí la necesidad de transparencia en las ideas previas que debe exigírsele a todo planteamiento ético de la vida.

Los pensadores griegos fueron los primeros en maravillarse ante la realidad del hombre aunque éste fuera finito y, por tanto, inferior a las múltiples divinidades que ellos concebían. Sócrates, por ejemplo, afirmaba que el núcleo principal donde radica el ser humano era, ante todo, su *psyché*, su alma, conciencia y capacidad para reaccionar. Sin llegar a ser como los dioses podía, sin embargo, relacionarse con ellos ya que poseía inteligencia, habilidad, experiencia y conocimiento. Tal noción de *psyché* se gestó en un ambiente religioso-mistérico propio del mundo griego arcaico y tenía ya, por tanto, matices de lo divino.

Más tarde fue Platón quien teorizó acerca de la relación alma-cuerpo, señalando que ésta era el centro inmaterial responsable de la facultad para conocer que posee el ser humano. De manera que el hombre se empezó a entender como una realidad dualista. De una parte el cuerpo físico, material y perecedero; de otra, un alma etérea e inmortal. Estas concepciones antropológicas se fusionaron después con doctrinas cristianas y gnósticas, haciendo que muchos religiosos entendieran el cuerpo como auténtica "cárcel del alma". Aristóteles retomó esta misma relación alma-cuerpo para empezar a hablar del hombre como persona, como ser personal. Sus ideas al respecto tuvieron una enorme influencia en la evolución del pensamiento occidental.

No es este el lugar para realizar una historia general de la antropología, sin embargo, sí que nos parece pertinente revisar las últimas manifestaciones que se han venido sucediendo, sobre todo en este último siglo, desde la aparición de la filosofía existencialista hasta el momento presente.

1.1. Antropologías del siglo XX

Resulta difícil y arriesgado sintetizar en unas pocas líneas todo el complejo e intrincado mundo de las antropologías actuales. No obstante, ante la necesidad de ofrecer una visión de conjunto, se ha optado por resaltar las concepciones acerca del ser humano que defienden las seis ideologías siguientes: existencialismo, estructuralismo, neomarxismo, reduccionismo biologista, conductismo y la llamada antropología cibernética.

a. Antropología existencialista

> ***«¿Somos una especie zoológica como las otras, del pretendido árbol evolutivo, o existen realmente diferencias cualitativas que nos distinguen de los demás seres vivos?»***

La filosofía existencial surgió en Europa durante la primera mitad del siglo XX y se desarrolló principalmente en la década siguiente a la Segunda Guerra mundial. Uno de sus principales proponentes, el filósofo alemán Martin Heidegger (1889-1976), resaltó la singularidad del hombre, ya que se trataría del único ser que "no sólo *es*, sino que *sabe que es*, que *está ahí*". Es la idea que pretendió definir con la palabra alemana *Dasein*. El ser humano sería distinto al resto de los animales porque es un ser histórico. Es decir, un ente capaz de recordar el pasado y anticipar el futuro para vivir en un presente razonado y con propósito. La antropología de Heidegger procura dejar muy claro la oposición que existe entre sujeto y objeto, entre hombre y cosa. La criatura humana no sería un objeto más de la naturaleza, sino una realidad consciente capaz de asumir la tarea de escudriñar el mundo que le rodea.

Uno de los principales asuntos que atraviesa casi todo el pensamiento heideggeriano es el problema de la muerte. El hecho de que el hombre, nada más nacer, sea ya suficientemente viejo para morir. La radicalidad de esta ruptura de la existencia humana es algo propio, constitutivo y característico. Nadie puede desprenderse de su propia muerte, ni tomar para sí la de otro. El hombre sería un ser para la muerte que procura reprimir la angustia que ésta le produce, olvidándose de ella o distribuyéndola entre todos los demás, mediante frases como: «*Todos tenemos que morir alguna vez...aunque todavía no*». Sin embargo, Heidegger propone correr hacia el encuentro de la muerte en vez de huir constantemente de ella. Habría que aprender a vivir en esa angustia existencial hasta lograr que el temor se transformara en amor a la muerte. El hombre podría vencer el miedo al fin de sus días aprendiendo a "gustar" de la muerte, desarrollando un secreto gusto por ella. Este sería el sentido último de la existencia. De manera que el filósofo de Baden propone una antropología que sería una especie de "mística de la mortalidad", un ascetismo heroico del amor a la muerte. ¿Pero no es esta pretensión excesivamente idealista y utópica?

El discípulo más notable de Heidegger, el francés Jean Paul Sartre (1905-1980), se opondrá a esta mística de su maestro mostrando la crudeza y realidad a la que conducen tales análisis. La muerte sería para él la gran expropiadora del ser humano. La que roba el sentido a su existencia. Quien convierte al hombre en botín de sus supervivientes. Para Sartre sería absurdo haber nacido y sería absurdo también tener que morir. Todo sería absurdo porque todo estaría consagrado a la nada. Si Heidegger hablaba de "angustia" ante la realidad de la finitud humana, Sartre prefiere hablar de "náusea" como experiencia fundamental de la existencia. El hombre se concibe como un proceso abierto e inacabado, distinto al resto de los seres que serían cerrados en sí mismos y, por tanto, acabados. Lo malo de este proceso abierto de autorrealización que se da en el hombre es que se trunca con la muerte. De ahí que la antropología existencialista sea, en realidad, una teoría sobre la muerte, una tanatología*. La cesación de la vida pondría al descubierto que el sujeto humano es portador, en sus mismas entrañas, del terrible gusano de la nada. Si el Dios de la fe cristiana fue el Creador del ser a partir de la nada, el filósofo existencial sería el creador de la nada a partir del ser. Tal concepción pesimista acerca de lo absurdo de la vida humana llevaría a algunos, como al escritor francés Albert Camus, a pensar en el suicidio como "solución" al problema existencial. Si la vida no tiene sentido lo mejor sería desprenderse de ella.

El existencialismo inicial que pretendía elevar el sujeto humano por encima de todos los demás seres, acaba haciendo del hombre un individuo devaluado e inconsistente del que la nada constituye la esencia de su mismo ser. Una realidad subjetiva que se queda a un paso de convertirse en un objeto más. Este es el paso que daría el estructuralismo.

b. Antropología estructural

Las ideologías estructuralistas parten de la base de que sólo existe un tipo de saber y un tipo de verdad, la que proporcionan las ciencias experimentales. Sólo habría una manera de adquirir conocimiento verdadero que sería mediante la aplicación del método científico propio de las ciencias exactas. Tal afirmación lleva a la creencia de que, de la misma manera, sólo hay un tipo de realidad, aquella a la que tienen acceso las ciencias de la naturaleza. Lo único verdadero sería lo que puede contrastarse experimentalmente, lo que es posible pesar, medir, ponderar y verificar. ¿Qué pasa entonces con la realidad humana? ¿qué sería el hombre, un sujeto o un simple objeto? La antropología estructural se opone a la existencialista y afirma que el ser humano es únicamente una realidad objetiva. El sujeto como ser trascendente, por tanto, no existiría. Si no hay hombre no pueden haber tampoco ciencias humanas. No tendría sentido hablar de historia ya que no habría sujeto de la historia; la antropología se transformaría así en pura biología y ésta se reduciría a física y química; la cultura deviene mera naturaleza; la historia de la humanidad sería, en fin, el resultado de múltiples reacciones hormonales inconscientes que acontecen en los organismos. El estructuralismo proclama la inexistencia del sujeto humano. El hombre carecería de alma, de conciencia y de espiritualidad.

Si durante el siglo XIX algunos filósofos, como Nietzsche, pretendieron proclamar la muerte de Dios, el siglo XX vería el funeral del propio hombre. Al eliminar al Creador de la esfera cósmica, pronto desaparece también la criatura que es a su misma imagen. La muerte del hombre equivale a su reducción a la pura animalidad, aunque a ésta se la califique de racional. No tendría sentido ya hablar de "culpa", tal palabra habría que cambiarla por la de "error". No existiría el bien ni el mal, sino sólo estructuras que podrían funcionar mejor o peor. Y, por tanto, si las personas no existen ¿por qué intentar convertirlas? ¿no sería mejor cambiar la realidad que las rodea? ¿por qué no sustituir la conversión personal por una ingeniería de la conducta en la que la estadística sustituyera a la ética? Lo que hiciera la mayoría sería lo éticamente correcto.

La antropología que propone el estructuralismo es más bien una desintegración del concepto de persona humana, un auténtico antihumanismo. Sería mejor hablar de "entropología" estructuralista, en el sentido físico de "entropía" o aumento del grado de desorden, porque con la muerte de Dios y la del hombre la realidad entera se degradaría y desintegraría (Ruiz de la

Peña, 1983: 45). Esta es la lóbrega perspectiva que nos presentan pensadores como Michel Foucault y Claude Lévi-Strauss, quienes consideran la inteligencia, la conciencia y la mente humana como insuficientes para justificar la singularidad del hombre.

Sin embargo, la cuestión sigue latente ¿es suficiente querer acabar con el hombre para conseguirlo? ¿ha demostrado realmente la antropología estructural que el ser humano es un objeto más del universo y que no es persona? ¿a qué conclusiones prácticas llega esta ideología? No es tan sencillo desembarazarse de la noción de hombre, como lo demuestra el hecho de que quien niega su existencia es también un ser humano. Para decir que no hay hombre hace falta otro hombre. Si no hubiera sujetos, es decir, personas capaces de dar respuestas, nadie respondería, nadie sería responsable de nada. No podría exigírsele al ser humano explicación de sus acciones. Este es, obviamente, un discurso muy peligroso desde el punto de vista ético.

La moda estructuralista, que sustituyó al existencialismo, fue aún más breve que éste ya que sólo duró unos diez años. Según confesó el propio Lévi-Strauss, las revueltas de mayo del 68 en Paris acabaron con su esplendor. No obstante, algunos de sus planteamientos permanecen todavía latentes en el pensamiento postmoderno.

c. Antropología neomarxista

Si el existencialismo supuso una exaltación del sujeto humano, un verdadero subjetivismo individualista, y el estructuralismo fue, según se ha visto, todo lo contrario, un auténtico antihumanismo, la antropología neomarxista supondrá un regreso al humanismo porque concebirá de nuevo al individuo humano como persona. El pensador polaco Adam Schaff señala que el marxismo ve al hombre como un producto de la vida social. El individuo no sería un ser autónomo e independiente de la sociedad en la que vive sino que, por el contrario, se le concibe como un ente generado por ella y dependiente de ella. De manera que en este punto el marxismo se opone al existencialismo porque el individualismo es incompatible con la vida en comunidad.

El hombre es a la vez, en la antropología marxista, criatura y creador de la sociedad. Alfa y omega. Su origen y su punto final. El ser supremo para el hombre y también su máximo bien. De ahí que este humanismo sea, precisamente, el conjunto de todas las reflexiones acerca de lo humano que aspiran a la felicidad del individuo aquí en la tierra. El cielo marxista sería absolutamente terrestre.

Otro filósofo neomarxista, Roger Garaudy, desmarcándose de los dos polos antagónicos, existencialismo-estructuralismo, nos propone su proyecto antropológico. Habría que devolver al ser humano la dimensión de la subjetividad pero dentro de una comprensión marxista. ¿Qué quiere decir esto? Pues que se puede ser uno mismo, y a la vez vivir en comunidad y fomentar las relaciones sociales. La subjetividad nacería así de la intercomunicación con los demás ya que el ser humano sólo podría ser consciente de su propia realidad, mediante la relación con los otros. «*La riqueza o la pobreza del individuo depende de la riqueza o la pobreza de esas relaciones*» (Garaudy, 1970: 446). Y el trabajo sería el principal modo de alcanzar la autoafirmación de la persona y su mejor ligazón con la sociedad.

Si para Sartre el infierno eran los demás, para Garaudy el auténtico infierno sería la ausencia de los otros. No habría por qué temer a los demás sino amarlos, pues, al fin y al cabo, serían ellos quienes harían posible nuestra propia realización. Garaudy entiende al hombre como "valor absoluto", lo cual impediría que fuera tratado como medio para la realización de los fines de la especie o de la sociedad. En definitiva, como él mismo escribe, «*a diferencia de todas las formas anteriores del humanismo, que definían la realización del hombre partiendo de una esencia metafísica del hombre, el humanismo de Marx es la actualización de una posibilidad histórica*» (Garaudy, 1970: 402). Es decir, que no habría nada sobrenatural en el ser humano. Ni alma ni imagen de Dios. Sólo la posibilidad de llegar a ser mejor por su propio esfuerzo, convirtiéndose a sí en un superhombre capaz de crear la sociedad ideal del futuro.

El mayor teórico de este humanismo, para el que el hombre es valor absoluto que puede llegar a realizarse históricamente, es el filósofo alemán Ernst Bloch. Sus razonamientos resultan muy curiosos ya que elabora toda una manera de ver el mundo utilizando el concepto de salvación propio del cristianismo. Es decir, hace de la ideología marxista casi una religión que, más que liberar, salve al hombre. Piensa en el ser humano no ya como valor absoluto, sino como Dios en potencia. Su antropología es en realidad una cristología porque utiliza muchos conceptos prestados de la Biblia y del Evangelio. Sin embargo, tal religión no es teísta, en el sentido de que reconozca la existencia

de Dios, sino antropoteísta, es decir, centrada en el ser humano como única divinidad. Según Bloch, el sueño de la humanidad debe ser llegar a alcanzar la divinidad señalada por el Jesús del Nuevo Testamento. Abandonar a aquel Adán de barro genesiaco para convertirse en el Hijo del Hombre celestial. Recorrer el camino desde el establo de Belén hasta la consustancialidad con el Padre. El hombre tiene que llegar a ser Dios. Debe cumplir aquella promesa hecha por la serpiente en el paraíso de "seréis como dioses". Pero todo esto acontecerá sólo cuando la idea bíblica de la Nueva Jerusalén sea una realidad social aquí en la tierra.

Este bello, espiritualista y utópico proyecto que nos presenta Bloch, tiene en realidad un fundamento sumamente endeble. ¿Cuál es su antropología? ¿Es el hombre el resultado de sus relaciones sociales o hay que entenderlo al revés, que éstas nacen de un ente previo existente? ¿Cómo explica el marxismo que el hombre sea un "ser supremo" superior al resto de los seres? ¿En base a qué puede justificarse su consideración de "valor absoluto", cuando no se cree en la existencia de Dios, ni en que la humanidad haya sido creada "a su imagen"? La antropología neomarxista no aporta tales respuestas.

Actualmente, en el mundo occidental, tanto el existencialismo como el estructuralismo y el marxismo humanista están ya bastante relegados y pasados de moda. No obstante, de los tres, el que parece haber influido más en la conciencia colectiva de la sociedad postmoderna es, sin duda, el estructuralismo antihumanista.

d. Antropología biologista

Las teorías evolucionistas surgidas durante el siglo XIX influyeron de manera decisiva sobre la concepción que hasta entonces se tenía del ser humano. Si el hombre era sólo "un primate con suerte", como afirmaban algunos científicos, ¿dónde quedaba la antigua doctrina del dualismo antropológico? Al equiparar el ser humano con el animal se echaba por tierra cualquier creencia en la dimensión espiritual. Cuando tales argumentos se amontonaron sobre el fundamento antihumanista que, como se ha visto, proporcionaba el estructuralismo, apareció con fuerza el edificio de los reduccionismos biologistas. El hombre quedaba reducido a un animal que había tenido éxito en la lucha por la existencia. Su inteligencia, así como su capacidad para el raciocinio, la abstracción o la palabra hablada, no eran más que el producto de la acumulación neuronal en el órgano del cerebro. Las únicas diferencias con el resto de los animales serían solamente cuantitativas pero no cualitativas.

Durante la década de los setenta aparecieron tres obras emblemáticas, de otros tantos científicos de la naturaleza, que se basaron precisamente en estos planteamientos reduccionistas. *El azar y la necesidad,* del bioquímico francés J. Monod, que fue premio Nobel de Fisiología y Medicina en 1965; *El paradigma perdido, el paraíso olvidado,* del antropólogo también francés, E. Morin y *Sociobiología* del etólogo norteamericano E. O. Wilson. Veamos en síntesis lo que proponen cada uno de estos autores.

«Decir que todo es azar es como reconocer que no se sabe absolutamente nada sobre el origen de la vida y del ser humano.»

Tal como se desprende del título de su libro, Monod argumenta que en el origen y transmisión de la vida no existiría ningún tipo de finalidad sino únicamente el concurso de dos leyes impersonales, el azar y la necesidad. Las posibilidades que tenía la vida para aparecer por azar eran prácticamente nulas, sin embargo, "nuestro número salió en el juego de Montecarlo. ¿Qué hay de extraño en que, igual que quien acaba de ganar mil millones, sintamos la rareza de nuestra condición?" (Monod, 1977: 160). Todos los seres vivos, incluido el propio hombre, serían meras máquinas generadas por la casualidad. No habría un destino final predestinado ni un origen inteligente. La ilusión antropocéntrica que concibe al hombre como el punto culminante de todo el proceso evolutivo no sería más que eso, una pura ilusión. Al ser humano habría que entenderlo, por tanto, como al resto de sus hermanos los animales porque, al fin y al cabo, habría tenido la misma cuna que ellos, el azar. El hecho de que la maquinaria bioquímica sea esencialmente la misma, desde la bacteria al hombre, justificaría también esta identidad entre todos los seres vivientes. Tal es la visión antropológica de Monod. No es necesario recurrir a las ciencias humanas, a conceptos metafísicos o a la noción de espíritu, para describir lo que es el hombre. Sería suficiente con entender sus reacciones fisicoquímicas.

En el fondo, este planteamiento equivale a una confesión de ignorancia. Decir que todo es azar es como reconocer que no se sabe absolutamente nada sobre el origen de la vida y del ser humano. Es, más aún, admitir que nunca se podrá saber algo más, que todo está oscuro y permanecerá así. Pero ¿es posible llamar a esto ciencia? Narrar no es lo mismo que explicar. Describir el "cómo" no equivale a responder al "por qué". El hecho de que sea posible estudiar al hombre como a un objeto más de la ciencia no demuestra que éste no sea también sujeto de conciencia. Desde luego, hace falta fe para creer en un Dios que crea al ser humano a su imagen y semejanza pero ¿acaso no se requiere también fe para aceptar un origen ciego y azaroso? ¿Es que puede confirmar la ciencia alguno de estos dos inicios y desmentir al otro? Por supuesto que no. El asunto de los orígenes es sumamente sinuoso y escapa casi siempre a cualquier metodología científica.

Pero, por otro lado, ¿no continúa siendo la vida y el propio hombre un auténtico enigma? ¿Es posible dar cuenta de la increíble diversidad y complejidad de lo viviente sin apelar a un diseño original? ¿Puede el azar fortuito dar razón de la conciencia autorreflexiva del hombre? ¿Cómo brotó la libertad humana de un terreno únicamente abonado por la necesidad y el azar? Afirmar, como hizo Monod, que el azar es "una noción central de la biología moderna... la única compatible con los hechos de observación y de experiencia", es una posible interpretación de los hechos, no la única y, desde luego, no es el hecho en sí.

Por su parte, el antropólogo Morin se propone también en su obra romper con el "mito humanista" para quien el ser humano sería el único sujeto en un mundo de objetos. Su idea es acabar con la "fábula" inventada por la religión cristiana, en colaboración con las ideologías humanistas, que concibe al hombre como ser sobrenatural o como creación directa de la divinidad. Para conseguir su propósito procura evidenciar la gran cercanía que existiría entre hombres y animales. Afirma que es un error creer que éstos se rijan sólo por instintos ciegos ya que, en su opinión, poseen además la capacidad para transmitir y recibir mensajes con significado. Los chimpancés, por ejemplo, podrían adquirir comportamientos simbólicos y rituales, manifestar tendencia al juego y desarrollar una cierta socialidad jerarquizada, así como reconocer su imagen reflejada en un espejo demostrando con ello cierta autoconciencia. Según los últimos descubrimientos de la etología en los primates, podría decir-

se que características tales como la comunicación, el símbolo, el rito y la sociedad, que antes se veían como propias y exclusivas del ser humano, ya habrían dejado de serlo puesto que también se darían en el mundo animal.

Todo esto le sirve a Morin para concluir que no hay frontera alguna entre sujeto y objeto, antropología y biología, cultura y naturaleza o, en fin, entre el hombre y los animales. La vida humana equivaldría, en definitiva, a pura física y química. Seríamos máquinas perfeccionadas, hijos todos de la gran familia Mecano. Robots de carne y hueso con conciencia cibernética.

Por último, nos queda la *sociobiología* como postrer baluarte de los reduccionismos biologistas contemporáneos. Wilson la define como "el estudio sistemático de las bases biológicas de todo comportamiento social" (Wilson, 1980: 4). En realidad, se trata de una disciplina que mediante la utilización de conocimientos ecológicos, etológicos, genéticos y sociológicos, pretende elaborar principios generales acerca de las características biológicas de las sociedades animales y humanas. Sería un intento de unificación, una "nueva síntesis" entre la biología y la sociología. La originalidad principal de la extensa obra de Wilson consiste en aportar una nueva visión de los seres vivos. En efecto, resulta que los organismos no vivirían ya para sí mismos. Su misión fundamental en la vida no sería, ni siquiera, reproducirse y originar otros organismos, sino producir y transmitir los propios genes para que éstos pudieran perpetuarse convenientemente. Todo ser vivo sería sólo el sistema que tienen sus genes para fabricar más genes. Animales y humanos, por igual, son concebidos así como máquinas creadas por el egoísmo impersonal de los genes. Como escribe Richard Dawkins en el prefacio de *El gen egoísta*: «*Somos máquinas supervivientes, vehículos autómatas programados a ciegas con el fin de preservar las egoístas moléculas conocidas con el nombre de genes*» (Dawkins, 1979: 11).

De nuevo nos encontramos ante los mismos planteamientos del estructuralismo. El hombre vuelve otra vez a considerarse "cosa", en vez de sujeto. Los seres vivos carecerían de toda finalidad u objetivo. La humanidad y su comportamiento social estarían determinados genéticamente. Incluso hasta la ética y la conducta altruista tendrían su explicación en las leyes de la genética. En el fondo, el aparente altruismo sólo sería una manifestación elaborada de egoísmo genético. Cuando un hombre defiende a su familia, su raza, su pueblo o nación, en realidad estaría procurando la continuidad y propagación de sus mismos genes u otros muy parecidos. El amor universal sería un concepto utópico carente de sentido ya que todos los seres nacerían genéticamente preparados para ser egoístas. Incluso hasta la religión tendría una explicación sociobiológica ya que proporcionaría razones para vivir y contribuiría a aumentar el bienestar de quien la profesa. ¿Cómo habría que entender, desde esta perspectiva, la libertad humana? ¿qué opina la sociobiología acerca del libre albedrío? Pues, si se admite que la conducta del hombre está determinada por sus genes, la consecuencia directa sería que no puede haber libertad. El concepto del libre albedrío humano carecería de sentido o constituiría un completo autoengaño. Con estos argumentos no es extraño que la sociobiología y su hermano mayor, el neodarwinismo social, hayan sido muy criticados.

Lo cierto es que siempre que se pretende construir una moral o una ética basada en la genética se llega a consecuencias indeseables para el propio ser humano. Detrás de cualquier racismo hay generalmente un darwinismo social o una sociobiología solapada. La ética es algo exclusivo del hombre que no puede heredarse de forma biológica sino que ha de adquirirse a través de la cultura. Echarle la culpa de nuestras maldades a los genes y tirar la libertad humana por la ventana equivale a reconocer, una vez más, que somos máquinas pensantes incapaces de autocontrol.

La sociobiología no puede explicar de manera satisfactoria las palabras bíblicas: "amarás a tu prójimo como a ti mismo" porque los genes no entienden de ese amor al prójimo que no reporta ningún beneficio. El hombre es el único ser que posee conciencia de su propia muerte y esa capacidad es la que le predispone hacia sus creencias religiosas. Precisamente esta autoconciencia, junto al desarrollo de la ética y de la religiosidad, son características notables que abren una brecha fundamental entre el ser humano y el resto de los animales.

¿A qué clase de bioética conducen los biologismos? Si el mono es igual que el hombre, ¿por qué no se va a poder tratar absolutamente igual a ambos? De hecho, en el mundo occidental hay animales de compañía que viven mejor cuidados que millones de niños del Tercer Mundo.

El proyecto de las antropologías biologistas de reducir lo humano a lo puramente zoológico, y lo biológico a lo inorgánico, no puede calificarse de científico sino, más bien, de ideológico. Ocurre con demasiada frecuencia que detrás de ciertas hipótesis, aparentemente científicas, se amagan preferencias y convicciones metafísicas personales.

e. Antropología conductista

El conductismo es un sistema de investigación que considera la conducta (*behaviour* en inglés, de ahí que también se hable de "behaviorismo") como el único objeto de la psicología, mientras que la conciencia y sus procesos quedan excluidos de su ámbito de estudio. Frente a una antigua ciencia del alma o de la conciencia, a principios del siglo XX, el conductismo opondrá una radical ciencia de la conducta. Se asume que en el hombre no habría una realidad llamada "mente", ni tampoco procesos mentales que pudieran ser investigados, sino únicamente un mecanismo de estímulo-respuesta. Sólo serían susceptibles de análisis y estudio psicológico aquellas actitudes de réplica de los seres vivos a determinados incentivos provocados por el medio ambiente.

Lo importante serían los datos fisiológicos, la formación de los actos reflejos, pero sin tener en cuenta aquello que ocurre dentro del individuo entre el estímulo y la respuesta. Tales cambios de conducta, o aprendizajes, se investigaban primero en animales para aplicarlos después al ser humano. Se pasaba, de manera indiferenciada, de la conducta animal a la humana mediante el principal instrumento conductista: la estadística. Detrás de todo este sistema estaba también la creencia biologista que equiparaba el hombre al animal.

Uno de los divulgadores del conductismo, Skinner, afirmó que lo mejor sería olvidar la antigua creencia de que el hombre es un ser libre y responsable ya que la antropología conductista habría comprobado que la conducta humana está determinada por el ambiente y que modificando éste podría cambiarse aquella a voluntad (Skinner, 1977: 32). Se llegó incluso a proponer que, por tanto, lo mejor sería que expertos en tecnología de la conducta y en ingeniería social decidieran lo que era mejor para la sociedad y qué comportamiento debía tener ésta en cada ocasión. Tales ideas hacían surgir términos contrapuestos como los de "dictadura" y "libertad". No obstante, la utopía skinneriana pretendió soslayarlos aduciendo que se trataba sólo de falsos problemas de origen lingüístico.

Durante la primera mitad del presente siglo el conductismo imperó en el mundo entero, sin embargo nunca mantuvo completamente sus pretensiones. A partir de los años cincuenta se inició el declive del conductismo y empezó a fortalecerse la idea de que no es posible reducir la mente a la conducta. Los estados mentales se conciben hoy como realidades que pueden tener incluso efectos físicos. De manera que la problemática mente-cerebro, que esconde en el fondo el antiguo problema de la relación alma-cuerpo, vuelve a la palestra de las discusiones filosóficas y científicas actuales.

f. Antropología cibernética

Los últimos intentos de explicación de la realidad humana provienen de la nueva ciencia de los ordenadores. Algunos pensadores pretenden relacionar cibernética y antropología. En efecto, si se asume la doble ecuación de que la mente equivale al cerebro y que éste no es más que un órgano físico, la conclusión que se sigue es la equiparación entre el hombre y la computadora. Si la inteligencia natural humana y la inteligencia artificial de la máquina se conciben exclusivamente como un puro proceso fisicoquímico, resulta que sólo somos autómatas conscientes. Los progresos de la tecnología informática permiten todo tipo de elucubraciones futuristas en este sentido. Se ha sugerido que algún día cualquier conducta humana tendrá una explicación mecánica y, por tanto, será imitada y reproducida mediante ordenadores.

¿Podrán las máquinas llegar a pensar como las personas? ¿Existirán robots reflexivos de carne y microchip? ¿Llegará la cibernética a fabricar "personas artificiales"? Para aquellos que responden afirmativamente a tales cuestiones, no habría diferencias importantes entre el hombre y la máquina. No las habría a nivel racional, ni en cuanto a capacidad para el aprendizaje, ni tampoco en autoconciencia o subjetividad. Nada sería exclusivo del hombre ya que todo esto podrían tenerlo también los hipotéticos robots del futuro. De tales planteamientos se deduce una antropología muy clara: el ser humano no es más que una fase en el proceso evolutivo hacia la aparición de las máquinas pensantes o las futuras personas artificiales. Es decir, otra máquina biológica más.

Sin embargo, a pesar de la enorme fe en el progreso informático que demuestran poseer los partidarios de esta doble homologación, mente-cerebro y cerebro-máquina, lo cierto es que en el seno de la ciencia que estudia el encéfalo humano, la neurología, no existe unanimidad. Hoy por hoy, eminentes neurólogos, como Eccles, Penfield, Sperry y otros, se oponen abiertamente al reduccionismo que supone identificar mente con cerebro (Ruiz de la Peña, 1988: 126). La idea de que el cerebro sea una máquina no es compartida por todos los científicos de nuestros días, como en ocasiones se pretende hacer creer. Actualmente seguimos sin saber muy bien cómo funciona éste, qué es la memoria, cómo surgen las ideas, en qué consiste el acto de comprender o dónde se localiza la autoconciencia. Dentro de este cúmulo de lagunas se sitúa también la pretendida igualdad mente-cerebro ya que, a pesar de los intentos en este sentido, no resulta posible demostrar que lo mental sea idéntico a lo cerebral. La mente humana posee unas propiedades características que superan de sobras lo puramente físico, biológico o fisiológico. Por tanto, el misterio y la extraordinaria singularidad de la conciencia del ser humano continúan sin una adecuada y convincente explicación científica.

> ***«El hombre es mucho más que la máquina y que el animal. De ahí que la búsqueda científica del alma continúe generando nuevas hipótesis y nuevos intentos de explicación.»***

El hombre es mucho más que la máquina y que el animal. De ahí que la búsqueda científica del alma continúe generando nuevas hipótesis y nuevos intentos de explicación (Crick, 1994).

1.2. La antropología cristiana frente a las nuevas antropologías

La mayor parte de las antropologías del siglo XX que han sido brevemente reseñadas conducen a las mismas conclusiones. Si el existencialismo estaba convencido de que el ser humano era portador del terrible gusano de la nada, por su parte, el estructuralismo dirá que el hombre no es persona, sino únicamente un objeto más entre otros. De manera parecida, el conductismo y los distintos biologismos supondrán que se trata sólo de un primate con suerte, mientras que la antropología cibernética nos equiparará a las máquinas computadoras. En resumen, la realidad humana según tales concepciones no difiere cualitativamente del resto de la materia. Los conceptos de "persona" y "libertad" no significan nada. El hombre no es un fin en sí mismo sino un medio para alcanzar otros fines. Un valor relativo que puede ser utilizado según las circunstancias para cualquier finalidad que se considere necesaria. El comportamiento humano y la propia historia no son más que el resultado de las leyes biológicas y fisicoquímicas combinadas con el azar.

Desde tales planteamientos reduccionistas, ¿por qué tendría la bioética que hacer distinciones entre los animales y los hombres o aceptar distintos tipos de vida? Si los humanos sólo somos máquinas, ¿qué diferencia ética puede haber entre destruir un robot o matar a un ser humano? Si todos pertenecemos a la gran familia Mecano ¿a qué poner restricciones en manipulación genética o en la clonación de personas? ¿Por qué no van a poder los gobiernos decidir cuándo y cómo aplicar el aborto o la eutanasia activa? La raíz antropológica condiciona decisivamente cualquier respuesta bioética.

Pero por otro lado y frente a todo este abanico ideológico, ¿cuál es la postura de las Escrituras? ¿qué nos dice la antropología bíblica acerca del hombre? El relato creacional del Génesis se refiere claramente al ser humano como "imagen de Dios": *«Hagamos al hombre a nuestra imagen, conforme a nuestra semejanza»* (Gn. 1:26). La culminación de toda la obra creadora es precisamente una criatura singular y única. Un ser que será fin en sí mismo y nunca deberá considerarse como medio. Un representante del Creador cuya responsabilidad consistirá en señorear y gobernar la creación.

También en las antiguas religiones míticas orientales se hablaba de dioses capaces de formar hombres a su propia semejanza. El Faraón en el antiguo Egipto, por ejemplo, era considerado como imagen viviente de Dios en la tierra. De igual forma, los grandes reyes de aquella época tenían por costumbre levantar estatuas suyas en regiones de su reino alejadas y a las que no podían viajar con frecuencia. Se trataba de imágenes que les representaban y que reflejaban su poder y soberanía (von Rad, 1988: 71).

El autor inspirado del Génesis pretende señalar que, de la misma manera, el Creador del universo colocó al primer hombre en la tierra como signo de su propia majestad divina, confiriéndole así una dignidad especial entre los demás seres creados. Si en las antiguas mitologías sólo determinadas personas podían ser "imagen de Dios", como los reyes y faraones, para el pueblo de Israel, sin embargo, cada ser humano era el reflejo de la divinidad porque, como escribiera Lucas siglos después, Dios «*de una sangre ha hecho todo el linaje de los hombres*» (Hch. 17:26).

De manera que la criatura humana a pesar de pertenecer a la realidad mundana, la trasciende porque fue hecha "un poco inferior a los ángeles" y coronada "de gloria y honra" para señorear las obras del Creador (Sal. 8:5-6).La realidad del hombre, según la Biblia, es sumamente paradójica frente al resto de los seres creados. De una parte se le confiere el señorío de un mundo físico y material, ya que él mismo es cuerpo mundano, mientras que de otra se señala su transmundanidad. El hombre es "cuerpo", materia afincada en la tierra, de ella provienen todos sus elementos constitutivos, pero a la vez es el interlocutor entrañable de Dios, la imagen que le representa en el mundo, su estatua. Por tanto, es también "persona", "alma", sujeto capaz de dialogar con el Creador y de proyectarse hacia él. El hombre y la mujer no son ángeles caídos, ni monos desnudos que tuvieron suerte en la ruleta del azar, sino personas creadas en su totalidad a semejanza del Creador. Seres corporales de materia que habitan en el mundo pero que, a la vez, trascienden al mundo y a la materia.

Esta singularidad del alma humana se intuye y detecta incluso en la dimensión puramente biológica. El hombre no está perfectamente adaptado a ningún ecosistema concreto sino que es capaz de sobrevivir en cualquier ambiente. Es un ser abierto a todo el mundo, apto inclusive para alcanzar los astros y colocar su nido "entre las estrellas", como señalara el profeta Abdías (1:4). Sin embargo, los demás animales requieren para vivir un medio adecuado. Todas las especies están, por definición, especializadas para habitar su mundo particular. «*Para la ardilla no existe la hormiga que sube por el mismo árbol. Para el hombre no sólo existen ambas, sino también las lejanas montañas y las estrellas, cosa que, desde el punto de vista biológico, es totalmente superflua*» (Gehlen, 1980: 94). El ser humano es capaz de entender las realidades que le rodean, de asimilarlas, sin dejarse asimilar por ellas. Percibe los objetos pero se sabe diferente a ellos.

Una segunda característica de la especial naturaleza humana es su constante insatisfacción. Los humanos nunca estamos satisfechos con los logros alcanzados. Siempre aspiramos a más. Por eso progresa la ciencia y el dominio de la realidad que nos rodea se hace cada vez superior, aunque tal dominio haya resultado en ciertos aspectos agresivo e irresponsable hacia el medio ambiente. Lo cierto es que el hombre vive siempre en la esperanza. Para los animales, por el contrario, el futuro no existe. No esperan nada de él. Actúan instintivamente motivados sólo por estímulos hormonales. Están adaptados a sus particulares hábitats y jamás se les ocurriría traspasarlos. No tienen necesidad de ello. La criatura humana, sin embargo, experimenta una exigencia continua de rebasar sus propias fronteras y descubrir nuevos límites. El mundo se le queda constantemente pequeño y hay algo en su interior que le mueve a trascenderlo y superarlo, en lugar de acomodarse a él.

De manera que esta ambivalencia humana consiste en ser una criatura del mundo con cuerpo físico y, al mismo tiempo, una espiritualidad que trasciende todo lo mundano. De ahí que resulte tan difícil para ciertas antropologías aportar una definición satisfactoria del fenómeno humano. Desde la concepción bíblica, no obstante, el hombre fue creado por Dios para la vida y no para la muerte. La gloriosa victoria de Jesucristo sobre ésta constituye precisamente la esperanza cristiana de toda resurrección.

A la cuestión bioética acerca de los distintos tipos de vida, o a interrogantes como ¿qué es más grave, matar a un hombre, sacrificar una res o destruir un robot?, la antropología bíblica responde inequívocamente que lo prioritario será siempre la vida humana.

PRINCIPIOS BÍBLICOS SOBRE EL VALOR DE LA VIDA HUMANA

Las diferentes antropologías no cristianas, tratadas en el capítulo anterior, dibujan un perfil sombrío y profundamente antihumanista del ser humano. La confusión que generan las cuestiones acerca del origen y la identidad del hombre ha llevado, a lo largo de la historia, a aberraciones y discriminaciones de todo tipo. Jürgen Moltmann, por ejemplo, refiriéndose a la singularidad humana escribe: «*Una vaca siempre será una vaca. No pregunta ¿qué es una vaca?, ¿quién soy yo? Sólo el hombre pregunta así*» (Moltmann, 1986:15).

Es obvio que el teólogo alemán tiene toda la razón. Resulta evidente que existe un abismo entre los animales y el hombre por lo que respecta a los niveles de autoconciencia, capacidad reflexiva, subjetivismo, abstracción, creatividad, espiritualidad y otras muchas cosas más. No obstante, todavía hoy, en ciertos lugares como la India, las vacas se siguen considerando sagradas y se las respeta mientras que las personas viven miserablemente o se mueren de hambre como si fueran gusanos. Son las paradojas a que conducen ciertas visiones sobre el valor de la vida humana. Las Sagradas Escrituras muestran, sin embargo, una perspectiva radicalmente nueva y diferente que vamos a analizar.

2.1. Dios crea y ama la vida. Pero... ¿por qué?

La Biblia enseña desde el primer capítulo del Génesis que el universo y la vida proceden de Dios, que fue Él quien diseñó los cielos y la tierra. Quien dijo: «*sea la luz; y fue la luz*». Quien llamó a las aguas Mares y a lo seco Tierra. El que originó los astros y bendijo a los seres vivos. Y también el que formó al hombre y la mujer a su imagen y semejanza. El escritor del relato de la creación repite hasta seis veces la misma frase: «*Y vio Dios que era bueno*» (Gn. 1:10,12,18,21,25 y 31) con la intención de demostrar el beneplácito divino sobre todos los seres creados. Dios aprueba su creación original. Él estima la vida y, en adelante, ella constituirá un bello don y un regalo del Sumo Hacedor que se irá transmitiendo de generación en generación.

No obstante, muchas personas se han preguntado a lo largo de la historia acerca del motivo de la creación. ¿Cuál habría sido la finalidad última del Gran Arquitecto? ¿Qué razón le impulsó a crear? ¿Acaso tenía Dios necesidad del mundo material? ¿Le era menester la relación con el ser humano? ¿Precisaba de nuestra compañía o nuestra adoración? Estas preguntas han venido sembrando la duda y la inquietud desde la más remota antigüedad. Así, el paciente Job se cuestiona en medio de sus desdichas: «*¿Por qué me recibieron las rodillas?... ¿Por qué se da vida al hombre que no sabe por dónde ha de ir...?*» (Job 3:12,23). Y el salmista lanza a los cuatro vientos su duda existencial: «*¿Por qué habrás creado en vano a todo hijo de hombre?*» (Sal. 89:47).

Ciertos filósofos griegos, como Séneca y Platón, se apresuraron a responder a tales dudas afirmando que probablemente fue la bondad de Dios lo que le impulsó a crear el mundo y la vida. Según este razonamiento el Creador habría deseado comunicarse con sus criaturas. De ahí que las formara con la intención de ofrecerles la felicidad de esa relación. El fin último de la creación sería pues el contacto divino con el ser humano para proporcionarle a éste el máximo bienestar y felicidad. Estos argumentos teológicos reaparecieron con el humanismo del siglo XVI y fueron sostenidos por racionalistas de la talla de Kant durante el XVIII. Sin embargo, no están exentos de inconvenientes.

Aunque es cierto que Dios revela su carácter bondadoso en la creación como indica la repetida frase: «*Y vio Dios que era bueno*», ¿acaso su amor y bondad no habrían podido manifestarse también si no existiera el cosmos? ¿Es que no había bondad y amor en Dios antes de la fundación del mundo? El apóstol Pedro dice que sí, que el sacrificio de Cristo estaba previsto desde antes de la fundación del mundo, por amor a nosotros (1 P. 1:18-20).

No debe olvidarse que el Creador no existe por causa de la criatura, sino que es ésta quien vive gracias a Él. El ser humano no puede ser el fin último de la creación, porque forma parte de ella. El hombre, que es criatura finita y limitada, no debe pretender usurparle a Dios la finalidad del acto creador. No es posible explicar la maravilla e inmensidad del universo creado, sólo y exclusivamente en función de la felicidad humana. Los cielos, no cuentan la gloria del hombre, sino la de Dios. El firmamento anuncia la obra de las manos divinas, no de las humanas (Sal. 19:1). Por otra parte, si el fin supremo de la creación hubiera sido conseguir la felicidad del hombre, no habría más remedio que admitir el contundente fracaso de tal empresa, ya que el mal, el dolor y el sufrimiento acampa en todos los rincones de esta tierra.

«La auténtica finalidad de la creación no se encuentra en el hombre, sino en Dios mismo. El motivo principal de la existencia de todo el universo, incluida la vida humana, es la glorificación del Creador.»

¿Qué enseña la Biblia acerca de todo esto? Ya en las páginas del Antiguo Testamento se descubre claramente que el hombre ha sido creado por Dios para la gloria divina. *«Para gloria mía los he creado, los formé y los hice»* (Is. 43:7). La auténtica finalidad de la creación no se encuentra pues en el hombre, sino en Dios mismo. El motivo principal de la existencia de todo el universo, incluida la vida humana, es la glorificación del Creador. Pero esto no quiere decir que Dios necesite recibir gloria de sus criaturas, sino que la propia existencia de éstas hace manifiesta y destaca la gloria divina. El brillo azulado de las estrellas, los atardeceres sonrosados, el canto de las aves y las alabanzas de los humanos no añaden absolutamente nada a la perfección y sabiduría de Dios. Pero sirven extraordinariamente para reconocer su grandeza y glorificarle.

El Nuevo Testamento afirma que Dios levanta criaturas para mostrar en ellas su poder y para que su nombre sea anunciado por toda la tierra (Ro. 9:17). Pero, ¿ por qué? ¿con qué fin? Con el único y supremo objetivo de llegar

a serlo «*todo en todos*» (1 Co. 15:28). Se dice que cuando alguien busca sólo su propio bienestar y placer, sin pensar nunca en los demás, es un egoísta. Éste no es ni mucho menos el caso del Creador, ya que Él se siente glorificado precisamente cuando sus criaturas son respetadas y en el cosmos se promueve el bienestar y la felicidad de todos los vivientes.

El amor propio de Dios es legítimo y razonable porque su gozo y felicidad resulta perfectamente compatible con la justicia en el mundo, el amor y la solidaridad hacia los demás. Ninguna criatura puede pretender tener derechos contra Dios. El sufrimiento y el mal existente en el mundo no pueden ser imputados al Creador, sino que son consecuencia del pecado y la rebeldía del hombre que frustró el plan divino. No es posible acusar al Creador de egoísmo porque Dios no tiene igual.

La gloria de Dios consiste también en hacer de los seres humanos «*hijos adoptivos suyos por medio de Jesucristo, según el puro afecto de su voluntad, para alabanza de la gloria de su gracia*» (Ef. 1:5-6). La perfección natural de la criatura humana glorifica ya de por sí a Dios, pero esta gloria puede aumentar considerablemente cuando el hombre descubre a su Creador y se vuelve a Él, a través de Jesucristo. El propósito eterno de Dios al crear todas las cosas fue precisamente revelar su gloria y sabiduría al ser humano, a través de Cristo y de la Iglesia (Ef. 3:9-11). El hombre es infeliz sin Dios y no puede alcanzar la plena felicidad hasta que descubre, reconoce y declara la gloria divina. Sólo quien tiene al Hijo tiene la Vida.

2.2. Si la vida proviene de Dios, todos los hombres somos hermanos

La antropología cultural afirma que todos los pueblos y tribus de la tierra han tendido siempre a compararse con otras poblaciones vecinas. De tales comparaciones surgió, en numerosas ocasiones, el nefasto fenómeno del etnocentrismo. Es decir, la idea de que los individuos pertenecientes a los demás pueblos vecinos no eran verdaderos seres humanos. Los auténticos hombres serían los miembros de la propia tribu mientras que, por el contrario, los extranjeros no eran hombres. Tales cuestiones se debatían todavía en la época en que Cristóbal Colón descubrió América.

El pueblo de Israel y posteriormente el cristianismo primitivo, sin embargo, sostuvieron otra visión de la humanidad. Si Dios era el Creador y Juez de todos los hombres, entonces sólo podía haber una misma historia universal. Todos los pueblos de la tierra compartían un destino común. Adán no es considerado como el primer israelita, sino como el primer ser humano. El principio y el final del Antiguo Testamento están sostenidos por dos contrafuertes que soportan todo el edificio de la fraternidad veterotestamentaria. En efecto, en el último libro puede leerse: «*¿No tenemos todos un mismo padre? ¿No nos ha creado un mismo Dios? ¿Por qué, pues, nos portamos deslealmente el uno contra el otro?*» (Mal. 2:10). Y al inicio, en el Pentateuco, se dice: «*Como a un natural de vosotros tendréis al extranjero que more entre vosotros, y lo amarás como a ti mismo; porque extranjeros fuisteis en la tierra de Egipto*» (Lv. 19:34).

Esta visión solidaria y fraternal hacia todos los seres humanos se sublima en las páginas del Nuevo Testamento. Los evangelios sinópticos relatan que, en cierta ocasión, cuando la muchedumbre que escuchaba al Señor Jesús le informó de que su madre y sus hermanos estaban afuera buscándole, Él, mirando a todos los que estaban allí, les sorprendió con esta respuesta: «*He aquí mi madre y mis hermanos. Porque todo aquel que hace la voluntad de Dios, ése es mi hermano, y mi hermana, y mi madre*» (Mr. 3:34-35). El amor de Dios que se manifiesta en Jesucristo es capaz de borrar todas las diferencias con que los hombres se separan de los hombres. El principio de amar al prójimo como a uno mismo, junto a la idea expresada por Pablo de que el Creador «*de una sangre ha hecho todo el linaje de los hombres*» (Hch. 17:26), constituyen las bases solidarias y unificadoras de la antropología cristiana. La cruz de Cristo une e iguala a los humanos, ya que ante ella se derrumban todas las mitificaciones discriminadoras y racistas del hombre.

2.3. Dignidad original de la vida humana

La vida del hombre se muestra en las páginas bíblicas como un bien de inapreciable valor. El evangelista Marcos narra cómo Jesús, después de haber anunciado su próxima muerte a los discípulos, les formuló algunas cuestiones acerca de la vida humana, como: «*¿qué recompensa dará el hombre por su*

alma?» (Mr. 8:37). Es decir, por su vida, por su persona. ¿Hay algo que pueda valer tanto como la vida del ser humano? ¿Existe algún ser que sea tan valioso como para provocar la muerte de Cristo en una cruz? No hay nada en el mundo tan preciado como la vida del hombre.

Mateo, por su parte, recoge otras palabras del Maestro pronunciadas en el contexto de una enseñanza acerca de a quién se debe temer. Y escribe: *«Así que no temáis; más valéis vosotros que muchos pajarillos»* (Mt. 10:31). Por supuesto que Dios ama la vida animal. Las aves y el resto de los seres vivos son queridos por el Creador puesto que son obra suya. Pero la vida del hombre es "otra cosa". Dios la valora de otra manera porque es imagen suya. La idea aquí es, si Dios se preocupa por criaturas como los pequeños gorriones, cuánto más se cuidará de los hombres que confían en Él, sus hijos predilectos.

Por medio del concepto "imagen de Dios", el Creador desea manifestar al ser humano que éste posee una profunda dignidad. El hombre y la mujer no son el ciego producto del azar, como afirma el determinismo materialista. La vida humana no es sólo un montón de moléculas que juegan a las leyes de la física y química. Pero tampoco somos ángeles caídos, superhombres o semidioses, como ciertas concepciones míticas han propuesto a lo largo de la historia. Ni ángeles, ni bestias. Tan sólo personas con dignidad de hombres por ser reflejo de lo divino. Ensalzar a la criatura humana hasta el nivel de Dios no es cristiano, pero envilecerla y degradarla a la posición del gusano o la ameba, tampoco lo es.

La Biblia enseña que la dignidad humana afecta al ser humano completo y no sólo a una dimensión de éste. Ciertas teologías equivocadas han defendido que la "imagen de Dios", el reflejo divino, únicamente se podía manifestar en la espiritualidad. En aquello que generalmente se entiende por "alma". Pero la Biblia jamás apoya esta interpretación. También el cuerpo es imagen de Dios. Se trata, en realidad, del hombre total con sus capacidades físicas, psíquicas y espirituales quien constituye la "estatua" que representa al Creador en este mundo material.

El apóstol Pablo les hablaba a los corintios acerca de glorificar a Dios con el cuerpo y les decía: *«Pero el cuerpo no es para la fornicación, sino para el Señor, y el Señor para el cuerpo... ¿No sabéis que vuestros cuerpos son miembros de Cristo?... ¿O ignoráis que vuestro cuerpo es templo del Espíritu Santo, el cual está en vosotros, el cual tenéis de Dios, y que no sois vuestros?»* (1 Co.

6:13,15,19). Mientras aquellos falsos maestros que se enfrentaban a Pablo sostenían que lo que se hiciera con el cuerpo carecía de importancia de cara a la eternidad, el apóstol defendía, por el contrario, que el cuerpo y todo lo relacionado con él, como el comportamiento sexual, no podía separarse de la personalidad total del ser humano.

Pablo entendía que el cuerpo de los creyentes poseía una incomparable dignidad, por ser la morada del Espíritu Santo. Y que cuando un cristiano se entregaba a una prostituta, como solía ocurrir en Corinto debido a la relajación moral de las costumbres, era como si se profanase un auténtico templo de Dios. De manera que la dignidad de la dimensión corporal del creyente consistía, para el apóstol, en ser receptáculo de la divinidad. Nuestro cuerpo es, pues, un don de Dios que debemos cuidar responsablemente y tratar de manera sabia, ya que no nos pertenece. El creyente pertenece al Señor con todo su ser, puesto que ha sido comprado «*por precio*» (1 Co. 6:20).

No obstante, la dignidad radical de todos los seres humanos, sean o no creyentes, tiene también su último fundamento en Dios por haber sido creados a su imagen. Esta tal dignidad implica que la persona humana debe ser tratada siempre como un *sujeto* y nunca jamás como *objeto*. De ahí que el respeto al hombre y el derecho fundamental a la vida sean valores prioritarios que deben ser defendidos sin condiciones. El cuerpo humano no debe entenderse sólo como un conjunto de órganos y funciones, al igual que el de los animales, sino como la parte física mediante la cual se manifiesta una persona.

Aunque la ciencia, en particular la biología y medicina, constituyan excelentes ayudas para el bienestar de la humanidad, la dignidad del hombre exige hoy que no se divinice o mitifique a los científicos, dejando en sus manos todas las decisiones acerca del origen y futuro de los seres humanos.

2.4. El cuerpo humano como templo de Dios

Decía el poeta griego Palladas, casi cuatrocientos años antes de Cristo, que: «*el cuerpo es una aflicción del alma; es su infierno, su fatalidad, su carga, su necesidad, su cadena pesada, su atormentador castigo*». Y Epicteto afirmaba de sí mismo, cuatro siglos después: «*soy una pobre alma encadenada a un cadáver*». Lo cierto es que, como puede apreciarse en estas frases, los griegos siempre despreciaron sus cuerpos. Tales creencias se transmitieron de generación en generación al mundo occidental. Y así, Teresa de Jesús, se referiría muchos siglos después al cuerpo como "cárcel del alma".

El cristianismo oficial defendió hasta la época moderna este tipo de teología. Muchas personas, que se consideraban a sí mismas como cristianas y espirituales, manifestaban un evidente desprecio hacia el cuerpo. Lo aceptaban como si se tratara de un enemigo a quien había que combatir, castigar y humillar constantemente. No disfrutaban de su dimensión corporal ya que se sentían como obligados, de alguna manera, a albergar un alma noble dentro de una sucia prisión corporal. Sin embargo, como escribió Pascal: «*quien se cree hacer el ángel, termina por hacer la bestia*». En nombre de una mal entendida espiritualidad se cometieron errores religiosos graves.

¿Qué ha ocurrido en el mundo actual con estas concepciones que infravaloraban todo lo corporal? Pues que se ha alcanzado el extremo opuesto. De la minusvaloración a la sobrevaloración o mitificación del cuerpo. Se está asistiendo hoy, en Occidente, a una veneración de lo corporal, a un verdadero culto al cuerpo. El organismo humano ya no es cárcel para el alma sino que se ha transformado en la totalidad de la persona. Hoy muchos contemporáneos exhiben sin pudor su desnudo integral en las playas. La obsesión por guardar la línea, la dieta adecuada, los chequeos médicos, la eliminación de las arrugas, los masajes, el gimnasio y los deportes, evidencian esta especie de religiosidad del cuerpo. De la prohibición enfermiza y puritana hacia todo lo erótico, se ha pasado al amor libre y al hedonismo sexual. La dualidad típica de la antropología clásica, cuerpo y alma, se ha desvanecido. Los cuerpos han asesinado a sus espíritus como Caín hizo con su hermano Abel. En el momento presente los cuerpos viven errantes, solitarios y extranjeros sobre la tierra. Porque se ven como lo único que queda de las personas y se lucha por prolongar su buena imagen, su belleza y su longevidad.

Frente a este evidente cambio de rumbo ideológico ¿cuál es la visión bíblica acerca del cuerpo humano? Pues, ni lo uno ni lo otro. La Biblia no apoya ni el dualismo platónico de antaño, ni el monismo materialista contemporáneo. Ni el desprecio del cuerpo, ni el culto o la mitificación del mismo.

Un texto importante, en relación al cuerpo, que ha servido ya anteriormente de referencia, es el del apóstol San Pablo a los corintios (1 Co. 6:12-20). En aquellos días algunos creyentes apelaban a la libertad cristiana para justificar su comportamiento sexual equivocado. Hay que tener en cuenta que Corinto no sólo era el mayor puerto de mar de toda Grecia, sino también la ciudad más inmoral del mundo. En el santuario de Afrodita existía la prostitución sagrada. Estrabón cuenta que, en la época de Pablo, había más de mil prostitutas sagradas en aquella ciudad. Decir "muchacha de Corinto" equivalía a afirmar meretriz o prostituta. Era, por tanto, muy fácil llevar una vida sexual opuesta a la moral cristiana.

Al parecer, ciertos creyentes conversos del paganismo griego habían tergiversado las propias palabras de Pablo para adecuarlas a sus costumbres y seguir viviendo como siempre. Habían manipulado la doctrina de la libertad cristiana que predicaba el apóstol para decir que ellos eran puros y espirituales, porque habían recibido el Espíritu Santo y que, por tanto, lo que hicieran con su cuerpo no importaba. De ahí que Pablo les responda: *«Todas las cosas me son lícitas, mas no todas convienen»*. Los libertinos decían que la relación sexual no era otra cosa que la satisfacción de un apetito natural, tan lícito como comer o beber. Si uno podía cambiar de comida cuando quería ¿por qué no iba también a poder tener relaciones sexuales con las mujeres que quisiera? ¿Acaso no estaba hecho el organismo para sus instintos? ¿Acaso el cuerpo no era suyo y podían hacer con él lo que les diera la gana?

«La Biblia no apoya ni el dualismo platónico de antaño, ni el monismo materialista contemporáneo. Ni el desprecio del cuerpo, ni el culto o la mitificación del mismo.»

¿No hay quien propone también en la actualidad esta misma ideología de la autonomía personal o del amor libre? ¿No resultan familiares tales argumentos? Aquellos cristianos del mundo helénico creían que todo lo que se hiciera con el cuerpo era irrelevante para el espíritu. Pero Pablo refuta esta falacia apelando a la dignidad humana y al papel del cuerpo de cada cristiano en el plan divino de la salvación. Comer y beber son necesidades biológicas imprescindibles para la vida en este mundo, pero tanto los alimentos como el aparato digestivo son cosas pasajeras. Llegará el día en que ambos pasarán y no tendrán lugar en el más allá. Pero el cuerpo, la personalidad, el ser humano como una totalidad no perecerá. El cuerpo del creyente está destinado a la glorificación, a convertirse en "cuerpo espiritual" (1 Co. 15:44). Dios ha destinado los alimentos, las bebidas y el sexo para que el ser humano los use sabiamente. No obstante, este uso puede ser lícito o ilícito, acertado o equivocado. Comer cuando se tiene hambre es lícito pero la glotonería es un error. Beber moderadamente es lícito -porque el Señor Jesús también bebió- pero la embriaguez es una equivocación en el cristiano. Tener relaciones sexuales entre los esposos es lo adecuado y necesario pero la fornicación, el sexo fuera del matrimonio, la promiscuidad o el trato con prostitutas no pueden tener cabida en la vida del creyente. Ni en los días de Pablo, ni en nuestra época por muy postmoderna que sea.

¿Cuáles son las razones o argumentos que utiliza el apóstol? El primero se refiere a que no es lo mismo el alimento que el sexo. «*La comida es para el estómago, y el estómago para la comida... En cambio, no es verdad que el cuerpo sea para la inmoralidad sexual...El cuerpo es para el Señor*» (1 Co. 6:13). El alimento es materia necesaria que entra y sale del cuerpo para nutrirlo, pero la relación sexual implica la unión íntima de dos personas. Y si se trata de una unión ilícita, que sólo busca el placer egoísta momentáneo o el comercio económico del cuerpo, como ocurre con la fornicación, tal unión profana la relación entre Cristo y el cuerpo de los cristianos. «*¿No sabéis que vuestros cuerpos son miembros de Cristo? ¿Quitaré, pues, los miembros de Cristo y los haré miembros de una ramera? De ningún modo*» (1 Co. 6:15).

La malicia de la fornicación consiste en establecer una relación personal, "corporal", que se opone a la relación del cristiano con Cristo. Es como unir a los miembros de Cristo en una relación íntima con una prostituta. Hacerse un sólo cuerpo con ella. El creyente que cae en la fornicación, no sólo es infiel a su esposa o esposo, sino también al propio Señor Jesucristo. El fornicario se degrada a sí mismo y peca contra su propio cuerpo. Por eso Pablo dice: «*Huid de la fornicación. Cualquier otro pecado que el hombre cometa, está fuera del cuerpo; más el que fornica, contra su propio cuerpo peca*» (1 Co. 6:18).

El segundo argumento paulino afirma que cuando se profana el cuerpo del cristiano, se profana algo sagrado. Es como si se profanara un templo. El creyente puede ser considerado como un sacerdote en el templo de su propio cuerpo. En ese santuario sirve a Dios y aparta todo aquello que pudiera profanarlo. *«¿O ignoráis que vuestro cuerpo es templo del Espíritu Santo, el cual está en vosotros, el cual tenéis de Dios, y que no sois vuestros?»* (1 Co. 6:19).

Ciertas corrientes hoy en boga, como el feminismo, afirman lo que se llama el "principio de pro opción', es decir que: "una mujer tiene el derecho de utilizar su propio cuerpo como elija". Con tal argumento se defiende que la mujer tiene derecho al aborto libre. Claro que aquí habría que preguntarse también por el feto. ¿Tiene algún derecho a continuar con su vida? ¿Existe conflicto entre el derecho de la madre y el del embrión? La Palabra de Dios dice, sin embargo, que el cuerpo del cristiano pertenece a Dios, porque es templo donde habita el Espíritu Santo. No existe en el mundo un ser humano que se haya hecho a sí mismo. Somos, por tanto, propiedad de Dios y no debemos utilizar nuestro cuerpo como nos dé la gana.

De manera que la Biblia rechaza tanto el ascetismo sadomasoquista de antaño, que procuraba el desprecio del cuerpo, como la divinización del sexo y el culto al cuerpo que se observa en el mundo contemporáneo. Pero, no obstante, lo cierto es que Dios tiene una predilección especial por el cuerpo del creyente. El templo en el que le gusta instalarse es el representado por nuestro organismo vital. De ahí que Pablo exhorte: *«Así que hermanos os ruego... que presentéis vuestros cuerpos en sacrificio vivo, santo, agradable a Dios, que es vuestro culto racional. No os conforméis a este siglo...»* (Ro. 12:1-2).

La unidad de la iglesia, de la comunidad cristiana, exige que cada cual se esfuerce, se sacrifique, para superar el mal con el bien. Cuando el creyente se afana por hacer lo que es justo, en su cuerpo, en su vida, en su familia, en la iglesia y en su mundo laboral está dándole a la existencia un sentido de verdadero culto. Y este es el auténtico culto racional, el de la razón, que no consiste en el sacrificio de un animal muerto, como hacían los judíos, o en la recolección de un diezmo económico o de una ofrenda de tiempo, sino en el sacrificio vivo, viviente, de la propia existencia. El verdadero culto espiritual es el que se rinde con el cuerpo.

2.5. ¿Es sagrada la vida humana?

El mensaje de Jesús apunta con claridad hacia la auténtica Vida. Esa Vida que debe escribirse con mayúsculas porque trasciende definitivamente la frontera del mal y su máxima expresión, la Muerte. Cuando el Maestro respondió a Tomás mediante su célebre frase: «*Yo soy el camino, y la verdad, y la vida*» (Jn. 14:6), le estaba anunciando, en realidad, que Él era la encarnación del Evangelio de la vida. La persona de Jesús constituía el anuncio viviente de la verdadera vida. Y si se profundiza en tal anuncio, en su contenido, sus palabras y actitudes, se descubre fácilmente que en el mensaje de Cristo existe una declaración de respeto a la vida del ser humano.

El Hijo de Dios tuvo compasión de las multitudes que le seguían; sanó a los que presentaban enfermedades; alimentó a quienes tenían hambre y posibilitó el descanso a aquellos que se sentían agotados (Mt. 14:13-21). Es verdad que sus palabras se referían sobre todo a la dimensión espiritual y tenían casi siempre un trasfondo moral que anunciaba la llegada del reino de Dios. Pero sus predicaciones solían partir de acciones concretas realizadas a enfermos, hombres y mujeres que sufrían, marginados sociales y víctimas del egoísmo humano. En la precariedad y sobriedad de la vida humana del Señor Jesús se detecta también esa solidaridad con el menesteroso y ese sentido auténtico de la vida que consiste en estar al lado del que nos necesita.

No obstante, la máxima expresión del respeto divino hacia la vida del hombre es, sin duda, el sacrificio de la cruz. La muerte infame de Cristo clama, desde el siniestro lugar de la Calavera, contra todas las violaciones y atropellos de la vida humana que se comenten a diario en este mundo. Su muerte afirmó el valor de la vida y demostró que aquel sacrificio no fue en vano. La gloria divina pudo ya resplandecer definitivamente sobre el horizonte humano, pues la resurrección de Jesús permitió el salto del creyente hacia la eternidad. Sin embargo, tal inmolación supone también un juicio universal. Dios pedirá cuentas de cada existencia humana y evaluará cómo ha sido tratada la vida propia y la del prójimo porque toda vida, y toda muerte, siguen estando en sus manos.

El apóstol Pablo entendía, según pudo verse en el apartado anterior, que cuando se viola o profana el cuerpo del cristiano es como si se profanara algo sagrado, puesto que el cuerpo del creyente es morada o templo del Espíritu Santo. Así también el mandato divino: «*Sed santos, porque yo soy santo*» (1 P. 1:16) se refiere a la pertenencia al pueblo de Dios. Pero, aparte de estos argumentos paulinos en relación a las personas que han aceptado a Jesucristo como Salvador y Señor, es decir, a los nacidos de nuevo, la cuestión que se plantea ahora es la siguiente: ¿es sagrada toda vida humana? ¿qué se quiere decir al afirmar que la vida es sagrada?

Desde la perspectiva de la Biblia, "santo" o "sagrado" es aquello que Dios toma a su servicio, sea objeto o persona. Todo lo que sirve para construir o agrandar el reino de Dios en la tierra puede considerarse sagrado. La santidad es algo que siempre viene de Dios y sólo es eficaz en el ser humano en la medida en que éste permanece vinculado a Él. La imagen divina en el hombre consiste, sobre todo, en sus características racionales, morales y en su capacidad para la santidad. La condición original del ser humano creado por Dios fue, por tanto, de auténtica justicia y santidad (Ef. 4:24). Sin embargo, tales cualidades morales de honradez y santificación se perdieron por causa del pecado. El hombre había sido diseñado para llegar a un alto grado de perfección, si hubiera continuado por el camino de la obediencia responsable ante Dios. Pero desgraciadamente no fue así y el ser humano dejó de ser santo.

El Nuevo Testamento habla, no obstante, de cómo el hombre puede ser renovado por Cristo y recuperar de nuevo su antigua condición de santidad. Pablo invita a los creyentes de Colosas para que se revistan del nuevo hombre, «*el cual conforme a la imagen del que lo creó se va renovando hasta el conocimiento pleno*» y puede volver a ser santo a los ojos de Dios (Co. 3:10,12).

Es verdad que toda vida humana proviene de Dios y que el hombre fue creado a su imagen y semejanza, pero ¿pertenecen hoy todos los seres humanos al Señor Jesús? ¿viven todos vinculados voluntariamente a Él como los pámpanos a la vid (Jn. 15)? ¿le reconocen como Salvador y Señor? ¿están a su servicio divino? Es evidente que la respuesta es negativa. Entonces, ¿es posible seguir diciendo que la vida de todas las personas es santa o sagrada? La afirmación que suele hacerse con frecuencia de que "toda vida humana es sagrada" no posee una base bíblica evidente. No existe ningún texto o versículo que lo afirme con claridad. Más bien se dice todo lo contrario, que los seres humanos están «*llamados a ser santos*». Y esto significa que en el estado natural actual no lo son. Desde tal concepción bíblica de lo santo o sagrado no es posible, pues, fundamentar la sacralidad de la vida del hombre.

Sin embargo, algunos autores ven indicios indirectos de tal sacralidad en la doctrina de la creación a imagen de Dios. Se refieren a la vida como aliento vital, o don divino, admitiendo que aunque el hombre no posee en la actualidad, ni mucho menos, aquella perfección y santidad original, no obstante, sigue disfrutando de su naturaleza racional y moral, así como del hálito con que el Creador lo dotó. Nada de esto se perdió con el pecado. El hombre no ha dejado de ser imagen de Dios porque entonces dejaría de ser hombre. También la santidad de la vida humana puede desprenderse de acontecimientos como la alianza de Jehová con su pueblo y la propia redención del ser humano realizada por Jesucristo (Elizari, 1994: 43). Y de esta tal sacralidad de la vida humana derivaría precisamente su carácter inviolable.

El tema de la santidad de la vida, o de su sacralidad, presenta también una dimensión laica a la que se ha llegado desde ideologías y concepciones distintas. Muchas personas, incluso no creyentes, están de acuerdo en apoyar la idea de la sacralidad de la vida humana, ya que si la vida no se considera sagrada, entonces no hay nada en este mundo que pueda ser sagrado. Feuerbach decía que «*el hombre es el ser supremo para el hombre*», sin embargo, el cristianismo afirma que también lo es para Dios. Si el Creador fue capaz de enviar a su Hijo inocente para que muriera en un madero por amor al género humano, entonces no existe nada en esta tierra tan sagrado como la vida del hombre. Y, por tanto, ésta debe ser estimada y protegida.

2.6. Jesucristo ennoblece la vida del hombre

De manera que, para los cristianos, el valor de toda vida humana proviene del acontecimiento de la encarnación del Verbo. Como señala el evangelista Juan: «*Y aquel Verbo fue hecho carne, y habitó entre nosotros*» (Jn. 1:14). El hecho de que el Señor Jesús se encarnara en nuestra propia naturaleza humana y asumiera la historia de los hombres, consagra y ennoblece todo lo humano. A los creyentes no nos queda más remedio que respetar de forma especial esta vida que ha sido capaz de motivar la solicitud de Dios. Pero esto no significa que la vida humana, al margen de la fe cristiana, tenga que valer menos. La vida de toda persona es digna en sí misma y por sí misma, independientemente de cualquier enfoque religioso que quiera dársele. Los creyentes no debemos pensar o dar la impresión de que la vida del ser humano, sin la fe en Dios, no merece tanto respeto. No es ese el mensaje de Jesucristo.

Al contrario, la intervención directa de Jesús en la historia de los hombres, para liberarles de sus vidas oprimidas y esclavizadas por el poder del pecado, impide a los cristianos la evasión de la realidad contemporánea o el abandono de los débiles. La existencia del pecado no debe ser jamás una excusa para infravalorar la vida humana. Jesucristo murió para dar vida, no sólo a sus amigos sino también a todos aquellos enemigos que quisieran acogerse a ella. Tal acción exalta lo humano y prohíbe cualquier fanatismo exclusivista.

> ***«El hecho de que el Señor Jesús se encarnara en nuestra propia naturaleza humana y asumiera la historia de los hombres, consagra y ennoblece todo lo humano.»***

El Hijo de Dios que se muestra en las páginas del Nuevo Testamento no aparece como los míticos héroes griegos: paladín de la belleza, campeón entre los poderosos o adalid de las castas nobles. Jesús se da a conocer más bien como todo lo contrario. Se mezcla entre enfermos, inválidos, prostitutas y desposeídos. Él mismo es como uno de ellos, nacido en un establo e hijo de un humilde carpintero. Por eso puede ser llamado también "Hijo del Hombre" y dirigirse a los pobres, encarcelados y hambrientos como: «*mis hermanos más pequeños*» (Mt. 25:40). En esto consiste precisamente la singular grandeza del mensaje de Jesucristo. Dios se humilló y se hizo hombre para hacer de unas criaturas infelices, personas verdaderas. Así es como Jesús honró definitivamente la vida humana.

2.7. La vida humana, ¿valor relativo o absoluto?

Algunos autores católicos sostienen que la vida del ser humano es un valor absoluto. El hecho de que Dios la creara como fin y no como medio haría de cada persona algo único que relativizaría todos los demás valores (Ruiz de la Peña, 1988: 178; Blazquez, 1996: 133). Sin embargo, desde la perspectiva del Nuevo Testamento no parece que pueda mantenerse tal planteamiento. En el mensaje de Jesús la vida humana aparece como un bien fundamental pero no constituye nunca un valor absoluto. El único absoluto es siempre la extensión del reino de Dios en la tierra, para lo cual fue incluso necesario que el Hijo del Hombre padeciera y diera su propia vida terrenal.

En cierta ocasión, en la que el Maestro reveló a sus discípulos su próxima muerte y su posterior resurrección al tercer día, les dijo: «*Si alguno quiere venir en pos de mí, niéguese a sí mismo, tome su cruz cada día, y sígame. Porque todo el que quiera salvar su vida, la perderá; y todo el que pierda su vida por causa de mí, éste la salvará*» (Lc. 9:23-24). Lo más importante para el Señor Jesús no era la vida biológica y temporal del hombre sino su disponibilidad para ofrecerla en la causa del Evangelio. Lo que se solicita aquí al discípulo cristiano es el testimonio de la propia vida no sólo en el martirio, que en ciertos momentos de la historia ha sido inevitable, sino también en la lucha diaria frente a la incredulidad de este mundo. Perder la vida por el reino de Dios es, en el pensamiento de Cristo, gastarla por la liberación del hombre y avanzar hacia la vida definitiva. En el fondo es ganarla de verdad. Pretender, sin embargo, realizarse al margen de Jesucristo y del reino de Dios es colocarse fuera de la vida y de la historia, sin tener ya esperanza de salvación. El mensaje del Maestro es, pues, un desafío directo a la muerte. Con Él se puede vencer el poder del mal mediante la renuncia al yo egoísta que sólo aspira a "ganar" la propia vida por medio de logros grandiosos realizados a expensas de otros. Jesús, por el contrario, propone "perder" la vida en la entrega a los demás.

El ejemplo de Jesucristo, el Buen Pastor que ofrece su vida por sus ovejas (Jn. 10:11), constituye el modelo supremo para todo cristiano. Tal como recuerda el apóstol Juan, el amor del Señor se muestra sobre todo en que «*él puso su vida por nosotros*» y, por lo tanto, «*también nosotros debemos poner nuestras vidas por los hermanos*» cuando sea necesario (1 Jn. 3:16). Es obvio que los creyentes debemos respetar la vida, pero tal respeto no tiene por qué alcanzar fórmulas idolátricas y absolutizadoras. La vida humana no es el bien supremo o absoluto que habría que salvaguardar y proteger por encima de todo. Es cierto, en efecto, que la Biblia considera la vida del hombre como un valor fundamental, pero también enseña que hay que estar dispuesto a darla cuando sea menester.

El apóstol Pablo les comentaba a los cristianos de Corinto: «*Porque nosotros que vivimos, siempre estamos entregados a muerte por causa de Jesús, para que también la vida de Jesús se manifieste en nuestra carne mortal. De manera que la muerte actúa en nosotros, y en vosotros la vida*» (2 Co. 4:11-12). Aquí se señala claramente que la causa del Evangelio tenía más valor para Pablo que su propia vida humana. El gran apóstol de los gentiles era perfectamente consciente de que estaba poniendo en peligro su existencia terrena por amor a los corintios y a su ministerio pastoral. Estaba llevando a la práctica las palabras de Jesús: «*nadie tiene mayor amor que éste, que uno ponga su vida por sus amigos*» (Jn. 15:13).

En la ética del Maestro, por tanto, la vida de la criatura humana constituye un valor fundamental, pero nunca absoluto. El único absoluto para el Señor Jesús es la causa del reino que Él trajo a la tierra.

2.8. Responsabilidad del ser humano ante la vida

La fe en la creación conduce a entender el mundo como obra directa del Creador y al ser humano como imagen de Dios. Es evidente la posición sobresaliente que la Biblia otorga al hombre al considerarlo como señor y supervisor de todo lo creado. La gloria humana consiste, por tanto, en ser el fiel reflejo de la divinidad. No obstante, tal privilegio implica también una importante responsabilidad. La preeminencia del hombre se complementa con las palabras "sojuzgad" y "señoread" (Gn. 1:28) y el gobierno que tales términos sugieren necesita, para ser eficaz, la identificación plena con la voluntad del Sumo Hacedor. Que el hombre sea imagen de Dios significa que nada debe interponerse entre el Creador y la criatura. Nada tiene que hacer sombra o tapar el reflejo que los une o relaciona.

Pero, desafortunadamente, esto no ha sido siempre así a lo largo de la historia. Muchos ídolos se han venido interponiendo, llegando casi a eliminar el destello divino del alma humana. La miseria de la humanidad ha consistido en que muy a menudo ésta ha ignorado su origen trascendente. Los hombres han puesto su corazón en valores terrenos y finitos, olvidándose casi por completo de lo eterno y divino. Otros intereses han sustituido a Dios en el corazón humano y éste ha perdido la memoria acerca de lo que significa ser imagen del Altísimo. En lugar de rendir culto a Dios, los humanos han tendido con frecuencia a ofrecer culto al propio hombre. En la antigüedad eran los reyes, faraones, césares y caudillos quienes sustituían a la divinidad. Hoy se continua divinizando también al hombre pero por medio de la política, el deporte o los diferentes espectáculos de masas. Es la eterna mutación de lo secular a lo religioso.

Sin embargo, tales sustituciones no mejoran la imagen del hombre sino que lo esclavizan y lo hacen todavía más inhumano. En el fondo, ya casi nadie confía en la humanidad. La crítica postmoderna que se pregunta ¿es posible seguir divinizando al hombre después de Auschwitz e Hiroshima? lleva en su respuesta implícita toda la razón. Ya no es posible confiar en el ser humano.

El profeta Ezequiel escribió, más de quinientos años antes de Cristo, estas palabras dirigidas al príncipe de Tiro: *«por cuanto se enalteció tu corazón, y dijiste: Yo soy un dios, en el trono de Dios estoy sentado...»* (Ez. 28:2). Este ha sido siempre el problema del hombre: el orgullo y la soberbia sobre todos los demás seres creados. Pero, la realidad es que el ser humano que no se comporta como imagen de Dios, no pasa de ser un animal más. Desde el momento en que el hombre actúa perversamente con el hombre, desde el instante en que borra la imagen divina en su vida y se transforma en un salvaje sin escrúpulos, no queda más remedio que reconocer su absoluta animalidad ya que procede como cualquier otra fiera. Si el hombre dispone su existencia al servicio de la maldad y el pecado ¿por qué va esperar un destino mejor que el de cualquier animal? ¿Acaso no es culpable de sus propios males?

No obstante, a pesar de las atrocidades acaecidas en este último siglo muchas personas se siguen planteando ¿cómo podemos seguir viviendo? ¿cómo recuperar la fe en nosotros mismos? La mejor manera será siempre volver a la Palabra de Dios y reconocer que el ser humano es criatura como el resto de la Creación. El hombre no es divino ni es dios de nadie. No debe actuar, por tanto, como "dios para el hombre" ni como "lobo para el hombre". La misión de señorear, que le fue encomendada, es un llamamiento a la solidaridad con el resto del cosmos creado.

El hombre posee hoy muchísimo más poder que antaño, gracias al gran desarrollo alcanzado por la tecnología científica, de ahí que su responsabilidad frente al mundo sea también notablemente mayor. El principal problema de nuestra época no es adquirir más poder sobre la naturaleza, sino acertar a usar el que ya se posee de manera sabia y responsable. La imagen divina que hay en el hombre exige que las fronteras existentes entre pueblos y naciones sean superadas mediante el buen uso de la política; que los problemas medioambientales se solucionen de manera generosa e inteligente y que los nuevos retos planteados por la bioética sean meditados a la luz de esta semejanza divina que existe en todo ser humano. La libertad y la técnica deben estar al servicio de la vida, y no al revés. El hombre está llamado a construir, no a destruir. Y esto sólo podrá conseguirse cuando aprendamos a actuar como verdaderas imágenes de Dios.

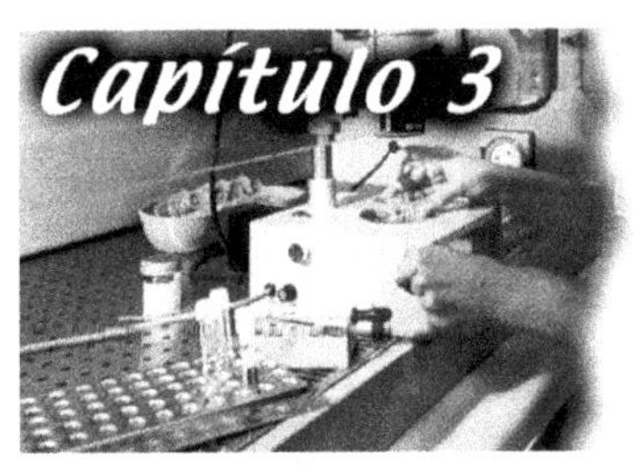

REPRODUCCIÓN ASISTIDA

Estamos asistiendo actualmente al gran desarrollo alcanzado por las llamadas técnicas de reproducción asistida (TRA). Hoy existen ya más de veinte maneras distintas de tener un hijo. Las nuevas formas de reproducirse han hecho posible cosas que hace tan sólo unos pocos años pertenecían al terreno de la más pura ficción. En la actualidad cualquier mujer sana puede gestar y dar a luz un hijo que no sea biológicamente suyo; ahora la maternidad puede ser legal o biológica y ésta última se ha dividido, a su vez, en genética o de gestación; hoy es posible engendrar con semen de un esposo fallecido años atrás. Una abuela tiene capacidad para dar a luz a su nieto y una mujer puede ser, a la vez, madre y hermana de su propio bebé. Es factible, por tanto, alquilar el claustro materno y parir por otra mujer, cediéndole después el hijo a cambio de dinero. Las últimas técnicas de inseminación artificial permiten fecundar con semen del marido o de algún donante anónimo; con espermatozoides frescos o congelados; a mujeres casadas, solteras, viudas o a parejas lesbianas. Y todo ello sin entrar en el resbaladizo terreno de las posibilidades que se esbozan con la clonación humana. ¿Qué nuevos problemas éticos plantean tales tecnologías? ¿qué efectos psicológicos pueden originar en las criaturas nacidas mediante ellas? ¿dónde está el límite ético entre lo que "puede" y lo que "debe" hacerse?

Ante el desarrollo de toda esta tecnología biomédica es normal que surjan dudas y dificultades que sólo mediante un análisis sereno y serio podrán irse despejando. Este es, de hecho, el motivo y la pretensión del presente trabajo. Existe, no obstante, el riesgo de precipitarse y adoptar posturas restrictivas o

demasiado intransigentes. Pero el peligro de que se cometan abusos no debiera impedir que se valoren adecuadamente aquellos aspectos positivos que aporta la nueva tecnología. Todo lo que contribuya a intereses verdaderamente humanos y a paliar el sufrimiento debe ser bienvenido. No se trata de cerrarse en banda a la investigación que pretende luchar contra la esterilidad humana, sino de exigir que se actúe con moderación y sentido ético. La ciencia sin conciencia sólo puede conducir a la ruina moral del propio hombre, de ahí la necesidad de humanizarla o adecuarla a los intereses y valores auténticamente humanos.

Una reacción de la que se debe huir, por simplona y poco fructífera, es la de creer que al manipular las fuentes de la vida, la ciencia está violando un espacio sagrado que sólo le pertenece al Creador. Es una equivocación pensar que todos los científicos aspiran a ser como dioses y que están robando algo así como la fruta prohibida del árbol bíblico del bien y del mal. No responde al verdadero carácter del Dios que se revela en la Biblia, ni a la idea del hombre como imagen del Creador. El Dios que nos manifiesta Jesucristo no es alguien que defiende celosamente ciertos espacios de su poder, en los que el ser humano no puede penetrar. Él desea que su imagen "señoree" y "someta la tierra". El hombre tiene, por tanto, la obligación de seguir investigando y descubriendo los misterios de la vida y del cosmos. El que la ciencia haya llegado a poder hurgar en los gametos y cromosomas, para luchar contra la enfermedad o vencer la infertilidad, no atenta contra el Dios de la Biblia, ni le hace sombra, sino que es el reflejo de la libertad con que se dotó al ser humano. Esto no significa, por supuesto, que todo lo que se hace en nombre de la ciencia sea éticamente correcto. La libertad puede usarse para el bien o para el mal y, por desgracia, la historia del siglo XX se encarga de recordarnos que en demasiadas ocasiones se ha usado para el mal. De ahí que los nuevos avances médicos supongan un serio reto a la responsabilidad del ser humano. El científico actual debería hacer suya la antigua oración del joven Salomón que le pedía a Dios sabiduría para gobernar justamente a su pueblo.

Desde el nacimiento de la primera niña-probeta, Louise Brown, en 1978, cada año se ha venido incrementando el número de investigaciones y descubrimientos en el terreno de esta moderna tecnología de la fecundación. Tales hallazgos crean con frecuencia la polémica, o el debate popular, ya que remueven los cimientos morales del ser humano. Es como si todo aquello que se relaciona con los grandes interrogantes eternos de la existencia, es decir, el nacimiento y la muerte del hombre, generase interés y destapara los sentimientos más arraigados del alma humana.

Pero, por otro lado, es lógico que así sea, puesto que la procreación es una de las más importantes manifestaciones vitales que los humanos compartimos con el resto de los seres vivos. No es, pues, extraño que las parejas o matrimonios estériles procuren transmitir vida y superar, mediante la tecnología médica, aquellos inconvenientes que les impiden hacerlo. Alrededor de un 15% de las parejas que desean tener descendencia ven frustrado su propósito debido a que uno de los dos cónyuges -muy raramente los dos- presenta problemas de esterilidad o subfertilidad.

El número de bebés nacidos mediante estas técnicas resulta difícil de determinar con precisión. No obstante, parece que en Francia nacerían cada año alrededor de 4.500 niños originados por medio de fecundaciones "in vitro", más otros 1.500 que serían el resultado de inseminaciones artificiales (Blázquez, 1996: 56). Tal número de éxitos produce cierta euforia en los matrimonios estériles y contribuye a que la opinión pública crea que todas las parejas no fértiles pueden beneficiarse automáticamente de las técnicas de reproducción asistida. Esto, que no siempre es verdad, unido a la poca eficacia actual de tal tecnología procreadora -como posteriormente se verá- y al elevado coste económico que supone, hace que ciertos sectores sociales se cuestionen si sería o no conveniente limitar su aplicación a determinadas parejas.

«La ciencia sin conciencia sólo puede conducir a la ruina moral del propio hombre, de ahí la necesidad de humanizarla o adecuarla a los intereses y valores auténticamente humanos.»

Generalmente se suele hacer poca referencia a los fracasos, pero existen y son numerosos. En ocasiones, cuando las esperanzas de las parejas se ven defraudadas se producen situaciones sumamente dolorosas que pueden desembocar en traumas personales. Matrimonios que tenían ya asumida su esterilidad han visto cómo el recurso a la reproducción asistida les volvía a abrir una antigua herida. Las burocracias hospitalarias, la tensión de la espera y el desengaño ante los resultados negativos, influyen en la relación entre los cónyu-

ges, tanto en la mujer como en el marido. Se trata de inconvenientes no decisivos, pero que deben ser tenidos en cuenta a la hora de valorar este asunto.

3.1. El proceso natural de la fecundación

Para entender los aspectos técnicos de la reproducción asistida es conveniente aclarar ciertos detalles acerca del singular fenómeno de la fecundación, así como de la división del cigoto y posterior desarrollo embrionario. Los múltiples estudios realizados hasta el presente demuestran que tal evento es un proceso continuo, formado por múltiples acontecimientos encadenados e íntimamente relacionados entre sí. Las definiciones de los numerosos conceptos que se emplean en este apartado aparecen en el glosario final.

El número aproximado de espermatozoides* que se libera en el tracto genital femenino, después de una eyaculación normal, es de 200 a 300 millones. De éstos, tan sólo el 1% consigue llegar hasta el útero, ya que la acidez del medio vaginal se lo impide. Y de ellos, únicamente unos cuantos centenares logran arribar al tramo final de las trompas de Falopio*, donde se halla el oocito* de segundo orden, y adherirse a su zona pelúcida*. Esta unión constituye el estímulo necesario para que el oocito se transforme en óvulo*. Cada período de entre 28 a 32 días, la mujer produce un oocito que pasa a una de las trompas y, si no es fecundado, sólo permanece allí unas 24 horas antes de desaparecer.

En realidad, la zona pelúcida es una membrana extracelular que rodea completamente al gameto femenino, protegiéndolo y facilitando el contacto con el espermatozoide. Se ha descrito una proteína en esta zona -la llamada ZP3- que, al parecer, facilitaría la unión de ambos gametos, atrapando a los espermatozoides más activos y orientándolos hacia la penetración. Si la fecundación no se produce los espermatozoides mueren al cabo de unas 72 horas.

La introducción del gameto masculino en el ovocito origina la sincronización progresiva de los relojes moleculares y cromosómicos de ambas células. Se establece una relación recíproca. El espermatozoide condiciona la división meiótica* del óvulo y éste controla el proceso de maduración del pronúcleo* masculino. Una pequeña porción de la cola del gameto del macho, cargada de mitocondrias*, penetra también en el ovocito produciéndose la activación del mismo. A la vez, ciertos gránulos del citoplasma* del óvulo liberan las sustancias que contienen a la zona pelúcida, provocando cambios en ella e impidiendo que algún otro espermatozoide pueda penetrar. Con esto se evita que varios espermatozoides puedan fecundar al mismo óvulo, es decir, la llamada polispermia*. El producto de la fusión entre espermatozoide y óvulo recibe el nombre de cigoto* (o zigoto) y es una célula constituida por las dos dotaciones cromosómicas de ambos gametos. Posee 46 cromosomas siendo, por tanto, diploide* (2n).

Los gemelos* suelen producirse generalmente por dos causas: porque el óvulo, después de la fecundación, se divide en dos (en cuyo caso los embriones serán gemelos idénticos, los llamados monocigóticos*) o porque se han liberado y fecundado dos óvulos distintos. En este último caso, cada óvulo es fecundado por un espermatozoide diferente y, por tanto, la madre dará a luz dos gemelos no idénticos que pueden ser o no del mismo sexo. Se trata de los gemelos dicigóticos*. El sexo del futuro bebé se decide en el preciso momento de la concepción. Tanto el espermatozoide como el óvulo contienen 23 cromosomas* cada uno, la mitad del número que poseen las demás células corporales. El cromosoma número 23 del óvulo es un cromosoma X*. Si un espermatozoide que lleve otro cromosoma X se fusiona con tal óvulo, el embrión resultante será femenino; si por el contrario el que se fusiona es un espermatozoide que lleva el cromosoma Y*, el embrión será masculino. De manera que la fecundación le proporciona a la nueva célula, el cigoto, una dotación completa de 46 cromosomas procedentes de ambos progenitores. Es decir, todo el material genético necesario para mantener la vida y determinar el desarrollo de un nuevo ser humano.

El cigoto maduro se desplaza lentamente, a través de la trompa de Falopio, hacia el útero*, gracias a las contracciones de la musculatura y al movimiento de los cilios de la mucosa tubárica. Tal trayecto, que dura unos cinco días, permite el inicio de los procesos de división celular que originarán al futuro embrión. La primera división celular se completa al cabo de unas 30 horas dando lugar a dos células. Son los llamados blastómeros*. Inmediatamente cada uno de ellos se vuelve a dividir en dos más. Hay, por tanto, cuatro. Una nueva división produce ocho, y así sucesivamente, dieciséis, treinta y dos, etc. Como el tamaño original del cigoto prácticamente no varía, las células son cada vez más pequeñas. Finalmente se forma un conglomerado de minúsculos blastómeros que recuerda el aspecto de una mora, de ahí que se le denomine mórula*.

La característica más significativa de las células durante este periodo es la totipotencialidad*. Es decir, la capacidad que posee cada una de transformarse en un embrión independiente. Esta propiedad es muy elevada durante los primeros estadios -hasta el de ocho células- pero disminuye rápidamente cuando el cigoto alcanza las 64 y pasa ya al estado de unipontencialidad.

Al alcanzar la cavidad uterina, en el interior de la mórula se empieza a formar un líquido que desplaza las células hacia un extremo. De este modo la mórula se convierte en blástula* (o blastocisto). Las células externas de la blástula desarrollada forman una cubierta esférica llamada trofoectodermo* que rodean a la cavidad interna llena de líquido, el blastocele*. La acumulación de células dentro del trofoectodermo, en uno de los polos, constituye la llamada masa celular interna (MCI). De ella derivará totalmente el embrión*, mientras que a partir del trofoectodermo se formará la placenta* y el resto de las estructuras extraembrionarias, como la cavidad amniótica* y el saco vitelino*. Una vez desprendida la zona pelúcida, a los seis o siete días de la fecundación, las células del trofoectodermo establecen un estrecho contacto con las paredes del útero para implantar allí al embrión.

Esta implantación, o anidación*, de la blástula en la pared del útero se inicia entre el sexto y el décimo día para finalizar alrededor del día catorce. Justo cuando aparece la línea o cresta primitiva* y empieza ya a hablarse de embrión. La anidación provoca que las células epiteliales del endometrio* crezcan por encima de la blástula y la recubran. De manera que, el embrión se desarrolla en el interior de la pared del útero, sin contacto directo con la cavidad uterina. Una vez implantado el embrión empieza a producir la hormona gonadotropina coriónica (HGC) que actúa sobre el cuerpo lúteo* del ovario aumentando su tamaño. Esto hace que se mantenga la secreción de progesterona* y que el endometrio permanezca también en fase secretora durante todo el embarazo. Las pruebas para detectar la presencia de esta hormona HGC en la sangre de una mujer constituyen una fiable indicación de embarazo. Desde que se produce la implantación se inicia el desarrollo de la placenta, órgano que permitirá el intercambio de sustancias entre la madre y el nuevo ser durante los nueve meses que dura el embarazo.

El proceso embrionario finaliza alrededor del segundo mes de gestación y desde ese momento se empieza a hablar ya de feto*.

FECUNDACIÓN Y PRIMERAS FASES DE LA DIVISIÓN CELULAR

Representación de la fecundación y de las primeras fases de la división celular.

1. Penetración de un espermatozoide en el interior del óvulo.

2. Cigoto fecundado en el que pueden apreciarse los dos pronúcleos, el masculino y el femenino.

3. Primera división celular que da lugar a dos blastómeros.

4. Segunda divisón celular.

5. Tercera división celular.

6. Estado de mórula;

7. Blástula o blastocisto mostrando el trofoecto dermo, la masa celular interna y el blastocele.

(Del Hoyo, 1991).

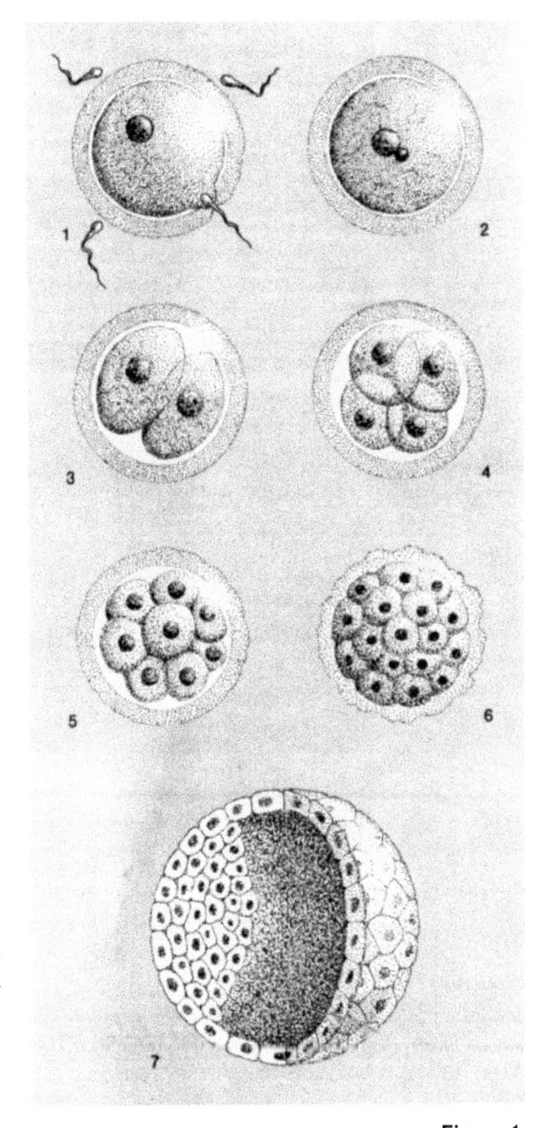

Figura 1

TRAYECTO QUE RECORRE EL CIGOTO HASTA SU IMPLANTACIÓN

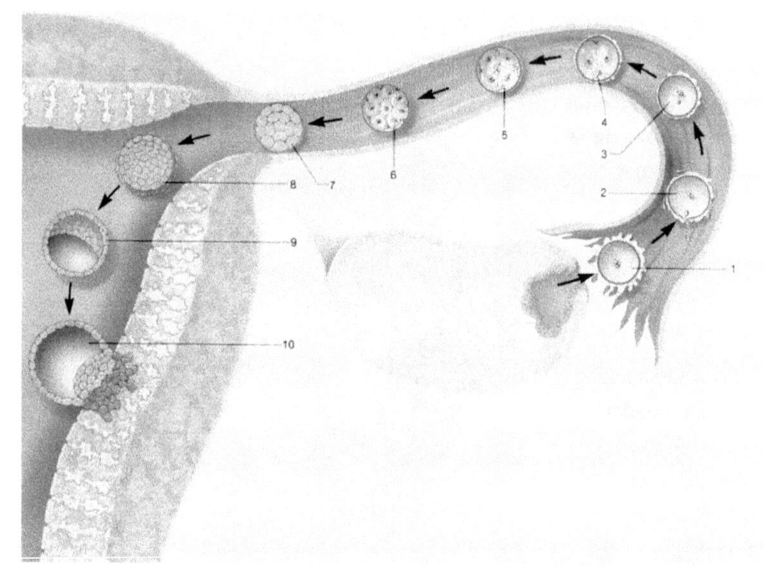

Figura 2

Trayecto que recorre el cigoto hasta su implantación en la pared del útero.

1. óvulo
2. fecundación
3. cigoto
4. primera división celular hacia las 30 horas después de la fecundación
5. segunda división celular (40-50 horas)
6. mórula precoz (80 horas)
7. mórula
8. mórula avanzada (4 días)
9. blástula (5 días)
10. implantación del embrión en la mucosa uterina

(Del Hoyo, 1991).

3.2. Inseminación artificial (IA)

1776 Spallanzani fue el primero en estudiar las consecuencias que tenía la congelación sobre los espermatozoides.

1777 Spallanzani intentó fecundar reptiles mediante inseminación artificial.

1785 Hunter consiguió que una mujer se quedara embarazada y posteriormente diera a luz un niño, después de haber sido fecundada artificialmente con semen de su marido. El procedimiento seguido fue publicado posteriormente en Estados Unidos por Sinms.

1850 A partir de este año aparecieron varios trabajos en los que se evidenciaba que se estaba practicando ya la inseminación artificial.

1886 Montegazza propuso la formación de bancos de semen congelado.

1889 Dickinson realizó inseminaciones artificiales con semen de donante (IAD) en Estados Unidos. Tales prácticas se empezaron a publicar en 1904. Desde esa fecha se cree que en dicho país se han realizado más de un cuarto de millón de inseminaciones.

1954 Se publicó un trabajo en el que se dieron a conocer cuatro embarazos utilizando semen congelado.

1973 Se recomendó en Inglaterra que la inseminación artificial mediante donante se realizara dentro del sistema de la salud pública.

1978 Se crean bancos de semen en España y desde esa fecha han nacido más de dos mil bebés por inseminación artificial con semen de donantes.

Las principales técnicas de reproducción asistida son básicamente dos: la *inseminación artificial* (IA), en la que el proceso de fecundación ocurre siempre en el interior del aparato reproductor femenino, y la *fecundación "in vitro"* (FIV) caracterizada, como su nombre indica, por ser una fecundación realizada en el laboratorio y externa, por tanto, al cuerpo de la madre. Existen, no obstante, algunas variantes más de cada una de ellas que serán seguidamente analizadas.

FECUNDACIÓN ASISTIDA

	INTERNA	**Inglés**	**Español**
1	Inseminación artificial	AI	IA
2	Inseminación artificial con semen del cónyuge		IAC
3	Inseminación artificial con semen de donante		IAD
4	Inseminación intrauterina directa	DIUI	
5	Inseminación intraperitoneal	IPI	
6	Transferencia intraperitoneal de esperma y ovocitos	POST	
7	Transferencia intratubárica de gametos	GIFT	
8	Transferencia del ovocito a la trompa		TOT
9	Transferencia cervical intratubárica de gametos	TC-GIFT	
	EXTERNA		
10	Transferencia intratubárica de zigotos	ZIFT	
11	Transferencia intratubárica de pronúcleos	PROST	
12	Transferencia del embrión a la trompa	TET	TET
13	Fecundación "in vitro" y transferencia de embriones	IVF-ET	FIVTE o FIVET
14	Inyección subzonal de espermatozoides	SUZI	
15	Inyección intracitoplasmática de espermatozoides	ICSI	

a. Aspectos técnicos de la inseminación artificial (IA)

La inseminación artificial consiste habitualmente en la introducción de semen, obtenido mediante masturbación, en las vías genitales femeninas. El depósito del mismo suele hacerse en el cuello del útero o en el fondo de la vagina. Se trata de un método relativamente simple y poco costoso.

Como puede comprobarse mediante la reseña histórica anterior, el método ya se conocía desde el siglo XVIII. Sin embargo, el éxito de esta técnica no se produjo hasta la aparición de los llamados bancos de semen durante el presente siglo, con el descubrimiento de la congelación del mismo a temperaturas de 196,5 grados bajo cero. Posteriormente el semen puede ser descongelado a la temperatura corporal sin perder su capacidad fecundante. Mediante tal tecnología de criopreservación han nacido ya muchos millares de niños en todo el mundo.

Los problemas de esterilidad que conducen a los matrimonios, o parejas que desean tener hijos, a solicitar la inseminación artificial suelen ser tanto de origen masculino como femenino. En el primer caso pueden deberse a impotencia del varón. Si no se consigue una erección correcta que permita introducir el pene de forma adecuada en la vagina, es muy difícil, por no decir imposible, depositar el semen de manera natural en el lugar apropiado para que se produzca la fecundación. También ciertas anomalías anatómicas pueden imposibilitar la realización del acto sexual, como hipospadias, enfermedad de Peyronie o traumatismos producidos en los genitales externos. En otras ocasiones puede existir incompatibilidad moco-semen. La mucosidad endocervical de la mujer o el semen del varón pueden presentar anticuerpos que actúan sobre los espermatozoides impidiendo la arribada de éstos al óvulo. Aunque las causas de infertilidad masculina más frecuentes suelen ser las alteraciones del semen. Cuando el marido no tiene un número de espermatozoides suficiente en el semen se habla de oligospermia*. El esperma normal posee entre 50 y 100 millones de espermatozoides por centímetro cúbico. Se diagnostica oligospermia en el caso de que no se llegue a los 30 millones. Si no existen prácticamente espermatozoides en el semen se trata de azoospermia* y si existen pero no poseen la vitalidad indispensable es un caso de astenospermia*.

Por lo que respecta a las anomalías femeninas, susceptibles de llevar al médico a aconsejar la práctica de la inseminación artificial, puede hablarse entre otras de: vaginismo*, cuando la vagina no acepta la introducción del pene eréctil; alteraciones del cuello uterino que no segrega el moco adecuado para permitir el avance de los gametos masculinos; dispareunia* o coito doloroso que produce una sensación de dolor en la zona genital de la mujer al efectuar el acto sexual impidiendo su realización completa y satisfactoria. En general, muchas deformaciones anatómicas que hacen imposible la práctica del coito fecundante normal pueden motivar la solicitud de la inseminación artificial. En el 40% de las parejas estériles, la causa de su esterilidad se debe a trastornos existentes en el hombre, mientras que las alteraciones femeninas suponen el 55%. Sin embargo, en el 5% de las parejas restantes se suele desconocer todavía, en la actualidad, la causa exacta de su esterilidad.

En las diferentes publicaciones que tratan de este asunto, la inseminación artificial (IA), suele dividirse en dos tipos: IA homóloga e IA heteróloga. Esta distinción se hace teniendo en cuenta si el semen empleado en la fecundación procede del marido -o pareja sentimental estable-, o de un donante anónimo respectivamente. No obstante, tal terminología no parece correcta ya que se presta a la confusión. Los conceptos homólogo y heterólogo se utilizan también en medicina para referirse a los trasplantes de órganos, o tejidos, realizados entre individuos de dos especies distintas (heterólogo) o de la misma (homólogo). De ahí que algunos autores prefieran hablar de inseminación artificial con semen del cónyuge o compañero (IAC) e inseminación artificial con semen de donante (IAD) (Gafo, 1994:171). En el presente trabajo se empleará sólo esta última denominación.

Al parecer los resultados obtenidos con estas dos técnicas varían entre sí. En el caso de la IAD el porcentaje de éxito es de alrededor del 60%, mientras que con la IAC es tan sólo del 25%. Tales diferencias se deben a la menor calidad del semen procedente del cónyuge que es el responsable, casi en la mitad de los casos, de la esterilidad de la pareja. Los médicos que recomiendan la IAD lo hacen generalmente en aquellas ocasiones en las que la esterilidad del marido es irrecuperable. Se trata de varones con graves alteraciones de su semen. La existencia de anomalías cromosómicas que pueden transmitirse mediante los espermatozoides, así como de incompatibilidades del factor Rh entre marido y mujer, suelen tenerse también en cuenta al aconsejar una IAD.

¿Quiénes son estos donantes anónimos de semen? Para que un determinado banco de semen admita las donaciones de un varón suele realizar previamente una serie de controles mediante los que se descarta a aquellos individuos que presentan enfermedades hereditarias o adquiridas. También se limita el número de donaciones, así como el de embarazos para evitar posibles problemas de consanguinidad. La mayoría de los donantes son estudiantes de medicina, maridos de mujeres no fértiles, padres que visitan a sus descendientes en las unidades de maternidad o varones que acuden para que se les realice una vasectomía. Todos suelen ser menores de 30 años y su semen debe poseer un elevado índice de fertilidad.

La *inseminación intrauterina directa* (DIUI), que aparece en cuarto lugar en el esquema 1, es una variante de la IA. En ella se emplean espermatozoides previamente lavados y a la mujer se le provoca una superovulación. Posteriormente se insemina de manera directa en la cavidad uterina. Los resultados de esta técnica se cifran en un 26,4% (Blázquez, 1996: 61). Otra variante de la IA es la *inseminación intraperitoneal* (IPI) en la que la mujer es sometida también a una superovulación y los espermatozoides móviles le son inyectados a través del fórnix vaginal posterior. Esta técnica está relacionada con otra que persigue conseguir fracciones separadas de espermatozoides X o Y. Mediante la llamada citometría de flujo es posible ya diferenciar ambos tipos de espermatozoides por el distinto ADN que presentan. Esto haría posible una elección del sexo del bebé.

La *transferencia intraperitoneal de esperma y ovocitos* (POST) sólo puede practicarse en mujeres que poseen una trompa de Falopio en buenas condiciones. Este sistema se utiliza en pacientes que presentan un rechazo cervical a los espermatozoides o su infertilidad es de origen desconocido. Cuatro ovocitos y millones de espermatozoides son depositados mediante un catéter en el saco de Douglas, cavidad situada entre el cuello del útero y el recto. Los resultados iniciales de esta técnica, realizada por primera vez en 1987, fueron de un 24% de embarazos.

En cuanto a la *transferencia intratubárica de gametos* (GIFT o TIG), técnica descrita en 1984, lo que se hace es inducir la ovulación, aspirar los ovocitos, preparar el esperma y colocar dos de estos ovocitos en cada trompa de Falopio (o de dos a tres ovocitos en una sola trompa) junto a 50.000 o 100.000 espermatozoides. La introducción de los gametos suele realizarse mediante laparoscopia. Al método para introducir el ovocito en las trompas se le conoce también como *transferencia del ovocito a la trompa* (TOT). Cuando no se recurre a la laparoscopia sino que la transferencia se realiza a través de la vagina y el útero se habla de *transferencia cervical intratubárica de gametos* (TC-GIFT). En un informe de la American Fertility Society, fechado en 1994, se daba la cantidad de 26,3% de niños nacidos por medio de este método, de los 5.767 intentos realizados.

b. Aspectos legales de la reproducción asistida

La problemática social creada con las técnicas de inseminación artificial, y en general con la reproducción asistida, ha provocado que los diferentes gobiernos se hayan visto obligados a crear legislaciones para regular jurídicamente estas nuevas situaciones.

LA REPRODUCCIÓN ASISTIDA EN ALGUNAS LEGISLACIONES EUROPEAS

1978 La Constitución española reconoce el derecho a la investigación de la paternidad.

1984 Recomendaciones de la Comisión Warnock contenidas en su "Informe de la comisión de investigación sobre fecundación y embriología", Londres, julio de 1984.

1984 Consejo de Europa: Proyecto preliminar de recomendaciones sobre los problemas derivados de las técnicas de la procreación artificial. Estrasburgo, 17 de octubre de 1984.

1986 Recomendación 1046 sobre la utilización de embriones y fetos humanos con fines diagnósticos, terapéuticos, científicos, industriales y comerciales. Estrasburgo, 24 de septiembre de 1986.

1986 Informe Palacios: serie de recomendaciones sobre procreación asistida realizada por una comisión de expertos del Parlamento español para ser presentada al poder legislativo. En 1986 fue aprobada por el Pleno del Congreso de los Diputados.

1988 Ley 35/1988 sobre Técnicas de reproducción asistida, BOE 282 (24 de noviembre de 1988). España es el primer país del mundo que cuenta con una legislación en la que se regula toda esta temática.

Las leyes de los diferentes estados acerca de las técnicas de reproducción asistida pretenden, en principio, manifestar las convicciones éticas mayoritarias de las sociedades pluralistas. Esto no quiere decir que tales convicciones sean siempre las más acertadas desde el punto de vista moral y, mucho menos, que respondan a las creencias religiosas o ideológicas de toda la población.

Después de estudiar las legislaciones europeas al respecto es fácil descubrir los valores éticos más significativos que han sido tenidos en cuenta al elaborar las siguientes consideraciones:

- Toda persona adulta tiene derecho a procrear.
- El bebé tiene derecho a venir al mundo en las mejores condiciones que favorezcan su desarrollo personal.
- Los niños tienen derecho a saber quiénes son sus verdaderos padres.
- La mujer sola, independientemente de cual sea su estado civil (soltera, separada, divorciada o viuda) no tiene derecho a la práctica de la reproducción asistida ya que es mejor para los niños nacer en una familia con padre y madre. Así se expresan las leyes británica y sueca. Sin embargo, la legislación española afirma que cualquier mujer mayor de 18 años, que goce de buena salud físico-psíquica, puede acceder a las técnicas de reproducción asistida, independientemente de cuál sea su situación civil. Esta concepción supervalora el derecho de la mujer a procrear e infravalora el del bebé a nacer en un hogar con padre y madre.
- La admisión legal del aborto no significa que exista un desinterés legal por el embrión o el feto.
- Los deberes y derechos que dimanan de la paternidad recaen sobre los padres legales y no sobre los que donaron los gametos o embriones.
- La selección del sexo u otras cualidades del nuevo ser, con fines eugenésicos o de mejora de la raza, no es una actividad lícita; sin embargo, se permite escoger a personas, como donantes de gametos, cuyos rasgos sean parecidos a los de los padres legales.
- Se admite tanto la IAC como la IAD pero no la IAC post-mortem. Sin los seis meses posteriores al fallecimiento del varón, si es que éste hubiera expresado tal voluntad por escrito.

• Se admite la FIVTE, así como la congelación de gametos y embriones de menos de 14 días.

• La legislación española admite la experimentación con embriones no viables, es decir, aquellos que parece que no se vayan a desarrollar adecuadamente.

• No se admite la maternidad de alquiler o subrogada, ni el clonado de seres humanos, ni la partenogénesis, ni la ectogénesis.

• El intercambio genético con otras especies así como la creación de híbridos no es admisible.

• No se admite la mezcla de semen de diferentes donantes; de un mismo donante no podrán nacer más de seis niños con el fin de evitar posibles uniones consanguíneas.

• Se prohibe la transferencia de embriones humanos al útero de otras especies animales y viceversa.

c. Valoraciones éticas acerca de la inseminación artificial (IA)

Las principales objeciones éticas planteadas a la inseminación artificial provienen, sobre todo, del campo católico. Desde la época de Pío XII tanto la inseminación con semen del propio marido como la que utiliza esperma de un donante, han sido rechazadas y calificadas de actos inmorales. Actualmente, en ciertos ambientes del catolicismo, parece que estas posturas han ido perdiendo fuerza y es fácil encontrar teólogos que defienden y proponen su aceptación. Sin embargo, todavía existen amplios sectores que prefieren mantenerse fieles al magisterio de su iglesia y rehusar cualquier tipo de inseminación artificial.

¿Cuál es el fundamento de este rechazo? Existe un doble argumento. En primer lugar se apunta hacia el método seguido para extraer el esperma del varón. La manera clínica habitual para la obtención del mismo es la masturbación. Aunque es verdad que existen otras técnicas no masturbatorias, lo cierto es que resultan algo más complicadas y apenas suelen utilizarse. La postura oficial católica repudia la masturbación aunque sea para inseminar artificialmente a la propia esposa. La segunda razón que se aduce es la artificiosidad despersonalizada, o el carácter no natural, del procedimiento de inseminación. Según esta concepción, sería como si lo artificial sustituyera a lo biológico y natural; como cambiar el amor conyugal por una especie de zootecnia impersonal y deshumanizada. Detrás de estas dos tesis existe también otro argumento característico de la visión católica: la creencia de que el acto sexual y la procreación no deben ir separados jamás. De ahí que toda reproducción asistida tenga que ser rechazada porque alejaría técnicamente la fecundación del coito natural. La conclusión para la moral católica sería, por tanto, señalar «*el carácter inhumano e inmoral de la inseminación conyugal artificial*» (Elizari, 1994: 65).

Ideas griegas acerca de la ley natural

Los argumentos éticos tradicionales que subyacen detrás de estas concepciones bioéticas se basan en unos principios tomados de la filosofía griega. Para los pensadores del mundo helénico la naturaleza era orden y no caos. No se trataba de algo que hubiera sido creado *ex nihilo*, es decir, a partir de la nada, sino que se concebía como un inmenso organismo vivo, eterno y autogenerante, envuelto en un constante movimiento cíclico. Una diosa material terráquea que, a su vez, había originado a los demás dioses que conformaban el universo mítico de la antigua religión de Grecia.

«La conclusión para la moral católica sería, por tanto, señalar "el carácter inhumano e inmoral de la inseminación conyugal artificial"»

Todos los seres pertenecientes al mundo natural llevaban grabado en sus entrañas el sello de una razón, de un *logos*, que era el que se encargaba de poner orden en el universo. Se trataba de la razón propia del cosmos. El filósofo romano Cicerón recogiendo estas ideas griegas escribió en su *Cato maior*: «*Todo lo que se conforma con las leyes naturales, debe contarse entre las cosas buenas*». La naturaleza se entendía como una realidad divina, ordenada, bondadosa y bella en la que cada cosa tenía su lugar y su función concreta. Los ojos eran para ver, los pies para andar y los oídos para oir. Si los hombres y las mujeres tenían órganos genitales, éstos debían ser empleados en realizar la función que les era propia, es decir la reproducción. La naturaleza era incapaz de hacer algo en vano. De ahí que la relación sexual se entendiera siempre como unitiva y procreativa.

Según esta manera de entender el mundo, la moralidad consistía en seguir el orden que se observaba en la propia naturaleza. El ser humano sólo podía alcanzar la felicidad conduciéndose constantemente de acuerdo a esta ley natural. Si la naturaleza divina había dotado a las personas para la procreación con un aparato sexual determinado, sólo se debería engendrar hijos mediante el uso natural de tal órgano. Eso sería lo éticamente correcto, lo moralmente aceptable, mientras que cualquier intento en otro sentido sería ir "contra natura", atentar contra la ley de la propia naturaleza, cometer un desorden ilícito.

Esta concepción naturalista que entendía todo aquello que no fuera natural como algo intrínsecamente malo, pasó del mundo griego al romano y, a través de los pensadores medievales, llegó hasta nuestros días. Sus principios estáticos e inamovibles pueden detectarse todavía hoy en aquellos argumentos que siguen rechazando toda técnica médica artificial que pretenda ayudar a la naturaleza humana. Es, asimismo, el prejuicio que se halla en el fondo de esa inseparable unión que se pretende entre procreación y acto sexual.

¿Qué dice la Biblia acerca de todo este asunto? La doctrina bíblica de la creación desmitifica el concepto griego de naturaleza ya desde las primeras páginas del Génesis. Para los hebreos del Antiguo Testamento el mundo es "creación", no "naturaleza". Los numerosos dioses del cosmos griego son expulsados del ámbito de la creación. Ni las montañas, ni los ríos o los vientos necesitan ídolos inexistentes que den cuenta de su bravura o inmenso poder. El relato de la creación desdiviniza y seculariza todo lo natural haciéndolo así accesible a la investigación humana. Para la Biblia el universo visible no es ni un dios, ni una máquina, tan sólo una creación de Dios. En adelante será posible la ciencia, la experimentación, los métodos de investigación y el descubrimiento de las leyes que rigen el mundo.

Pero el relato de la creación afirma también que el universo de los seres creados está bajo el cuidado del ser humano. Si para el filósofo griego el hombre estaba atrapado por la naturaleza porque formaba parte de ella y debía someterse inevitablemente a todas sus leyes por duras y crueles que fueran, para el escritor bíblico, en cambio, el ser humano es capaz de trascender la naturaleza. El ser humano tiene la obligación de investigar la naturaleza, este mundo que sufre las consecuencias del pecado, no para deshumanizarlo sino para eliminar el dolor, el sufrimiento y la enfermedad de tantas criaturas.

El asunto de la masturbación

¿Qué es, en realidad, la masturbación? ¿debe calificarse así el proceso de obtención de semen para la realización de la IA o para otros análisis médicos de esperma relacionados con esterilidad u otras enfermedades? ¿es también en tales casos un comportamiento exclusivamente autoerótico? ¿no existe acaso una finalidad distinta?

Conseguir semen con el fin de introducirlo, mediante instrumentos adecuados, en las vías genitales de la propia esposa es algo claramente diferente de la masturbación que se practica sólo para obtener placer. Se trata de un comportamiento que posee un sentido procreador y que, en la mayoría de las ocasiones, debe hacerse en situaciones incómodas o incluso desagradables. No es una acción solitaria, individual o egoísta, sino todo lo contrario. Lo que se busca es precisamente el altruismo de originar una nueva vida. Se está ante un acto que debe ser contemplado dentro del marco de la pareja que desea tener un hijo, a la luz de esa comunidad de vida y amor que es la familia.

Por otro lado, no es lícito recurrir al libro del Génesis (38: 8-10) para condenar de forma universal y absoluta cualquier tipo de masturbación, como si en todos los casos se tratara de un vicio repugnante. Lo que Dios le echa en cara a Onán no es el hecho de que se masturbara, sino su onanismo, es decir, la acción de no depositar el semen en la vagina de su cuñada y, en lugar de ello, echarlo en el suelo. Hoy, masturbación y onanismo son términos que se confunden hasta en los propios diccionarios. Sin embargo, se trata de dos cosas bien distintas. Aquello que desagradó al Señor fue la negación del hermano de Er a cumplir con la ley del levirato (de Vaux, 1985: 72). Onán no quería dejar embarazada a Tamar, la mujer de su hermano, porque sabía que la descendencia no se consideraría suya, por eso "vertía en tierra" su semen durante el acto sexual. Este texto no debe utilizarse, por tanto, para condenar la masturbación porque no se refiere a eso.

Lo cierto es que en la Biblia no existe ni un solo versículo que condene abiertamente el acto de la masturbación. La pérdida de semen por un hombre o de sangre por una mujer era considerada como una merma de vitalidad, algo así como una cierta disminución del principio vital. Las normas que aparecen en el libro de Levítico (15:1-33) acerca de la impureza sexual, se refieren siempre a un estado de indignidad ritual que impedía la participación en el culto durante breves períodos de tiempo, pero no se trataba de ningún tipo de castigo ya que no se le daba una culpabilidad moral. El aislamiento era una medida higiénica que pretendía impedir la propagación por contacto físico de lo que se consideraba una impureza. El flujo anormal de semen (Lv. 15:2,15) se refiere probablemente a las secreciones genitales de la gonorrea, enfermedad contagiosa que produce una mucosidad de la uretra. La segunda causa de impureza masculina era la pérdida o emisión de semen, que podía ser voluntaria o involuntaria (Lv. 15:16-17). Tal estado de impureza ritual duraba sólo un día y era necesario que el varón se lavara, así como la ropa manchada. En el fondo de toda esta meticulosa legislación sobre lo puro y lo impuro subyace la preocupación cultual, ya que cualquier profanación o contaminación de la morada del Señor podía castigarse con la muerte.

Es significativo el hecho de que en ninguna de las numerosas ocasiones en que la Escritura se refiere a los abusos sexuales, aparezca para nada el asunto de masturbarse. Ciertos moralistas, forzando el texto, procuran lanzar porciones como 1 Co. 6:9-10; Ef. 5:3 o Gá. 5:19-21 contra las prácticas masturbatorias, pero estos textos no hablan expresamente de este tema.

Evidentemente, como tantas cosas en la vida, la masturbación puede llegar también a convertirse en un comportamiento pecaminoso, si es que consigue esclavizar a la persona, transformándose en un vicio. No obstante, en el resto de las ocasiones la Palabra de Dios parece guardar un silencio revelador. Y cuando la Biblia guarda silencio, es mejor que nosotros también lo hagamos. De manera que, en nuestra opinión, la obtención de semen para la IA ni es un acto inmoral o pecaminoso, ni constituye tampoco un atentado a la ética cristiana.

El uso del preservativo

Con el fin de no obtener el semen destinado a la IA por medio de masturbación, hace ya bastantes años que algún moralista católico propuso la utilización del preservativo durante el coito conyugal para la recogida del mismo. Pronto se levantaron las voces contrarias aduciendo que se trataba de un artefacto ilícito porque destruía la relación que, según las autoridades eclesiásticas, debe existir entre sexualidad y procreación. Se inició así una discusión moral acerca de si el uso del preservativo para la recogida del semen era o no pecado. Casi se llegó a una cierta sacralización del líquido seminal. Incluso se sugirió que si se utilizaba el condón durante el coito para obtener muestras de semen, éste debería estar parcialmente perforado para que así una parte, al menos, fuera depositada en la vagina de la mujer y se respetara, de este modo, el sentido procreador del acto (López, 1997: 108). ¡A veces las elucubraciones morales pueden llegar a situaciones verdaderamente ridículas!

La artificiosidad en la procreación asistida

Es evidente que el mejor marco para que venga al mundo una nueva criatura será siempre el habitual, en el que reine una relación personal afectiva y que ningún acto tecnológico, por humanizado que esté, podrá nunca superar este ambiente. La cuestión es, sin embargo, hasta qué punto debe considerarse la inseminación artificial como un acto técnico y despersonalizado, cuando se lleva a cabo en un matrimonio que desea tener un hijo y que aporta sus propios gametos para conseguirlo. El niño que nace por IA ¿no es también producto del amor de sus padres? El hecho de que hayan sido necesarias ciertas técnicas médicas para facilitar su concepción, ¿le hace acaso menos humano? ¿son los bebés nacidos de la procreación asistida meros objetos despersonalizados, productos infrahumanos de la tecnología biológica?

La pareja que opta por someterse a los sacrificios y contrariedades que le imponen las técnicas biomédicas con el deseo de dar a luz un hijo ¿no está demostrando un amor genuino y de gran calidad? ¿cómo es posible estar seguros de que al utilizar los medios que la ciencia pone a su disposición, para conseguir la anhelada fecundidad, no se está realizando también la finalidad del plan de Dios? ¿quién está autorizado para decir que no?

Si se llevasen estos prejuicios contra la técnica médica hasta sus últimas consecuencias ¿no habría también que permitir el deterioro del organismo humano sin intentar curarlo, mediante medicinas o intervenciones quirúrgicas? ¿hasta dónde nos llevarían tales extremos?

La inseminación artificial con semen del cónyuge, aunque sea un acto técnico, puede llegar a tener una intención unitiva y procreadora mucho mayor que muchas concepciones naturales. ¡Cuántos casos se dan cada día, por des-

gracia, de bebés que vienen a este mundo sin ser deseados por sus padres o que han sido concebidos por descuido y falta de planificación! Mediante la IAC, sin embargo, el futuro hijo es ya de antemano deseado, esperado, querido y aceptado.

Detrás de la mecánica biológica que se realiza en el laboratorio o en la clínica, que hasta cierto punto puede ser fría y despersonalizada, suele haber algo más en el corazón de los que aspiran a ser padres. Este algo es el amor hacia un nuevo ser que todavía no existe. Y tal amor sólo puede contribuir proporcionando legitimidad ética al acto fecundador.

¿Es lo mismo sexualidad que procreación?

A pesar de ciertas opiniones en contra procedentes casi siempre del mundo católico, lo cierto es que en la Biblia, sexualidad y procreación, aunque estén profundamente relacionadas, aparecen como dos dimensiones del ser humano que no se identifican plenamente. La sexualidad es en primer lugar *unitiva* y no *procreativa*. Es decir, está destinada antes que nada a la comunión de los que se aman. Las palabras de Adán en el huerto del Edén fueron: «*Por tanto, dejará el hombre a su padre y a su madre, y se unirá a su mujer, y serán* ***una*** *sola carne*» (Gn. 2:24). El sexo es para disfrutarlo en el matrimonio. No obstante, el aspecto unitivo de la sexualidad queda complementado con el procreativo. También en el libro del Génesis puede leerse el mandato divino dado al ser humano: «*Y los bendijo Dios, y les dijo: Fructificad y multiplicaos...*» (Gn. 1:28).

No es cierto que la Palabra de Dios prohiba la separación entre el significado unitivo y el procreador. No se afirma en ningún lugar que todo acto amoroso tenga que quedar siempre abierto a la procreación. El hecho de que lo unitivo termine o no en lo procreativo depende -salvo errores biológicos- de los esposos que se relacionan sexualmente. Son ellos los únicos que deben decidir si su relación de amor tiene que ser una relación fecunda o no. Nadie tiene que entrometerse o elegir por ellos acerca de cuántos hijos han de tener o cómo deben tenerlos.

El matrimonio cristiano sólo tendrá que rendir cuentas de su relación conyugal delante de Dios. La paternidad responsable es precisamente eso. Y para que la paternidad y la maternidad sea auténticamente responsable, no podrá nunca venir dictada desde fuera, sino sólo por aquellos que se unen sexualmente. Únicamente así, la dimensión procreativa del matrimonio podrá ser humanizante.

¿Y cuando se requiere el semen de un donante ajeno?

La IAD ha levantado siempre numerosas dificultades éticas. Es obvio que no es lo mismo ceder el semen que donar sangre o cualquier otro tejido u órgano. Aunque también se trate de células humanas, lo cierto es que los gametos contienen los rasgos genéticos capaces de determinar a un nuevo ser humano, mientras que el resto de las células somáticas no se emplean de momento para la procreación. Las principales objeciones planteadas a la inseminación artificial con semen de donante anónimo apuntan hacia las posibles consecuencias psicológicas para los afectados, así como a la eventual agresión moral que pudiera suponer para la relación conyugal.

«No es cierto que la Palabra de Dios prohiba la separación entre el significado unitivo y el procreador. No se afirma en ningún lugar que todo acto amoroso tenga que quedar siempre abierto a la procreación.»

En este sentido, se ha hablado de complejo de inferioridad en el varón estéril que contempla su deficiencia como falta de virilidad; aparición de problemas en la relación paternofilial como consecuencia de que la presencia del hijo pueda suponer para el padre el recuerdo permanente de su infecundidad; repercusiones de todo esto en la vida de la pareja; alteraciones posesivas en la relación madre-hijo al pretender ésta que el hijo sea para ella misma, ya que es biológicamente suyo, y no de los dos cónyuges.

También se ha señalado que la IAD supone la introducción de una tercera persona, que siempre será un elemento extraño y distorsionante, en la vida íntima y privada del matrimonio. Incluso se ha sugerido que al eliminar a un miembro de la pareja y sustituirlo por un donante anónimo se está rompiendo esa comunión profunda y exclusiva a la que ambos se habían comprometido y que, por tanto, habría que hablar de la violación de un compromiso estable y de una nueva "forma de adulterio" (López, 1990: 91).

Si bien es cierto que las objeciones de tipo psicológico pueden darse en determinados casos, ello no implica que siempre y en todas las ocasiones tengan que producirse. ¿No es posible que algún matrimonio, consciente de tales peligros, asuma a pesar de ello la responsabilidad de criar y educar a su hijo concebido mediante IAD? ¿No puede el amor conyugal superar la barrera de los gametos? ¿Tienen siempre los espermatozoides ajenos que destruir el amor de la pareja? ¿Acaso no puede un marido ser lo suficiente maduro como para aceptar la propia limitación y hacer más feliz a su esposa y, a la vez, su propio matrimonio? ¿Debería llamarse a esto engaño o adulterio? De la misma manera en que se quiere y se cuida a un hijo adoptado sin que, de hecho, sea hijo biológico ¿no se trataría de la misma forma a un bebé que, cuanto menos, es hijo genético de la propia esposa? ¿habría que tener celos de ello? Si un matrimonio asume tal responsabilidad ¿quién puede o debe moralmente impedírselo?

Desde la visión católica, en la que sexualidad y procreación se conciben siempre como algo inseparable que pertenece al orden natural, es lógico que se rechace la IAD. Pero en la perspectiva evangélica el criterio para esta valoración no es tanto la fidelidad a una pretendida ley natural, que como se vio era un tanto problemática, sino al bien global de todas las personas implicadas. ¿Qué es lo mejor para aquel matrimonio que desea tener hijos y no puede? ¿qué es más adecuado para la futura criatura: nacer en un hogar en el que se la espera de antemano con cariño, o no nacer jamás? ¿vivir, o no vivir?

Se ha hablado también acerca de la ansiedad y el deseo de conocer al padre biológico, al anónimo donante de semen, que pueden experimentar algunos hijos obtenidos mediante las técnicas de la IAD. Se trata, en efecto, de una posibilidad real pero no es menos cierto que la educación recibida en el hogar es, en tales casos, fundamental. Lo verdaderamente importante para cualquier niño es el amor que recibe. Los genes pueden aportarle color al pelo, a los ojos o a la piel; son capaces de determinar la altura, la salud y determinadas aptitudes del ser humano, pero no ofrecen amor, amistad, experiencia de la vida, educación ni metas. Todo esto lo proporciona el entorno en que se vive, el cariño de los padres, familiares y amigos. Si se educa a estas criaturas, nacidas por IAD, en este ambiente y se les inculca que su identidad como personas estaba en Dios mucho antes que en el semen de un hombre, es difícil que lleguen a obsesionarse por su origen genético. Y si lo hacen, tendrán recursos para superarlo de forma satisfactoria.

A veces, detrás del rechazo a la IAD existe un deseo casi fanático de tener hijos genéticamente propios. Como si la herencia genética fuese la única forma de herencia que mereciera tal nombre o los genes determinaran por completo la identidad de las personas. Es creer que a través de la progenie de la "propia sangre" pudiera alcanzarse una cierta forma de inmortalidad.

No obstante, lo cierto es que desde el punto de vista de una jerarquía de valores, la inseminación con semen de donante no es un método moralmente incorrecto. No lesiona ningún derecho humano. Ni el derecho a la vida, ni a la libertad de aquellos que deciden tener el hijo mediante tal procedimiento. Su objetivo es producir vida y salud. Por tanto, en nuestra opinión, más importante que el origen genético de un espermatozoide es el amor entre dos personas que, como escribiera el apóstol Pablo, *«todo lo sufre, todo lo cree, todo lo espera, todo lo soporta»* (1 Co. 13:7).

La IA fuera del matrimonio

La inseminación artificial practicada a mujeres que viven solas y desean tener un hijo, como solteras, viudas, divorciadas o separadas, plantea otro tipo de inconvenientes éticos de muy difícil solución. En tales casos el deseo de la maternidad ¿no lesionaría el derecho del hijo a nacer en un hogar constituido normalmente por un padre y una madre?

Es verdad que, en ciertas situaciones, el ambiente que podría crear una mujer sola podría ser mucho mejor, desde los puntos de vista afectivo, psicológico, educacional o económico, que el conseguido en algunas familias en las que los esposos no se llevan bien y están siempre discutiendo o peleándose. También es cierto que, por diversas circunstancias, numerosos niños por todo el mundo se ven condenados a vivir desde su nacimiento huérfanos de padre o madre. Pero, no obstante, la cruel realidad de estas lamentables situaciones no justifica el hecho de que se pretenda concebir un bebé, mediante IAD, condenándolo premeditadamente a la orfandad de padre.

La psicología demuestra que la existencia de un padre y una madre juega un papel decisivo en la formación de la personalidad de la nueva criatura. El niño o la niña necesita modelos de referencia válidos y cercanos con los que poder identificarse. También requiere la posibilidad de compararse y complementarse con ellos. La relación existente entre el desarrollo de ciertas ten-

dencias homosexuales y la falta de uno de los dos progenitores durante la infancia es un hecho suficientemente conocido entre los psicólogos (Lacadena, 1990: 92).

Asimismo, es importante plantearse los motivos por los que se desea tener un hijo en tales situaciones. ¿Por sí mismo, o por razones puramente personales? ¿para darle amor, o para no sentirse sola? ¿acaso por narcisismo, o instinto de posesión? Muchas de estas motivaciones no suelen crear precisamente el ambiente más adecuado para educar la personalidad de un niño.

En algunos países las mujeres solas, en función de sus posibilidades económicas, tienen acceso a la adopción. ¿No sería ésta una solución mejor que la IA? Si en muchas otras naciones se prohibe a la mujer o al hombre que viven solos adoptar niños ¿no será porque se considera que la familia biparental es el marco más adecuado para la formación de los hijos?

Por estas razones nos parece que, desde una perspectiva cristiana, la inseminación artificial de una mujer sola o incluso dentro de una pareja lesbiana debe ser rechazada. En el mismo caso estaría la adopción de bebés por parte de varones homosexuales o la posible clonación humana.

La triste paradoja de la sociedad actual

No deja de ser sorprendente la lamentable paradoja que existe hoy en el mundo de la medicina. Mientras por una parte se invierten considerables esfuerzos y elevadas sumas económicas en proporcionar fertilidad a muchas familias estériles, a través de las técnicas de reproducción asistida, por la otra se produce un aumento de la aceptación ética y social del aborto. De una parte se procura crear vida y de la otra se la destruye por motivos, en ocasiones, triviales. ¿Es que no sería posible salvar miles de vidas humanas si se agilizase un poco la burocracia de la adopción y se crearan cauces de ayuda para las mujeres embarazadas que desearan donar sus bebés? Este es uno de los dilemas a que conduce la tecnología científica cuando no existe una planificación basada en la cordura, la ética y la racionalidad.

En la Biblia no se dice nada acerca de las técnicas de procreación asistida. Sin embargo, en relación con otro asunto muy diferente, con el día de reposo para los judíos, el sábado, el Señor Jesús les dijo a unos fariseos que le interpelaban escandalizados: *«El día de reposo fue hecho por causa del hombre, y no el hombre por causa del día de reposo»* (Mr. 2:27). Esta misma idea puede dar pie, en el tema que nos ocupa, a señalar que la medida adecuada y el punto de referencia válido será siempre el ser humano por encima de cualquier otra consideración. El hombre o la mujer no están hechos para la ciencia, sino que es ésta quien debe estar al servicio de las personas para mejorar su vida y no para deshumanizarla.

3.3. Fecundación "in vitro" (FIV)

RESEÑA HISTÓRICA

1950 Se empezó a desarrollar la FIV de ovocitos extraídos de animales.

1960 Se realizaron los primeros ensayos de FIV con ovocitos madurados durante 37 horas en el laboratorio.

1969 Se aplicó por primera vez la fecundación "in vitro" a los seres humanos. Los ovocitos fueron fecundados mediante espermatozoides de eyaculado lavados y esto sirvió para estudiar embriones humanos en cultivo. La aplicación de la laparoscopia permitió disponer de suficientes ovocitos para la FIV.

1971 a 1973 Los primeros embriones humanos fecundados "in vitro" empezaron a ser transferidos sin resultado a mujeres infértiles.

1975 Se consiguió el primer embarazo con la transferencia de un blastocito crecido "in vitro". Sin embargo tal embarazo fue ectópico y se produjo aborto natural a las once semanas.

1978 Nació el primer ser humano mediante esta técnica. Era la niña Louise J. Brown y su nacimiento ocurrió en el Hospital público de Oldham (Inglaterra). El éxito fue debido al equipo dirigido por los doctores Patrick Steptoe (médico) y Robert Edwards (biólogo).

1984 En marzo de este año nació, en Los Ángeles (EE.UU.), un bebé que había sido fecundado "in vitro", mediante el óvulo cedido por una mujer donante y posteriormente implantado en el útero de la madre que lo dio a luz.

1984 Un mes después, el 10 de abril, nació en Melbourne (Australia) la pequeña Zoe Leyland, a partir de un embrión que llevaba dos meses congelado.

1984 En el mes de julio del mismo año nació también en España, mediante la FIVTE, la niña Victoria Ana, en la clínica privada Dexeus.

a. Aspectos técnicos de la fecundación "in vitro" (FIV)

Por fecundación "in vitro" se entiende que el proceso habitual de la fusión entre el óvulo y el espermatozoide se realiza de forma artificial en un laboratorio, en vez de hacerlo en las vías reproductoras femeninas. Posteriormente el cigoto así formado es transferido al útero o a las trompas de Falopio.

Las causas de esterilidad que llevan a solicitar esta técnica pueden ser de origen masculino o femenino. En el primer caso se debe, en numerosas ocasiones, a una reducción en el número de espermatozoides presentes en el semen, tal como se señaló para la inseminación artificial, pero siempre y cuando éstos sigan presentando niveles aceptables de motilidad. También se recurre a la FIV cuando el conducto deferente* está lesionado y los espermatozoides, por tanto, no pueden acceder desde los testículos hacia el orificio externo de la uretra. La esterilidad femenina es consecuencia generalmente de obstrucciones o problemas en las trompas de Falopio que se han podido generar bien por anteriores intervenciones quirúrgicas, bien por esterilizaciones o procesos infecciosos.

«Por fecundación "in vitro" se entiende que el proceso habitual de la fusión entre el óvulo y el espermatozoide se realiza de forma artificial en un laboratorio, en vez de hacerlo en las vías reproductoras femeninas.»

En ocasiones la esterilidad puede deberse también a incompatibilidades inmunológicas entre el líquido seminal y el moco cervical. Cuando los espermatozoides no pueden traspasar por sí solos, y de manera natural, el cuello del útero ya que son destruidos por las secreciones de éste, resulta imposible, por tanto, que lleguen al óvulo y se produzca la fecundación. En tales casos, la fecundación "in vitro" sirve para saltar esta barrera cervical al poner los gametos directamente en contacto, fuera del cuerpo de la mujer, e implantar después el embrión así formado en el endometrio uterino.

La FIV requiere habitualmente una serie de pasos previos a la propia fertilización. En primer lugar suele realizarse un tratamiento hormonal de la mujer, mediante gonadotropinas o clomifeno, con el fin de que sus ovarios pro duzcan el mayor número posible de óvulos. Esto es conveniente, desde el punto de vista técnico, porque así se tienen gametos de reserva, lo cual evita tener que repetir el tratamiento y aumenta la probabilidad de éxito. Para recuperar los ovocitos formados se recurría, hace algunos años, a la técnica de la laparoscopia. Se introducía un aparato óptico a través de una pequeña incisión de la pared abdominal y se aspiraban aquellos óvulos que estaban alcanzando la fase de madurez. Este procedimiento requería hospitalización y anestesia total. Sin embargo, actualmente los métodos han evolucionado y gracias al uso de la ecografía* es posible extraer los óvulos por vía vaginal, sin necesidad de ingresar en el hospital y sólo con anestesia local o sedación leve.

Una vez que se tienen ya los gametos se procede a su fecundación en el laboratorio. Se ponen en contacto unas cuantas decenas de millares de espermatozoides del marido con los ovocitos de la esposa en un ambiente adecuado en el que se controla la temperatura, la cantidad de oxígeno (O^2) y dióxido de carbono (CO^2), así como el pH*.

Cuando se consigue la fecundación, el cigoto inicia su normal proceso de división celular y es transferido, habitualmente entre las 48 y las 60 horas después para evitar su deterioro en el medio de cultivo, mediante una cánula o catéter especial, a la pared del útero donde podrá realizar la anidación y, si ésta tiene éxito, el posterior desarrollo embrionario. De ahí que esta técnica sea llamada también *fecundación "in vitro"* y transferencia de embriones* (FIVTE). En ocasiones este período puede prolongarse algo más con el fin de aumentar las probabilidades de implantación en el endometrio del útero.

Normalmente se transfieren de tres a cuatro embriones para que existan más posibilidades de alcanzar el embarazo. Ello implica también un riesgo, el del aumento de los embarazos múltiples, de mellizos o trillizos. Con el fin de evitar esta posibilidad, algunos facultativos prefieren implantar sólo dos embriones en mujeres menores de 35 años y tres o cuatro en mujeres de mayor edad que suelen ser menos fértiles. Aunque siempre hay quien implanta un número mayor para asegurar el éxito de la FIV. El resto de los embriones que se hayan podido obtener en el laboratorio pueden mantenerse en estado de congelación a 197 grados bajo cero. Esta baja temperatura no parece afectar negativamente a los embriones como lo demuestra el hecho de que han nacido ya miles de niños sanos mediante tales técnicas.

La tasa de implantación es todavía baja ya que casi el 60% de los embriones se pierde (Blázquez, 1996: 66). Algunos autores evalúan globalmente el éxito de esta técnica en torno al 20% o 30% en función de la eficacia del equipo médico que la realiza (Gafo, 1994: 173). Otros señalan que en Estados Unidos se logra un embarazo por cada cinco intentos y que cada uno de tales intentos cuesta entre ocho y diez mil dólares (García-Mauriño, 1998: 64). El negocio de la FIV mueve unos quinientos millones de dólares al año en dicho país norteamericano. A pesar de estos bajos porcentajes de eficacia en el número de embarazos, lo cierto es que diez años después del parto de la primera niña-probeta, Louise Brown, en 1988, habían nacido unos diez mil niños en el mundo mediante FIV y que en 1997 esta cifra superaba ya los treinta mil.

Aunque la FIVTE siga siendo hasta el presente la principal técnica biomédica para la fecundación asistida externa, no es la única que existe. También se ha utilizado con diversos resultados la *transferencia intratubárica de zigotos* (ZIFT), en la que los embriones en estado de mórula no son colocados en el útero sino que, por medio de una sencilla intervención, se sitúan en el lugar exacto que les correspondería de las trompas de Falopio, si es que se hubieran fecundado de forma natural. Otra denominación de esta misma técnica sería la llamada *transferencia del embrión a la trompa* (TET). Existe todavía una variante más, se trata del método que consiste en depositar los cigotos en el interior de las trompas, pero en la fase inicial en la que todavía se aprecian los dos pronúcleos, el masculino y el femenino. Se le denomina *transferencia intratubárica de pronúcleos* (PROST).

Por último, hay dos nuevos procedimientos que requieren la micromanipulación de los gametos. Se trata de la *inyección subzonal de espermatozoides* (SUZI) y de la *inyección intracitoplasmática de espermatozoides* (ICSI). En la primera se introduce artificialmente el gameto masculino en el espacio perivitelino que hay debajo de la zona pelúcida del ovocito, mientras que en la segunda, el espermatozoide es inyectado en el citoplasma del ovocito. Después, en ambos métodos, se procedería como es lógico a la transferencia de los embriones al útero materno. Parece que estas dos técnicas funcionan mejor con espermatozoides obtenidos directamente del testículo o del epidídimo que con los del semen eyaculado.

Esto significa que hombres con esperma anormal o incluso aquellos que son incapaces de producir espermatozoides maduros podrían también procrear. Tales técnicas contribuyen a hacer innecesaria la inseminación con semen de donante ajeno ya que, por muy mala calidad o bajo número de espermatozoides que tenga el líquido seminal del marido infértil, es posible ahora fecundar óvulos de la esposa con un sólo espermatozoide extraído de los testículos e

TÉCNICA DE LA FECUNDACIÓN *IN VITRO*

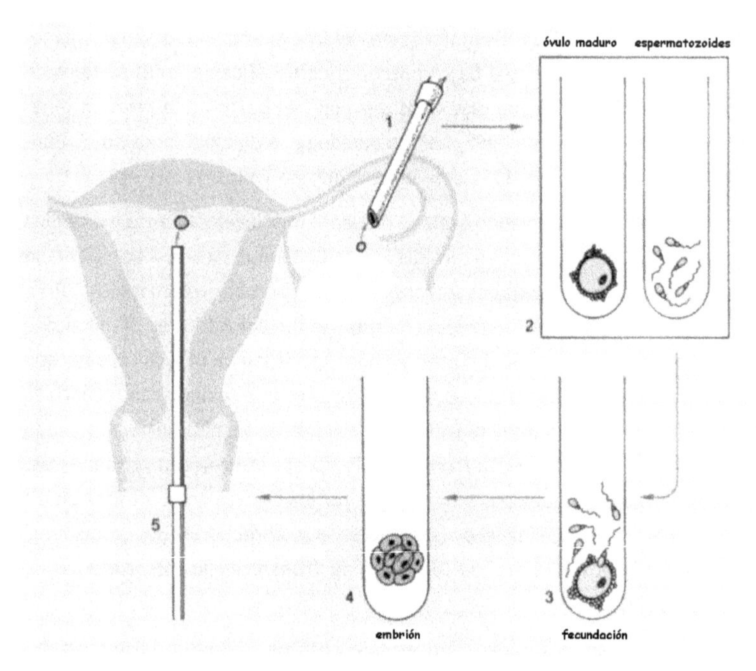

Figura 3

Técnica de la fecundación *in vitro*:

1. Extracción de óvulos antes de que se produzca la ovulación
2. Conservación de óvulos y espermatozoides hasta que alcancen un grado de madurez adecuado para la fecundación
3. Unión de óvulos y esperma en un medio de cultivo adecuado para conseguir la fecundación
4. Mantenimiento del embrión hasta que alcance el estado de 16 células
5. Ttansferencia del embrión al útero materno

(Del Hoyo, 1991).

inyectado directamente en el ovocito. Tanto la SUZI como la ICSI permiten, por tanto, tener hijos genéticamente propios.

b. Valoraciones éticas de la fecundación "in vitro" (FIV)

Las mayores dificultades éticas que suelen plantearse a la FIV dentro de la pareja son aquellas que se refieren al importante número de fracasos que acaban en aborto y a los llamados "embriones sobrantes", es decir, aquellos que se congelan o destruyen.

En cuanto al primero de estos inconvenientes se ha hablado que tales técnicas suponen un verdadero "despilfarro de embriones" y una manera de "enviar al cadalso" a un elevado número de seres humanos en potencia. Sin embargo, si la tasa de éxitos de la FIV -tal como ya ha sido señalada- está entre el 20% y 30%, esto significa que tales cifras no se encuentran demasiado lejos de aquellas que se dan en los embarazos naturales. En efecto, los últimos estudios embriológicos demuestran que el número de abortos espontáneos ocurridos durante las dos primeras semanas del embarazo natural se sitúa entre el 70% y el 80% (Gafo, 1990b: 88; Lacadena, 1990: 21). La mayoría de tales abortos ni siquiera son detectados por la propia mujer. De manera que resulta posible afirmar que tanto en la fecundación "in vitro" como en el embarazo natural, se da un despilfarro similar de embriones que presentan anomalías graves o no consiguen anidar correctamente.

El argumento que considera la FIV como éticamente ilícita por la única razón de que un elevado número de embriones implantados va a perecer poco después, no nos parece del todo válido ya que un porcentaje parecido de abortos espontáneos se produce también en los embarazos naturales.

Congelación de embriones

Por lo que respecta a la práctica de congelar embriones sobrantes con el fin de implantarlos dos o tres meses después en la misma mujer, ante el fracaso de anteriores intentos, no parece tampoco que existan inconvenientes éticos de peso para rechazarla. Si la crioconservación a tan bajas temperaturas no daña en absoluto las células embrionarias ni provoca malformaciones, como parece ser el caso, podría verse como un método éticamente aceptable que evitaría la incomodidad de realizarle a la madre una nueva laparoscopia. El procedimiento de la congelación, que se han hecho ya habitual y permite obtener mayores resultados de la FIVTE, se basa en el hecho de que las funciones biológicas se paralizan a la temperatura que presenta el nitrógeno líquido (-197° C). Los embriones son expuestos previamente a unas sustancias protectoras de las células que reducen la cantidad de agua presente en el citoplasma celular. El agua que hay dentro y fuera de las células del embrión se convierte así en un vidrio no cristalino que no llega a cristalizar y, por tanto, no destruye las estructuras celulares. De los muchos cigotos en estado de pronúcleos y embriones en los primeros estadios que se congelan, entre el 60 y el 80 por 100 sobreviven después de la descongelación, mientras que el resto tiene un porcentaje de supervivencia nulo ya que presentan blastómeros desiguales u otras anomalías. Las tasas de embarazos conseguidos mediante embriones procedentes de la crioconservación son similares a las que utilizan embriones sin congelar (Blázquez, 1996: 98).

Un problema generado por la congelación es el de los "bancos de embriones" humanos. En ciertos países existen ya miles de embriones sobrantes crioconservados que esperan su turno para poder ser implantados frente al éxito de la FIVTE con embriones no congelados. De momento no se ha detectado que aumenten las malformaciones o anomalías en los niños nacidos a partir de embriones previamente congelados. Sin embargo, el problema subsiste. ¿Qué hacer con tanto embrión en estado latente?

En Francia -como ya se señaló- se calcula que el número de niños nacidos por medio de la FIVTE es de 4.500 al año, mientras que la cantidad de embriones que se congela durante el mismo período asciende a 30.000. En España no se sabe qué hacer con los 25.000 embriones que permanecen congelados. Muchos de ellos ya no pertenecen legalmente a sus padres por haber pasado más de los cinco años que establece la ley, desde su congelación. Recientemente la Comisión Nacional de Reproducción Asistida lanzó la propuesta de que fueran destruidos pasados los diez años, pero pocos días después renunció a su idea inicial y recomendó que se estimulara su implantación o donación a otras parejas (*El País*, 04.03.99).

La Comisión propuso también que se legalizara la congelación de óvulos sin fecundar, que actualmente sigue estando prohibida en España. Esta práctica podría sustituir en muchos casos a la congelación de embriones y, en el supuesto de que hubiera que destruirlos, no se plantearían tantos reparos éticos, ya que no es lo mismo eliminar ovocitos que embriones humanos. La congelación de óvulos sería útil en aquellas mujeres que deben someterse a radioterapia, pues con frecuencia, tal tratamiento suele esterilizarlas. De modo que antes de iniciar esta terapia podrían congelar sus óvulos para utilizarlos posteriormente. Asimismo se ha sugerido que aquellas mujeres que no desean quedarse embarazas hasta una edad más madura, podrían congelar sus óvulos cuando todavía son jóvenes, mejorando así sus perspectivas de éxito para un embarazo posterior. En general la Comisión recomendó a los expertos en reproducción asistida que limitaran al mínimo necesario el número de fecundaciones "in vitro" por pareja. En el caso de que el Parlamento aprobara las medidas contenidas en este informe habría que modificar la legislación vigente.

Donación de embriones

Eliminar vidas inocentes no puede ser nunca una buena solución. ¿No sería preferible limitar la congelación a aquellos casos en que fuera estrictamente necesaria? ¿Por qué no se realizan más fecundaciones "in vitro" mediante donación de embriones congelados a parejas estériles, incapaces de originar gametos sanos, que podrían ver así satisfecho su anhelo de paternidad? ¿Qué inconveniente habría en la práctica de esta "adopción prenatal"? ¿no sería mejor empezar la relación con el nuevo bebé adoptado no ya en el momento del parto, sino antes, desde el mismo instante en que se inicia su desarrollo embrionario y durante todo el embarazo?

«¿Por qué no se realizan más fecundaciones "in vitro" mediante donación de embriones congelados a parejas estériles, incapaces de originar gametos sanos, que podrían ver así satisfecho su anhelo de paternidad?»

La destrucción deliberada de embriones es una práctica que atenta contra la conciencia cristiana. Aparte de tratarse de una acción insensata, dado el elevado valor que posee el embrión, tanto desde el punto de vista médico como humano, el respeto a la dignidad de la vida naciente hace que este acto sea completamente rechazable para una ética cristiana. Lo que de manera eufemística se ha llamado "reducción embrionaria", es decir, la eliminación en el mismo útero materno de los embriones que se consideran sobrantes, es una práctica inaceptable que debería evitarse. ¿Por qué no transferir al claustro materno sólo dos o tres embriones que se han dejado madurar unas horas más, lo cual aumentaría seguramente las probabilidades de anidación? ¿Es justo eliminar vidas sólo para aumentar el porcentaje de éxitos?

Lo mismo puede decirse de la utilización de embriones con fines puramente experimentales. La manipulación de cigotos o embriones preimplantatorios sólo debería estar éticamente justificada en aquellos casos en los que se persigue la solución de alguna deficiencia embrional. Si lo que se busca es la curación de una enfermedad precoz del propio embrión, se trataría de una actividad éticamente aceptable, pero si lo que se pretende es utilizarlo como medio para lograr fines que beneficien a otros pero no a él mismo, tal actividad resultaría censurable e incluso moralmente ilícita. Sacrificar embriones humanos en aras de la investigación científica es algo que nos parece asimismo rechazable desde una ética bíblica. No obstante, conviene también tener en cuenta que el riesgo de que se cometan abusos no debe frenar el uso legítimo de una técnica que, si se realiza correctamente, va en favor de la vida y puede promocionar intereses verdaderamente humanos.

En cuanto al tema de la fecundación "in vitro" en el ámbito matrimonial, a pesar de ciertas opiniones en contra -ya tratadas- que la rechazan por ser contraria al "orden natural" de la reproducción humana, o porque se realiza artificialmente separando el aspecto unitivo del procreativo, lo cierto es que desde la perspectiva evangélica la FIVTE no debiera ser tachada de inmoral. No contradice ningún valor humano que sea fundamental; no atenta contra el amor de la pareja sino más bien al contrario, une a los cónyuges en un deseo común por vencer su esterilidad. La nueva criatura que puede llegar a nacer no es un elemento extraño o extranjero en el hogar, aunque haya sido concebido mediante sofisticada tecnología biomédica, sino un bebé deseado y querido de antemano. No hay, por tanto, nada deshumanizante en una acción que pretende abrir a la vida un amor infecundo desde el punto de vista biológico. Donde hay verdadero amor el problema ético de los medios resulta bastante secundario.

En cambio, en el caso de la mujer sola que pretende acceder a la FIVTE nos parece -como ya se indicó para la IA- que la ausencia de la figura paterna lesionaría y discriminaría los derechos fundamentales del hijo.

3.4. Investigación con embriones o fetos humanos

No cabe duda de que la utilización de los embriones humanos con fines puramente experimentales es éticamente rechazable. Una cosa son las posibles intervenciones terapéuticas, es decir, aquellas que persiguen la curación de una determinada enfermedad, como por ejemplo la modificación de los genes que causan la anemia falciforme, y otra muy distinta la creación de cigotos o embriones con el único fin de experimentar con ellos.

Muchas legislaciones, además de la europea, prohiben la formación de embriones para el uso directo de la investigación como material biológico. Sin embargo, en ciertas clínicas donde se practica la FIVTE se realizan experiencias con embriones sobrantes que pueden o no ser viables. Esto es lo que convendría regular. El principio ético del respeto a la vida humana aconseja que, aunque se trate de embriones preimplantatorios, la investigación o experimentación que se realice con ellos respete siempre el principio de totalidad. Sólo el bien de todo el organismo justifica la intervención sobre una de las partes del mismo (Blázquez, 1996: 493). Después de crear artificialmente un ser vivo que es susceptible de transformarse en persona, no puede resultar ético destruirlo mediante pretextos científicos. La ciencia y la investigación deben estar al servicio del hombre y no el hombre al servicio de la ciencia. De ahí que toda manipulación del patrimonio genético humano que no persiga curar al propio individuo, sino que procure producir seres humanos seleccionados por su sexo, raza u otras cualidades, vaya contra la dignidad del ser humano.

No obstante, la cuestión primordial aquí es determinar en qué consiste la vida humana. ¿Existen diferencias cualitativas entre embrión y feto? ¿poseen ambos el estatus de personas? ¿debe reconocérsele al cigoto la misma dignidad que al bebé recién nacido o al ser humano adulto?

3.5. Estatus del embrión humano

La pregunta acerca de cuándo comienza realmente la vida humana ha hecho correr mucha tinta desde los inicios de la era cristiana hasta nuestros días.

Las numerosas respuestas que se le han dado demuestran, de algún modo, que el asunto es complejo y que ninguna rama del saber posee la exclusiva para determinar el momento exacto en que la vida del embrión se transforma en vida humana o personal. Veamos por tanto, en primer lugar, algunas consideraciones teológicas sobre el tema para pasar después a las aportaciones que ofrecen hoy las ciencias biológicas.

Los llamados padres apostólicos o de la Iglesia, es decir, aquellos que conversaron directamente con los apóstoles y discípulos de Cristo, mantuvieron posiciones contrapuestas respecto al momento en que se daba el alma al nuevo ser. Siguiendo la concepción dualista griega del hombre compuesto por alma y cuerpo, adoptaron dos puntos de vista diferentes. Unos eran partidarios de la "animación inmediata", creían que Dios infundía el alma al ser humano en el mismo instante de la concepción. Los otros, por el contrario, sostenían la denominada "animación retardada" que suponía tal donación después de un cierto tiempo. Cada una de tales respuestas venía motivada por distintas consideraciones teológicas acerca del origen divino del alma humana. Aquellos que defendían la animación inmediata creían también en la preexistencia de las almas como afirmaba el platonismo o en una derivación del alma de los padres sobre los hijos, tal como mantenía el traducianismo. Sin embargo, los que sostenían la animación retardada profesaban el creacionismo ya que aceptaban que las almas eran creación directa de Dios en un momento determinado del desarrollo embrionario. Este último argumento fue el que prevaleció en la Iglesia Católica durante toda la Edad Media, período en el que se creía que el alma racional aparecía en el feto masculino a los cuarenta días de la gestación y en el femenino a los ochenta.

Tal concepción retardada y discriminatoria de la animación se mantuvo prácticamente hasta el siglo XIX, a partir del cual empezó a ganar terreno la otra alternativa, la animación inmediata. Como reconoce el teólogo católico, Marciano Vidal, citando a E. Chiavacci: «*En general se puede afirmar que toda la tradición de la reflexión moral católica ha estado siempre incierta y -salvo en algunos decenios- más bien propensa a retardar semanas y meses el momento de la hominización*» (Vidal, 1990: 68). Lo cierto es que, debido a la escasez de argumentos bíblicos así como a las lagunas científicas en cuanto al desarrollo embriológico humano, nunca existió seguridad ni unanimidad en estos temas.

Apelando a una interpretación equivocada de Éxodo 21:22-23 se pretendió distinguir entre "feto formado" o animado y "feto no formado" o inanimado. El texto dice, en realidad, lo siguiente: «*Si algunos riñeren, e hirieren a mujer embarazada, y ésta abortare, pero sin haber muerte, serán penados conforme a lo que les impusiere el marido de la mujer y juzgaren los jueces. Mas si hubiere muerte, entonces pagarás vida por vida...*» Allí donde estos versículos hablan de muerte se refieren lógicamente a la de la mujer, no a la del feto ya que éste al ser abortado moriría de todas formas. Sin embargo, algunos entendieron que las palabras de Éxodo se referían a la muerte del feto y se mantuvo la distinción entre el feto no formado, que aunque fuese abortado no se consideraba como delito ya que no alcanzaba la valoración ética de homicidio, y feto formado, cuyo aborto voluntario sí constituía homicidio. Esta distinción tan forzada del texto desapareció por fin del Magisterio eclesiástico católico, con la Constitución "Apostolicae Sedis" de Pío IX en el año 1869, y en la actualidad se admite que la vida del embrión es ya humana desde el mismo instante de la concepción y que, por tanto, debe ser respetada desde ese preciso momento.

Tanto en la teología católica actual como en la protestante no suele hablarse ya de "animación" o de "infusión del alma" sino que se prefiere el concepto de "hominización". El comienzo de la vida humana no se sugiere hoy desde concepciones dualistas que discriminan entre alma y cuerpo, ni desde planteamientos demasiado espiritualistas o alejados de la realidad.

La postura de las iglesias evangélicas en Europa hace hincapié en que la Biblia no aporta una afirmación directa, o una enseñanza clara, respecto al origen del alma humana, por lo que se requiere mucha prudencia para tratar este asunto. Aunque existe un convencimiento mayoritario de que la vida del embrión humano merece respeto, en líneas generales, desde el momento de la fecundación y muy especialmente desde su implantación en el útero materno, lo cierto es que tampoco hay unanimidad -como se verá más adelante- por lo que respecta al estatus de persona del embrión.

n ¿Cuándo empieza la vida humana según la ciencia?

¿Qué conclusiones pueden sacarse de la embriología y la genética? ¿es posible afirmar que en las pocas células en división que constituyen el cigoto existe ya humanidad o se trata sólo de una agrupación celular más, como la usada en los cultivos para análisis clínicos o biopsias?

La biología del desarrollo embrional acepta hoy que la vida del nuevo ser empieza con la fusión del espermatozoide y el óvulo. A partir de la unión de dos células completamente distintas, con sus respectivas y diferentes dotaciones cromosómicas, surge una realidad nueva y autónoma. En efecto, la célula huevo o cigoto posee autonomía desde el punto de vista genético ya que, aunque dependa del útero materno para su nutrición y excreción, su desarrollo estará guiado por la información que contienen los propios genes.

Otra cuestión es determinar cuándo esa vida empieza, en realidad, a ser *humana*. En relación a este asunto lo cierto es que la ciencia no da tampoco una respuesta concreta ni unánime. Las diversas opiniones de los especialistas oscilan entre aquellas que afirman que a partir de la fecundación ya hay vida humana, hasta las que la condicionan a la anidación del cigoto o la aparición de determinados órganos y actividades fisiológicas como, por ejemplo, el funcionamiento del cerebro que puede detectarse mediante un electroencefalograma (EEG). No obstante, ninguna de estas opiniones viene impuesta por los datos científicos.

Por lo que se refiere a esta última, que valora sobre todo la presencia o ausencia de actividad cerebral y llega a la conclusión de que sólo a partir de los 45 días después de la fecundación puede considerarse que hay vida humana, lo cierto es que su argumento no resulta del todo convincente. Los EEG planos que se comparan no son equiparables. Una cosa es el cerebro del embrión que todavía no ha empezado a funcionar porque aún no resulta necesario para su desarrollo y otra, muy distinta, el de un adulto que ya ha dejado de hacerlo por haber entrado en una fase irreversible. Este no nos parece un criterio válido para determinar cuándo empieza la vida humana.

El desarrollo del embrión en el claustro materno es un proceso continuo y progresivo que va generando estructuras nuevas que antes no existían. No se dan saltos bruscos ni hay discontinuidades, sin embargo, para realizar un análisis biológico, de manera convencional pueden distinguirse tres fases: 1ª) la que va desde los gametos hasta la formación del cigoto; 2ª) de la aparición del cigoto hasta su anidación y 3ª) la que abarca a partir de la anidación y culmina con la formación del feto. Aunque la transformación que se produce en la primera fase suponga un cambio radical, pues se pasa de dos entes distintos, espermatozoide y óvulo, a otro nuevo y diferente, el cigoto, lo cierto es que la fecundación es un proceso largo, complejo y continuo que se inicia cuando la

cabeza del primer espermatozoide que llega se introduce en el citoplasma del ovocito. No existe un instante preciso en el que se pueda hablar ya de cigoto sino que se trata, en realidad, de una sucesión de acontecimientos progresivos.

La segunda fase, en la que se produce la implantación alrededor de los catorce días después de la fecundación, es la más crítica y trascendental. En ella tiene lugar la verdadera individualización de la nueva criatura. A partir de este momento el embrión es ya un individuo único e indivisible. Hasta este acontecimiento de la anidación el embrión puede sufrir ciertas transformaciones capaces de convertirlo en dos o más individuos distintos, los llamados gemelos monocigóticos* o en una quimera humana* formada por la fusión de dos embriones diferentes. Tan importante es la implantación en el desarrollo del embrión que ciertas organizaciones científicas, como la Sociedad Alemana de Ginecología, estiman que el embarazo comienza realmente con el final de la anidación y no con la fecundación. De ahí que muchos ginecólogos consideren que hasta que el embrión no está bien implantado en la pared del útero no es posible certificar de manera adecuada el embarazo (Lacadena, 1990: 16).

> ***«Cada individuo posee rasgos genéticos y fenotípicos propios que lo hacen diferente a cualquier otro habitante de este planeta por mucho que en ocasiones puedan existir parecidos.»***

En relación con esta segunda fase embrionaria existen dos conceptos importantes propios de la persona humana que conviene señalar aquí. Se trata de los términos: *unidad* y *unicidad*. El primero se refiere a la propiedad de lo que *no puede dividirse* sin que se destruya o altere su misma esencia. El embrión posee unidad mientras no se divida en dos o más entidades y siga siendo un sólo individuo. La unicidad, sin embargo, se refiere al *carácter de lo que es único*. Las personas serían, por tanto, realidades únicas puesto que no pueden existir dos que sean completamente iguales en todo el mundo. Cada individuo posee rasgos genéticos y fenotípicos propios que lo hacen diferente a cualquier otro habitante de este planeta, por mucho que en ocasiones puedan existir parecidos. Pues bien, durante esta segunda fase previa a la anidación, el embrión carece de ambas propiedades. Ni la unidad, ni la unicidad están garantizadas antes de su implantación. Esto es algo sumamente significativo.

En efecto, por lo que respecta a la unidad del individuo se han mencionado ya las quimeras humanas. Se las conoce con este nombre en memoria de un monstruo mítico que tenía cabeza de león, cuerpo de cabra y cola de serpiente. En realidad, la ciencia da hoy este nombre a los organismos cuyos tejidos son de dos o más tipos genéticamente diferentes. Esto ocurre a veces de manera natural en esta segunda etapa preimplantatoria, el embrión puede formarse a partir de dos cigotos distintos, en lugar de uno sólo que sería lo normal, dando lugar a las quimeras cigóticas*. Si se fusionan dos embriones distintos para originar un sólo individuo, entonces se habla de quimeras postcigóticas*. Con embriones de ratón se han realizado numerosos experimentos en este sentido, consistentes en combinar dos embriones de ocho células cada uno para formar una única mórula gigante que, después de ser introducida en el útero de una madre adoptiva, produce un ratón de tamaño normal pero con las características de sus cuatro progenitores (Alberts, 1986: 889). En los seres humanos han sido descritos también muchos casos de quimerismo espontáneo que generalmente suelen pasar desapercibidos, a no ser que se realice un estudio cromosómico. Ello demuestra que la unidad del nuevo individuo no suele estar fijada durante las etapas anteriores a la anidación del embrión.

La propiedad humana de la unicidad, o calidad de ser único, queda asimismo cuestionada en el embrión preimplantatorio por la posible formación de gemelos monocigóticos. Aproximadamente dos de cada mil nacimientos corresponden a este tipo de gemelos idénticos formados a partir de un mismo embrión. También este fenómeno se ha ensayado experimentalmente con ratones y conejos, tomando un embrión en la fase de dos células y pinchando con una aguja una de ellas para destruirla, se ha demostrado que al implantar la otra en una hembra adoptiva, el resultado ha sido un ratón normal en una importante proporción de los casos. ¿Qué vienen a confirmar tales experimentos? Pues que las células de los embriones de mamífero -incluidas por supuesto las humanas hasta la fase de 8 o 16 células- poseen capacidades ilimitadas, son totipotenciales, es decir, una sola célula puede generar a todo el individuo. Esta singular facultad desaparece poco después al multiplicarse el número de células embrionarias. De manera que la individualidad del nuevo ser es también una característica que sólo puede asegurarse después de la anidación.

Si a todo esto se añade que el número de abortos naturales ocurridos antes de esta implantación embrional es -según se indicó- de alrededor del 80% del total de los abortos espontáneos, resulta que la situación del embrión es sumamente precaria durante, aproximadamente, las dos primeras semanas del embarazo. Si bien es verdad que la ciencia no impone un momento concreto para la aparición de la vida humana personal y que las opiniones de los especialistas son diversas, parece que los datos embriológicos apoyan la idea de que el embrión empieza a ser verdaderamente humano desde el momento en que adquiere su individualidad genética total y esto ocurre con la anidación, después de las dos primeras semanas. Existe vida humana desde el mismo momento de la fecundación pero el embrión adquiere rasgos personales a partir del instante en que es único e indivisible.

b. Valoración ética del embrión

Esta conclusión no significa que durante los catorce primeros días después de la concepción, el embrión gestante deba ser considerado como "cosa" y no como "sujeto". La vida humana merece respeto y debe ser protegida y ayudada desde el primer momento de la fecundación porque pertenece a Dios. Sin embargo, inmediatamente después de aclarar esto conviene apresurarse a decir que, aunque el embrión tenga que ser protegido por la ley, ello no significa que posea la categoría de "persona jurídica" o que deba aplicársele el concepto filosófico de "persona" con la misma trascendencia que al recién nacido o al individuo adulto.

¿Qué implicaciones prácticas podría tener todo esto en aquellos casos conflictivos como los que plantea la violación, el peligro para la vida de la madre o las técnicas de reproducción asistida? Desde la perspectiva tratada de la anidación-individuación no es posible valorar éticamente de la misma manera la interrupción del embarazo, antes de la implantación, que el aborto realizado después de la misma. Una cosa es impedir la anidación y otra distinta destruir un embrión ya anidado e individualizado. Este menor estatus del embrión preimplantatorio debe también ser tenido en cuenta en la valoración ética de la fecundación "in vitro" y del número de fracasos que se producen a pesar del esfuerzo médico por obtener los mejores resultados.

En resumen, las opiniones del pueblo protestante ante la posición del embrión se hallan claramente divididas. De una parte están los que creen, igual que el magisterio de la Iglesia Católica, que los embriones poseen el estatus de personas desde el mismo instante de su concepción, mientras que de otra se encuentran aquellos que piensan que tal momento coincide con la implantación en el útero materno o con una fase posterior del desarrollo. Los primeros sostienen que el ser humano, al haber sido creado a imagen de Dios, disfruta de una naturaleza espiritual que está por encima de la física o corporal. Esta condición sería suficiente para que toda criatura humana, independientemente de sus posibles deficiencias mentales o corporales, debiera ser considerada siempre como persona. No obstante, los que defienden la segunda postura afirman que el concepto de "imagen de Dios" es bastante más amplio, que no se refiere sólo a lo espiritual sino que abarca también la dimensión corporal y ésta, en ocasiones, puede estar bastante disminuida. ¿Qué pensar, por ejemplo, de aquellos seres que presentan serias malformaciones congénitas de carácter nervioso? ¿debe considerarse persona al niño anencefálico, es decir, al que nace sin cerebro?

Tanto unos como otros son sinceros con su fe o sus convicciones bíblicas y personales. Se impone, por tanto, la tolerancia y el respeto mutuo. Como señalaba Rodolfo González en el VI Congreso Evangélico Español: «*Puesto que hay creyentes sinceros y comprometidos, estudiosos de la Escritura, que ven las cosas de distinta forma ninguno debería decir al otro que no puede ser cristiano si está sosteniendo la postura contraria*» (González, 1998: 241).

3.6. Elección del sexo

En 1980 nació en Estados Unidos el primer bebé del mundo cuyo sexo había sido elegido de antemano mediante la técnica de la diferenciación cromosómica. Este método permite separar los espermatozoides portadores del cromosoma X de los que llevan el Y, ya que entre ambos tipos existen diferencias de movilidad, densidad y cargas que presenta la membrana celular. Por medio de una tinción con determinados colorantes, como el hidrocloruro de quinacrina, con posterior centrifugación y electroforesis, es posible activar unos esperma-

tozoides por encima de los otros. Si se potencian los gametos X sobre los Y, el cigoto obtenido será XX y dará origen a una niña; si, por el contrario, se potencian los espermatozoides Y, el cigoto será XY y formará un varón.

La discriminación sexual a que pudieran dar lugar tales prácticas resulta obvia, sobre todo en aquellas culturas en que las mujeres son tratadas como si fueran seres inferiores al hombre o en las que los hijos varones se ven, de algún modo, como una garantía para el futuro de los padres o de la familia. En tales ambientes los abusos contra embriones de sexo no deseado podrían llegar a ser desastrosos desde el punto de vista ético e, incluso, alterar el equilibrio numérico entre los sexos. En oposición a la elección del sexo para evitar segregaciones, se han manifestado muchas organizaciones por todo el mundo, desde la Asociación Médica Británica, en 1993, hasta el reciente Convenio sobre Derechos Humanos y Biomedicina del Consejo de Europa celebrado en Oviedo (España) durante el mes de abril de 1997.

No obstante, tales objeciones desaparecen cuando existe una causa hereditaria grave. En efecto, si, por ejemplo, todos los hijos varones de un matrimonio nacen con una seria tara genética, es lógico y ético que los padres deseen o procuren concebir niñas en lugar de niños, ya que éstas no padecerán la enfermedad. Así se expresa el mencionado Primer Convenio Internacional sobre bioética de Oviedo: *«Se impide la fertilización in vitro para la elección del sexo de los hijos, salvo cuando ésta sirva para evitar enfermedades hereditarias graves»* (*El País*, 05.04.97).

No hay nada malo en desear tener un hijo o una hija, pero lo que sí puede resultar traumático es obsesionarse con la condición sexual del bebé. Cuando los padres no aceptan el sexo del hijo pueden provocarle problemas psicológicos que le afecten durante toda la vida y repercutan, lógicamente, de manera negativa en las relaciones paternofiliales.

a. Anomalías cromosómicas sexuales

El sexo de las personas está escrito en cada una de las células que componen el cuerpo humano. En el núcleo celular existe una pareja de cromosomas, los llamados *heterocromosomas* o cromosomas sexuales, que determinan la condición masculina (XY) o femenina (XX). Todo depende de la identidad genética del espermatozoide del varón, es decir, de que sea portador del cromosoma X o del Y, ya que el óvulo femenino no influye para nada en esta determinación sexual, al llevar siempre el mismo cromosoma X. La decisión final acerca de la identidad sexual de la nueva criatura la tiene, por tanto, el primer gameto masculino que consigue llegar hasta el ovocito y fecundarlo.

A pesar de la aparente sencillez de este *sexo cromosómico*, lo cierto es que se han descrito hasta cuatro formas más de determinar el sexo en el ser humano (Blázquez, 1996: 480). En efecto, se habla también de *sexo gonádico*, aquel que puede distinguirse por el aspecto de los órganos genitales; *sexo morfológico*, el que evidencia el aspecto externo masculino o femenino de las personas; *sexo psicológico*, referido a la vivencia que cada cual tiene de su propia sexualidad en relación al ambiente en el que se ha criado o la educación recibida y *sexo heterófilo*, que equivaldría a la tendencia natural hacia el sexo contrario, al encuentro final de los dos sexos que se complementan mutuamente.

Durante el proceso de formación del cigoto pueden producirse anomalías en el número de los cromosomas sexuales. Algunas de las más conocidas son los llamados *síndrome de Turner* y *síndrome de Klinefelter*. El primero se da en aquellas mujeres que en vez de tener dos cromosomas sexuales iguales (XX) sólo presentan uno (XO) poseyendo sus células, por tanto, 45 cromosomas en lugar de 46. Se trata de personas que no pueden funcionar sexualmente ya que sus ovarios no están suficientemente desarrollados, ni segregan la necesaria cantidad de hormonas. En ocasiones, en vez de dos cromosomas X, que es lo normal, pueden existir tres (XXX), cuatro (XXXX) o hasta cinco (XXXXX). Esto origina mujeres llamadas superhembras, aunque paradójicamente no se caracterizan por su acentuada feminidad como pudiera pensarse, sino por su retraso mental.

Los afectados por el síndrome de Klinefelter son machos que pueden poseer dos cromosomas X y uno Y (XXY), o bien dos de cada tipo (XXYY), así como incluso 3 ó 4 heterocromosomas X (XXXY o XXXXY). En todos los casos se trata de individuos estériles ya que presentan órganos sexuales masculinos raquíticos, pechos bastante desarrollados y una musculatura con rasgos marcadamente femeninos. Ello se debe a que la presencia de uno o varios cromosomas X de más, amortigua el efecto masculinizante del único cromosoma Y existente. ¿Podrán curarse este tipo de enfermedades en el futuro, mediante las técnicas de manipulación o ingeniería genética? Aquí radican muchas de las esperanzas depositadas en tales tecnologías biomédicas que nos permiten soñar con el bien que podría hacerse a tantas criaturas.

b. Homosexualidad

La atracción sexual hacia las personas del mismo sexo es una tendencia tan antigua como la primera civilización humana. Ha existido desde siempre en todos los pueblos y culturas, incluso amparada o fomentada por diversas prácticas cultuales o religiosas. Desde los antiguos templos cananeos, en los que se veneraba a divinidades de la fertilidad mediante ritos orgiásticos o prostitución sagrada de carácter bisexual, pasando por las culturas persa, griega, romana y hasta nuestros días, la homosexualidad en sus respectivas variantes (lesbianismo, pederastia, ambisexualidad) ha venido siendo una constante, más o menos influyente, en la historia de la humanidad.

> ***« Son numerosos los interrogantes que relacionan homosexualidad con bioética y que demandan de los cristianos una respuesta equilibrada a la luz del Evangelio.»***

En la actualidad la cultura homosexual ha avanzado gracias sobre todo a la ayuda y difusión recibida de parte de los medios de comunicación, así como al proceso general de secularización y aparente liberación de la sociedad. Sin embargo, como señala el pastor José M. Martínez: «*En lo que a homosexualidad se refiere, es posible que en vez de avanzar hacia situaciones de "liberación", los movimientos homófilos reconduzcan el mundo a los tiempos de las sociedades cananea y grecorromana. "Nada hay nuevo debajo del sol"*» (Martínez, 1992: 3).

No obstante, lo cierto es que la bioética actual no debiera pasar por alto una realidad tan arraigada en el comportamiento humano. ¿Cuáles son las causas de la homosexualidad? ¿podrán ser controladas en el futuro mediante manipulación genética? ¿es lícito que los homosexuales accedan a las técnicas de fecundación "in vitro" y puedan así tener hijos? Son numerosos los interrogantes que relacionan homosexualidad con bioética y que demandan de los cristianos una respuesta equilibrada a la luz del Evangelio.

Por lo que respecta a las causas originarias de la homosexualidad existen dos planteamientos que generalmente se contraponen por parte de sus defensores, pero que también es posible que puedan muy bien complementarse. Se trata de las tesis organicista y psicosocial. La primera sostiene que la homosexualidad tiene una causa orgánica hereditaria que puede ser más o menos activada mediante secreción hormonal. Los recientes trabajos del genetista norteamericano, Dean Hamer, acerca de los genes implicados en la homosexualidad, apuntan en esta dirección (Pool, 1998: 24).

Hamer ha llegado a la conclusión de que en determinada región del cromosoma X de los homosexuales varones, la llamada Xq28, existe uno o varios genes que contribuyen a su comportamiento homosexual. No se sabe exactamente cual sería la función concreta de tales genes, si intervendrían o no en el desarrollo del hipotálamo haciendo que esta región del cerebro masculino homosexual fuese distinta a la correspondiente del hombre heterosexual, como piensan algunos investigadores. Lo cierto es que, a pesar de la oposición de otros muchos científicos, la hipótesis de Hamer está resistiendo hasta el momento, aunque el famoso *gen gay* no haya podido ser localizado y su verdadera función continúe siendo un misterio. Recientemente un grupo de genetistas canadienses de la Universidad Western Ontario han declarado a la revista científica *Science* que, después de estudiar a 52 parejas de hermanos homosexuales, han llegado a la conclusión de que la homosexualidad masculina no obedece a causas genéticas y que, por tanto, el gen gay no existe (*El País*, 24.04.99).

La tesis psicosocial afirma, por otra parte, que la homosexualidad depende fundamentalmente de la educación recibida, del ambiente en el que se ha criado la persona. Se trataría, según este planteamiento, de algún tipo de alteración en el desarrollo psíquico y sexual ocurrido a causa de la influencia de los modelos de conducta observados. Muchos autores coinciden en señalar que el influjo de madres dominantes y protectoras junto a padres sumisos, tímidos pero hostiles, puede desencadenar tendencias homosexuales en los hijos varones. Es muy posible que la mayor parte de tales desviaciones sexuales se deban a esta segunda hipótesis educacional, sin embargo, ello no elimina el riesgo de que existan asimismo causas puramente orgánicas o genéticas y también ¿por qué no? combinaciones de ambas posibilidades. De momento parece que la tesis psicosocial tiene más fundamento que la organicista.

Sea cual sea el verdadero origen de la homosexualidad, lo cierto es que la Sagrada Escritura condena claramente la práctica de la misma. La sodomía es considerada siempre como una grave depravación que provoca el rechazo de Dios. Esto no quiere decir que todos aquellos que padecen tendencias homófilas por causas genéticas sean responsables de su anomalía, sino que la práctica de los actos homosexuales no recibe en ningún caso la aprobación divina. Es conveniente aquí matizar que no todos los afectados vivencian sus inclinaciones de la misma manera. Existen homosexuales que se sienten orgullosos de serlo y llevan vidas de promiscuidad y perversión constante, como también los hay que sufren el problema en silencio y procuran solucionarlo, aunque no siempre lo consiguen. Se conocen numerosos informes psicológicos que atestiguan de casos concretos en los que se ha pasado, mediante tratamiento adecuado, de la homosexualidad a la heterosexualidad. Pero lo que no resulta admisible, desde un punto de vista cristiano, es colocar la homosexualidad en el mismo nivel que la heterosexualidad, como se hace en nuestros días. Tampoco parece conveniente permitir que un niño crezca en el seno de una pareja homosexual o que el concepto de matrimonio y familia deba extenderse también a las parejas homosexuales.

Lo importante será siempre el poder de la propia voluntad. El impulso homófilo no tiene por que ser más fuerte que el heterófilo. Si se puede controlar el segundo ¿por qué no se ha de controlar también el primero? ¿acaso hay que tratar de forma diferente, desde el punto de vista moral, al homosexual que al heterosexual? Igual que el creyente heterosexual tiene que superar todo tipo de desórdenes sexuales con las personas de sexo contrario, el homosexual deberá superar los suyos propios hacia los de su mismo sexo. Decir que el homosexual no puede dominar sus tendencias y necesita inevitablemente llevarlas a la práctica, es como afirmar que el exhibicionista, el fornicario, el que practica el acoso sexual o el violador no pueden resistirse a tales vicios o depravaciones y que, por tanto, no se les debería recriminar su actitud. Nada más lejos de la verdad.

El apóstol Pablo dirigiéndose, en cierta ocasión, a los corintios de su época les amonestaba con estas palabras: «*¿No sabéis que los injustos no heredarán el reino de Dios? No erréis; ni los fornicarios, ni los idólatras, ni los adúlteros, ni los afeminados, ni los que se echan con varones, ... heredarán el reino de Dios. **Y esto erais algunos**; mas ya habéis sido lavados, ya habéis sido santi-*

ficados, ya habéis sido justificados en el nombre del Señor Jesús, y por el Espíritu de nuestro Dios» (1 Co. 6:9-11). Si en aquella época hubo homosexuales que se convirtieron a Cristo y consiguieron reorientar su conducta sexual, ¿por qué tendría que ser hoy imposible?

c. Cambio de sexo

Si la homosexualidad consiste en dirigir el instinto erótico hacia el propio sexo, la transexualidad es todo lo contrario, un rechazo radical del sexo con el que se ha nacido y un interés por transformarse en una persona de sexo contrario. En el fondo se trata de un desdoblamiento de la identidad provocado por el convencimiento de que se posee el sexo equivocado. Se vive así, por tanto, el propio cuerpo como si fuera extraño y se procura mediante tratamientos hormonales o quirúrgicos convertirlo en el del otro sexo al que se aspira. La mayoría de los transexuales suelen ser hombres que desean transformarse en mujer pues psicológicamente se sienten del sexo femenino, aunque también se dan los casos contrarios.

El drama que viven estas criaturas es precisamente éste, cada célula de su cuerpo lleva escrito el sexo cromosómico al que pertenecen desde el momento de la concepción, sin embargo su deseo y sentimientos les lleva a renegar de tal identidad genética provocándoles así una profunda tensión psicológica. Tanto su sexo anatómico, que se manifiesta sobre todo en los órganos genitales, como el sexo legal, aquel con el que se les registró en el momento de nacer, se expresan y son evidentes ya desde el parto pero es que además, según parece, la identificación con el sexo al que aspiran se inicia también de forma prematura.

En efecto, es aproximadamente a partir del año y medio de vida, en que los niños generan la llamada *identidad de género* o conciencia de pertenecer a uno u otro sexo (Farré, 1991: 306). Por eso se considera que la alteración de la sexualidad de tales personas debe ocurrir antes de esta temprana edad. Existen también, como en el caso de la homosexualidad, dos posibles explicaciones. La primera teoría sugiere que la causa podría ser biológica y deberse a la influencia de determinadas hormonas sobre el cerebro del feto durante el embarazo. En este sentido se ha constatado que la proporción de transexuales en los gemelos monocigóticos alcanza el 50% mientras que en los dicigóticos es sólo del 8,3%. Además se ha podido detectar la presencia del antígeno HY, que es una proteína propia del sexo masculino, en mujeres transexuales (Blázquez, 1996: 484). Pero a pesar de estos datos, ningún estudio serio ha comprobado hasta el presente tal hipótesis.

La segunda teoría se refiere a factores ambientales y psicológicos proponiendo que si durante la época de la adquisición de la identidad de género se produjo en el bebé una influencia distorsionante por parte de los padres, esto podría haber provocado los desarreglos sexuales consiguientes. Lo cierto es que tampoco se ha llegado a ninguna conclusión en este sentido. Hoy por hoy, se desconoce el origen íntimo del fenómeno transexual y no existe tampoco un tratamiento que sea satisfactorio y eficaz.

Las operaciones llamadas de *cambio de sexo* consisten básicamente en la administración de hormonas. En el caso del transexual varón que desea convertirse en mujer, se le recetan antiandrógenos y hormonas sexuales femeninas con el fin de que la piel se le vuelva suave, los músculos pierdan volumen y potencia, la grasa subcutánea se redistribuya de manera femenina y los pechos aumenten de volumen. Si, por el contrario, es una mujer la que desea parecer un hombre, se le administran andrógenos para lograr los efectos opuestos. El siguiente paso es bastante más agresivo ya que se recurre a la cirugía. En los varones se practica la ablación o extirpación del pene y los testículos, utilizando en ocasiones parte de estos órganos amputados, o de la pierna o el intestino, para construir una vagina artificial. Todo ello se complementa con la implantación de prótesis mamarias. A las mujeres se las somete a la extirpación de los pechos y de todo el aparato reproductor, útero, vagina, ovarios y órganos anexos, con lo que desaparece la menstruación y se modifica parcialmente el aspecto corporal. También se puede recurrir incluso al implante de una prótesis de pene realizada de plástico hinchable o de tejidos vivos tomados del abdomen o de otro lugar. No obstante, el éxito de tales órganos artificiales, según reconocen los mismos facultativos, suele ser muy relativo o termina generalmente en fracaso.

La valoración ética de la transexualidad es muy similar a la realizada para la homosexualidad. Una vez más es conveniente distinguir entre las inclinaciones anormales y la voluntad de cometer actos que se acomoden a ellas. Desde el punto de vista moral, las prácticas transexuales responden a desviaciones patológicas o bien deben considerarse como perversiones sexuales. No se trata de una enfermedad que pueda curarse mediante intervenciones quirúrgicas. El problema es fundamentalmente de índole psíquica y no fisiológica y, por tanto, su posible solución habría que buscarla en una adecuada educación o en la correcta terapia psicológica. Las operaciones que utilizan la cirugía con el fin de conseguir el cambio de sexo, no logran en realidad curar al afectado. Amputar los órganos sexuales con la intención de solucionar el conflicto constituye una doble inmoralidad. Por un lado se trata de una mutilación castrativa y no de un verdadero cambio de sexo, mientras que por otro es también un engaño al paciente que cree haberse curado cuando en realidad no es así ya que sus verdaderos órganos sexuales han sido sustituidos por otros postizos o artificiales.

Tal como se aconsejaba en el apartado anterior para los homosexuales, los transexuales deben intentar solucionar sus desarreglos mentales y sexuales mediante remedios educacionales y psicológicos, a través del esfuerzo de la propia voluntad y no recurriendo a métodos tan brutales e ineficaces como la castración, la amputación de órganos o la inyección exagerada de hormonas sexuales.

3.7. Fecundación "post mortem"

El primer caso en el que, según parece, una mujer quedó embarazada mediante inseminación artificial con semen de su marido recién fallecido en accidente de tráfico, ocurrió durante el año 1994 (*ABC*, 09.06.94). La joven viuda norteamericana se llamaba Pamela Maresca y la muerte de su esposo se produjo tan sólo 16 días después de haber contraído matrimonio. Otro caso similar había pasado diez años antes en Francia, el de Corynne Parpaleix, quien perdió a su marido Alain de 26 años de edad, a causa de un cáncer en los testículos. Pocos meses después del fallecimiento se hizo inseminar con esperma congelado de su difunto esposo que se hallaba depositado en un banco de semen en París. Todo ello lo consiguió después de una ardua batalla legal, pero sin resultado feliz, ya que los espermatozoides de Alain eran de baja calidad y no consiguieron dejarla embarazada (*El País*, 02.08.84).

Más recientemente Diane Blood, del Reino Unido, consiguió dar a luz a su pequeño Liam Stephen, que nació cuatro años después de morir su padre. En

1995 una meningitis aguda le había provocado a éste un paro cardíaco que lo dejó en coma profundo y sujeto a un respirador artificial. Diane, la abatida esposa, decidió aprovechar el último recurso que le quedaba para tener un hijo de su marido. Antes de que le desconectaran los aparatos que lo mantenían vivo, consiguió que los médicos le extrajeran una muestra de su semen. Para ello hubo que aplicarle un par de descargas eléctricas en la zona genital y provocarle una eyaculación. El semen así obtenido se congeló a la espera de que Diane resolviera el problema legal que todo esto le planteaba. Después de dos años de batalla legal consiguió la autorización necesaria y una clínica belga le practicó la IAC post-mortem (*El País*, 15.12.98).

En el año 1994 se daban cifras acerca de los resultados positivos de esta técnica de IAC post-mortem que alcanzaban sólo el 30% de éxitos. La ley española que, como se vio, se centra sobre todo en el derecho del adulto a procrear, admite este tipo de fecundación durante los seis meses posteriores a la muerte del varón y sólo en el caso en que éste lo haya dejado indicado en el testamento o escritura pública. Pero, aparte de lo que permitan las leyes de los diferentes países, ¿qué valoración puede hacerse desde la ética cristiana del respeto a la dignidad de la persona humana?

«En ocasiones los sentimientos más nobles pueden también traicionar los juicios lúcidos y sensatos, convirtiéndose en guías ciegos que nos hagan errar el blanco.»

Es fácil comprender la situación emocional de una esposa joven en esta situación. Hay un aspecto positivo en el deseo de tener un hijo del hombre que se ama y de prolongar ese amor incluso después de la muerte mediante el nacimiento de un nueva criatura engendrada por él. No obstante, en ocasiones los sentimientos más nobles pueden también traicionar los juicios lúcidos y sensatos, convirtiéndose en guías ciegos que nos hagan errar el blanco. ¿Es justo y razonable traer un niño al mundo que será, de antemano, huérfano de padre? ¿es el deseo maternal de tener un bebé lo suficientemente poderoso como para llamar a la vida a un criatura que nacerá con el inconveniente de un padre ausente? ¿responde esta actitud a los verdaderos intereses del niño o la niña? ¿serán suficientes el cariño y las palabras evocadoras de la madre para crear la necesaria imagen del padre en el corazón del hijo y ayudarle así a formarse, a que madure su personalidad y sepa situarse en la vida?

No nos parece que sea justo utilizar al hijo como medio para satisfacer los anhelos de la madre o como recuerdo vivo del marido ausente. Un bebé no debe tratarse como si fuera cualquier calmante para el dolor o la soledad materna. Por otro lado, frente a este tipo de maternidad ¿no sería demasiado fácil caer en la sobreprotección del hijo o en el exceso de mimo? ¿no podría cometerse el error de educarlo a la imagen del difunto padre, coartando así de alguna manera su libertad personal? Son riesgos educativos que conviene tener en cuenta.

El amor de una mujer hacia el posible hijo engendrado post-mortem, debiera ser tan grande que la llevara a reflexionar y a preferir el bien de ese hijo que puede nacer, antes que la satisfacción de sus intereses personales. El hecho de que existan muchas familias monoparentales, de hijos que viven sólo con su madre o padre, de criaturas que por accidente han quedado huérfanas de alguno de sus progenitores, o que por divorcio o separación se ven obligadas a vivir con un padre o con los abuelos, no puede justificar nunca la formación premeditada de una situación que no es la más adecuada para el crecimiento personal equilibrado de un niño. A pesar de lo que digan las leyes, no parece ético condenar a una criatura inocente a la orfandad paterna desde el mismo vientre de su madre.

3.8. Maternidad de alquiler

Se llama maternidad de alquiler, de sustitución, compartida o subrogada al embarazo que acepta una mujer, mediante fecundación "in vitro" o inseminación artificial, con el fin de entregar al bebé después del parto a los padres genéticos o a aquellos que lo han solicitado. En realidad, se trata de acceder a tener un hijo por otra mujer, de prestarle el útero para incubar durante nueve meses a la criatura que la madre solicitante no puede tener por motivos fisiológicos. El papel de la madre de alquiler consiste en acoger al embrión, como en una especie de útero adoptivo, sólo durante el tiempo que requiere su desarrollo.

A lo largo de esta última década los medios de comunicación han venido haciéndose eco de partos de criaturas por encargo que han despertado el interés de la sociedad y generado el debate ético o la polémica. Uno de estos casos espectaculares fue el ocurrido el primero de octubre de 1987 en una clínica de Johanesburgo (Sudáfrica) en la que Pat Anthony, una mujer de 48 años, dio a luz mediante cesárea a sus tres nietos. Se trataba de los trillizos nacidos a partir de los óvulos de Karen Ferreira-Jorge, la hija de Pat, que después de ser fecundados con esperma del marido fueron implantados en el útero de Pat. De manera que Pat Anthony se convirtió en la primera mujer del mundo que fue a la vez madre biológica y abuela genética de los mismos niños (*El País*, 02.11.97).

Otro caso aún más polémico fue el ocurrido en Italia durante el mes de agosto de 1997. Ángela, una mujer casada de 37 años, gestó a la vez por encargo dos fetos de dos parejas estériles distintas. Después de su embarazo de alquiler nacieron dos gemelos que eran, por tanto, descendientes de cinco progenitores diferentes: las dos madres que aportaron los óvulos, los dos padres a quienes pertenecían los espermatozoides y, por último, la madre de alquiler, Ángela, que los dio a luz. Se trataba del nacimiento de dos gemelos que, en realidad, no eran ni siquiera hermanos genéticos.

El acontecimiento fue muy criticado negativamente. La ministra italiana de sanidad, la católica Rosy Bindi, declaró que se trataba de «*una provocación que superaba todo límite*», mientras que el periódico del Vaticano, *L'Osservatore Romano*, dictaminó que era «*un nuevo paso hacia la locura y una violación total de la maternidad natural*». Sin embargo, la madre de alquiler, Ángela, manifestó que: «*La iglesia puede decir lo que quiera. Yo sigo siendo católica, creo en Dios y no entiendo por qué hay que condenar a una persona que intenta hacer el bien a los demás... No lo hice por dinero, sino para dar felicidad a otras parejas*» (*El País*, 09.03.97).

El último caso que nos parece interesante señalar es el de las españolas que, asesoradas por sus ginecólogos, consiguieron tener hijos en California contratando madres de alquiler norteamericanas. Dado que en España la ley de reproducción asistida de 1988 prohibe tal práctica y sólo reconoce como verdadera madre a la que da a luz, estas mujeres estériles se marcharon a los Estados Unidos con la esperanza de ser madres. Allí les extrajeron óvulos para fecundarlos "in vitro" con esperma de sus esposos e implantarlos en el útero de las madres de alquiler voluntarias. Un nuevo viaje al cabo de nueve meses sirvió para recoger a los bebés, legalizar la maternidad y declarar en el consulado español que las criaturas habían nacido durante un viaje turístico.

Esta fue precisamente la historia de María, nombre apócrifo puesto por el redactor de *El País* para respetar la intimidad de la mujer que protagonizó tal aventura. A María se le extirpó un cáncer de útero a los 30 años. Esto significaba que jamás podría dar a luz a sus propios hijos a pesar de seguir produciendo óvulos sanos. Sin embargo, gracias a Karen, la madre de alquiler contratada que estaba casada y era a su vez madre de cinco preciosos hijos, María pudo ver cómo de sus dos embriones acogidos en el vientre de Karen nacían dos encantadoras niñas. Toda la operación costó entre siete y ocho millones y medio de pesetas, pero, según afirmó la feliz familia, mereció la pena.

En esta ocasión, la madre subrogada a quien se denomina con el pseudónimo de Karen, era cristiana evangélica y manifestó que lo hizo por motivos humanitarios: «*Consulté con el pastor de mi iglesia y le pareció bien*». A la pregunta acerca de si contó a sus hijos que los bebés que iban gestándose en su interior no eran sus hermanos, Karen respondió: «*Les explicamos que esta familia española no puede tener hijos y que Dios se los podía ofrecer a través de nosotros*» (*El País*, 09.11.97).

a. ¿Quiénes recurren a las madres de alquiler?

Generalmente se trata de aquellos matrimonios en los que tanto el marido como la esposa son fértiles, es decir, producen gametos con capacidad fecundante, pero ella carece de útero como consecuencia de alguna intervención quirúrgica anterior, o por presentar el síndrome de Rokitanski* -mujeres que nacen sin útero pero con ovarios-, o bien se trata de personas diabéticas a las que un embarazo normal las podría dejar ciegas o hacerles perder un riñón.

Un segundo grupo de aspirantes a la maternidad subrogada sería el de las parejas formadas por un marido fértil y una esposa estéril a la que no le funcionan ni el útero ni los ovarios. En tal caso se podría realizar una inseminación artificial en la que el semen del marido contratante fecundase al óvulo de la propia madre de alquiler. De manera que entonces ésta sería también madre genética de la criatura que naciera.

En tercer lugar, existe también el caso de aquellas parejas en las que ella es estéril y con el fin de tener un hijo aceptan de común acuerdo una especie de adulterio pactado. Es decir, en vez de recurrir a las técnicas de reproducción asistida se decide que el marido tenga relaciones sexuales con una mujer contratada hasta que ésta quede embarazada y se comprometa a entregar el bebé después del parto. Es evidente que tal comportamiento, aunque se diera e incluso fuese algo común para la moral polígama de los israelitas en el Antiguo Testamento, como se verá, resulta inaceptable en nuestros días desde una ética cristiana. Finalmente, hay que señalar también, ya que es algo que se ha dado en la práctica, el recurso a los propios familiares para que actúen como madres uterinas voluntarias. Las hermanas se ofrecen en ocasiones para ser inseminadas artificialmente con semen de su cuñado o para, mediante fecundación "in vitro", acoger y gestar el cigoto que daría origen a su sobrino, convirtiéndose así a la vez en madres biológicas y tías del recién nacido.

b. Situación humana de estas madres

La mayoría de las mujeres que se prestan para ser madres subrogadas lo hacen, según manifiestan ellas mismas, por motivos altruistas. Desean dar hijos a un matrimonio que no los puede tener. En muchas ocasiones conocen la situación y el sufrimiento de amigos o familiares que no pueden tener niños y ellas deciden proporcionarles la alegría de la paternidad. Sin embargo, esta empresa presenta sus riesgos humanos y no siempre acaba bien. A veces la madre gestante se encariña con el feto que lleva en sus entrañas -de ahí viene la idea de amor "entrañable"- y se niega después del parto a entregarlo a los padres genéticos que se lo encargaron. ¿Tiene derecho a hacerlo? Es lógico que una mujer embarazada desarrolle este tipo de sentimientos hacia la criatura con la que tan íntimamente se está relacionando.

Algo así ocurrió con la madre de alquiler británica, Karen Roche, quien en mayo de 1997 reconoció haber simulado el aborto del feto que gestaba para quedarse con el bebé. El embrión fue fecundado mediante un óvulo suyo y esperma de un hombre de Amsterdam que no podía tener hijos con su pareja. Primero mintió al declarar que había decidido abortar a causa de las diferencias irreconciliables con la pareja contratante, pero finalmente confesó la verdad. No había abortado sino que dio a luz en secreto y se quedó con el niño (*El País*, 02.11.97). La incógnita acerca de cuál será la decisión final de la

madre de alquiler después del parto, es algo que seguramente está siempre presente en el pensamiento de la pareja solicitante. Este es sólo uno de los difíciles problemas humanos a los que puede dar origen tal prestación.

Otro asunto es si deben o no cobrar por su embarazo. Esto depende de las leyes que rigen en el país de que se trate. En el Reino Unido, nación en la que desde el año 1988 más de doscientas parejas estériles han tenido hijos mediante madres de alquiler, la ley no permite la cesión del útero con fines lucrativos. Únicamente se cobran los gastos derivados de la atención médica que se requiere durante el período de gestación, unas quinientas mil pesetas. Ello provoca que en tales condiciones sea más difícil encontrar mujeres receptoras dispuestas. En otras naciones, como Francia, se paga alrededor de unos sesenta mil francos, que es también relativamente poco en relación a los riesgos de salud que se contraen. Donde resulta más caro es en Estados Unidos, entre cincuenta mil y sesenta mil dólares. Sin embargo, también es allí el lugar más seguro del mundo ya que existe la ley de paternidad biológica. Otra opción más barata, pero también menos segura desde el punto de vista legal, sería hacerlo en países como Brasil o México. La legislación española no permite el alquiler de úteros, ni gratuito ni mediante un precio estipulado. Ningún contrato de este tipo se considera válido. Lo mismo ocurre en Alemania, Italia y los países nórdicos, mientras que en los Países Bajos la ley es mucho más tolerante: no se prohibe, aunque tampoco se autoriza expresamente.

c. *Inconvenientes éticos*

La idea de la maternidad subrogada despierta fuertes emociones en la mayoría de las personas. Las objeciones morales que suelen plantearse a este tipo de maternidad son numerosas. Se dice, por ejemplo, que es una forma degenerada de reproducción, contraria a la unidad del matrimonio y a la dignidad de la fecundación humana porque hace intervenir en ese acto íntimo a una tercera persona; que no existe auténtica maternidad, pues al contratar otro útero ajeno a la pareja se sustituye a la verdadera madre; que ofende la dignidad y el derecho del hijo a ser gestado por sus propios padres genéticos; que destruye la institución familiar al dividir los elementos físicos, psíquicos y morales que la constituyen y, en fin, que se presta a todo tipo de corrupciones y especulaciones de carácter mercantil.

Según tales planteamientos la madre de alquiler sería algo así como una incubadora humana que se limita a producir niños por dinero, que arrienda su cuerpo como si se tratara de una casa rentable. Pero de una casa edificada sobre la mentira, ya que el embrión se relaciona íntimamente con quien no es su verdadera madre. También se ha llegado a decir que, si en la prostitución la mujer vende su cuerpo y sus sentimientos más íntimos, el procedimiento de la maternidad de alquiler es algo todavía más repugnante, porque repercute además sobre una vida del todo inocente (Blázquez, 1996: 438-440).

Incluso hasta los movimientos feministas se han manifestado en contra de las madres subrogadas. Aunque pueda parecer una paradoja, lo cierto es que en determinadas ocasiones el feminismo acepta el llamado principio de "pro opción", es decir, que una mujer tiene derecho a utilizar su propio cuerpo como ella decida, y emplea tal argumento para defender, por ejemplo, que toda mujer debe tener derecho al aborto. Pero por otro lado, sin embargo, se mantiene también que ese mismo principio no se puede aplicar en el caso de la maternidad de alquiler. O sea, que ninguna mujer debería tener derecho a decidir ser madre sustituta, a elegir utilizar su cuerpo para llevar el hijo por otra mujer. ¿Por qué? Pues porque tal decisión sólo serviría para degradarla y hacerla objeto de explotación social, permitiendo así que el cuerpo femenino fuera manipulando e instrumentalizando una vez más (Stolcke, 1998: 97-118).

> ***«Esta comunicación íntima y viva que dura nueve meses se trunca bruscamente para siempre en la maternidad de alquiler. ¿No va tal ruptura contra las previsiones de la naturaleza?»***

Otros se refieren a la importancia de la relación que se desarrolla entre el feto y la madre que lo gesta. Esta comunicación íntima y viva que dura nueve meses se trunca bruscamente para siempre en la maternidad de alquiler. ¿No va tal ruptura contra las previsiones de la naturaleza? El sentimiento de rechazo hacia la nueva criatura que debe ir creando la madre sustituta para poder entregarla después del parto y vencer así el afecto materno natural, ¿no puede ser detectado por el feto o repercutir negativamente sobre él? (García-Mauriño, 1998: 91).

d. ¿Hay aspectos positivos en la maternidad subrogada?

Hasta las posturas más contrarias a la maternidad de alquiler reconocen que ésta podría ser moralmente tolerable cuando se empleara para salvar una vida humana. Si algún día fuera posible, desde la tecnología biomédica, trasplantar un feto de una madre gestante enferma, o imposibilitada para dar a luz, al útero de otra voluntaria que lo gestara y llevara a feliz término, esto se trataría de un acto noble y éticamente aceptable. Sería como una "adopción prenatal" equiparable a aquella antigua costumbre que tenían algunas mujeres de amamantar a los bebés de otras cuando éstas se quedaban sin leche, con el fin de salvar la vida de los pequeños.

No obstante, además de esta posibilidad existen otras matizaciones que no debieran pasarse por alto. Cuando se afirma que la maternidad de alquiler ofende la dignidad del niño -como se ha señalado- y es contraria a su derecho a ser concebido, traído al mundo y criado por sus padres, ¿qué es lo que en realidad se quiere decir? Parece que se está invocando el principio moral de que a los niños tienen que criarlos sus verdaderos padres genéticos y no otros. Si esto tiene que ser así, la sociedad y las leyes que ella crea deberían procurar por todos los medios que tal derecho infantil se respetara siempre. Pero si, de verdad, se está ante un principio moral universal, entonces, para ser consecuentes, se deberían prohibir también todos aquellos comportamientos que atentan contra tal derecho, como el divorcio, la separación, el nuevo matrimonio, la adopción o incluso la inseminación artificial. ¿Es que acaso no se ofende la dignidad de los niños cuando se les obliga a convivir con personas que no son sus verdaderos progenitores, como ocurre después del divorcio y consiguiente emparejamiento? ¿Por qué tendría que ser la maternidad subrogada más ultrajante hacia los derechos e intereses del pequeño que la separación de sus padres y las nuevas relaciones que algunos establecen después? ¿Si las leyes no prohiben éstas, ¿por qué tienen que impedir aquélla?

Es verdad que, debido a la gran importancia que tiene la relación entre la madre y el hijo para el desarrollo de la personalidad de éste, se puede poner en entredicho el tipo de vínculo existente entre una mujer y el feto que gesta exclusivamente por un puñado de dinero y del que va a desprenderse en cuanto nazca. Ofrecerse como madre de alquiler sólo por el beneficio económico que se obtenga puede ser algo éticamente censurable.

Sin embargo, no es posible tratar con el mismo criterio a aquella otra mujer que presta de manera altruista sus entrañas para que su amiga, pariente o cualquier otra persona que lo necesita, pueda tener el hijo propio que de otra forma le sería imposible. ¿Qué hay de malo o inmoral en esta actitud? ¿qué norma ética se incumple? ¿acaso no está empapado todo el proceso de una clara intención en favor de la vida? ¿no se está creando un niño que va a permitir que se forme y crezca una familia? Si, tal como se desprende del Evangelio, arriesgar la propia vida por un amigo es una actitud cristiana, ¿por qué no está bien visto utilizar el útero por una amiga que lo necesita? ¿cómo es posible considerar como un contravalor el que alguien sea capaz de prestar temporalmente su cuerpo para crear vida? ¿está en un error la madre de alquiler que actúa así?

No es coherente que la misma sociedad liberal que permite la práctica del aborto, dando así libertad para destruir a miles de seres inocentes no deseados, impida a la vez que una mujer pueda tener un niño por otra, coartando su libertad para generar vida humana. Si se otorga libertad en un caso hay que concederla también en el otro. ¿O es que sólo tiene que haber libertad para matar y no para dar vida? Es difícil encontrar argumentos fundados en principios morales convincentes que vayan contra la maternidad de alquiler. Tener un niño para un matrimonio que no puede y que lo desea con toda su alma es un bien humano fundamental que no tiene por qué suponer la utilización de la madre de alquiler como un medio, o como una esclava explotada, para los fines de otra. Se trata de una relación libre en la que ambas partes pueden decidir por sí mismas.

Sólo podría darse la explotación si existiera alguna forma implícita de coacción como la pobreza, la necesidad de dinero para sobrevivir, la presión fundada en el poder desigual, el chantaje psicológico, familiar o social que obligara a la mujer a someterse a la maternidad subrogada. Estas situaciones de esclavitud moral no únicamente pueden darse en algunos casos de madres sustitutas, sino que también existen dentro de ciertos matrimonios tradicionales en los que el marido presiona a la esposa y la convierte en un medio para sus fines, en un mero objeto de placer sexual o en una esclava doméstica de su propiedad. Pero tales situaciones anómalas e indeseables no se dan afortunadamente en todos los matrimonios y tampoco tienen porqué ocurrir en la mayoría de los acuerdos de la maternidad de alquiler.

En ocasiones, se afirma también de las mujeres estériles que deciden tener un hijo recurriendo a las madres sustitutas, que al hacerlo están usando al futuro bebé como un medio para sus propios fines; que actúan de manera egoísta porque creen tener "derecho" a la maternidad. Y esto sería algo éticamente inaceptable. No obstante, es conveniente plantearse de forma seria el porqué de la paternidad. ¿Cuál es el verdadero motivo por el que las parejas fértiles deciden tener hijos? ¿llegan siempre a esta decisión por razones altruistas o, a veces, pesan más los intereses personales? Es muy posible que en bastantes casos los niños vengan al mundo para dar apoyo psicológico a un matrimonio que está a punto de separarse; o por falta de manos para trabajar y colaborar en la economía familiar; o para suplantar al hermano muerto, para recibir ayuda asistencial de la seguridad social, para equilibrar el sexo de una familia; o por accidente e imprevisión en la planificación familiar, por descuido pero no porque en realidad se deseara; o incluso porque no fue posible practicar el aborto a tiempo, etc.

Ninguna de tales situaciones son ideales para llamar a la vida a una nueva criatura. Afortunadamente no siempre es así. En la mayoría de los casos los hijos se tienen por amor y con el deseo desprendido de dar vida a un nuevo ser humano. Pues, de igual manera, ¿por qué no podría una pareja infértil desear un hijo de forma completamente altruista, y traerlo al mundo por medio de la maternidad de alquiler? El bebé que nace de una madre sustituta no tiene por qué ser un medio para un fin más de lo que pueda serlo otro niño nacido de un matrimonio habitual. ¿Acaso el acuerdo entre los padres estériles y la madre subrogada no puede basarse exclusivamente en el amor sincero hacia el futuro hijo? ¿por qué no les puede mover sólo el deseo de proporcionar bienestar, cariño y educación al pequeño?

Por lo que respecta a los posibles efectos psicológicos que la maternidad subrogada pudiera tener para los niños nacidos mediante ella, que en el futuro se preguntaran ¿quién es mi verdadera madre? o ¿de quién he nacido yo?, lo cierto es que no existe ningún estudio serio que demuestre que tales niños son psicológicamente más problemáticos que los nacidos en hogares tradicionales. No hay ninguna prueba de que los niños nacidos de la maternidad de alquiler posean un psiquismo tan dañado que sería mejor no traerlos al mundo. En cambio, sí existen estadísticas referentes a niños adoptados que ratifican la existencia en ellos de una mayor incidencia de problemas psicológicos. Sin embargo, hasta ahora nadie ha sugerido que la práctica de la adopción constituya un problema tan serio para tales niños que ésta tenga que ser prohibida. De la misma manera existe también un gran número de pruebas y estudios que demuestran las repercusiones psíquicamente negativas que el divorcio o la separación de los cónyuges tiene para los hijos implicados. Y nadie solicita tampoco la prohibición social de tal práctica. ¿Por qué entonces sí se pide que se prohiba la maternidad de alquiler, sin tener ninguna prueba empírica que demuestre su pretendida nocividad?

También se ha señalado que tales prácticas pueden generar numerosos problemas afectivos, en las madres sustitutas que se prestan a ellas, ya que el hecho de entregar al bebé después de relacionarse íntimamente durante tanto tiempo con él significa una grave ruptura psicológica y sentimental. Este asunto ha sido tan tratado que incluso se llevó al cine. El caso del matrimonio Stern que no podía tener hijos y recurrió, por medio de una agencia de Manhattan, a la pareja Whitehead cuya mujer se comprometió a actuar como madre sustituta y asumió ser inseminada artificialmente con semen del Sr. Stern para donar finalmente al bebé después del parto y a cambio de diez mil dólares. Sin embargo, la Sra. Whitehead cambió de opinión después de dar a luz y se inició así una serie de juicios que terminaron por conceder la niña en adopción al matrimonio Stern, ya que se consideró que esta familia era más estable y protegía mejor los intereses de la pequeña (Gafo, 1994: 175).

Pero la realidad es que de los más de cuatro mil nacimientos de maternidad subrogada, ocurridos durante los últimos años en Estados Unidos, únicamente en el uno por ciento de los casos se ha dado este tipo de problemas legales (Charlesworth, 1996: 99). Ello parece confirmar que la práctica de la maternidad de alquiler no tiene unas consecuencias afectivas tan indeseables para estas madres que la ley debiera prohibirla como si se tratara de algo socialmente nefasto. En favor de este modo de reproducción que pretende ayudar a determinadas parejas infértiles hay que decir que el anhelado bebé dispone ya, antes de nacer, de un ambiente familiar que le acoge; se trata de un remedio humano a una situación fisiológica desgraciada y no atenta contra la unidad del matrimonio sino que, al contrario, el bebé será probablemente un motivo de mayor unión y felicidad. No parece, pues, que haya algo moralmente incorrecto en este método. Sin embargo, debido a las dificultades existentes en la práctica para llevarlo a cabo, la maternidad de alquiler, no será nunca el principal sistema preferido para tener un niño. Únicamente solucionará el problema de infecundidad de unas pocas familias.

e. La Biblia y la maternidad de alquiler

Como ya se ha señalado, la Biblia no es un recetario moral de bioética que posea todas las respuestas a los múltiples problemas éticos planteados por la moderna biomedicina. No obstante, en el Antiguo Testamento se relatan algunas historias acerca de mujeres estériles que recuerdan bastante el actual problema de la maternidad de alquiler. La esterilidad fue considerada siempre en Israel como una grave afrenta social, como una dura prueba o incluso un castigo divino. Los hijos se veían como recompensa y heredad de Dios, como «*flechas en mano del valiente*» (Sal. 127:3-5), «*retoños de olivo alrededor de la mesa*» (Sal. 128:3) o «*corona de los ancianos*» (Pr. 17:6). De ahí que cuando una esposa no conseguía quedarse embarazada recurriera, por todos los medios, a la adopción.

Esto solía hacerse, en Mesopotamia y en el pueblo de Israel, por medio de la entrega de una concubina fértil al marido para que éste tuviera relaciones sexuales con ella y así, el hijo de tal unión pudiera ser reconocido como hijo legítimo de la esposa oficial. Tal situación es la que se expresa en la petición de Sarai a su esposo Abram: «*Dijo entonces Sarai a Abram: Ya ves que Jehová me ha hecho estéril; te ruego, pues, que te llegues a mi sierva; quizá tendré hijos de ella. Y atendió Abram al ruego de Sarai*» (Gn. 16:2). ¿Podría decirse que el hijo nacido de aquella unión, Ismael, fue hijo de una madre subrogada, Agar?

Tanto en los códigos de Mesopotamia como en la antigua época israelita, los hijos de las concubinas esclavas no tenían parte en la herencia, a no ser que fueran adoptados y se transformaran así en hijos de las esposas libres (de Vaux, 1985: 92). Otra situación similar es la ocurrida entre Jacob y Raquel. El texto bíblico lo relata así:

«*Viendo Raquel que no daba hijos a Jacob, tuvo envidia de su hermana, y decía a Jacob: Dame hijos, o si no, me muero. Y Jacob se enojó contra Raquel, y dijo: ¿Soy yo acaso Dios, que te impidió el fruto de tu vientre?Y ella dijo: He aquí mi sierva Bilha; llégate a ella, y dará a luz sobre mis rodillas, y yo también tendré hijos de ella. Así le dio a Bilha su sierva por mujer; y Jacob se llegó a ella. Y concibió Bilha, y dio a luz un hijo a Jacob.Dijo entonces Raquel:*

Me juzgó Dios, y también oyó mi voz, y me dio un hijo. Por tanto llamó su nombre Dan ("Él juzgó")» (Gn. 30:1-6).

El concepto de "dar a luz sobre las rodillas" se refiere al rito de adopción. Lo que se hacía era colocar al bebé en el regazo de la mujer que deseaba adoptarlo para indicar que era como si legalmente ella lo hubiera dado a luz. A partir de ese momento es Raquel, la madre legal, quien le pone el nombre al niño, en vez de hacerlo Bilha, la madre biológica, y el pequeño pasa a ser legítimo heredero de su padre Jacob. De manera que, salvando las distancias, se podría decir que Raquel, la mujer de Jacob, "alquiló" a una sierva propia para que le diera el hijo que ella no podía tener. ¿Un caso bíblico de maternidad de alquiler?

«La esterilidad fue considerada siempre en Israel como una grave afrenta social, como una dura prueba o incluso un castigo divino. Los hijos se veían como recompensa y heredad de Dios.»

Las diferencias entre estos acontecimientos del Antiguo Testamento y la práctica actual de la maternidad subrogada son obvias. En el pasado era el marido de la esposa estéril quien realizaba el acto sexual con la mujer sustituta. Hoy tal práctica se vería como una forma de fornicación o adulterio pactado y desde una perspectiva cristiana sería moralmente rechazable. Sin embargo, para la moral sexual de los hebreos, en aquel período antiguo de su historia, era aceptable y normal la poligamia o el concubinato con las siervas. Ninguna de las partes implicadas, ni el marido, ni la esposa infértil o la concubina, tenían intención de romper el vínculo del matrimonio. Nadie lo veía como una forma de fornicación o adulterio. Evidentemente estas costumbres sexuales fueron evolucionando poco a poco debido al influjo de Dios a través de sus mensajeros hacia un nuevo entendimiento del deber moral.

Hoy, sin embargo, la maternidad de alquiler se realiza mediante inseminación artificial o fecundación "in vitro" con transferencia del embrión. ¿Puede llamarse a esto adulterio o fornicación? ¿atenta esta práctica contra la relación existente en el matrimonio? Si en aquella remota época veterotestamentaria hubiera existido la IA o la FIVTE ¿acaso Sarai y Raquel no hubieran preferido tales métodos? Desde la ética evangélica del amor, del altruismo y de la entrega al que sufre o al enfermo, no parece que la maternidad de alquiler basada verdaderamente en el valor de crear vida por afecto, sea algo que categóricamente se deba rechazar.

3.9. Parto postmenopáusico

Existe un breve refrán castellano, referido a la idea de que cualquier situación agobiante puede siempre agravarse todavía más, que dice así: "Éramos pocos y parió la abuela". El sentido común que subyace bajo estas palabras parece descalificar la pretensión de una mujer de ser madre después de haber pasado su período natural reproductivo. La opinión popular es que, por lo general, ninguna mujer en su sano juicio desea quedarse embarazada o dar a luz cuando ya es demasiado tarde y ha entrado en la menopausia. Ni quiere, ni tampoco su fisiología se lo permite.

No obstante, durante el mes de julio del año 1994 la prensa lanzó la singular noticia de una mujer italiana que había conseguido quedarse embarazada y tener un bebé a la avanzada edad de 63 años (*El País*, 19.07.94). Muchos titulares se formularon la pregunta: ¿madre o abuela?. Al parecer se trataba de una madre que tres años atrás había perdido a su hijo de 17 años en un accidente automovilístico. Con el fin de paliar el tremendo dolor que esta muerte le produjo decidió volver a tener otro, para lo cual recurrió a la FIV. Después de múltiples trámites legales y burocráticos consiguió que le implantaran un óvulo de otra mujer, fecundado artificialmente mediante esperma de un donante. La estimulación hormonal que durante un cierto tiempo se le aplicó permitió que el embrión anidara correctamente en su útero y a los nueve meses dio a luz un niño que le fue extraído por medio de cesárea.

En la Biblia se relatan también varias historias de mujeres estériles que gracias a la voluntad de Dios concibieron y dieron a luz hijos sanos, como los casos de Rebeca, la esposa de Isaac (Gn. 25:21); Raquel, esposa de Jacob (Gn. 30:1); la madre de Sansón (Jue. 13:2) o Ana, mujer de Elcana (1 S. 1:2). Sin embargo, sólo se mencionan dos situaciones en las que al problema de esterilidad se le añade también el de la avanzada edad. En efecto, tanto Sarai, mujer de Abram, como la esposa de Zacarías, Elisabet, -que sería la madre de

Juan el Bautista- además de ser infértiles habían alcanzado ya la edad de la menopausia.

En el caso de Sarai el problema, que ha venido constituyendo una piedra de tropiezo para los críticos racionalistas de todas las épocas, es que tal promesa se hizo cuando Abram rondaba ya los cien años de edad y ella tenía alrededor de noventa (Gn. 17:17). ¿Quién se podía creer una cosa así? ¿No era una propuesta que, desde la lógica humana, merecía tomársela a risa? Pues eso es precisamente lo que hizo Sarai cuando se enteró de tal promesa, *«se rió»* porque *«le había cesado ya la costumbre de las mujeres»* y pensó: *«¿después que he envejecido tendré deleite, siendo también mi señor ya viejo?»* (Gn. 18:12). Pero, lo cierto es que Dios insistió en ese extraño pacto y le prometió al noble patriarca que por medio del hijo que le había de nacer, Isaac (que significa "risa"), su descendencia sería tan numerosa como las estrellas del firmamento. Y, en efecto, así ocurrió.

Pues bien, aquello que durante la época de los patriarcas bíblicos fue un auténtico milagro de la omnipotencia divina, hoy parece poder hacerlo también la tecnología científica. La cuestión que se plantea en la actualidad no es si se puede o no hacer, sino si es éticamente conveniente hacerlo. El caso concreto mencionado de la sexagenaria italiana que consiguió ser madre a su avanzada edad, puede servir para el análisis ético de este tipo de partos postmenopáusicos. Si bien es verdad que los sentimientos de una madre que acaba de perder a su hijo son fácilmente comprensibles, también es cierto que la pretensión de quedarse embarazada a cierta edad resulta completamente irracional. No saber, o no querer, aceptar la edad real que se tiene y pretender por todos los medios la gestación de un bebé ¿no constituye, ya de por sí, motivo suficiente para un adecuado tratamiento psicológico? ¿No sería más eficaz, en tales casos, el recurso al psicólogo que el embarazo postmenopáusico? Desear un niño para que ocupe el vacío dejado por el primer hijo perdido no es algo que sea necesariamente negativo, sin embargo, existe el peligro de convertir al segundo en una especie de doble sustituto del primero ¿sería esto deseable para la formación del hijo que se anhela e, incluso, para los propios padres? ¿podría caerse en un exceso de cariño, o en una sobreprotección por parte de la madre, que perjudicara el normal desarrollo del pequeño?

Al bebé que se concibe en tales condiciones ¿no se le está obligando a crecer con unos padres de edad avanzada que quizás no puedan ayudarle cuando él todavía lo requiera? ¿podría esto provocar traumas en el hijo o la hija? Si realmente algunas personas necesitan tanto satisfacer el deseo maternal a cierta edad, ¿por qué no recurrir a la adopción de niños con problemas? ¿no sería mejor canalizar el amor materno ayudando y educando a criaturas huérfanas con deficiencias físicas o psíquicas, a quienes generalmente las parejas habituales no desean adoptar? Desde la perspectiva ética esta última posibilidad parece bastante más equilibrada que el recurso apasionado a una gestación fuera del tiempo natural.

Es muy posible que la medicina consiga prolongar artificialmente, o incluso reactivar en las mujeres, el período de ovulación y que esto mejore las condiciones de vida al retrasar los síntomas de la vejez. Es evidente que todo aquello que contribuya a fomentar la salud humana ha de ser bien recibido. No obstante, el recurso a métodos irreflexivos o imprudentes que atenten contra la vida y libertad de las futuras personas será siempre algo que se deberá evitar.

3.10. ¿Hombres embarazados?

En 1986 se habló de esta insólita y, por aquel entonces, bastante increíble posibilidad. De hecho, la idea fue llevada ocho años después al mundo de la ficción cinematográfica por el conocido actor Arnold Schwarzenegger, quien encarnaba el cómico papel de una hombruna madre parturienta en *Junior* (1994). La prensa había publicado la noticia de que en el futuro sería posible implantar cigotos humanos en el cuerpo del varón (*ABC*, 13.05.86). Al parecer, algunos investigadores estarían interesados en introducir embriones obtenidos mediante FIV en ciertas cavidades, con suficiente espacio y que pudieran dilatarse convenientemente, del cuerpo masculino. Se sugirieron como preferidas la región que alberga a los riñones o ciertas partes del intestino. Sería como una especie de embarazo ectópico. Durante todo el proceso el paciente se trataría con elevadas dosis de hormonas sexuales femeninas, lo cual podría repercutir en el desarrollo de sus pechos y el parto se realizaría lógicamente mediante cesárea. Los expertos denunciaron inmediatamente aquellos posibles riesgos que amenazaban a todo el proyecto. Se señaló el grave peligro de hemorragias internas, así como la posibilidad de que los huesos del feto en formación sufrieran importantes deformaciones por carecer del necesario espacio vital. A pesar de tales inconvenientes parece que las investigaciones en este sentido no se han terminado y que ciertos estudiosos procuran conseguir hombres embarazados.

Recientemente un embriólogo británico, el Dr. Robert Winston, ha manifestado que la medicina ya dispone de la tecnología necesaria para implantar un embrión con su correspondiente placenta en el abdomen de un hombre, hacerlo desarrollar sin problemas y alumbrarlo mediante una cesárea (*El País*, 22.02.99). A la pregunta de cuáles serían las posibles ventajas de esta técnica, se señala la posibilidad de que las parejas homosexuales puedan dar a luz a sus propios hijos, así como las parejas heterosexuales en las que la mujer padezca algún problema que desaconseje la gestación.

Aparte del posible peligro que pudiera entrañar y de la grave distorsión que supone de la naturaleza humana, el asunto no merece siquiera ser tratado desde el punto de vista ético debido a lo descabellado, irracional y poco serio que parece. Algunos especialistas en embriología opinan que esta posibilidad técnica plantea graves problemas éticos. En este sentido las palabras del profesor Niceto Blázquez al respecto, son suficientemente significativas: "*la ética tiene poco que decir cuando la mofa sustituye a la naturaleza y la especulación mental degenera en chatarrería biomédica*" (Blázquez, 1996: 444).

3.11. Clonación y partenogénesis

La famosa oveja escocesa, *Dolly*, ha hecho correr más tinta durante estos últimos tiempos que ningún otro de sus congéneres a lo largo de la historia ovina. Desde luego el accidentado y peculiar nacimiento justifica de sobras la popularidad que ha alcanzado. Su creador, el profesor Ian Wilmut, trabajó silenciosamente durante bastantes años, en el Instituto Roslin de Edimburgo, hasta lograr este primer ejemplar clónico de oveja adulta. El éxito no resultó nada fácil. El grado de efectividad de la técnica empleada fue muy bajo ya que -según confesó el propio autor- el nacimiento de *Dolly* fue el único viable entre los casi trescientos embriones creados. Sin embargo, esta extraordinaria oveja constituyó la prueba viviente de que las células maduras, aunque estén ya diferenciadas, pueden ser obligadas a dar marcha atrás, recordar las instrucciones que llevan escritas en sus genes y originar un animal completo. Este trascendental descubrimiento marcó seguramente el inicio de una nueva era para la investigación científica. Fue como pasar de la era atómica a la era genética.

Se necesitaron tres madres para producir esta singular oveja. La primera, la verdadera madre genética, aportó el núcleo -con la información genética total- de una célula extraída de sus ubres. La segunda suministró un óvulo fertilizado al que le fue extraído y eliminado su núcleo con todos los cromosomas, careciendo por tanto de carga genética nuclear alguna. En ese espacio vacío que quedó se introdujo el núcleo extraído a la primera madre. De esta forma el óvulo prosiguió su natural proceso de multiplicación celular y fue introducido en el útero de la tercera madre, quién lo gestó hasta llegar al parto de la sorprendente ovejita.

No obstante, a pesar de la enorme publicidad que se le dio a este asunto, *Dolly* no fue el primer animal clonificado. Desde la década de los 50 y los 60, diferentes investigadores han venido obteniendo clones de ranas, ratones, ovejas e incluso monos a partir de células embrionarias. ¿A qué se debe entonces el revuelo formado en torno a *Dolly*? La importancia de este último experimento genético radica en que se realizó a partir del núcleo de una célula adulta; no de una célula germinal o embrionaria sino de una ya completamente diferenciada. ¿Qué repercusiones puede tener tal descubrimiento? De momento, los científicos escoceses pretenden seguir produciendo animales clónicos que sean capaces de segregar proteínas terapéuticas en la sangre o en la leche. Tales proteínas se utilizarían para fabricar fármacos que pudieran ser eficaces en la lucha contra ciertas enfermedades humanas. Alan Colman, director de investigación de la firma PPL Therapeutics, que costea los estudios del Instituto Roslin, explicó que para finales de 1997 esperan haber clonado por primera vez una vaca, así como una nueva oveja a la que se le habrían introducido genes humanos para que pudiera fabricar proteínas idénticas a las del hombre.

Pero lo más espectacular está todavía por llegar. La creación de la oveja clónica ha disparado la imaginación generando cierta alarma social y el mundo se pregunta cuánto tardará la clonación de seres humanos. Incluso algunas personas están decididas a llevarla a cabo lo antes posible. Así, la secta Raeliana con sede en Ginebra está dispuesta a clonar personas y ofrece sus servicios por internet para conseguirlo allí donde sea actualmente posible. De momento parece que en las Bahamas. Sus partidarios están convencidos de que la vida en la tierra fue creada también de manera artificial por los extraterrestres (Sádaba, 1998: 67). No obstante, lo cierto es que la alarma social creada en torno al tema de la clonación se debe fundamentalmente al desconocimiento y a la falta de información seria. En la actualidad no es posible todavía clonar alegremente seres humanos. Es verdad que la ciencia avanza a gran velocidad pero, hoy por hoy, la clonación sigue siendo un proceso muy complicado y difícil de conseguir. Lo cual no significa, por supuesto, que en un futuro próximo no se vaya a producir.

RESEÑA HISTÓRICA sobre clonación

1919 Spernan y Zalkember dividieron la célula de un anfibio en dos partes iguales, dando así origen, por primera vez, a una clonación artificial.

1938 El embriólogo alemán Hans Spemann ideó el principio de la enucleación de un ovocito para que sirviera como incubadora para otra célula.

1952 Dos investigadores de Filadelfia, Robert Briggs y Thomas King, consiguieron disociar blastómeros del paquete embrionario, en estado de blastocisto, tomar los cromosomas de óvulos no fecundados de ranas, activarlos como si hubiesen sido fecundados normalmente y colocar los blastómeros uno a uno en cada óvulo. Obtuvieron renacuajos capaces de nadar. En experimentos posteriores se consiguieron también batracios adultos.

1952 Durante los años 1952 a 1967 se realizaron numerosos experimentos en los que se consiguió clonar anfibios. Estados Unidos logró, por primera vez, clonar ranas mediante el trasplante de núcleos celulares al citoplasma de óvulos no fecundados a los que previamente se les había extraído sus correspondientes núcleos.

1960 En la década de los sesenta se intentó la clonación de mamíferos pero no se consiguió ningún resultado positivo.

1966 El genetista Joshua Lederberg, premio Nobel de Fisiología y Medicina, manifestó ser partidario de la clonación humana y afirmó que cuando ésta se pudiera llevar a la práctica, podrían fabricarse individuos genéticamente superiores.

1979 L.B. Shettles, de la Universidad de Columbia, en Nueva York, realizó el primer intento de clonación humana, al trasplantar espermatogonias a ovocitos humanos enucleados. Al parecer, el embrión resultante se desarrolló hasta el estado de mórula.

1979 Los evolucionistas F.J.Ayala y J.W. Valentine manifestaron que la clonación del ser humano ponía en peligro la supervivencia de la sociedad democrática.

1980 Se consiguió la creación de ratones transgénicos por medio de la bipartición de embriones.

1981 Karl Illmensee, de Ginebra, y Peter Hoppe, de Bar Harbor (Maine), publicaron un artículo en la revista *Cell*, en el que afirmaban haber conseguido clonar embriones de ratón a partir de células ya diferenciadas de embriones en estado de blastocisto. Obtuvieron, en efecto, tres ratones exactamente iguales.

1984 Después de intentar repetidamente y sin resultado la clonación de ratones, James Grath y Davor Solter, del Wistar Institute en Filadelfia, llegaron a la conclusión de que el experimento de Illmensee no era repetible y que, por lo tanto, en los mamíferos la clonación artificial por transferencia nuclear debía ser biológicamente imposible. Sin embargo, otros investigadores no se dieron por vencidos y prosiguieron con sus estudios. (Mundo científico, 1997, 180:538).

1984 Se obtienen cerdos y ovejas transgénicas, es decir, que son portadoras de ciertos genes humanos, mediante clonación de células embrionarias. Se consiguió así crear animales capaces de fabricar proteínas terapéuticas humanas.

1984 El embriólogo danés Steen Willadsen, que entonces vivía en Cambridge (Gran Bretaña), obtuvo carneros adultos de buena salud a partir de embriones de 8 y 16 células colocados en ovocitos no fecundados y enucleados. Uno de los embriones fue congelado durante más de cuatro años.

1986 El equipo científico del norteamericano Neil First obtuvo mediante esta misma técnica numerosos terneros.

1988 La ley española (35/1988) sobre Técnicas de Reproducción Asistida prohibió la clonación humana.

1990 Trabajando con conejos el equipo de Jean-Paul Renard y Yvan Heyman, del INRA francés, obtuvo seis gazapos clonados procedentes de un único embrión.

1993 Una investigación realizada con embriones humanos salió a la luz pública. En el mes de octubre, dos científicos norteamericanos de la Universidad George Washington, Jerry Hall y Robert Stillman, exponen sus resultados ante el Congreso de la Sociedad Americana de Fertilidad en Montreal (Canadá). A partir de 17 embriones humanos de dos, cuatro y ocho células consiguieron obtener mediante divisiones embrionales inducidas, 48 nuevos embriones que, por supuesto, no fueron transferidos al útero de ninguna mujer sino que se destruyeron.

1994 Los doctores Sims y First consiguieron el nacimiento de cuatro terneros a partir de la clonación de 460 embriones de vaca.

1995 El Código Penal español en su artículo 161.2 prohíbe "la creación de un ser humano completo y total y no una parte del mismo". Y castiga con multas de hasta 100 millones de pesetas "la creación de seres humanos idénticos por clonación u otros procedimientos dirigidos a la selección de la raza".

1996 Un equipo de investigadores del Roslin Institute de Edimburgo dirigidos por el Dr. Ian Wilmut consigue clonar una oveja a partir del núcleo de una célula adulta de su ubre. El animal clónico nació el 5 de julio de 1996 pero el espectacular resultado no se hizo público hasta el 24 de febrero de 1997. La famosa oveja *Dolly*, única superviviente de 277 embriones clonados, levantó la alama social ya que abría de par en par la frontera a la posible obtención de seres humanos clónicos.

1996 Científicos de Oregón (EEUU) logran producir dos monos a partir de embriones clonados. Los simios nacieron en agosto y fueron clonados a partir de células tomadas de embriones con el fin de ver si se podían crear genéticamente monos idénticos con destino a la investigación y experimentación de medicamentos.

1997 El Dr. Richard Speed, especialista norteamericano en reproducción asistida, manifestó su intención de iniciar los experimentos para hacer posible la clonación de personas (*El País*, 11.01.98).

1997 El 4 de abril, después de siete años de trabajo, se abrió a la firma en Oviedo, para los Estados miembros del Consejo de Europa, el Convenio Europeo de Bioética, llamado el Documento de Oviedo. Lo firmaron 21 Estados mientras que Alemania y Gran Bretaña estuvieron ausentes.

1997 El comité de asesores científicos convocado por el presidente norteamericano Bill Clinton defendió la clonación y pidió al Congreso que autorizara clonar embriones humanos con fines de investigación (*La Vanguardia* , 05.06.97).

1998 Se celebró, durante el mes de enero en Madrid, un encuentro de representantes científicos para tratar acerca de la clonación. Asistieron, entre otros, Noëlle Lenoir, del Consejo Constitucional de Francia y miembro del comité de la UNESCO; Diego Gracia, catedrático de Historia de la Medicina en la Universidad Complutense de Madrid y Harry Griffin, del Instituto Roslin de Edimburgo, donde fue clonada la oveja *Dolly*. Se manifestó que para llevar a cabo la clonación humana no parecía existir demasiada dificultad, aunque nadie consideraba práctica la idea de clonar seres humanos.

1998 Diecinueve Estados europeos, entre ellos España, firmaron en París un documento que excluía taxativamente la aplicación de la clonación en los seres humanos (*Avui*, 13.01.98).

1998 La ONU ratificó la Declaración Universal sobre el Genoma Humano y los Derechos Humanos elaborada por la UNESCO en 1997, condenando así la clonación de células para reproducir seres humanos. La declaración, que constaba de 25 artículos, fue secundada por 186 países (*El País*, 10.12.98)

1998 En diciembre, algunos expertos británicos consultados por su Gobierno recomendaron a éste que permitiera clonar embriones humanos con el fin de desarrollar órganos aislados para trasplante pero no para crear bebés (*La Vanguardia*, 09.12.98).

1998 Los doctores Kim Sung Bo y Lee Bo Yon, científicos surcoreanos del laboratorio de infertilidad del Hospital Universitario Kyunghi, afirmaron haber clonado un óvulo a partir de una célula adulta de mujer. Manifestaron haber suspendido el experimento porque podría haber desembocado en la creación de una réplica exacta de un ser humano (*El País*, 17.12.98).

1999 El Gobierno federal de Estados Unidos decidió, durante el mes de enero, financiar con dinero público la clonación de embriones humanos de pocos días con fines terapéuticos. Lo que abrió una nueva frontera en el tratamiento de enfermedades como el parkinson, el alzheimer y la diabetes entre otras. No obstante, el anuncio realizado por la Comisión Nacional de Bioética, suscitó también inmediatas protestas por la producción de embriones con fines exclusivamente científicos (*El País*, 21.01.99)

a. Técnica de la clonación

La palabra "clon" proviene de una raíz griega que significa "retoño". Ser un clon de alguien equivale, por tanto, a tener el mismo patrimonio genético que él. En el mundo de los seres vivos suele darse de manera espontánea una especie de clonación natural. Precisamente una de las modalidades habituales de reproducción en las bacterias* es la llamada bipartición, que consiste en la división de una célula madre en otras dos bacterias hijas genéticamente iguales, es decir, clones de la primera. Muchas especies vegetales se reproducen habitualmente, o de vez en cuando, mediante clonación. Este tipo de multiplicación vegetativa se conoce en plantas tan comunes como las patatas, las fresas silvestres y numerosas herbáceas. Entre los animales, desde estrellas de mar hasta mamíferos como el armadillo, pueden utilizar el método natural de la clonación para reproducirse. En éstos últimos es bien conocido el interesante fenómeno de la poliembrionía*, en el que después de la segmentación del embrión, éste se divide en ocho o doce embriones secundarios que se desarrollan todos dentro de un solo amnios*. Esto es también una forma de clonación animal.

«La palabra "clon" proviene de una raíz griega que significa "retoño". Ser un clon de alguien equivale, por tanto, a tener el mismo patrimonio genético que él.»

Pero el ejemplo de esta modalidad reproductiva más cercano a nosotros es sin duda el de los gemelos verdaderos. Los llamados gemelos monocigóticos* pueden ser considerados como clónicos ya que resultan a partir de un único cigoto y son idénticos desde el punto de vista genético. No obstante, la diferencia fundamental entre este tipo de clonación natural que se produce en los mamíferos y la clonación artificial estriba, como se verá, en que los clones naturales no son nunca copia de un único individuo adulto.

Existen tres métodos distintos para obtener ejemplares clónicos que en ocasiones se confunden entre sí en la literatura divulgativa. El primero consiste en la separación de las células embrionarias antes de que se inicie la diferenciación celular. Como se recordará, las células formadas en las primeras divisiones del cigoto son totipotenciales, es decir, cada una de ellas posee la capacidad de originar todos los tejidos y estructuras del individuo completo. De manera que si son convenientemente separadas entre sí e implantadas en el endometrio uterino podrán formar tantos fetos idénticos como células se hayan tomado. Este método se ha puesto en práctica con éxito en numerosos animales y también en el ser humano, aunque en este caso el experimento fue interrumpido antes de la implantación en el útero (ver reseña histórica del año 1993). El segundo procedimiento para la obtención de clones consiste en tomar los núcleos de células embrionarias cultivadas artificialmente e introducirlos en óvulos no fertilizados a los que previamente se les ha extraído los suyos propios. Tales óvulos se comportan, después de ciertas descargas eléctricas, como si hubieran sido fecundados normalmente por espermatozoides y empiezan a dividirse formando embriones que después serán transferidos a los úteros de las madres adoptivas que los darán a luz. Esta técnica se viene practicando con relativo éxito en el ganado ovino desde el año 1996 y permite crear un mayor número de ejemplares clónicos que con el primer método. El equipo de investigadores del Instituto Roslin de Escocia, famoso por la creación de la oveja *Dolly*, ha obtenido también de esta otra forma numerosas ovejas clónicas.

No obstante, los clones así formados, tanto con el primero como con el segundo procedimiento, se originan siempre a partir de células embrionarias, pero nunca proceden de células adultas ya diferenciadas. Esta importante frontera es la que se superó con la creación de la popular oveja *Dolly*. En su caso, que constituye el tercer método de la clonación, se partió de células desarrolladas de las glándulas mamarias de una oveja adulta. Se trataba, por tanto, de núcleos que aparentemente habían perdido la totipotencialidad y a los que se obligó a reprogramarse* para formar un individuo auténticamente clónico, una réplica exacta del progenitor al que se le había extraído la célula de la ubre. De ahí que esta última técnica sea la que plantee más problemas sociales, éticos y legales ya que aparentemente hace innecesaria la presencia del macho convirtiendo así la reproducción en un procedimiento completamente asexual. Para aquellos futurólogos que anuncian el final de la sexualidad y visionan un mundo de hembras en el que los machos resultarán del todo innecesarios, conviene matizar que no existe tal peligro. La clonación asexual no podrá nunca desplazar a la reproducción sexual ya que en el proceso reproductor se requieren tarde o temprano unos pequeños orgánulos citoplasmáticos llamados centríolos*, presentes en los espermatozoides pero ausentes en los oocitos femeninos. En el momento de la fecundación los centríolos del espermatozoide son transferidos al oocito y actúan en él organizando las primeras divisiones de la segmentación (Alberts, 1986: 621).

Las ventajas de la clonación animal desde el punto de vista de los ganaderos y veterinarios apuntan hacia la obtención de rebaños resistentes a ciertas enfermedades, que fuesen más longevos y se adaptasen mejor a las condiciones de suelos difíciles, así como a la creación de animales que pudieran ser utilizados como productores naturales de medicamentos en la lucha contra el cáncer, hormonas humanas difíciles de conseguir, factores imprescindibles para hemofílicos, afectados de enfisema pulmonar y muchas otras dolencias.

En cuanto a los inconvenientes técnicos que suscita este tercer tipo de clonación animal se ha señalado, en primer lugar, el empobrecimiento genético a que daría lugar tal reproducción asexual. Si los ganaderos fomentaran la creación de variedades clónicas de ganado ¿no existiría también el peligro de formar poblaciones que no estuvieran genéticamente preparadas para soportar con éxito posibles infecciones víricas? Al reducir la diversidad genética y por tanto la resistencia a las enfermedades ¿no se estaría abriendo la puerta a las epidemias en los rebaños de clones? De hecho ya se ha producido algún caso, como el de unos cerdos transgénicos que servían para hacer trasplantes y que fueron afectados por virus capaces de infectar también a las células humanas (Postel-Vinay & Millet, 1997, 180: 540).

Otro de los inconvenientes de tales técnicas es la elevada mortandad que hasta ahora suelen presentar los descendientes clónicos. En el primer rebaño de ovejas clónicas transgénicas que se creó en el Instituto Roslin de Edimburgo (Escocia) y que portaban un gen humano en su ADN, destinado a la producción de una proteína humana en la leche, murieron nueve ejemplares de los catorce que nacieron (*El País*, 20.01.98). Esto da un índice de mortandad en torno al 64% frente al 8% que suele darse en las ovejas nacidas de forma natural. No cabe duda de que se trata de una seria desventaja.

Uno de los últimos análisis genéticos que se le realizaron a la oveja *Dolly* indicó que ésta tenía los extremos de sus cromosomas más cortos y desgastados que los correspondientes a otras ovejas de su misma edad. Estas regiones terminales de los cromosomas se conocen con el nombre de *telómeros* y son secuencias de ADN que al estar situadas en los extremos se desgastan con el

paso del tiempo, ya que en cada división de la célula se pierde algo de material cromosómico como consecuencia de la duplicación del ADN. Cuanto más viejo es un organismo y más veces se han dividido sus células, más cortos son los telómeros. De manera que *Dolly* podría envejecer más deprisa que sus congéneres no clónicas porque procede del núcleo de una célula adulta mucho más vieja que el óvulo sin núcleo en el que fue implantado.

La mezcla de especies es también algo que se viene investigando desde hace tiempo. En algunos laboratorios se está intentando clonar células procedentes de diferentes animales adultos en óvulos de vaca. Sin embargo, hasta el momento no se ha conseguido ningún nacimiento viable ya que todos los embarazos se malogran antes del parto. Los científicos no saben si tales fracasos se deben al poco refinamiento de la técnica o si es que la naturaleza rechaza estas creaciones artificiales debido a la disparidad genética existente entre el núcleo celular de una especie y el citoplasma del óvulo de otra.

CLONACIÓN DE LA OVEJA *DOLLY*

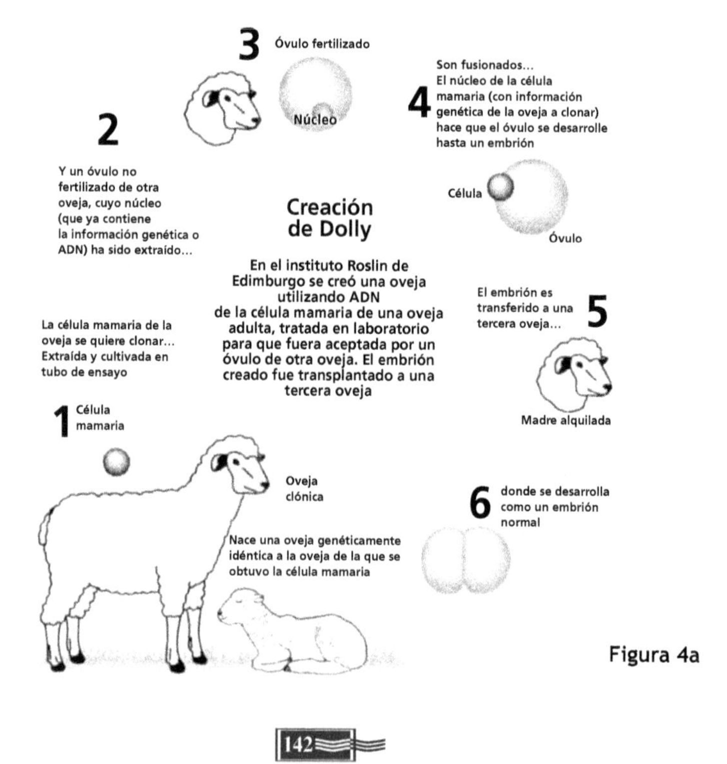

Figura 4a

CLONACIÓN DE HUMANOS

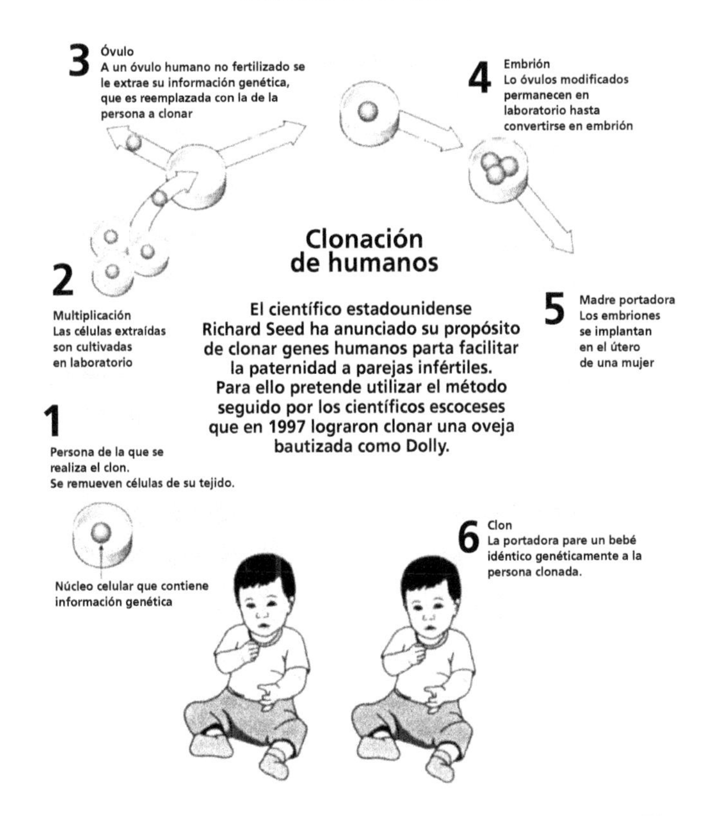

Figura 4b

b. *Ética de la clonación*

No parece que, desde la perspectiva bioética, haya mucho que objetar a la clonación genética aplicada a los animales, siempre que se realice con respeto y se eviten los malos tratos. Si *Dolly* y sus posibles hermanas clónicas se utilizan con el fin de mejorar la alimentación humana o eliminar la enfermedad y el sufrimiento, bienvenida sea la oveja y todo el rebaño.

El éxito alcanzado con esta inocente oveja escocesa de la raza Finn Dorset ha abierto las puertas a otro tipo de investigaciones. Los genetistas ven ya muchas más vías de estudio, tales como comprender el cambio que experimentan los genes y la cromatina* del núcleo celular durante el desarrollo; analizar el genoma mitocondrial* que se sabe que interviene en enfermedades como Alzheimer* y Parkinson*; comprobar la capacidad de reprogramación* de todos los tipos de células, estudiado su envejecimiento y cómo ralentizar dicho proceso. ¿Se podrá de esta forma alargar la vida?

También se ha sugerido la producción de tejidos humanos o incluso órganos para posteriores trasplantes, mediante la clonación de células extraídas de los propios enfermos, así como la creación de animales clonados para luego obtener de ellos vísceras que permitieran su implante en personas con graves deficiencias. Sería una gran bendición para los parapléjicos poder implantarles tejido medular obtenido mediante clonación de sus propias células y conseguir así que pudieran volver a caminar. La clonación de algunos seres vivos que se hallan en la lista roja de especies en peligro de extinción podría ser también algo positivo, a pesar del conocido empobrecimiento genético que tal reproducción supondría. Todas estas prácticas podrían considerarse como aspectos provechosos de la clonación ya que lo que se procura siempre es la superación de la enfermedad y la promoción de la vida animal y humana.

No obstante, en las listas de ventajas de los partidarios de la clonación aparecen con frecuencia otras aplicaciones que son mucho más difíciles de defender desde el punto de vista ético. El profesor Leon Kass confeccionó en Chicago, en el año 1972, la siguiente lista de posibles aplicaciones de la clonación en seres humanos (Jonas, 1997: 123):

«*1. Réplica de individuos de gran genio o gran belleza, para mejorar la especie o para hacer la vida más agradable.*

2. Réplica de sanos para evitar el riesgo de enfermedades hereditarias contenido en la lotería de la recombinación sexual.

3. Consecución de gran número de seres humanos genéticamente idénticos para estudios genéticos sobre la importancia de lo innato y del entorno en diversos aspectos de la actividad humana.

4. Proporcionar un hijo a un matrimonio estéril.

5. *Proporcionar un hijo a alguien con un genotipo de elección propia: de un famoso admirado, de un fallecido querido, del cónyuge o de sí mismo.*
6. *Control sexual de los futuros hijos: el sexo de un clon es el mismo que el de la persona de la que procede el núcleo celular implantado.*
7. *Producción de equipos de sujetos idénticos para utilizaciones especiales en la guerra y la paz (espionaje no excluido).*
8. *Producción de réplicas de cada persona para congelarlas como reserva de órganos hasta que fuera necesario un trasplante a su gemelo.*
9. *Batir a los rusos y a los chinos, no dejar que se produzcan lagunas en las clonaciones».*

«Los avances de la ciencia, en general, no van contra la dignidad humana, como algunos parecen creer. La ciencia no está en contra del ser humano sino a su favor.»

Esta lista contiene deseos completamente antiéticos que atentan contra la unicidad y la individualidad del ser humano. Se considera al hombre, una vez más, sólo como medio en lugar de como fin en sí mismo y, en ciertos aspectos, constituye además una auténtica imbecilidad. ¿Acaso no es perverso el deseo narcisista de crearse una autorréplica? ¿no hay cinismo utilitarista en el intento de fabricación de equipos con una finalidad concreta y premeditada? ¿no se trata de fanatismo científico el pretender personas para utilizarlas como conejillos de Indias? Desde estos planteamientos la posibilidad de clonar seres humanos entra de lleno en el terreno del eugenismo más extremo.

Sin embargo, conviene reconocer también que la alarma social y la crítica que suele hacerse en ocasiones a tales temas se dirige en realidad hacia un objetivo inexistente. Nadie pretende hoy crear ejércitos de clones, ni razas especiales para trabajos duros, ni estirpes de astronautas bajitos para que se desenvuelvan mejor en la ingravidez. No existe ninguna demanda real en este sentido. Por desgracia, cierta literatura, más de ciencia-ficción que divulgativa, contribuye a crear este clima de inquietud contra los científicos y los logros de sus investigaciones. Pero los avances de la ciencia, en general, no van contra la dignidad humana, como algunos parecen creer. La ciencia no está en contra del ser humano sino a su favor. La investigación seria y honesta no puede ir contra Dios porque Él es el autor de la creación y del propio ser humano. La criatura humana fue hecha libre y con la racionalidad suficiente para estudiar el mundo en el que habita, descubrirlo y aplicar tales conocimientos en beneficio propio. Es evidente que cualquier descubrimiento puede ser utilizado para bien o para mal. De ahí que la cordura y el sentido común tengan que ser siempre buscados por la verdadera ciencia y por la opinión pública para que el mal uso del conocimiento no perjudique a la dignidad humana, como en algunos momentos de la historia, por desgracia, ha ocurrido.

En 1966, el genetista Joshua Lederberg, premio Nobel de Fisiología y Medicina, proponía la clonación humana como un medio eficaz para producir "individuos superiores". Sin embargo, hoy se sabe gracias a la misma genética que tal pretensión es absolutamente infundada. Aparte de que desde el punto de vista ético sea una aspiración eugenésica rechazable, como después se verá, lo cierto es que biológicamente no puede hablarse de razas superiores o inferiores. En efecto, un mismo genotipo o conjunto de genes de un individuo puede expresarse en ambientes determinados dando lugar a fenotipos o aspectos diferentes. Esto quiere decir que no hay genes superiores o inferiores al margen del ambiente. Un gen puede expresarse mejor en un lugar y peor en otro, pero esto no significa que sea inferior o superior. Cada raza está adaptada a su particular medio ambiente. Por lo tanto, desde el punto de vista científico es absurdo hablar de individuos superiores.

La propuesta de Lederberg es inadmisible también desde el punto de vista ético ya que al considerar a unos individuos como superiores a los demás y procurar que posean el privilegio de reproducirse utilizando un método tan drástico como la clonación, se está discriminando claramente al ser humano. Clonar a personas seleccionadas sería una acción elitista que atentaría contra la igualdad humana y nos haría retroceder a los tiempos de la ideología nazi. Como escribe el filósofo Fernando Savater: «*Es lícito planear tener un hijo, pero resulta repugnante planear el hijo que se va a tener: esta actitud rompería la igualdad fundamental entre los humanos, cuya base es el azar genético y genésico del que provenimos por igual. Porque la tiranía determinista no es la del azar, que nadie controla, sino la que impondrían seres iguales a nosotros configurándonos a su capricho*» (*El País*, 16.02.97).

Una cosa es clonar ovejas o vacas y otra radicalmente diferente, hacerlo con personas. Es comprensible que cualquier ganadero desee clonar su mejor vaca lechera y que el criador de caballos de carreras pretenda duplicar al más veloz, sin embargo ¿qué interés puede haber en la clonación de un ser humano? El granjero sabe, en cada caso, lo que quiere de estos animales. Mayor producción de leche, más cantidad y calidad de carne, agilidad y rapidez en las competiciones equinas, etc. Pero ¿sabrían los científicos lo que quieren de los hipotéticos humanos clónicos? ¿sería consciente el posible padre o madre de lo que desea del niño o la niña clónica? Y aunque lo supiera, ¿quién es él o ella para decidir una cosa así? ¿no sería como robarle la libertad de antemano a un ser humano que todavía no ha nacido? ¿acaso no es un derecho nacer siendo "uno mismo" sin ser diseñado por nadie?

La clonación atenta claramente contra la individualidad del ser humano. Cada persona tiene derecho a un patrimonio genético único que sea solamente suyo y no compartido con nadie. El hecho de que cada hombre o mujer sea un ente individual semejante a sus congéneres pero, a la vez, diferente de ellos es un valor característico del ser humano. Este valor se describía ya poéticamente en el antiguo Talmud hebreo con estas palabras: «*Un hombre acuña muchas monedas de una forma, y todas son iguales entre sí; pero el rey que es rey sobre todos los reyes, ha acuñado a cada hombre en la forma del primer hombre y sin embargo ninguno es igual a su prójimo*» (Jonas, 1996: 126). Las personas no se deben acuñar como si fueran objetos inanimados.

El "niño a la carta" es una pretensión que atenta contra la dignidad del ser humano. Si, como decía Kant, es verdad que las cosas tienen un precio mientras que el hombre posee dignidad, entonces la clonación verdadera de un ser humano con fines egoístas o puramente experimentales va contra esa misma dignidad. Se podría decir que tal dignidad es precisamente la autonomía inviolable que debe poseer cada persona. El hecho de tener conciencia, racionalidad y libertad para poder elegir entre el bien o el mal. Ninguna de estas cosas anida en los animales. Hay una gran diferencia cualitativa entre un animal irracional y un ser humano. De ahí que no sea lo mismo clonar a un hombre que clonar una oveja.

Se ha dicho que podrían replicarse sólo aquellos individuos que poseyeran gran inteligencia o gran belleza, para mejorar así el patrimonio hereditario de la especie humana, o los que tuviesen una salud de hierro con el fin de ir eliminando taras y enfermedades genéticas. Clones de Einstein, Mozart, Claudia Schiffer o Arnold Schwarzenegger. Pero cuando se hacen tales afirmaciones suele olvidarse una cuestión importante. Aquello que se supone como bueno y deseable para la raza humana ¿lo sería también para los clones implicados? Los genios o las bellezas que constituirían, según se supone, una gran bendición para la humanidad, ¿no podrían sentirse como una trágica maldición para sí mismos? Es bien sabido que éste ha sido precisamente el desgraciado sentimiento de muchos niños y hombres superdotados. ¿Sería justo obligar a alguien, desde su nacimiento, a pagar tan alto precio por el bien de la sociedad?

El profesor Jose Luis L. Aranguren escribe en su *Ética* que *«la virtud de la justicia es el hábito de dar a cada uno lo suyo»* (Aranguren, 1997: 311). Este "lo suyo", su derecho, su parte, es precisamente lo que se le negaría al posible bebé clónico. Se le sustituiría, de manera injusta, lo que debiera ser íntimamente suyo por lo que sería de otro, atropellando así la idea de igualdad que subyace en el concepto de justicia. Desde la Grecia clásica, la justicia se ha venido representando siempre como una balanza cuyo fiel aspiraba a la equidad y a la igualdad entre los seres humanos. Pues bien, en la clonación se desequilibraría absolutamente esta balanza. El peso del infame atropello que se cometería anularía cualquier pretendida ventaja. Un hombre clonado, a partir de otro individuo ya existente, vería vulnerados sus derechos existenciales fundamentales.

c. Biblia y clonación humana

La Biblia no habla de ingeniería genética ni de niños clónicos pero sí se refiere, directa o indirectamente, a la igualdad humana y al respeto por la vida. El atormentado Job se cuestiona y grita desde las páginas del Antiguo Testamento: *«el que en el vientre me hizo a mí, ¿no lo hizo a él? ¿Y no nos dispuso uno mismo en la matriz?»*. Job fundamenta los derechos de los seres humanos en el hecho de que todos han sido creados por Dios. Muchos años después, el apóstol Pablo expone lo mismo cuando escribe a los atenienses y les dice: "el Dios que hizo el mundo... de una sangre ha hecho todo el linaje de los hombres". Y este sigue siendo el principal argumento de peso para el creyente. El Dios Creador de la Biblia es la única base sólida para edificar una bioética objetiva y auténticamente universal.

En la Escritura la ética no procede de la naturaleza o de la lógica del ser humano, sino directamente del Supremo Hacedor que se manifiesta a los hombres y les reta para que decidan cómo desean vivir. Una tal ética bíblica considera la vida humana no como "cosa", no como objeto manipulable y material con el que se puede comerciar, sino como don divino de inestimable valor. De ahí que todo lo que atente contra la vida y la igualdad de los seres humanos vaya en contra de los principios bíblicos; toda metodología científica que manoseando la vida humana origine desigualdad o discriminación es contraria a la ética del Evangelio. La posibilidad de la clonación humana coloca al hombre de hoy frente al eterno dilema: ¿qué es lo bueno y qué lo malo? ¿qué porcentaje de maldad y qué de bondad puede haber en todo este asunto? La palabra "pecado" se ha convertido en el mundo contemporáneo en una antigua reliquia que casi carece de sentido. Sin embargo, este nuevo poder para crear clones genéticamente idénticos actualiza los perpetuos pecados que anidan desde siempre en el alma humana: el orgullo, la soberbia, la vanidad y el amor a uno mismo. ¿Acaso no es todo esto lo que significa el engendramiento solitario? ¿no se está prefiriendo al hijo que nacería "sólo de mí" que al procreado con otra persona? Lo que se quiere del hijo así formado ¿no es, en el fondo, a uno mismo? ¿no es la clonación la glorificación de la propia sangre? Las investigaciones en reproducción asistida deben tener un límite claro. La cordura y la bioética deben ayudarnos a comprender que ese límite se halla precisamente en la clonación de personas. No existe ninguna razón ni biológica, ni social, ni ética que legitime y haga aceptable la clonación de seres humanos.

Es menester aclarar, sin embargo, algo que a veces no se tiene en cuenta al hablar de estos temas. Cuando se dice que las personas no deben ser jamás duplicadas como si fueran "fotocopias vivientes", en ocasiones no se valora correctamente el hecho de que en el desarrollo de la persona humana no sólo intervienen los factores genéticos heredados sino también, y de forma decisiva, todo el conjunto de circunstancias interhumanas y medioambientales que la van a rodear a lo largo de la vida. El clon no sería nunca una fotocopia de otra persona porque la condición moral, la voluntad y la libertad no vienen determinadas por los genes. No puede haber dos individuos que sean moralmente idénticos. El libre albedrío característico de cada ser humano no está ni en los genes ni tampoco en las experiencias que se han vivido. Conviene reconocer, por tanto, que la clonación no eliminaría la voluntad de alguien, en el sentido de obligarlo necesariamente a que actuara como su progenitor.

La Biblia enseña que el ser humano es materia y es espíritu y no podemos caer en el error de reducirlo todo a pura materia. En el supuesto de que alguna vez se llegara a clonar personas, cosa que no nos parece éticamente correcta, dos clones que fueran genéticamente idénticos y que hubieran sido educados por los mismos educadores y en el mismo ambiente, podrían ser muy diferentes en inteligencia, carácter, personalidad y también desde el punto de vista moral. Uno podría ser un santo y otro el mismísimo diablo porque la libertad no viene escrita en ningún gen. Jamás existirán las fotocopias humanas porque cada persona es única, irrepetible y responsable de sus propios actos.

No obstante, cada individuo sigue teniendo también necesidad de pertenencia, de filiación, de identidad, de confianza y de aceptación por parte de los demás. Todo esto podría desaparecer con la clonación. A veces se defiende ésta señalando, como se ha visto, que de esta forma se mejoraría el patrimonio genético de la humanidad. Es cierto que las nuevas tecnologías contribuirán seguramente a mejorar la salud humana. Sin embargo, mejorar de verdad, lo que se dice mejorar, el hombre sólo puede hacerlo de una manera. Relacionándose con Dios y respetando su voluntad. Cuando la criatura humana aprenda a mantener unas relaciones sanas con Dios, con sus semejantes y con la naturaleza, entonces y sólo entonces se podrá afirmar, con propiedad, que la humanidad ha mejorado.

Entretanto, mientras se siga permitiendo que esa otra clonación cultural, la del consumo, la de las "marcas", la de la sumisión a las ideologías del pensamiento único, la del individualismo y conformismo, invada la conciencia humana, las personas seguirán siendo clones idénticos en ideas, en pensamiento y en actitud frente a la vida. Muchas criaturas rechazan la clonación genética pero viven sin darse cuenta en otra auténtica clonación de comportamiento. Y esta crisis de reflexión personal produce sociedades homogéneas y grises, pobladas de seres idénticos entre sí que sólo responden a los estímulos de esa religiosidad profana que es el deporte de masas, la moda o la publicidad. El Evangelio propone, sin embargo, otra actitud diferente. El inconformismo cotidiano, la búsqueda constante, la inquietud intelectual, la costumbre de escudriñarlo todo con el fin de retener aquello que sea bueno, el gusto por la variedad y la diversidad, la sensibilidad social y la solidaridad con el necesitado. ¡Ojalá aprendamos a rechazar también este otro tipo de clonación!

d. Partenogénesis

Se trata de un modo de reproducción natural que se da en organismos relativamente simples de los reinos animal y vegetal. *Partenogénesis* significa literalmente "generación virgen" y se refiere al modo de reproducción virginal en el que el óvulo femenino inicia el desarrollo embrionario sin necesidad de ser fecundado por ningún espermatozoide del macho. Este fenómeno ocurre de manera habitual en casi todos los grandes grupos de animales, obteniéndose así invertebrados como erizos y estrellas de mar, mariposas y otros muchos insectos. En las abejas, por ejemplo, cuando a una reina vieja se le han agotado ya las reservas de semen y ninguno de sus huevos puede ser fecundado, entonces tiene lugar la partenogénesis. Los huevos sin fecundar que pone en ese momento se desarrollan -no se sabe todavía muy bien el porqué- hasta convertirse en zánganos, machos que carecen de aguijón y sólo sirven para fecundar a la reina.

> ***«Cada individuo sigue teniendo también necesidad de pertenencia, de filiación, de identidad, de confianza y de aceptación por parte de los demás. Todo esto podría desaparecer con la clonación.»***

La partenogénesis experimental se consiguió ya en el año 1886 cuando el zoólogo Tichomiroff obtuvo orugas al frotar y tratar con ácido sulfúrico huevos de mariposa de la seda (D'Ancona, 1970, 1:91). Desde entonces estos ensayos se han venido repitiendo con resultados positivos en óvulos de erizo de mar, estrellas, anfibios e incluso mamíferos como conejillos de Indias, ratas, conejos, gatos y perros. De esta forma han nacido ejemplares que consiguieron sobrevivir hasta los dos meses y medio. Tales pruebas demostrarían que la acción estimulante del espermatozoide sobre el óvulo puede consistir en diferentes impulsos físicos y químicos, aparte por supuesto de transmitirle la correspondiente dotación cromosómica. Y ¿qué decir de las personas? ¿se ha producido algunas vez la partenogénesis humana?

Cada una de las células que componen el cuerpo humano contiene -tal como se vio con motivo de la clonación- toda la información genética necesaria para formar el organismo completo. Si durante el desarrollo y la diferenciación embrionaria una determinada célula se convierte en fibra muscular, por ejemplo, todo el resto de la información que posee en su ADN para llegar a ser otro tipo de célula o para generar todo el individuo, queda automáticamente "enmascarado" y no se manifiesta más, pero sigue estando allí contenido. Se ha sugerido que un susto repentino, un golpe en la cabeza o cualquier otro estímulo intenso puede, en muy raras ocasiones, pulsar el "mando principal" de la célula haciendo que toda la información genética se manifieste. Cuando este capricho de la naturaleza le ocurre a cualquier célula uterina de una mujer, la célula puede empezar a dividirse y provocar el nacimiento de una criatura exacta a su madre en todos los sentidos.

Esto es precisamente lo que relatan Ted Howard y Jeremy Rifkin en su libro *¿Quién suplantará a Dios?*: «*Un caso así ocurrió en 1944 en el Hannover destrozado por la guerra. Durante un bombardeo aliado en la ciudad, una joven alemana se desplomó a la calle. Nueve meses más tarde dio a luz una niña, que parecía -a través de análisis de sangre, huellas dactilares y otros indicadores- ser la exacta gemela de la madre. La mujer juró que no había mantenido con nadie relación sexual alguna, y exhaustivos tests médicos apoyaban su demanda. Los médicos que la examinaron creen que el susto del bombardeo pudo haber agitado una célula dormida del cuerpo dentro del útero, comenzando así la reproducción*» (Howard, 1979: 105). La doctora Helen Spurway, genetista del London University College, sugiere que la partenogénesis humana puede ocurrir en uno de cada 1,6 millones de embarazos, aunque muy pocas muestras de tal fenómeno han sido documentadas con fiabilidad.

Dejando de lado la posibilidad de tales accidentes biológicos, lo que sí es posible realizar ya en la actualidad es la inducción mediante agentes físicos y químicos de ovocitos secundarios femeninos para que originen óvulos diploides que no tengan que ser fecundados. Tales óvulos reflejarían sólo la constitución genética de la madre. Mediante productos como la citocalasina es posible hacer que un ovocito haploide pase a ser diploide, es decir, que duplique su dotación cromosómica. También se pueden fusionar dos ovocitos haploides para obtener uno diploide consiguiéndose así la gestación de un embrión femenino que, si consigue nacer, sería a la vez hija y gemela monocigótica de su propia madre.

Aparte del empobrecimiento cromosómico y de la pérdida de variedad que supondría esta técnica reproductiva, sólo es menester decir que desde el punto de vista ético, los inconvenientes que suscita la partenogénesis humana, son prácticamente iguales a los mencionados con motivo de la clonación. Se trataría, por tanto, de un intervencionismo genético del todo injustificable.

DEMOGRAFÍA
Y CONTROL DE LA NATALIDAD

La agencia de la ONU para Población y Desarrollo (PNUD) había previsto que la población mundial alcanzaría durante 1998 un récord sumamente preocupante. Ni más ni menos que la considerable cantidad de 6.000 millones de seres humanos. A pesar de que esta espectacular marca no se consiguió en tal año y fue pospuesta, primero para el mes de junio del año 1999 y después para octubre del mismo año (*El País*, 01.02.99), lo cierto es que a pesar de haberse reducido la fecundidad en numerosos países, hoy puede afirmarse que el número de habitantes del planeta se ha duplicado en menos de cuarenta años. La consecuencia directa de este crecimiento demográfico ha sido básicamente la aparición y consolidación de dos grandes mundos bien diferentes. Por un lado, el mundo desarrollado, que está poblado por algo más de mil millones y que posee una tasa de natalidad muy baja y, por otro, el subdesarrollado que presenta un elevado número de nacimientos y pronto llegará a los cinco mil millones de criaturas.

Este aumento de la población incide sobre la miseria y la degradación del medio ambiente. Más del noventa por ciento de los nacimientos ocurren en países en desarrollo que no están preparados para soportar sus consecuencias. En la actualidad, alrededor de un cuarto de la humanidad vive en unas condiciones que le impiden cubrir las necesidades básicas de alimentación, alojamiento y vestido. Hay cientos de millones de personas que sólo disponen de las cuatro quintas partes de la comida necesaria para subsistir, lo que les condena

al raquitismo y la vulnerabilidad ante las enfermedades o la muerte prematura. Casi la tercera parte de la población de los países en vías de desarrollo carece de agua potable segura, lo que provoca la proliferación de múltiples infecciones microbianas. Más de quince millones de niños menores de cinco años mueren cada año por culpa del hambre o de dolencias que serían fáciles de prevenir y curar en el primer mundo.

Pero la misma pobreza y la elevada tasa de mortalidad contribuye también, aunque parezca paradójico, al crecimiento de la población. La relación entre pobreza y aumento demográfico es como una pescadilla que se muerde la cola. Ambas se influyen mutuamente. La miseria existente en los países en vías de desarrollo no proviene de la superpoblación sino a la inversa. La miseria es la causa real del número excesivo de nacimientos. Las parejas pobres desean tener muchos hijos para disponer así de más ayuda en el sostenimiento familiar y de una cierta seguridad en la vejez. Pero también el acceso de tales familias a los métodos anticonceptivos eficaces resulta difícil o completamente imposible. Algunos demógrafos calculan que el aumento de la población mundial continuará a un ritmo aproximado de unos 90 millones de habitantes cada año, aunque esta tasa, según se cree, terminará por estabilizarse a finales del presente siglo XXI entre los 15.000 y 20.000 millones. Por supuesto, se trata de previsiones hipotéticas a largo plazo basadas en el crecimiento actual.

Lo que sí resulta seguro es que por todas partes parece corroborarse la misma tendencia: los países ricos se hacen cada vez más ricos y los pobres más pobres. Pues bien, estas dos inclinaciones, por opuestas que sean, contribuyen a incrementar la actual crisis ecológica que padece el planeta. Diferentes perturbaciones por toda la biosfera están emitiendo claras señales de alarma. Desde el punto de vista medioambiental, es más grave el tipo de progreso económico que el propio crecimiento de la población. Los gobiernos de las naciones poco desarrolladas sobreexplotan sus recursos naturales con el fin de pagar la deuda externa. Los pobres se ven obligados a destruir bosques, degradar suelos y esquilmar ecosistemas para alimentarse, mientras que los países industrializados, con mucha menos población, contribuyen también al deterioro ecológico pero en mayor proporción, mediante las emisiones de gases que provocan el calentamiento atmosférico, la destrucción de la capa de ozono o la lluvia ácida.

Otro injusto récord alcanzado durante el año 1998 fue el desenfrenado crecimiento del consumo. La elevada cifra de 24 billones de dólares fue invertida en la adquisición de bienes y servicios durante ese período. Seis veces más que en 1975. Pero lo más preocupante de este dato es que el 86% de ese dispendio mundial correspondió tan sólo al 20% de la población del planeta, a los países ricos (*La Vanguardia*, 09.09.98). Un dato más que certifica el constante aumento de las diferencias entre ricos y pobres.

¿Cuál es, por tanto, el futuro que nos espera? ¿hasta dónde es posible seguir creciendo? ¿hasta los 35.000 millones de población máxima para la tierra que proponen algunos? ¿podrán las políticas de población solucionar el problema de la explosión demográfica? ¿es ético aplicar tales políticas? ¿sería recomendable, por otro lado, fomentar los nacimientos en el mundo industrializado, que es el que presenta hoy una baja natalidad? Todos estos problemas obligan a promover soluciones eficaces ya que parecen poner término a una cuestión fundamental: la supervivencia de la propia humanidad.

«Más de quince millones de niños menores de cinco años mueren cada año por culpa del hambre o de dolencias que serían fáciles de prevenir y curar en el primer mundo.»

4.1. El crecimiento de la población

La demografía como estudio estadístico de la población se ha interesado siempre por la natalidad, el crecimiento y la mortalidad en las sociedades humanas. La inclinación hacia tales asuntos surgió con la explosión demográfica de Occidente a mediados del siglo XVII. Hasta entonces la población mundial había aumentado muy lentamente. Desde los 150 a 300 millones de personas que según se cree poblaban el mundo en los días del Señor Jesús, hasta los 500 o 600 millones del año 1650, el número de nacimientos y defunciones estuvo más o menos equilibrado. La población tardó en duplicarse más de dieciséis siglos. Sin embargo, a partir de ese momento la tasa de crecimiento se disparó y en tan sólo doscientos años se volvió a doblar la población. En 1850 ya había 1.200 millones de personas en la tierra y el crecimiento continuaba aumentan-

do. La velocidad de estas duplicaciones se aceleró tal como señalaba la teoría de Malthus, a la que nos referiremos posteriormente. De manera que cien años después, en 1950, el mundo contaba con 2.500 millones de habitantes. Cantidad que volvió de nuevo a duplicarse en tan sólo cuarenta años más.

¿Cuál ha sido la causa de tal explosión? No es que las familias tuvieran más hijos, sino que éstos no se morían como antes. Crecían más sanos a consecuencia de una mejor alimentación y eficaces medidas higiénicas. De forma que al descender la mortalidad infantil y mantenerse constante la tasa de natalidad, la humanidad empezó a aumentar a un ritmo verdaderamente extraordinario. Si a esto se añade que, además, la vida media de cada generación casi se ha duplicado también como consecuencia de los avances médicos y de esta mejora alimentaria, se tiene así el motivo principal de tal incremento. Pero, no obstante, conviene preguntarse ¿ha sido uniforme esta explosión demográfica? ¿ha afectado por igual a todas las naciones del globo o ha habido desigualdades importantes?

A medida que el mundo industrializado ha prosperado, el número de nacimientos ha iniciado un descenso que ha llegado hasta casi equipararse con el de defunciones. En Europa y Norteamérica la población aumenta actualmente a un ritmo inferior al uno por ciento, lo que la ha estabilizado. Algunos países europeos, como Austria, Bélgica e Italia, han alcanzado el crecimiento cero de su población. España presenta también una tasa de fecundidad que está entre las más bajas del mundo, sólo nacen 1,2 hijos por mujer (es decir, 12 por cada diez mujeres). Si se tiene en cuenta que la tasa de 2,1 hijos por mujer constituye el mínimo absoluto para que una generación pueda ser sustituida por otra, ya que se requieren dos niños para sustituir a sus padres, resulta que en este país falta actualmente un 20% de niños para reemplazar a la generación precedente. La fecundidad se ha reducido en un 57% en sólo dos décadas. Un ritmo mucho más rápido que en el resto de Europa. Si esta tasa se mantuviera estable, la población española empezaría a disminuir en la primera década del siglo XXI. De hecho en Asturias, por ejemplo, ya nacen ahora menos niños que ancianos se mueren (*El País*, 19.12.98).

Sin embargo, en los países en desarrollo esta "transición demográfica" no se ha producido todavía. El número de defunciones ha disminuido como consecuencia de las importantes campañas sanitarias llevadas a cabo contra enfermedades tales como la malaria o la viruela. Pero tal disminución de la mortan-

dad no se ha complementado, como hubiera sido deseable, con una adecuada revolución agrícola, ni con un desarrollo económico posterior. La tasa de natalidad en las naciones en desarrollo, aunque ha descendido algo, sigue siendo demasiado alta.

El ser humano ha sabido usar su inteligencia para controlar y curar muchas enfermedades que antaño provocaban la defunción prematura. Este progreso médico constituye, sin duda, una clara victoria sobre la muerte y el dolor, sin embargo, también es verdad que plantea nuevos inconvenientes. Antes era la propia naturaleza quien regulaba de manera ciega y cruel la población humana, mediante infecciones y epidemias mortales. El hombre intervino y con su conocimiento científico cambió radicalmente aquel lúgubre panorama. Disminuyó la mortalidad de tantos niños inocentes, aumentó la vida media de los individuos y se produjo la llamada explosión demográfica.

Si la humanidad provocó tal crecimiento ¿no debería también responsabilizarse e intentar solucionar las consecuencias negativas del mismo? La cuestión que nos interesa es ¿cómo conviene actuar hoy? ¿cuál es el papel de las familias evangélicas ante el problema demográfico? ¿debemos inhibirnos frente a esta realidad y proseguir "fructificando y llenando la tierra" sin ningún tipo de control o, por el contrario, tenemos que asumir el compromiso de la situación actual y planificar adecuadamente nuestra propia descendencia? ¿deben regir unas mismas normas para todos los cristianos o cada familia puede actuar según sus propias convicciones y en función de la situación demográfica de su país? Antes de abundar en estas cuestiones veamos algunos aspectos técnicos.

a. El pesimismo de Malthus

El inglés Thomas Robert Malthus (1766-1834) fue el primero que estudió en profundidad la relación existente entre el crecimiento de la población humana y el aumento de los recursos mundiales. En 1798 publicó la obra, *Un ensayo sobre el principio de la población,* en la que sostenía que el aumento progresivo de la humanidad a escala mundial era mucho más rápido que el crecimiento de los alimentos. Es decir, que la producción tendía a progresar de forma lineal, aritmética o sumativa, mientras que los seres humanos lo hacían de manera exponencial, geométrica o multiplicativa. Malthus llegó a justificar la miseria de los obreros y a defender la injusta o cruel idea de que el Estado no debía prestar asistencia a los pobres, ya que esto sólo serviría para aumentar todavía más el número de indigentes cuyo destino sería inevitablemente la muerte cuando se produjera su hipotética crisis de suministros. Incluso llegó a proponer, en otra obra posterior, la conveniencia de retrasar los casamientos con el fin de limitar el crecimiento de la población.

La teoría malthusiana ha sido muy criticada ya que se ha utilizado para legitimar políticas económicas sumamente discriminatorias. En la actualidad muchos economistas creen que Malthus pecó de excesivo pesimismo ya que tanto la población mundial como la productividad del planeta podrían todavía crecer bastante. Hoy se piensa que las diferencias entre países pobres y ricos no se deberían tanto a problemas en la producción global, sino a la forma en que se reparte la riqueza y a las consecuencias tan negativas de la llamada economía neoliberal (Acot, 1998: 59). Los demógrafos parecen estar de acuerdo en que los mayores crecimientos de la población suelen ir acompañados también por un aumento de la producción agrícola y de las innovaciones técnicas. En países como la India se puede comprobar que su población se ha duplicado, en lugar de morirse de hambre como auguraba la teoría malthusiana hace treinta años, y que su producción cerealista se ha triplicado, incrementando así la producción por habitante. Esto demuestra que el crecimiento demográfico puede implicar también un progreso cultural y de recursos.

A pesar de tales inconvenientes, las cuestiones que planteó Malthus siguen siendo vigentes y sugieren la necesidad de que la población mundial tienda a estabilizarse y que los sistemas de producción e intercambio de la riqueza se reorganicen de manera más justa y solidaria.

b. Las pirámides de edad

Se trata de unos gráficos que muestran las proporciones entre las distintas clases de edad de una población (figs. 5 y 6). El eje horizontal sirve para medir el número de individuos de cada sexo (generalmente, los varones se sitúan a la izquierda y las hembras a la derecha). Sobre los recién nacidos de un determinado período de tiempo se superponen los bloques correspondientes a los individuos de cada edad. La pendiente de la pirámide permite comprobar el estado de salud de la población que se estudia. Si la base es ancha y se va estrechando progresivamente hacia la cúpula, se estaría ante una población joven con suficientes elementos humanos para poder realizar la necesaria sustitución generacional en el futuro. Mientras que si, por el contrario, la pirámide presenta una base estrecha que se va ensanchando a medida que aumenta la edad de las personas, se trataría de una población envejecida que carecería del relevo juvenil suficiente. De manera general, las pirámides de población correspondientes a los países en desarrollo suelen presentar una base ancha muy diferente a la que poseen las naciones desarrolladas, con un fundamento estrecho debido a la disminución del número de nacimientos.

Si en las naciones no industrializadas el problema demográfico viene planteado por la superpoblación, en el mundo occidental las pirámides de edad revelan una profunda crisis de fecundidad. La mayoría de los matrimonios limitan el número de hijos como consecuencia de múltiples factores. Posiblemente la mejora del nivel económico ha elevado también los niveles de las aspiraciones personales y familiares. Esto hace que los niños se vean como inconvenientes que impiden o limitan la posibilidad de satisfacción de tantos deseos como fomenta la sociedad de consumo. En un mundo que valora preferentemente la libertad y la autorrealización individual, los hijos pueden suponer una disminución de independencia, una renuncia temporal a determinada manera de vivir o, sobre todo en el caso de la mujer, una pérdida de la continuidad profesional con las inevitables repercusiones económicas o, incluso, anímicas. Es indudable que asumir la paternidad o maternidad implica aceptar una gran responsabilidad hacia el nuevo ser que viene al mundo. Estar dispuesto a cuidarlo, mantenerlo y educarlo hasta que se convierta en un adulto independiente. Si a esto se añade el futuro incierto, el crecimiento del paro juvenil, las dificultades para encontrar vivienda y emanciparse del hogar paterno, así como el sentimiento de superpoblación en algunas naciones, la sensibilidad medioambiental, el miedo a los conflictos armados e incluso el incremento del materialismo, resulta que se genera una tendencia colectiva reductora de la natalidad.

Esta disminución del número de nacimientos en Occidente puede apreciarse comparando, por ejemplo, las pirámides de edad correspondientes a la población española de los años 1981 y 1990.

Pirámides de edad de la población española en los años 1981 y 1990 respectivamente.

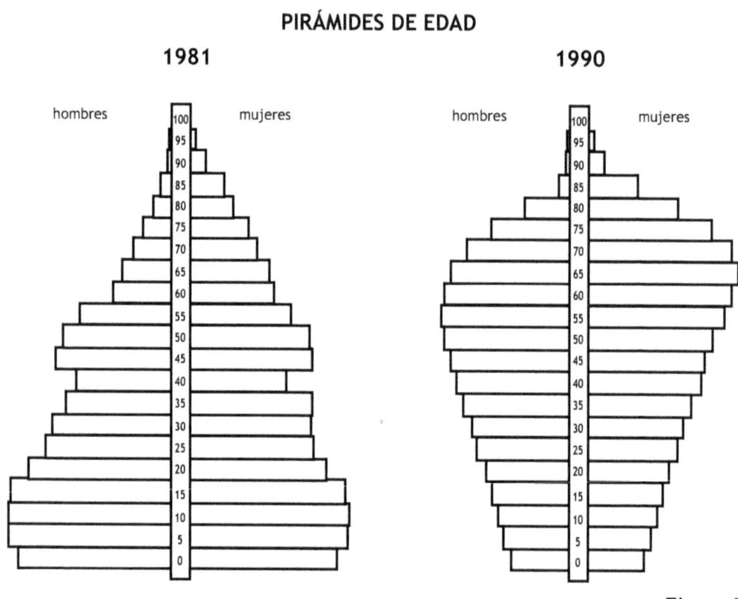

Figura 5

En la primera se observa una amplia base que corresponde a una natalidad alta y a una mayoría de población joven, mientras que en la segunda la natalidad se ha reducido notablemente y la mayoría de la población muestra importantes síntomas de envejecimiento (Polaino-Lorente, 1997).

Ciertos demógrafos han señalado las sobrecogedoras consecuencias que la disminución de la natalidad puede tener para el mundo desarrollado (Zurfluh, 1997: 252). Actualmente existe en Occidente un déficit del orden de 80 millones de niños, mientras que la edad promedio de la población en el mundo industrial supera los 50 años. Si hoy la Seguridad Social tiene ya serios problemas de financiación, ¿cómo se las arreglará cuando la población mayor de 65 años sea el doble que en la actualidad? ¿tendrá el Estado que aumentar las cotizaciones de los trabajadores? ¿se verá obligado a recortar las prestaciones? ¿se eliminará la edad obligatoria de jubilación para continuar cotizando el máximo tiempo posible, como ha sugerido ya el gobierno francés? ¿será capaz la minoría joven de pagar los subsidios de tantos mayores?

Es muy posible que la industria occidental continúe funcionando con mano de obra venida de otros países en desarrollo. Si en Europa y Norteamérica sigue disminuyendo la población juvenil en edad laboral, probablemente este vacío se llenará con ayuda humana procedente de países subdesarrollados. ¿Cómo reaccionarán los autóctonos ante semejante inmigración de personas con culturas, religiones y costumbres diferentes? Si los actuales comportamientos reproductivos se mantienen, en el año 2080 la población europea habrá envejecido y contará sólo con 150 millones de habitantes. Frente a ella se hallarán sus inmediatos vecinos: 245 millones de magrebíes y 120 millones de turcos con gran mayoría de jóvenes (fig. 6). ¿Es deseable tal situación? ¿sería conveniente cambiar los comportamientos con el fin de evitar que tales perspectivas lleguen a ser reales?

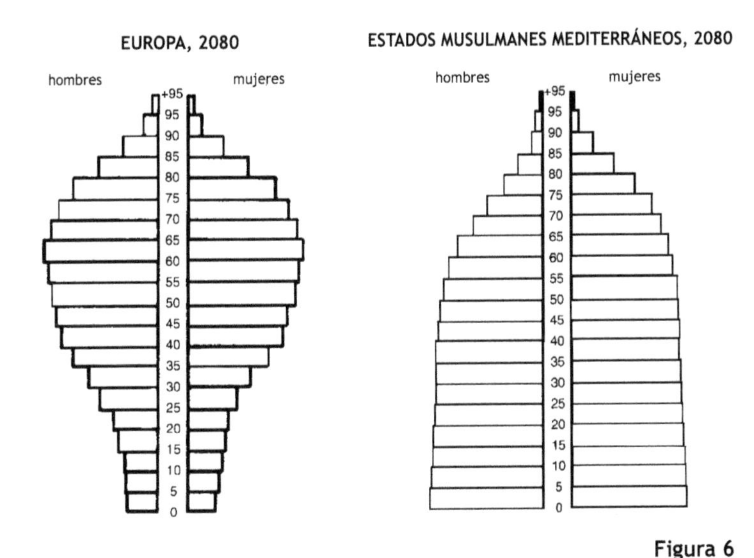

Figura 6

Pirámides de edad correspondientes a Europa y los Estados musulmanes mediterráneos en el año 2080, suponiendo que los actuales comportamientos reproductivos se mantuvieran constantes (Zurfluh, 1997).

¿Qué se puede hacer para solucionar el actual desequilibrio demográfico mundial? Si en la mayoría de los países en desarrollo, el control de la natalidad mediante métodos anticonceptivos adecuados parece una medida aceptable contra la superpoblación, en el mundo industrializado conviene por el contrario fomentar la natalidad. Para conseguir este segundo objetivo se han propuesto algunas medidas de orden económico con el fin de compensar a las familias que decidieran tener más hijos (Zurfluh, 1997: 259). Se deberían solucionar los problemas profesionales y financieros de aquellas mujeres que quisieran ser madres. No se trata de que el Estado imponga a las familias el número de hijos que deben tener, sino que haga lo posible por facilitar las cosas a quienes desean constituir familias numerosas. Es verdad que todo esto requeriría mucho dinero. Pero no es menos cierto que si no se toman serias medidas, el desequilibrio demográfico puede acabar con la existencia del ser humano.

Un claro ejemplo de lo que convendría evitar a toda costa en los países superpoblados, lo proporciona la historia reciente de China. Una cosa es informar acerca de los métodos contraceptivos y facilitárselos a la población para que los utilice correctamente y otra, bien distinta, sancionar mediante reducciones del sueldo a aquellas parejas que tengan más de dos hijos u obsequiar con unas vacaciones pagadas a quienes se someten al aborto o la esterilización. A partir de 1970, Mao y sus sucesores procuraron, por medio de tales tácticas, poner en práctica una política antinatalista. Se limitaron a reducir la población a través de la consigna de contraer matrimonio después de los 25 años de edad y tener un solo hijo. ¿Cuáles han sido las consecuencias de este intervencionismo demográfico? Algunos expertos anuncian ya que durante el siglo XXI China se convertirá en el país pobre con más ancianos del mundo (*The Economist*, 21.11.98). En la inmensa república asiática la población envejece mucho más rápidamente que en cualquier otro país de la Tierra, debido en parte a la política de un único hijo.

También conviene tener presente las posibles disminuciones de la población a causa de las enfermedades mortales que, a pesar de los notables avances médicos, todavía subsisten. En este sentido, la ONU ha previsto que en el año 2050 el número de habitantes del planeta será de 8.900 millones. Es decir, 400 millones menos de los estimados inicialmente. El motivo de tal error de cálculo ha sido la propagación del SIDA. Durante el año 1997 el SIDA mató a 2,3 millones de personas, entre adultos y niños, mientras que 30 millones más fueron infectados por el virus. Al parecer, el 10% de la población de algunos países africanos, como Botswana, Kenia, Malawi, Mozambique o Namibia, está infectada. Otro informe de la ONU de 1998 afirma que la tasa de fecundidad decae en todas las regiones del mundo, incluso en Africa, con una natalidad media de 2,7 nacimientos por mujer, frente a los 5 nacimientos que se daban en los años cincuenta. Y a la vez el número de octogenarios, nonagenarios y centenarios crece rápidamente (*La Vanguardia*, 29.10.98).

De cualquier manera, todo parece indicar que el crecimiento de la población mundial irá haciéndose cada vez más lento, ya que muchos de los países actualmente en desarrollo no pueden sustentar al creciente número de sus habitantes. Este proceso puede verse activado por el desarrollo económico-tecnológico o la planificación familiar, pero también por las enfermedades, el hambre o las guerras que suelen ser consecuencia del fracaso de las economías nacionales.

> ***«No se trata de que el Estado imponga a las familias el número de hijos que deben tener, sino que haga lo posible por facilitar las cosas a quienes desean constituir familias numerosas.»***

4.2. Biblia y política demográfica

A las medidas legislativas o administrativas con las que los gobiernos procuran influir en la evolución demográfica de un país, se las denomina "políticas de la población o demográficas" (Elizari, 1991: 81). Estas medidas pueden ser expansionistas, cuando lo que se pretende es que aumente la población, o restrictivas si lo que se desea es reducirla. Dentro de las primeras entran aquellas disposiciones que tienden a favorecer las familias numerosas, mediante asignaciones familiares, subsidios, pensiones o desgravaciones fiscales. Asimismo se procura proteger la maternidad con largos períodos de vacaciones para que la madre o el padre puedan ocuparse adecuadamente de sus bebés. Se les conserva el puesto laboral y se les facilita el acceso a los jardines de infancia. También puede fomentarse el matrimonio con ayudas económicas o rebajando la edad mínima para casarse. Incluso puede limitarse la publicidad y la difusión de anticonceptivos. Las políticas demográficas restrictivas se caracterizan lógicamente por todo lo contrario, procuran rebajar la fertilidad de la población favoreciendo el uso de los métodos de planificación familiar.

La intervención del Estado en cuestiones como la fecundidad no tiene, en principio, por qué rehusarse, siempre y cuando se trate de políticas que respeten la libertad individual y familiar. Los ciudadanos, hombres y mujeres mayores de edad, deben ser libres para contraer matrimonio, decidir responsablemente el número de hijos que desean tener y para utilizar, o no, aquellos métodos contraceptivos que, en conciencia, consideren oportunos. El Estado debiera, por tanto, ser sensible a la libertad de su pueblo para proceder según la idiosincrasia y valores propios. De manera que, cualquier medida que pretenda imponerse por la fuerza en un ámbito tan íntimo y delicado como es el de la sexualidad y la fecundidad conyugal, queda automáticamente deslegitimada. No es ético obligar a los matrimonios, sean del país que sean, a tener más bebés de los deseados o a practicar el aborto o la esterilización en contra de su voluntad. Lo adecuado será siempre informar correctamente de la situación demográfica real que vive el país y respetar, en cualquier caso, la decisión que los esposos tomen libremente acerca de su propia fecundidad.

Las medidas demográficas debieran evitar los enfrentamientos raciales, los enfoques sesgados, así como las actitudes egoístas o insolidarias hacia el resto del planeta. En ocasiones se presenta el crecimiento de la población como si fuera la única amenaza contra el bienestar, olvidándose que existen otros peligros. ¿O es que acaso los elevados índices de consumo o el aumento de la contaminación ambiental no constituyen también serios riesgos?

Desde el punto de vista bíblico se puede decir que no existe ningún argumento teológico de peso en el que apoyar una determinada política demográfica. Tanto el incremento de la natalidad, como su posible reducción pueden encontrar sustento en la Palabra de Dios. Es verdad que en el primer libro de la Biblia, el Creador ordena al ser humano: "Fructificad y multiplicaos; llenad la tierra, y sojuzgadla, y señoread..." (Gn. 1:28) y que, desde luego, la primera parte del mandamiento se ha venido cumpliendo al pie de la letra. ¡Somos ya 6.000 millones! ¡Prácticamente hemos llenado la tierra! Aunque ciertamente unas regiones más que otras. Sin embargo, ¿qué ha ocurrido con la segunda parte de este versículo? ¿qué significan los términos "sojuzgar" y "señorear"? Se trata de "dominar" a la naturaleza. Ejercer dominio sobre ella. Pero dominar la creación implica que sepamos ejercer también un autocontrol efectivo sobre nosotros mismos. El ser humano forma parte del mundo creado y por tanto su naturaleza, su propia sexualidad, debe constituir el primer ejemplo de este autodominio que Dios desea para la humanidad.

El teólogo protestante André Dumas lo expresaba así: «*Si el dominio de la naturaleza es la señal misma de la humanización, sería paradójico que le estuviera vedado al hombre el derecho bíblico a humanizar justamente su propia naturaleza*» (Dumas, 1973: 117). Lo que desea el Creador es que el ser humano se responsabilice de todas sus acciones. Hasta el siglo XVII después de Cristo, como se señaló anteriormente, la naturaleza no necesitó que se tomaran medidas demográficas especiales porque ella misma regulaba la población, por medio de epidemias y enfermedades. No fue hasta que el hombre intervino directamente con su medicina que disminuyó la mortandad, aumentó la esperanza de vida y se produjo la explosión demográfica. ¿Cuál debe ser ahora la actitud responsable de dominio? ¿no será quizás procurar de nuevo el equilibrio perdido, mediante métodos que estén legitimados por la moral?

En determinados lugares del mundo, para recuperar este equilibrio demográfico quizás será necesario controlar la natalidad mediante el uso de medidas anticonceptivas, pero en otras regiones, sin embargo, es posible que tal equilibrio deba alcanzarse fomentando el número de nacimientos o de familias numerosas. Cada país debe conocer su propia situación y actuar responsablemente.

4.3. Planificación familiar responsable

La biología humana confirma que una mujer sana podría llegar a tener alrededor de una veintena de hijos durante los años fértiles de su vida. De hecho, algunas familias pertenecientes a la generación de nuestros abuelos, que no estaban sujetas a ninguna regulación de la natalidad, alcanzaron un número de descendientes que se aproxima a esta cantidad máxima. Una tal realidad biológica sugiere la necesidad de un adecuado control de los nacimientos por parte de los progenitores.

La Escritura entiende siempre a la criatura humana como colaboradora de Dios en la empresa de construcción del mundo. Se trata, no obstante, de una colaboración enteramente libre y responsable. La fecundidad sensata debería hoy formar parte importante de esta cooperación entre criatura y Creador. De manera que al hablar de paternidad o maternidad responsable habría que entender aquella reproducción humana que no se deja en manos del instinto, el azar, el destino, la naturaleza o una providencia mal entendida. Una cosa es confiar activamente con madurez, aceptando siempre la voluntad del Señor, y otra la pasividad del "sea lo que Dios quiera", sin ningún tipo de continencia o control. Entre la anticoncepción sistemática o el malthusianismo como expresión de rechazo a la vida humana y el hecho de traer hijos al mundo de manera instintiva e irracional, está precisamente la verdadera procreación responsable.

Es lógico que los esposos sean quienes decidan el número de hijos que deben tener y que tal determinación se haga en función de factores importantes para la familia. La salud física o mental de los padres será siempre un criterio determinante, así como la calidad de las relaciones maritales. Si existen perspectivas de continuidad o, por desgracia, se está contemplando la posibilidad de una separación o divorcio. El derecho de los hijos al cariño y la ternura de sus padres, (Ef. 6:4), es algo que a veces resulta difícil de conseguir cuando ya hay muchos niños. Por tanto conviene pensar si la llegada de un nuevo ser va a suponer un perjuicio para los hijos anteriores; si se le podrá alimentar y educar convenientemente, etc. Todas estas posibles consideraciones que los esposos deben hacerse, antes de decidirse a tener un hijo, tendrían que acompañarse también de un cierto sentido de esperanza. El miedo a la paternidad que se vive hoy en determinados ambientes del mundo occidental, no debiera pesar más que el estimulante desafío de concebir una nueva vida.

a. ¿Existe el derecho a tener hijos?

En relación con esta pregunta se dan en la sociedad opiniones contrapuestas. De una parte están los de tendencias conservadoras que creen en la no existencia de tal derecho. Afirman que los derechos son sobre las cosas y no sobre las personas y que, en cualquier caso, sería mejor hablar del derecho de los hijos a tener padres. Sin embargo, los mismos que así opinan, cuando se plantean el control de la natalidad, dicen que la procreación es un derecho y un deber casi ilimitado, rechazando como inmoral cualquier medida anticonceptiva. Por su parte, los progresistas de tendencia más liberal que defienden el derecho a procrear como algo ilimitado y que consideran correcto desear tener un hijo "a cualquier precio", a la hora de pensar en la planificación familiar prefieren cualquier método que limite el número de hijos aunque sea de forma drástica. ¿No hay algo de contradictorio en ambas posturas?

La interpretación liberal es claramente individualista ya que todo lo hace depender de la iniciativa privada de cada persona. Según esta mentalidad, la procreación sería un derecho individual ilimitado que podría ser ejercido indistintamente por cualquier mujer, casada o sola (soltera, separada, divorciada o viuda) por medios naturales o con técnicas de reproducción asistida. No obstante, la otra alternativa ve en la procreación un fenómeno de carácter exclusivamente social porque se da en el seno de la familia que es la célula básica de la sociedad.

Se ha señalado una tercera opción que aparece como la interpretación más equilibrada acerca de la procreación. Aunque en el terreno estrictamente jurídico no exista el derecho a tener hijos, de la misma manera que sí existe el derecho a tener una familia, lo cierto es que la paternidad o maternidad no se puede reducir a un mero derecho individual ni tampoco disolverla en el interés de la sociedad. Es verdad que la procreación tiene una clara dimensión social, pero a la vez no cabe la menor duda de que es también fuente de realización personal. Por lo tanto, en el tema del derecho a procrear es fundamental que se dé este equilibrio «*sobre las intervenciones en el proceso reproductor humano tanto para favorecerlo (técnicas de reproducción humana asistida) como para impedirlo (control de natalidad)*» (Vidal, 1991: 574).

Es indiscutible que existe un derecho natural a procrear pero siempre y cuando se utilice de manera sabia, equilibrada y racional. Una procreación irracional puede llevar a la muerte a muchos niños inocentes que sean concebidos sin ser deseados. Pero también una esterilidad autoimpuesta con fines egoístas es contraria a la voluntad de Dios. La Biblia no especifica, ni mucho menos, la cantidad de niños que deben tener los matrimonios cristianos. Esto se deja siempre a la responsabilidad de los padres.

b. Católicos y protestantes frente a la anticoncepción

La Iglesia Católica, hoy por hoy, es contraria a cualquier método que impida la concepción antes, durante o después del acto sexual. Este rechazo se fundamenta en la creencia en la imposible separación entre el significado unitivo y el procreador que se le da a tal acto. En el artículo 2370 del *Catecismo de la Iglesia Católica* se afirma claramente que: «*es intrínsecamente mala toda acción que, o en previsión del acto conyugal, o en su realización, o en el desarrollo de sus consecuencias naturales, se proponga como fin o como medio, hacer imposible la procreación*» (1993: 519). De manera que según este punto de vista los matrimonios católicos, en sus relaciones sexuales, no son libres para actuar de forma autónoma, sino que deben someter su conducta a la interpretación del magisterio de su Iglesia. Es decir, que todo acto matrimonial debe quedar abierto siempre a la transmisión de la vida.

A pesar de que esta concepción radical sea la oficial, lo cierto es que son muchos los teólogos y pensadores católicos que la matizan ampliamente. Algunos invocan incluso el principio del "mal menor" para tratar de justificar la regulación de la natalidad. En este sentido, se afirma por ejemplo que en ocasiones los medios contraceptivos pueden ser menos malos que el embarazo de una prostituta o de una mujer infectada de SIDA. Y de todo ello se concluye afirmando que «*la procreación responsable es compatible con el uso prudente y razonable de anticonceptivos*» (Blázquez, 1996: 460).

La mayor parte de las iglesias evangélicas, sin embargo, consideran que el ejercicio responsable del control de la natalidad debe ser privilegio y obligación de los matrimonios. Tal como fue señalado en su momento (ver capítulo 3, apartado *¿Es lo mismo sexualidad que procreación?*), se mantiene que la Biblia no afirma en ninguna parte que todo acto conyugal deba estar siempre abierto a la concepción. Las comunidades protestantes entienden que Dios manifiesta tres intenciones básicas para el matrimonio: la de ser ayuda idónea por medio del amor mutuo, la procreativa y, en tercer lugar, la de servir a la Iglesia y a la sociedad. De manera que el acto conyugal, antes de fructificar en los hijos, es un medio de comunión y satisfacción entre los esposos.

La utilización de métodos anticonceptivos adecuados no le quita significado al acto sexual dentro del matrimonio. Como señalaba el hermano José Grau hace ya más de 25 años: «*Nosotros, como cristianos evangélicos, decimos sí a la regulación de los nacimientos, a un tipo de control de la natalidad que sea el resultado de una paternidad asumida responsablemente. Ello no significa, sin embargo, que digamos sí a toda suerte de controles o maltusianismos»* (Grau, 1973: 116). Hay, pues, libertad en la planificación de la paternidad porque sólo si ésta se da, puede haber también responsabilidad delante de Dios.

Las opiniones o los intereses del Estado, la sociedad, la asistencia médica o incluso las propias iglesias no deben anular o someter las decisiones que tome cada pareja cristiana. La imposición natalista o el colonialismo anticonceptivo nunca podrán ser éticamente aceptables. Nadie tiene autoridad suficiente para decidir el número de hijos que debe tener una familia. Se trata de una determinación de ambos cónyuges, ni siquiera de uno sólo. Ahora bien, ésta tiene que realizarse a la luz de las Sagradas Escrituras. Conviene, por tanto, escudriñar los sentimientos más íntimos y evaluar si hay en ellos algún rastro de egoísmo o interés material porque, como escribió el apóstol Pablo, al final *«todos compareceremos ante el tribunal de Cristo»* (Ro. 14:10).

> ***«Las opiniones o los intereses del Estado, la sociedad, la asistencia médica o incluso las propias iglesias no deben anular o someter las decisiones que tome cada pareja cristiana.»***

4.4. Métodos para el control de la natalidad

Actualmente se conocen casi una treintena de métodos diferentes capaces de limitar el número de gestaciones y nacimientos. Desde el punto de vista médico suelen dividirse en cuatro grandes grupos: métodos naturales, de barrera, fisiológicos y abortivos. Cada uno de ellos plantea aspectos diferentes, como se verá, que no siempre resultan lícitos para una moral cristiana evangélica. Si bien es verdad que son más importantes los motivos que llevan a la planificación familiar que los métodos utilizados, ello no significa que éstos puedan elegirse a la ligera. Para el creyente no se tratará nunca de algo neutro o irrelevante, sino que deben ser medios respetuosos con la vida ya engendrada y la dignidad de los seres humanos. De ahí que la mejor solución sea

siempre acudir al médico cristiano y al pastor para solicitar consejo clínico y, a la vez, asesoramiento ético.

a. Métodos naturales

Se llaman así porque entre las medidas que adoptan para evitar la concepción no existe ningún mecanismo físico o químico ajeno al propio organismo y no porque sean mejores o más eficaces que los demás. La antigua polémica entre lo "natural" como algo preferible siempre a lo "artificial", carece actualmente de sentido. Tan artificial puede ser un ordenador personal como un libro o un recipiente de cerámica. Lo importante no es diferenciar entre natural y artificial sino entre justo e injusto, moral o inmoral.

Con estos métodos se procura que no penetre esperma en las vías reproductoras femeninas o bien que sólo lo haga durante los períodos en los que no existen óvulos fecundables. Esto es lo que se pretende con la continencia periódica del *método del calendario o de Ogino-Knaus*, que consiste básicamente en abstenerse de practicar el coito durante los días previos o posteriores a la ovulación. Presenta una eficacia moderada que depende de la mayor o menor regularidad de los ciclos femeninos. Entre 14 y 33 mujeres de cada cien que practica esta técnica suelen quedarse embarazadas.

El *método de la temperatura corporal basal* así como el de la *fluidez de la mucosidad cervical o método de Billings*, que pueden emplearse combinados o por separado, proponen también evitar las relaciones sexuales durante la existencia de óvulos fecundables. El primero se basa en el cambio de temperatura que se experimenta con motivo de la ovulación, mientras que en el segundo tal acontecimiento vendría indicado por la mayor o menor viscosidad del moco cervical. En ellos el número de fracasos anuales es ligeramente inferior al método del calendario.

Un segundo apartado dentro de los métodos naturales lo constituyen aquellos que inciden sobre el control de la eyaculación. El *coito interrumpido* es seguramente el más antiguo que se conoce. Recuérdese que ya lo practicaba el personaje bíblico Onán (Gn. 38:9) al retirar el pene de la vagina de Tamar, durante el acto sexual, y verter el semen en tierra. Se trata de un procedimiento bastante desaconsejable, no sólo por el elevado número de fracasos que produce -entre un 15% y un 40% al año- ya que en las secreciones previas a la eyaculación también pueden haber espermatozoides capaces de fecundar, sino sobre todo por la insatisfacción sexual que genera en ambos cónyuges, especialmente en la mujer. Es muy difícil para la esposa alcanzar la expresión máxima de su goce sexual, el orgasmo, mediante tal comportamiento. No obstante, muchas parejas siguen practicándolo habitualmente.

Otros métodos similares que poseen parecidos inconvenientes son el *coito reservado* y el *vulvar*. El primero consiste en interrumpir los movimientos propios de la cópula cuando la excitación es máxima, con el fin de evitar la expulsión del semen, pero sin retirar el pene de la vagina hasta que se produce su detumescencia o disminución de tamaño. Mientras que el coito vulvar se realiza al frotar el miembro viril con la vulva o labios vaginales pero sin penetración. Es evidente que tales métodos son completamente insatisfactorios y poco adecuados para el correcto equilibrio sexual de los esposos.

Incluso se ha señalado que tales técnicas van en contra de lo que se recomienda en el Nuevo Testamento. Las palabras que el apóstol Pablo dirige a los corintios: *«El marido cumpla con la mujer el deber conyugal, y asimismo la mujer con el marido»* (1 Co. 7:3) parecen descartar estas prácticas sexuales incompletas que pueden resultar frustrantes (La Haye, 1990:220).

El último método natural es el de la *lactancia materna* que se basa en el hecho de que, durante los días en que la madre amamanta a su bebé, no suelen producirse ovulaciones debido a la acción de las hormonas segregadas en ese período. Lo malo es que esta norma a veces no se cumple. Pueden producirse ovulaciones inesperadas lo que hace que el número de embarazos entre las parejas que practican tal método sea elevadísimo. De manera que, entre todas las tácticas naturales mencionadas la que parece más recomendable es la del ritmo o el método de la continencia periódica. Ya sea el de la temperatura basal, el de la fluidez del moco cervical o una combinación de ambos.

b. Métodos de barrera mecánica o química

El objetivo de los mismos es impedir que los espermatozoides consigan arribar al óvulo y fecundarlo. Para ello se emplean artefactos como el *preservativo** o condón, que es una funda de goma perfectamente adaptada al pene en erección. Éste constituye una eficaz barrera física que retiene a los espermatozoides eyaculados durante el orgasmo haciendo imposible, por tan-

to, la fecundación. Se trata de un método sencillo, barato e inofensivo, lo que le ha hecho muy popular. En algunas parejas. no obstante, puede verse disminuida la sensibilidad. Si se usa con espermicidas, el número de fracasos anuales es el más bajo de todos los métodos de barrera. Tan sólo del 0% a 3%.

La mayor parte de los moralistas protestantes sostienen que los métodos anticonceptivos no abortivos, como los profilácticos, son moralmente justificables (Stob, 1982: 232). No es lo mismo impedir que espermatozoides y ovocitos se unan entre sí, que imposibilitar a los cigotos u óvulos ya fecundados su adecuada implantación en el útero materno. Los gametos son células que llevan sólo la mitad de la dotación cromosómica necesaria para que se origine un bebé. Hay, por tanto, una gran diferencia ética entre destruir un gameto o abortar un embrión.

El *diafragma* es otro método físico consistente en una goma circular cóncava que se coloca en el fondo de la vagina y cubre el orificio externo del cuello uterino. Con ello se impide también que el esperma penetre en el útero y llegue a las trompas donde se encuentra el óvulo. Como inconveniente principal cabe mencionar el hecho de su dificultad de colocación y que no debe ser retirado hasta pasadas las ocho horas después de realizada la cópula. Los errores sumarizan un total de entre 10% y 38% al año.

Las *sustancias espermicidas* suelen emplearse solas o en combinación con los anteriores dispositivos. Son productos químicos que destruyen o inmovilizan a los espermatozoides y que se presentan en forma de óvulos, cremas o esprais vaginales. Deben aplicarse unos minutos antes de cada coito y es conveniente esperar hasta dos horas después del mismo para efectuar el lavado de la vagina. Su eficacia es mediana (10%-15%).

c. Métodos fisiológicos

Son los más utilizados en la actualidad y actúan modificando los procesos que controlan la fecundación o, incluso, pueden impedir la implantación de la célula huevo fecundada. Su uso es independiente del ritmo de relaciones sexuales ya que no interfiere en ellas. Uno de estos métodos es el *dispositivo intrauterino o DIU**, llamado también espiral, estilete o esterilet. Se trata de un pequeño objeto en forma de T, hecho de material flexible y que puede llevar arrollado un delgado hilo de cobre. Algunos modelos liberan pequeñas cantidades de progesterona. Se colocan en el interior del útero de manera semipermanente. Al modificar las propiedades fisiológicas del endometrio impiden que sobre él anide el óvulo fecundado y, por tanto, cesa espontáneamente la gestación. A pesar de que su eficacia es muy buena, ya que sólo presenta de un 0,5% a un 2% de embarazos anuales, entre sus principales inconvenientes destaca el hecho de que puede causar complicaciones, por lo que requiere control médico periódico y, sobre todo, el que nos parece más importante desde el punto de vista ético, destruye al embrión preimplantatorio que se está desarrollando.

Aunque la espiral está muy extendida -en 1987 ya la usaban más de 84 millones de mujeres por todo el mundo- y es muy recomendada por la mayoría de los médicos debido a su eficacia, lo cierto es que se trata de una técnica que mata al embrión antes de su anidación. Habiendo en el mercado otros métodos anticonceptivos tanto o más eficaces que el DIU y que son respetuosos con la vida en formación ¿por qué recurrir a algo que sólo actúa después de la fecundación? Aún teniendo en cuenta que la destrucción del cigoto provocada por este método se realiza de manera prematura, durante los primeros catorce días después de la concepción, no parece que sea un recurso éticamente aceptable. Tanto si al embrión en esta temprana fase se le concede el estatus de persona como si no, es evidente que se trata de una vida que posiblemente, si se le permite, llegará a convertirse en un auténtico ser humano. No creemos que deba controlarse la natalidad eliminando gratuitamente embriones humanos, aunque se haga en una etapa tan prematura.

En cuanto a los *anticonceptivos hormonales* los más difundidos son los que se toman por vía oral. Se trata de las famosas pastillas o píldoras que deben administrarse diariamente durante la mayor parte del ciclo. Están compuestas por sustancias químicas que inhiben la producción de aquellas hormonas hipofisarias responsables de la ovulación. Su eficacia es muy buena ya que el índice de fracasos oscila sólo entre 0,2% y 5%. Sin embargo, entre los inconvenientes podrían mencionarse la incomodidad que supone acordarse diariamente de la pastilla y los posibles efectos secundarios, tales como el aumento de peso, irritabilidad, migraña, disminución del deseo sexual, etc.. De ahí que los facultativos limiten su uso a las mujeres menores de 35 años.

Un método anticonceptivo que generalmente suele ser definitivo es la esterilización, tanto femenina como masculina. Es una pequeña intervención quirúrgica que interrumpe la continuidad de las trompas, en la mujer, o de los conductos deferentes, en el hombre, impidiendo así para siempre el paso de los gametos. Los óvulos no pueden ya bajar por las trompas y el esperma eyaculado por el varón no contiene espermatozoides. Se considera, por tanto, un método irreversible aunque en ocasiones resulta posible restablecer otra vez el normal funcionamiento. Debido a las abundantes consideraciones éticas que suscita esta técnica será tratada en un apartado posterior.

d. Métodos abortivos

Consisten en la interrupción voluntaria del embarazo mediante medicamentos o instrumentos especiales. Tal como se ha señalado con motivo del DIU, no nos parece que el recurso habitual a los métodos abortivos deba considerarse como una técnica anticonceptiva más. No es lo mismo evitar la concepción que destruir deliberadamente un embrión humano. Este tema se tratará ampliamente en el capítulo dedicado al aborto. Ahora no se harán valoraciones éticas, sólo se mencionarán los principales medios abortivos empleados en la actualidad.

Entre los más conocidos sistemas medicamentosos que pueden inducir el aborto está la administración de *prostaglandinas**, sustancias que actúan sobre el cuello uterino provocando las contracciones y la expulsión del feto. Suelen emplearse durante la primera mitad de la gestación mediante la introducción de óvulos vaginales o geles aplicados en el mismo cuello uterino. También es posible recurrir a la administración intravenosa o intraamniótica.

La *píldora del día siguiente** tiene también un efecto abortivo ya que impide la implantación del embrión dentro de las 72 horas después de la relación sexual. Durante las primeras semanas del embarazo es posible tomar otra sustancia, la *RU-486** o Mifepristone, que inhibe la acción de la progesterona de la que depende el embarazo y eleva la producción de las prostaglandinas que provocan las contracciones del útero. Por lo tanto, la gestación se interrumpe produciéndose el aborto a las 48 horas después de la administración. Entre los posibles efectos secundarios de esta técnica está la elevada proporción de hemorragias uterinas intensas. Al parecer se dan en el 90% de las mujeres que abortan y suelen durar entre ocho y nueve días. Aunque en algunos casos pueden persistir hasta un mes. Las prostaglandinas producen dolores abdominales, náuseas, vómitos y diarreas. Los psicólogos afirman que el aborto químico provoca en la mujer un mayor sentimiento de culpa que el aborto quirúrgico (Blázquez, 1996: 80).

Actualmente se utilizan como técnicas abortivas instrumentales la *aspiración o método de Karman*, consistente como su nombre indica en la aspiración del embrión y el resto del contenido uterino mediante una cánula introducida en dicha cavidad. También se utiliza el raspado quirúrgico por medio de una cucharilla metálica con la que se rasca toda la superficie interior del útero extrayendo así al embrión junto al resto de los tejidos embrionarios.

Por último, en fases avanzadas de la gestación, hacia los tres meses y medio, es posible también inducir el aborto mediante una *inyección intraamniótica*. Lo que se hace es pinchar el saco amniótico que rodea al feto con una larga aguja a través de la pared del abdomen. Esta aguja extrae líquido del amnios para inyectar después una solución de suero hipertónico con un alto contenido en sal o bien prostaglandinas con el mismo fin, provocar el desprendimiento de la placenta y la muerte del feto.

Ninguno de estos métodos abortivos nos parece éticamente correcto para una adecuada planificación del número de hijos, en el seno de la familia cristiana.

4.5. Esterilización

El tema de la esterilización suele llevar de la mano al de la castración, sin embargo, se trata de dos cosas distintas. Por castración se entiende la extirpación de las glándulas sexuales masculinas o femeninas (testículos u ovarios) o bien, la eliminación total de las funciones de estos órganos.

En el mundo antiguo la castración constituía una de las mayores vejaciones con que se castigaba a los prisioneros de guerra. Asimismo se practicaba de manera voluntaria con el fin de desempeñar determinados oficios. La Biblia se refiere abundantemente a los "eunucos" que ejercían ciertas misiones de vigilancia sobre el harén o los hijos de los reyes. El evangelista Lucas relata la historia de la conversión de un etíope, funcionario de la reina Candace, que era también eunuco (Hch. 8:26-40). Tal práctica llegó incluso hasta bien entrado el Renacimiento, pues las famosas "voces blancas" de ciertos coros europeos eran en realidad varones castrados.

La ablación de tales partes del cuerpo tiene repercusiones en el equilibrio psíquico y corporal del ser humano ya que la acción hormonal que estas glándulas ejercían se pierde por completo. A pesar de que es evidente que las personas tienen derecho a su integridad física, en ocasiones puede resultar imprescindible extraer ciertos órganos con el fin de curar o salvar al individuo, como ocurre cuando existen tumores malignos.

La castración sólo puede justificarse en estos casos, cuando el fin que se persigue es la salud de la persona. En ninguna otra situación esta grave mutilación puede ser defendida desde el punto de vista ético porque atenta claramente contra la dignidad objetiva del ser humano. Ni los gobiernos ni las normativas jurídicas de ningún país están legitimados o tienen derecho alguno para llevar a la práctica un castigo semejante.

En cuanto a la esterilización, que como se vio consiste en la sección de los conductos deferentes (vasectomía) o la ligadura de trompas mediante una pequeña intervención quirúrgica, conviene decir que para el equilibrio de la persona tiene consecuencias mucho menos importantes que la castración. Las relaciones sexuales se pueden seguir manteniendo con normalidad y la actividad hormonal continúa su ritmo habitual. Por supuesto que cualquier esterilización impuesta, venga de donde venga, debe ser considerada también como algo inmoral, incluso aunque pretenda equilibrar el control de la natalidad en un determinado país o región del planeta.

No obstante, ¿qué puede decirse acerca de la esterilización voluntaria? Hoy existen en el mundo alrededor de 200 millones de personas de ambos sexos esterilizadas (Polaino-Lorente, 1997: 258). Recientemente el Consejo de Investigaciones Sociológicas (CIS) presentó un informe en el que se afirmaba que en 1995 el 28% de los españoles, entre 35 y 39 años de edad, se había esterilizado (*El País*, 19.12.98). En tan sólo diez años casi se ha triplicado el número de personas que se han sometido voluntariamente a este método con el fin de controlar la natalidad. Si a ello se le añade el descenso en el número de matrimonios, el retraso en la incorporación al mundo laboral y, por tanto, del inicio de la vida familiar, así como el mayor número de mujeres trabajadoras, no es extraño que en España la tasa de fecundidad esté entre las más bajas del mundo.

Desde el punto de vista que nos afecta en este trabajo es imposible pasar por alto la siguiente cuestión: ¿es la esterilización un buen método para la planificación de la familia cristiana? A pesar de que se trata del procedimiento anticonceptivo más seguro de todos, ya que su eficacia es casi del 100%, en nuestra opinión la esterilización no debiera considerarse como un método "normal" para regular la natalidad. Es evidente que, en definitiva, son los esposos quienes deben decidir por sí mismos y los únicos responsables delante Dios, pero ¿por qué no agotar primero todas las demás posibilidades antes de recurrir a un medio tan radical para la integridad de la persona? Si existen otras alternativas no agresivas y respetuosas con el cuerpo humano ¿por qué recurrir a un método irreversible que elimina para siempre la posibilidad de volver a engendrar? El cuerpo humano no es sólo un instrumento del hombre o una cosa ajena a él, sino una parte material fundamental y constitutiva de la persona. De ahí que cualquier agresión arbitraria contra la integridad del organismo deba medirse por el daño que se hace al individuo en su totalidad.

«La capacidad para tener hijos es una de las propiedades más extraordinarias que el Creador ha concedido al ser humano»

Cuando sólo se tienen en cuenta criterios biológicos puede caerse en un reduccionismo inadmisible. La capacidad para tener hijos es una de las propiedades más extraordinarias que el Creador ha concedido al ser humano y cuando se anula ésta de forma radical, irreversible e innecesaria, no se atenta únicamente contra un conducto o un órgano del cuerpo, sino contra la persona entera. Una cosa es arrancar una muela y otra muy distinta anular para siempre la posibilidad de alimentarse. Pues bien, la esterilización al eliminar definitivamente la posibilidad de engendrar se sitúa a este mismo nivel. Las consignas que en ocasiones se utilizan por parte de los hospitales y médicos no cristianos no acaban de convencer porque muchas de estas soluciones calificadas como "definitivas, libres, rápidas, estéticas y eficaces", a veces se olvidan por completo del valor del ser humano. La gran trascendencia de este método exige que los esposos no actúen movidos sólo por la comodidad o la moda biomédica del momento, sino que mediten cuidadosamente en oración cuál es la voluntad de Dios para su matrimonio.

No obstante, esto no significa que no puedan existir familias en las que el único medio posible o aconsejable para controlar su fecundidad sea precisamente la esterilización de uno de los cónyuges. Cuando un facultativo recomienda este método, por ejemplo, a una mujer que si se queda embarazada puede enfermar seriamente, como en los casos de hipertensión arterial grave, dolencias renales, enfermedades hereditarias importantes, psicosis de embarazo, etc., su consejo está plenamente justificado. La ligadura tubárica o la vasectomía son entonces los mejores medios para prevenir la natalidad y salvar la vida de la mujer. La esterilización como terapia curativa o preventiva sería en tales casos claramente admisible.

CONSEJO GENÉTICO Y DIAGNÓSTICO PRENATAL

El análisis del genoma o patrimonio hereditario del ser humano es algo que se inició tímidamente, buscando con frecuencia un único gen que fuera el responsable de tal o cual enfermedad, pero poco a poco se ha ido imponiendo hasta suscitar investigaciones tan importantes como el famoso Proyecto Genoma Humano, al que en este libro se le dedica un capítulo. Es evidente que el estudio de los cromosomas del hombre posee un indiscutible interés biomédico, capaz de movilizar a numerosos países y genetistas de todo el mundo para involucrarlos en un proyecto de esta magnitud. No obstante, a pesar de tal atractivo, existen también ciertas discusiones éticas en torno a las posibles aplicaciones que de estos conocimientos pudieran hacerse.

En el mundo laboral se ha planteado la cuestión sobre cómo afectaría el análisis del genoma a los trabajadores de cualquier empresa. Está claro que este procedimiento podría contribuir a mejorar la protección laboral de los obreros y las previsiones médicas en el trabajo, ya que ciertas enfermedades profesionales serían fácilmente evitables. Sin embargo, ¿no cabría también la posibilidad de que tal información se utilizara contra los propios trabajadores? ¿no podría usarse la constitución genética de los individuos como criterio decisivo en la selección de personal? Lógicamente a las empresas les interesan más los obreros sanos que llegan en perfecto estado a la jubilación, que aquellos otros de salud precaria que requieren frecuentes bajas laborales o se acogen pronto a la invalidez permanente. La existencia de un carnet genético obliga-

torio, en el que figurasen las posibles dolencias que pudiera contraer el trabajador a lo largo de su vida ¿no reduciría considerablemente las perspectivas para encontrar empleo? Estas y otras consideraciones similares evidencian la necesidad de que tales análisis del genoma sólo puedan realizarse con el consentimiento del propio trabajador. Cada persona debería tener derecho a la protección de su intimidad cromosómica y a negarse, si así lo desea, a facilitar su perfil genético completo.

Lo mismo se ha señalado con respecto a los sistemas privados de seguridad. ¿Deben las compañías que realizan seguros de vida conocer el genoma de sus asociados? ¿No estarían los análisis genéticos en contra de la propia filosofía de un seguro de tales características? El estudio del genoma se ha usado también en ciertos procesos judiciales para descubrir al autor de un delito o como prueba de la paternidad. En tales casos, el asesoramiento genético que sólo busca descubrir la verdad podría estar éticamente justificado.

No obstante, lo que interesa en este capítulo es el conocimiento del genoma de los padres y de la futura descendencia. Muchas parejas antes de contraer matrimonio o de tener un hijo acuden al médico para prevenir posibles taras hereditarias. Buscan el llamado "consejo genético" o la consulta prematrimonial. Asimismo, mediante el "diagnóstico prenatal" es posible también conocer antes del nacimiento, las patologías que puede presentar el futuro bebé. Cuando el resultado de tales prospecciones es negativo las parejas se tranquilizan, pero si es positivo inmediatamente acuden los interrogantes éticos. Ante la existencia real de incompatibilidades genéticas ¿debe la pareja renunciar al matrimonio? ¿es preferible casarse sabiendo que no se podrán tener hijos? Si se confirma la presencia de un embrión deficiente ¿es moral recurrir al aborto? ¿debe el diagnóstico prenatal equivaler en tales casos a una sentencia de muerte? ¿es éticamente correcto acudir al médico con la idea previa de interrumpir el embarazo si el feto presenta anomalías genéticas según su gravedad?

5.1. Consejo genético

Es el asesoramiento que se hace a los futuros padres, generalmente antes del embarazo, acerca de la posibilidad de que alguno de sus hijos pueda padecer una determinada enfermedad hereditaria. Tal consejo se realiza después de analizar a la pareja mediante un adecuado chequeo genético*. Lo que se suele estudiar es el cariotipo de ambos, es decir, la forma y el número de los cromosomas que poseen sus células somáticas, tal como se observan a través del microscopio óptico. También es posible analizar el mapa cromosómico, sobre todo cuando se pretende averiguar la existencia de enfermedades ligadas al sexo, como la distrofia muscular de Duchenne* o la hemofilia*, e incluso es factible el estudio del árbol genealógico de cada uno de los solicitantes.

Las situaciones en las que resulta aconsejable el chequeo genético son aquellas en las que un miembro de la pareja, o más raramente los dos, poseen familiares con una anomalía hereditaria. En ocasiones, el nacimiento de un hijo con determinada tara genética pone sobre aviso a los padres que procuran averiguar las posibilidades de que un segundo bebé manifieste también la enfermedad. Incluso es recomendable el chequeo en aquellas personas que pertenecen a los llamados grupos de riesgo para cualquier dolencia concreta. Este sería el caso que se da, por ejemplo, en las comunidades judías de los asquenazíes procedentes de Europa Oriental, con la llamada enfermedad de Tay-Sachs*. Se trata de una degeneración del sistema nervioso que provoca la muerte prematura del niño. Cuando ambos progenitores son portadores del gen defectuoso recesivo que la origina, tienen un riesgo del 25% de engendrar un hijo afectado.

Desde el punto de vista ético, el recurso al chequeo genético debe ser siempre visto como algo positivo ya que su finalidad principal es perseguir la salud, tanto de la pareja como de sus posibles descendientes. La paternidad y maternidad responsable, así como la protección del patrimonio genético de la humanidad y la sensibilidad hacia el drama de tantos seres deficientes, sugiere que se procure evitar el traer hijos al mundo con graves taras físicas o mentales. No obstante, es menester también plantearse cuestiones como: con qué objetivo real se hace el chequeo, qué métodos se van a seguir para evitar tales nacimientos, cómo se va a actuar después de recibida la información, cuál es la actitud del médico y de la sociedad ante los resultados obtenidos, hasta qué punto esas actitudes pueden influir en la pareja afectada. Conviene, pues, que el matrimonio o los prometidos creyentes sepan depurar bien todas estas posibles respuestas haciéndolas pasar a través del filtro de la ética cristiana.

El recurso al consejo genético prematrimonial puede llegar a ser casi una exigencia moral en aquellas parejas que poseen en sus respectivos árboles genealógicos, antepasados con taras genéticas. Los progenitores son responsables del número de hijos que traen al mundo y también de las condiciones sanitarias y de salud en que éstos llegan. Sería una negligencia grave por parte de los futuros padres conocer que son portadores de enfermedades hereditarias, que las pueden transmitir a un importante tanto por ciento de sus descendientes, y no actuar en consecuencia.

Una vez conocido el resultado de tales chequeos genéticos, el médico tiene la obligación de comunicarlo a los interesados de manera objetiva y respetando siempre las leyes del secreto y la confidencialidad. Pero también, cada uno de los prometidos tiene el deber moral de informar al otro, para así, entre los dos, poder tomar las decisiones más convenientes. El conocimiento de los posibles riesgos debe provocar en los implicados la reflexión prudente y serena acerca de la conveniencia o no de realizar el matrimonio o la procreación. Ni el médico ni las autoridades correspondientes de ningún país poseen autoridad moral para imponer a ninguna pareja cualquier decisión en este sentido. Nadie debiera prohibir a un hombre y a una mujer adultos en plenas facultades que se casaran, si ellos así lo desean. La procreación no es la única finalidad del matrimonio y, desde luego, existen muchas parejas que no pueden tener hijos, que han asumido responsablemente una esterilidad autoimpuesta y, a pesar de ello, siguen siendo felices en sus relaciones conyugales y en su comunión familiar. La existencia de genes defectuosos no tiene porqué destruir para siempre una relación matrimonial y, menos aún, cuando resulta posible el recurso a la adopción. Pero también es cierto que algunas parejas, ante los resultados del chequeo genético, deciden suspender el matrimonio. Tanto en uno como en el otro caso, son los propios afectados quienes deben decidir libremente.

5.2. Cribado genético

Se llama cribado o prospección genética al estudio de una población que, en principio, no presenta síntomas de la enfermedad que se pretende investigar, pero en la que se intenta identificar a aquellos individuos que pueden ser portadores de la misma o que la van a padecer. El cribado genético se aplica de forma masiva a amplios sectores de la población cuando en un determinado grupo existe un riesgo importante de sufrir o transmitir una enfermedad. Han sido descritos tres tipos de cribado genético (Gafo, 1992b: 61).

El primero es aquel que se realiza antes del parto, durante el mismo embarazo. Tal cribado prenatal permite detectar en el feto múltiples anomalías genéticas como, por ejemplo, los errores en el cierre del tubo neural que provocan la denominada espina bífida* o la anencefalia*. En el primer caso la médula espinal y las raices nerviosas están alteradas y pueden causar parálisis musculares o trastornos de la sensibilidad, mientras que en el segundo no existe cerebro y, por tanto, el bebé no consigue sobrevivir después del parto. Asimismo es posible descubrir mediante este tipo de cribado el famoso síndrome de Down*, sobre todo en madres gestantes de edad avanzada. Tal cribado genético es el que se conoce también como "diagnóstico prenatal" y será analizado posteriormente con más detalle.

> ***«El conocimiento de los posibles riesgos debe provocar en los implicados la reflexión prudente y serena acerca de la conveniencia o no de realizar el matrimonio o la procreación.»***

El segundo tipo de prospección genética es el que se efectúa en todos los recién nacidos. Un ejemplo lo constituye el llamado test de Guthrie que se viene empleando de manera rutinaria desde hace casi 40 años para diagnosticar los bebés que padecen la fenilcetonuria*. Ésta es una enfermedad metabólica que le impide al lactante asimilar un aminoácido esencial presente en su dieta alimentaria, la fenilalanina. De forma que esta sustancia se va acumulando lentamente en el organismo hasta que origina un deterioro del sistema nervioso central y, por tanto, una grave deficiencia mental. Guthrie ideó en 1961 una sencilla prueba que, mediante unas pocas gotas de sangre tomadas del talón del bebé, permite diagnosticar la enfermedad y tratarla con sólo proporcionarle una dieta sin fenilalanina. En la actualidad son bastantes los países que aplican el test de Guthrie a todo neonato con resultados excelentes. Otros cribados genéticos como éste se usan también para diagnosticar enfermeda-

des hereditarias como la anemia falciforme*, la galactosemia*, el hipotiroidismo* y muchas otras.

Por último, el tercer tipo de cribado genético es el que se practica sobre personas sanas pero portadoras de los genes defectuosos y que, por tanto, pueden ser transmisoras de la enfermedad. Ellas no la padecen pero sí la pueden pasar a su descendencia. Actualmente es posible diagnosticar numerosas taras genéticas en estos individuos poseedores de genes recesivos. En Estados Unidos se han practicado estos tipos de cribados genéticos en individuos pertenecientes a ciertos grupos de riesgo. Tal es el caso de las ya mencionadas comunidades alemanas de judíos asquenazíes, en relación con la enfermedad de Tay-Sachs. Aunque esta dolencia sólo ataca a un niño entre 36.000, en el caso de estos judíos la proporción de portadores es muy elevada, uno de cada 30.

Cada uno de estos tipos de cribado genético puede plantear diversas cuestiones éticas. Las principales tienen que ver con la respuesta o el comportamiento de la sociedad ante el conocimiento de los resultados. Existen, por desgracia, demasiados precedentes históricos que muestran cómo ciertos portadores de determinadas dolencias hereditarias fueron marginados cuando se les diagnosticó y tuvieron problemas para encontrar trabajo o ser admitidos en lugares públicos. Este es el caso, por ejemplo, de la población negra norteamericana portadora del gen de la anemia falciforme. La imposición del cribado genético dio la impresión, a los miembros de la comunidad afroamericana, que lo que se pretendía era reducir la natalidad entre los negros. ¿Hasta qué punto las autoridades pueden obligar a alguien a un chequeo genético? Incluso en el caso de los portadores de anomalías génicas ¿es lícito imponer medidas tan radicales como la esterilización o el aborto?

El secreto médico es una cualidad que, desde el juramento de Hipócrates, ha venido dignificando a la profesión médica. Es evidente que los facultativos disponen a veces de información privilegiada acerca de sus pacientes, cuya divulgación podría perjudicar gravemente a éstos. De ahí que, en los asuntos relacionados con los chequeos genéticos, deba imponerse siempre la ética de la confidencialidad. El analista médico tiene la obligación de mantener en secreto los resultados de sus prospecciones, excepto sólo en aquellos casos en que tal confidencia pueda causar daños a terceras personas. Cuando existe riesgo de contagio, infección o transmisión, la declaración es entonces forzosa.

La aplicación del cribado genético debiera ser siempre libre y voluntaria, sin ningún tipo de coacción o imposición. El paciente podría ofrecer aquello que se denomina su *consentimiento informado*, sólo cuando estuviera realmente de acuerdo con lo que se le va hacer y con sus posibles repercusiones personales y sociales. No obstante, en bioética el principio de autonomía tiene también sus limitaciones. Vivir en una sociedad implica cierta renuncia a determinadas libertades individuales en aras del bien común. De ahí que, en ocasiones, el hecho de someterse a un diagnóstico genético capaz de evitar muchas enfermedades, así como sufrimiento y dolor a otras personas, puede ser una exigencia razonable y hasta una obligación moral. Mediante tales prácticas siempre se habría de buscar ante todo el bien de los seres humanos, del individuo, la familia y la colectividad.

En cuanto al consejo genético que, teniendo en cuenta los elevados costes sociales de determinadas minusvalías, recomienda de manera tajante la interrupción forzosa del embarazo, no parece éticamente admisible. El objetivo de conseguir una humanidad genéticamente sana y sin taras hereditarias de importancia puede ser loable a primera vista, pero encierra en su interior el temible fantasma de la eugenesia. El peligro de los abusos políticos, sociales y xenófobos se cierne siempre detrás de tales planteamientos. ¿En qué consiste estar sano? ¿qué es lo normal y qué lo anormal? ¿quién debe decidirlo? Los términos "salud", "sanidad" o "normalidad genética" son susceptibles de transformarse en peligrosos argumentos con los que discriminar a las personas, sobre todo cuando se convierten en soportes para determinadas ideologías políticas.

5.3. Diagnóstico preconcepcional

Es el que persigue detectar posibles enfermedades hereditarias que puede poseer el nuevo ser, aún antes de la propia concepción. El sondeo se lleva a cabo sobre los gametos femeninos previamente a su fecundación "in vitro". Para entender cómo es posible realizar tal estudio es conveniente comprender la división celular que se conoce como meiosis*, es decir, el proceso biológico de formación de los óvulos. A partir de unas células de los ovarios, llamadas

ovocitos* primarios, se produce una primera división en la que aparecen dos nuevas células, un ovocito secundario y un corpúsculo polar*. Los corpúsculos polares siempre degeneran y dejan de dividirse. Después de una segunda división que tiene lugar durante la fecundación, cuando el espermatozoide penetra en el ovocito secundario, éste da lugar a un óvulo y a un segundo corpúsculo polar.

Pues bien, el diagnóstico preconcepcional se lleva a cabo sobre el primero de tales corpúsculos polares. Esta célula degenerativa que no es necesaria en el proceso de la fecundación, suministra, sin embargo, toda la información genética para conocer la mitad del patrimonio hereditario del futuro embrión. Si después de su estudio se descubre que el primer corpúsculo polar de una mujer presenta un gen recesivo para cualquier enfermedad hereditaria grave, lo que se hace es rechazar su correspondiente ovocito secundario como candidato a la fecundación "in vitro" y sustituirlo por otro que posea el gen dominante sano. De esta manera, seleccionando los óvulos, se eliminará la posibilidad de que el hijo que nazca padezca la enfermedad.

No obstante, lo que no resulta posible mediante el diagnóstico preconcepcional es descartar completamente el nacimiento de bebés heterocigóticos -o sea, sanos pero portadores del gen recesivo- ya que éstos pueden heredar el gen defectuoso a través del espermatozoide paterno. A pesar de ello, es evidente que desde el punto de vista bioético resultará siempre mucho mejor escoger o eliminar simples ovocitos que embriones humanos en pleno proceso de desarrollo.

5.4. Diagnóstico preimplantatorio

Pretende descubrir anomalías genéticas del embrión durante una fase temprana del embarazo. Se realiza en los embriones obtenidos mediante fecundación "in vitro" y antes de que éstos sean transferidos al útero materno para su implantación. Ya vimos cómo en las primeras divisiones sucesivas que experimenta el cigoto, todas las células o blastómeros conservan todavía su totipotencialidad, es decir, la facultad de originar al individuo completo. Pues, si durante esta temprana fase, en el estadio de 6-8 células, se toman algunos de estos blastómeros para su estudio en el laboratorio, el resto del embrión prosigue su desarrollo normal sin resentirse de tal sustracción.

Mediante este dictamen, que es legal en territorio español, es posible detectar anomalías cromosómicas como el síndrome de Down y otras muchas enfermedades ligadas al sexo, sin necesidad de actuar sobre el embrión que se desea trasplantar. Incluso es posible determinar y seleccionar el sexo de este embrión, aunque en el caso de la legislación española, tal selección sólo está permitida cuando se realiza con un fin curativo o terapéutico, como podría ser para impedir la herencia de una tara grave presente en el cromosoma X.

Una de las aparentes ventajas del diagnóstico preimplantatorio es que la selección de embriones se realiza antes de su anidación en el útero. De ahí que no exista la necesidad de practicar abortos terapéuticos como ocurre con el diagnóstico prenatal. En este último, cuando se descubre un feto con anomalías genéticas serias se coloca a los padres ante el dilema ético de interrumpir la gestación o asumir la responsabilidad de tener un hijo deficiente. Sin embargo, en la técnica preimplantatoria son los propios médicos quienes seleccionan los mejores embriones, obtenidos por fecundación "in vitro", antes de introducirlos en el claustro materno, evitándole así a la futura madre el tener que someterse a ninguna intervención quirúrgica posterior.

No obstante, existen también peligros en este tipo de diagnosis. ¿Quién puede asegurar que la fantasía acerca del niño perfecto no superará los límites de lo razonable? Cuando sea posible seleccionar a la carta características secundarias entre un buen número de embriones sanos antes de su anidación ¿con qué criterio actuarán los padres? ¿qué argumentos podrán frenar tales demandas? ¿no se entrará de lleno en el peligroso terreno de la eugenesia no terapéutica? ¿llegarán a considerarse como enfermedad, ciertos tipos de carácter o de conducta? Algunos autores al valorar estos riesgos del diagnóstico preimplantatorio proponen decididamente su completa prohibición. En este sentido se manifestaba Jacques Testart en *El embrión transparente* (Testart, 1988: 102).

5.5. Diagnóstico prenatal

Como se ha indicado, el diagnóstico prenatal consiste en el análisis del estado en que se encuentra el feto dentro del útero materno. Tal reconocimiento pretende ofrecer un diagnóstico acerca de la salud, el grado de desarrollo del embrión, así como de sus posibles malformaciones o enfermedades genéticas. Suele estar indicado sobre todo en aquellos embarazos cuyos progenitores superan los 40 años, en el caso del padre, y 38 años en la madre. También cuando se tienen antecedentes familiares de alteraciones cromosómicas o de enfermedades ligadas al sexo, partos anteriores de hijos con defectos en el cierre neural, con dolencias metabólicas o abortos naturales.

Entre los propósitos principales que suelen llevar a los futuros padres a solicitar una diagnosis de este tipo está, ante todo, el de tranquilizarse respecto a las dudas que pudieran tener sobre su bebé, así como la posible aplicación inmediata de medidas terapéuticas al recién nacido, si es que éste las necesita. A veces, es posible intervenir quirúrgicamente al feto antes del parto con el fin de solucionar determinadas dolencias. Sin embargo, algunas parejas solicitan también el diagnóstico prenatal con la clara intención de recurrir al aborto terapéutico en caso de existir malformación o tara en el embrión. En España este tipo de interrupción voluntaria del embarazo constituye uno de los supuestos legalmente admitidos.

a. Métodos para el diagnóstico prenatal

Las técnicas más utilizadas para el diagnóstico prenatal pueden ser separadas en dos grandes grupos: las *incruentas* y las *cruentas*. Entre las primeras están aquellas que intervienen en el medio materno, como la ecografía y la determinación de la alfafetoproteína (AFP) en el suero. Mientras que las segundas actúan directamente en el medio fetal y son: la amniocentesis, biopsia corial, fetoscopia, toma de sangre y radiografía.

Ecografía

El empleo adecuado de ultrasonidos permite obtener una imagen inmediata con bastante resolución y con un riesgo nulo, tanto para la madre como para el feto. Se trata del método más utilizado en el diagnóstico prenatal ya que carece de efectos perjudiciales. Los médicos recomiendan realizar de dos o tres ecografías durante la gestación. El único inconveniente que plantea es que muchas de las malformaciones no se pueden detectar hasta las 18 ó 20 semanas de embarazo. Generalmente se utiliza en combinación con la amniocentesis o la biopsia de corion.

Análisis de la alfafetoproteína (AFP)

La alfafetoproteína (AFP) es una proteína humana que suele aparecer al principio del desarrollo embrionario y persiste durante toda la vida del individuo. Una muestra de suero materno permite analizar si los niveles de AFP permanecen constantes o se detecta una elevación anormal. Si se da este segundo caso, podría tratarse de una anomalía del tubo neural (anencefalia, espina bífida, etc.) o de incompatibilidad Rh, gemelaridad o muerte del feto. El diagnóstico de la AFP puede hacerse antes de las 23 semanas de gestación. No obstante, resulta siempre conveniente relacionar los resultados de esta técnica con otras paralelas ya que en determinadas ocasiones se han detectado también incrementos de AFP provocados por fetos normales.

Amniocentesis

Consiste en la punción abdominal para extraer líquido amniótico y poder analizar así las células embrionarias presentes en él. Puede llevarse a cabo a partir de la semana quince o dieciséis de la gestación y suele extraerse sólo entre 15 y 20 ml de fluido amniótico. El estudio bioquímico, cromosómico y enzimático de la muestra permite diagnosticar múltiples enfermedades y alteraciones cromosómicas como la distrofia muscular progresiva tipo Duchénne, la hemofilia y otros muchos síndromes hereditarios. No obstante, esta técnica presenta un riesgo de aborto entre el 1 y el 1,5 por 100.

Biopsia corial

Se realiza mediante la introducción de un catéter por vía vaginal transcervical con el fin de extraer material del trofoblasto embrionario y poder estudiar así su cariotipo. También es posible hacerlo a través de la pared ab-

dominal en torno a la novena semana de gestación. Por medio de esta técnica es posible detectar enfermedades como la mucoviscidosis y también reconocer el sexo del feto. El riesgo de aborto que entraña se sitúa en torno al 2 o 3 por 100, lo que indica que es superior al de la amniocentesis.

Fetoscopia

La fetoscopia se lleva a cabo por medio de la introducción de un instrumento de fibra óptica, un endoscopio o fetoscopio, en la cavidad uterina a través de la pared abdominal, para poder ver directamente al embrión. Puede emplearse a partir de las 18 semanas de embarazo con el fin de detectar malformaciones congénitas graves que no puedan reconocerse mediante amniocentesis u otras técnicas. Se puede así diagnosticar, por ejemplo, la rubéola congénita* o cierto tipo de subnormalidad masculina. Se trata de una intervención peligrosa ya que entraña un riesgo de aborto del 4% y entre un 12 y un 15% de partos prematuros.

Funiculocentesis

Técnica que permite hacer un análisis de sangre al feto por medio de la extracción de células hemáticas del cordón umbilical o de la placenta. Se puede averiguar así si éste padece anemia por culpa de una sensibilización Rh grave, permitiendo la posibilidad de realizar transfusiones intrauterinas cada 20 o 30 días si es necesario. De esta forma, es posible salvar bebés que antes perecían a los seis meses de gestación.

Radiografía

Este tipo de método se aplica cuando se sospecha la existencia de anormalidades esqueléticas en el feto. Se trata de una variante de la radiografía convencional que, debido sobre todo al riesgo de ionización, no suele ser muy utilizada en el diagnóstico prenatal. Además presenta el inconveniente de no ser un procedimiento de utilización precoz.

b. Valoración ética del diagnóstico prenatal

Ya se señaló anteriormente que el diagnóstico prenatal en sí mismo es una práctica que no debería rehusarse, desde el punto de vista ético, si es que existe un motivo justificado para llevarla a cabo. Desde luego conviene siempre realizar una correcta evaluación de los peligros en que se incurre, así como de la eficacia del método elegido. Los padres deberían estar perfectamente informados por el médico de todas la eventualidades del proceso ya que, en definitiva, son ellos los máximos responsables y quienes, llegado el caso, tendrán que tomar decisiones. Las finalidades mencionadas para llevarlo a cabo, tales como tranquilizar a la madre, tener previstas medidas adecuadas en el momento del parto o antes, etc., son lo suficientemente importantes como para asumir los riesgos que puede plantear el diagnóstico prenatal.

> ***«Recurrir al diagnóstico prenatal con la idea preconcebida de interrumpir el embarazo si el feto es portador de alguna anomalía puede dejar de tener coherencia moral.»***

No obstante, otro asunto diferente es recurrir a tal prueba con la idea preconcebida de interrumpir el embarazo si es que el feto es portador de alguna anomalía. En tal caso, el diagnóstico prenatal puede dejar de tener coherencia moral. No es lo mismo acercarse a la criatura que está en el vientre materno con la intención de ayudarla a sobrevivir si es que presenta algún problema, que con la idea de aniquilarla. En un caso, se busca la sanidad y la vida, en el otro la muerte y la destrucción.

Es verdad que en las situaciones más graves, como pueden ser la anencefalia o las taras genéticas incompatibles con la vida, a veces se aconseja el aborto con el argumento de evitar así un "shock psicológico" a la madre durante el parto. Sin embargo, los que se oponen a tal decisión por considerarla poco ética, argumentan que de esta forma se le provoca una muerte violenta al ser inocente que se está gestando y además se hace contraer también un riesgo adicional a la madre, al interrumpir bruscamente su gestación. Afirman, por tanto, que sería mejor esperar al nacimiento natural, aunque se sepa de antemano que el feto fallecerá de todas formas antes de la primera hora de su alumbramiento.

De cualquier manera, ¿cómo puede sentirse una madre que es consciente de estar gestando un feto sin cerebro? ¿cómo puede esto afectarle en los meses de gestación que aún le quedan? Nadie más que ella conoce sus propios sentimientos en esa trágica situación y, por lo tanto, deben ser ella y su esposo las únicas personas autorizadas para tomar una decisión libre.

En los casos de malformaciones compatibles con la vida, como puede ser la espina bífida*, que suele producir parálisis en las piernas, hidrocefalia* o incontinencia urinaria durante toda la existencia, es posible que al evaluar las necesidades económicas y asistenciales que requieren tales enfermos, se recomiende a los padres la interrupción del embarazo de estas criaturas, con el argumento de que tal tipo de vida es despreciable y no merece la pena ser vivida. No obstante, en estos casos se plantean inmediatamente los siguientes interrogantes: ¿hasta qué punto es ético suprimir vidas humanas por el hecho de que sufran determinadas anomalías o malformaciones? ¿acaso los minusválidos carecen de dignidad o la poseen en menor grado que los sanos? ¿puede hacerse depender la dignidad humana de la integridad física o del nivel intelectual?

Con frecuencia los que nos consideramos "sanos" y "normales" tenemos cierta tendencia a creer que una vida humana con minusvalías físicas o psíquicas puede carecer de sentido. Sin embargo, las personas que la padecen por lo general no suelen pensar así. La mayoría creen que, en cualquier caso, siempre es mejor vivir que no vivir. Por supuesto que hay excepciones, pero son minoritarias. El concepto de "vida feliz" al que aspira constantemente nuestra sociedad es muy relativo. No hay nadie que, a pesar de sus limitaciones, no pueda descubrir alguna motivación o deseo para continuar viviendo. Las malformaciones orgánicas no tienen por qué privar a ninguna persona de su propia dignidad y de su derecho a la existencia.

En el caso de tantos niños que sufren el mongolismo o síndrome de Down*, ¿puede ser justo eliminarlos cuando sólo son fetos? Se trata de criaturas que si se las estimula convenientemente llegarán a tener un importante desarrollo afectivo y personal. No nos parece que desde la ética cristiana sea aceptable impedirles el nacimiento porque no van a tener el mismo nivel intelectual que sus hermanos. Cuántos hogares han visto enriquecida y potenciada su vida familiar por aquel mismo bebé que al principio les hizo derramar tantas lágrimas de amargura. El problema que la sociedad debería resolver es el de la asistencia a tales personas cuando se produce la inevitable falta de los padres.

Aunque el recurso al aborto eugénico en estos casos sea algo legal que la sociedad acepta, nos parece que desde la conciencia cristiana es algo rechazable y, a la vez, peligroso para la propia comunidad. La mentalidad que se está creando entre los ciudadanos, con la práctica de este tipo de aborto, es la de un falso perfeccionismo que considera a las personas con alguna deficiencia como errores humanos sin derecho a la vida. Se origina así un clima hostil hacia todo disminuido o no bien formado. Esta actitud va claramente en contra del Evangelio, de la enseñanza de Jesús acerca del amor al prójimo y la solidaridad con el débil o el enfermo que sufre. La supresión de la vida del no-nacido no puede justificarse moralmente en base a la existencia de esta clase de anomalías o malformaciones.

ABORTO: UN ANTIGUO DILEMA

La eliminación del feto o embrión es una práctica tan vieja como la propia humanidad. Cada cultura ha tenido que encararla con arreglo a sus convicciones morales y a los valores de su tiempo. El aborto provocado ha sido siempre una herida abierta en la conciencia de los pueblos, un interrogante a la sensibilidad ética y, a la vez, un acontecimiento indeseable que con frecuencia las personas implicadas han procurado ocultar.

Sin embargo, en nuestros días este antiguo dilema se ha agudizado y ya no se discute apenas acerca de si es lícito o no, en caso de prescripción médica para salvar la vida de la madre o con el fin de controlar la natalidad y liberarse de una descendencia no deseada. Hoy el aborto forma parte de la revolución sexual de Occidente y apunta sobre todo hacia el descubrimiento de anomalías genéticas en ese indefenso ser aún no nacido. El claustro materno se ha convertido en el lugar más inseguro del mundo. Del secreto y el anonimato se ha pasado a la publicidad comercial, en una sociedad liberal que aspira a ser avanzada y barniza la realidad del aborto con una capa de progresismo jurídico. La gran paradoja de esta sociedad abortista es que mientras se lucha contra la tortura y la pena de muerte, se amplían al mismo tiempo los supuestos para poder aplicarla a criaturas indefensas antes de su nacimiento.

De ahí que para la sensibilidad cristiana resulte del todo imposible, en la actualidad, mirar este asunto desde una perspectiva acomodaticia, distante o fría. El problema nos afecta a todos, simplemente porque somos seres humanos y, como dijera el poeta latino Terencio, «*hombre soy, y ninguna cosa humana me es ajena*». La realidad de tal práctica no debe dejarnos indiferentes. El aborto es y seguirá siendo una grave disyuntiva capaz de remover los valores fundamentales del alma humana. Se trata de algo indeseable que aunque en ocasiones se presente con tonalidades liberadoras, en el fondo lleva casi siempre un equipaje amargo de angustia, opresión, injusticia y soledad.

6.1. Sociedad abortista

Los estudios sociológicos confirman que el número de abortos tiende a aumentar en aquellos países donde tal práctica está liberalizada. Esto es lo que demuestran informes como el presentado recientemente en España por el Departamento de Demografía del Consejo Superior de Investigaciones Científicas. El estudio, titulado *La fecundidad joven y adolescente en España*, afirma que desde 1978, año en que se despenalizó parcialmente el aborto, en Cataluña, a diferencia de España, la tasa de embarazo entre adolescentes no ha descendido, sino que incluso ha experimentado un sensible aumento, mientras que la fecundidad se ha reducido a la mitad (*El País*, 18.09.98).

En 1978, según se especifica en tal informe, se quedaron embarazadas en Cataluña 10,87 de cada mil adolescentes. De ellas, prácticamente todas dieron a luz a sus bebés. En cambio, en el año 1994, los embarazos casi se mantuvieron constantes (10,91 por mil), mientras que más de la mitad de las adolescentes en estado de gestación decidieron abortar. El 42% de los 9.400 abortos que se practican en Cataluña cada año, -región con algo más de seis millones de habitantes- corresponden a menores de 25 años. Esto demuestra que la interrupción del embarazo no sólo ha aumentado, sino que se ha convertido además en un fenómeno predominantemente adolescente en España y sobre todo en la autonomía catalana.

Teniendo en cuenta el elevado número de abortos que se producen cada año en la mayoría de los países del mundo occidental, así como la tendencia al aumento progresivo de los mismos, es posible calificar esta sociedad como "abortista". Entre los factores que han contribuido a este carácter abortista de Occidente se han señalado los siguientes (Vidal, 1991: 397): el progreso de la medicina y de las técnicas quirúrgicas abortivas que ha disminuido o eliminado los riesgos de tales operaciones; la creciente permisividad y aceptación social de la interrupción de los embarazos; los fallos en los métodos de control de la natalidad que inducen como último recurso a la práctica del aborto; el excesivo crecimiento demográfico capaz de hacer que determinados gobiernos promuevan la práctica del aborto con el fin de controlar la población; el miedo a los embarazos con defectos físicos o psíquicos, fácilmente detectables mediante diagnóstico prenatal; la emancipación de la mujer y el aumento de las motivaciones personales; la infravaloración del feto o embrión como ser no humano, así como las situaciones de injusticia social, pobreza, deficiencias en educación, cultura, carencia de vivienda adecuada, trabajo, etc. Todas estas causas son susceptibles de determinar la realidad sociológica del aborto en el momento actual.

> ***«El aborto es algo indeseable que aunque en ocasiones se presente con tonalidades liberadoras, en el fondo lleva casi siempre un equipaje amargo de angustia, opresión, injusticia y soledad.»***

6.2. Definición y tipos de aborto

De manera habitual el aborto se define como la interrupción del embarazo cuando el feto no es todavía viable, o sea, en una etapa de su desarrollo en la que no puede sobrevivir fuera del útero materno. Tal viabilidad fetal se alcanzaría a partir de los siete meses de gestación. Esta definición ha sido muy criticada por quienes creen que el término "viable" le quita importancia moral al acto abortivo durante los primeros meses del embarazo. Hablar de feto viable o no viable puede resultar discriminatorio ya que no hace justicia a la realidad del embrión ni a su progresivo desarrollo. En este sentido se ha señalado también que expresiones como "interrupción del embarazo" o "suavizar las leyes sobre el aborto" serían equívocas en sí mismas e inducirían a quitarle gravedad o a pensar que el aborto es casi un acto humanitario. De manera que se ha propuesto una definición que se estima como más real u objetiva y que reza así: *«El aborto es la muerte del feto humano antes de nacer, provocada directa y deliberadamente en cualquiera*

de los momentos biológicos del proceso de gestación a partir del momento preciso de la concepción, sea vaciando expresamente la matriz, sea impidiendo la nidación natural del óvulo femenino fecundado por el espermatozoide masculino» (Blázquez, 1996: 473).

La primera clasificación del aborto se hace en función de la causa que lo produce. Es posible así hablar de aborto *espontáneo o natural* cuando no se origina por la acción humana sino debido a otras razones, como puede ser el mal estado del embrión. El número de embriones o fetos que se malogran de esta manera después de la anidación suele ser elevado y oscila entre el 10% y el 15%. El aborto espontáneo es una forma natural de contribuir a la selección de los individuos más sanos. El otro tipo de aborto, el *provocado,* es aquel que realiza el ser humano de forma consciente y con una clara intención de acabar con la vida del nonato. Desde el punto de vista jurídico se le considera *legal* cuando la ley lo permite y *criminal* si es que ésta lo prohibe. Pero además según sean las razones o argumentos que se ofrecen para llevarlo a cabo, tanto desde la perspectiva jurídica como médica y ética, habitualmente se reconocen hasta cuatro tipos de aborto provocado: terapéutico, eugenésico, criminológico y psicosocial.

a. Aborto terapéutico

Se denomina así a la interrupción provocada del embarazo cuando la continuación del mismo pone en peligro la vida de la madre gestante. Antiguamente este aborto se recomendaba en aquellas mujeres embarazadas que padecían tuberculosis pulmonar o graves cardiopatías. Sin embargo, hoy, como consecuencia de los avances médicos, esta situación ha quedado prácticamente superada. Un ejemplo lo sigue constituyendo el embarazo ectópico, es decir cuando el embrión se desarrolla fuera de la cavidad uterina, en el abdomen, las trompas o el propio ovario. De todas formas, aunque actualmente sea poco frecuente porque ya no está en peligro la vida de la madre, su significado se ha ampliado también a la salud de la mujer gestante.

b. Aborto eugénico o eugenésico

Es el que se plantea cuando existen evidencias reales de que el embrión o feto sufre malformaciones o anomalías congénitas. Ya vimos, con motivo del diagnóstico prenatal, los métodos existentes para determinar el estado del nonato así como las posibles enfermedades que mediante tales técnicas se pueden detectar. Esta causa de aborto quizás sea una de las más dramáticas ya que plantea, por lo general, serios conflictos de valores entre la inviolabilidad de la vida humana y la interrupción de una existencia disminuida.

c. Aborto criminológico, humanitario o ético

Se habla de este tipo de aborto cuando el embarazo ha sido consecuencia de una acción violenta y delictiva como puede ser la violación o el incesto. Parece que en tales situaciones el riesgo de que se produzca la concepción es sólo del 1%. También en estos casos el dilema ético se establece entre eliminar a un embrión que, aunque sea inocente, no se desea, puesto que no ha sido fruto del amor, sino de la violencia o proseguir la gestación hasta el parto y quedárselo o donarlo después en adopción.

d. Aborto psicosocial

Es aquel que se practica cuando el embrión no se acepta por motivos psicológicos o de carácter social. Aquí las razones pueden ser muy variadas: problemas psíquicos de la mujer, economía precaria, vivienda pequeña e inadecuada, elevado número de hijos, mujeres solteras que no desean enfrentarse al rechazo social, relaciones extramatrimoniales que se quieren ocultar, etc. Éste es, sin duda, el tipo de aborto que más se practica en todo el mundo ya que, de hecho, en algunas sociedades se aplica casi como un método anticonceptivo más. En ocasiones las causas aducidas para llevarlo a la práctica son tan poco relevantes, desde el punto de vista ético, que dejan entrever el progresivo menosprecio de la sociedad actual hacia la vida del embrión.

6.3. El aborto en los pueblos de la Biblia

En las Sagradas Escrituras no existe ningún versículo que, de manera evidente y clara, prohiba la práctica del aborto. El quinto mandamiento del de-

cálogo que dice: "No matarás" (Ex. 20:13), no se refiere directamente al tema del aborto. La mayor parte de los comentaristas del Antiguo Testamento coinciden en que el asunto del aborto no entra dentro de las previsiones ni del espíritu de este quinto precepto divino. ¿Hay que deducir del silencio bíblico sobre el aborto que la Escritura aprueba su práctica? Nada más lejos de la realidad.

Existe un único pasaje que se refiere explícitamente a este tema. Se trata de Éxodo 21:22-23, texto al que ya nos hemos referido al tratar sobre el estatus del embrión humano (ver sección 3.5). Estos dos versículos han hecho correr mucha tinta, sobre todo entre autores que pretenden ver en ellos una licencia bíblica para justificar el aborto, pero también en aquellos otros que defienden todo lo contrario. Los primeros se fijan en la pequeña multa impuesta al hombre que durante una pelea causa un aborto accidental, para afirmar que Dios no considera al feto como vida humana y que, por tanto, abortar no es un crimen ni un pecado. Por otro lado, los teólogos antiabortistas argumentan que el aborto al que se refiere el versículo 22 no causa la muerte del feto porque éste ya se considera viable y puede sobrevivir. De manera que «*correctamente interpretado, el pasaje de Éxodo 21 no otorga justificación bíblica de ninguna clase a quienes quieran liberalizar las leyes sobre el aborto*» (Lebeurrier, 1975: 79).

Lo cierto es que el contexto en el que se desarrolla este pasaje es el propio de la ley hebrea sobre los actos de violencia y lo que se prohibe expresamente es el homicidio. Es decir, la muerte de una persona. El hecho de que quien causa negligentemente un aborto accidental sea obligado a pagar una multa, indica que el acto se consideraba como un daño y una pérdida para la mujer embarazada y para su marido. Sin embargo, es evidente que la muerte del feto no era considerada como un homicidio. La pérdida del nonato no era tan grave como la de su madre o la de cualquier otra persona. Sólo cuando la madre moría había que aplicar la ley del talión, «*vida por vida, ojo por ojo, diente por diente...*» (Ex. 21:23-24). Lo demás es, en nuestra opinión, forzar equivocadamente el texto.

No obstante, sería un gran error concluir de este pasaje y del silencio veterotestamentario sobre el aborto, que el Antiguo Testamento aprueba o legitima de alguna manera la interrupción provocada del embarazo. Si alguna cosa resulta evidente a lo largo de toda la Escritura, es que la vida se considera siempre como el bien supremo, mientras que la muerte es el peor de los males. Los niños son contemplados como una bendición y nunca como un inconveniente, se conciben como un don del cielo y jamás se ven como una maldición. Dios es el Padre eterno que conoce a cada criatura y puede entablar con ella una relación íntima incluso antes de que comience a existir en el vientre materno (Job 31:15; Sal. 127:2-3; 128:1-3; 139:13; Is. 44:2,24; 46:3; 49:1,5; 66:9; Jer. 1:5; etc.).

El pueblo de Israel consideraba la vida como algo extraordinariamente valioso, por eso también veía la esterilidad como una vergüenza, una afrenta y hasta un castigo divino. Es difícil creer que en un pueblo así, con tales convicciones morales, la práctica del aborto encontrara algún tipo de cobijo. De ahí que el silencio del Antiguo Testamento acerca del aborto provocado sugiera fundamentalmente que este asunto no constituía ningún problema para el pueblo elegido. No era necesario legislar o dictar normas sobre una práctica inexistente. Ni el aborto ni el infanticidio se contemplan en la ley mosaica debido al enorme respecto que los hebreos sintieron siempre hacia la paternidad y la descendencia.

a. El Nuevo Testamento ante el aborto y el infanticidio

La doctrina cristiana del Nuevo Testamento continúa la misma línea del Antiguo acerca de la importancia y centralidad de la vida. Jesús afirmará repetidamente que el motivo de su venida es que los seres humanos «*tengan vida y... que la tengan en abundancia*» (Jn. 10:10). Sin embargo, esta vida no es en principio la vida física o de la carne sino la que da el espíritu: «*El espíritu es el que da vida; la carne para nada aprovecha; las palabras que yo os he hablado son espíritu y son vida*» (Jn. 6:63). El mensaje novotestamentario es algo más evolucionado, en el sentido de que no centra la esperanza del creyente sólo en una vida terrenal longeva y con muchos hijos, sino que aspira por el contrario al perdón de los pecados y la reconciliación con Dios. El hecho de no tener hijos deja poco a poco de ser una maldición. Incluso el propio Señor Jesús parece reconocer a aquellos que se abstienen de lo sexual «*por causa del reino de los cielos*» (Mt. 19:12) y el apóstol Pablo admite que casarse es bueno, pero también lo es quedarse soltero como hizo él mismo (1 Co. 7:7-9).

No obstante, a pesar de esta ligera transformación en cuanto a la concepción de la sexualidad, la vida familiar y los hijos, sería una equivocación suponer que la enseñanza del Nuevo Testamento es contraria a la visión que tenían los israelitas sobre la vida embrionaria y el aborto. Ante un mundo pagano que aceptaba y practicaba habitualmente la interrupción del embarazo y el infanticidio, los primeros cristianos se declaran abiertamente partidarios de la vida y asumen una actitud de respeto hacia los seres no nacidos y los bebés.

Según el derecho romano el padre tenía absoluta autoridad sobre sus hijos. No sólo podía, si así lo deseaba, destruir al embrión en el vientre de la madre sino también matar al niño recién nacido si éste no era de su agrado. De igual manera, para los griegos todos los individuos estaban subordinados al bienestar de la sociedad, por lo que se aceptaba legalmente el aborto y el infanticidio como métodos para regular la población. Ni el derecho romano ni la filosofía griega reconocían que cada individuo era una persona poseedora de dignidad inalienable (Grisez, 1972: 212). Es verdad que algunos paganos solían poner reparos a ciertas formas de aborto provocado, cuando se realizaba por motivos triviales o por pura vanidad femenina. En este apartado habría que incluir el rechazo al aborto que aparece en el juramento hipocrático. Sin embargo, tal control de la natalidad era muy frecuente ya que, por lo general, a los niños no deseados se les consideraba como accidentes de la naturaleza que no respondían a la voluntad de los dioses.

El Nuevo Testamento, por el contrario, vuelve a prohibir taxativamente la acción de matar. Los homicidios que contaminan el alma humana, igual que los malos pensamientos y todo lo que ofende a Dios, sale del corazón de los hombres (Mt. 15:19). Jesús recuerda de nuevo los mandamientos de la ley de Dios, empezando por el de no matar (Mt. 19:18-19). El evangelista Mateo refiere el horrible infantidio cometido por Herodes y lo plantea como un ejemplo negativo, al relacionarlo con la profecía de Jeremías: «*Voz que fue oída en Ramá, grande lamentación, lloro y gemido; Raquel que llora a sus hijos, y no quiso ser consolada, porque perecieron*» (Mt. 2:18; Jer. 31: 15). La predicación de Jesús insistirá en que el reino de Dios pertenece a los niños, que para entrar en él hay que hacerse como uno de ellos, que los misterios ocultos a los hombres sabios son revelados a los niños y que de la boca de los bebés, de los niños que maman, salen las mejores alabanzas, aquellas que agradan a Dios.

Los primeros seguidores de Cristo se dan cuenta de que la presencia del Espíritu de Dios no está limitada por la capacidad humana o por la madurez de la persona. El mismo Jesús fue concebido por obra del Espíritu Santo (Mt. 1:18); el embrión de Juan el Bautista saltó en el vientre de su madre, Elisabet, mientras ésta fue llena del Espíritu Santo (Lc. 1:41). El dedo de Dios actuó frecuentemente sobre el feto humano señalando el camino que éste debería seguir.

Los discípulos del Maestro se acostumbraron a oir de sus labios *«que en cuanto lo hicisteis a uno de estos mis hermanos más pequeños, a mí lo hicisteis»* (Mt. 25:40); que incluso hasta los cabellos y los pajarillos están contados por el Padre celestial (Mt. 10:30). Si tan meticulosa es la providencia divina ¡cómo no se va a preocupar también por el embrión humano que germina en las entrañas maternas! ¡cómo es posible que el aborto no constituya una clara ofensa para el Creador de la vida! Esta fue sin duda la mentalidad y la convicción de los primeros creyentes.

«Ante un mundo pagano que practicaba la interrupción del embarazo y el infanticidio, los primeros cristianos se declaran partidarios de la vida y asumen una actitud de respeto hacia los seres no nacidos y los bebés.»

b. Judíos y cristianos primitivos frente al aborto

El silencio del Antiguo Testamento en relación al aborto indica que éste no se practicaba en el mundo judío. No obstante, en muy contadas ocasiones, cuando peligraba la vida de la madre durante el parto, sí que se contempla tal posibilidad. En la Misná, texto básico del Talmud que representa la tradición oral proveniente de tiempos anteriores al cristianismo, se puede leer el siguiente pasaje (Grisez, 1972: 200):

«Si una mujer se halla en unos dolores de parto muy fuertes, se puede cortar al niño dentro de su seno y se lo extrae miembro a miembro, porque la vida de la madre tiene prioridad; pero si la mayor parte del niño ha nacido ya, no se le puede cortar, ya que no se quita una vida por causa de otra».

Se trata efectivamente de lo que hoy se conoce como aborto terapéutico para salvar a la madre gestante en caso de complicación. En el pueblo hebreo la vida de la mujer tenía prioridad sobre la del feto siempre y cuando éste no hubiera nacido aún, pues en tal caso era considerado ya como una persona con los mismos derechos que su madre. Sin embargo, cuando la existencia materna no corría peligro los judíos se inclinaban en favor de la vida del nonato y para regular la natalidad proponían el autocontrol en las relaciones sexuales.

Filón de Alejandría, judío contemporáneo de Jesucristo, se declara abiertamente contrario a la práctica del infanticidio y del aborto provocado. Josefo, otro devoto judío que vivió despúes de Filón, escribió:

«La ley ordena educar a todos los niños, y prohíbe que la mujer se provoque un aborto; una mujer culpable de este delito es una infanticida porque destruye un alma y disminuye la raza» (JOSEFO, *Against Apion*, II, 202).

Durante la época de Filón y Josefo el aborto había empezado a ser practicado por parte de algunos judíos, debido sobre todo a la asimilación de costumbres procedentes del mundo griego. De ahí que estos autores reaccionen contra los nuevos comportamientos, revalorizando la vida del feto y considerándola como algo inviolable. De igual manera, los cristianos primitivos procedentes del judaísmo no tuvieron ningún problema para asumir que la interrupción voluntaria del embarazo era una forma de asesinato contraria a la voluntad de Dios, ya que esto era un pensamiento habitual en la tradición hebrea.

Asimismo en la *Didaché* del siglo II, uno de los documentos más antiguos que se conocen de la literatura cristiana primitiva, aparte de los libros del Nuevo Testamento, se recogen las siguientes normas morales:

«No matarás, no adulterarás, no corromperás a los jóvenes, no fornicarás, no robarás ni practicarás la magia ni la hechicería, no matarás al hijo en el seno de su madre, ni quitarás la vida al recién nacido, no codiciarás...» (*Padres apostólicos*, BAC, Madrid, 1965, 79).

Finalmente también Tertuliano, un abogado convertido al cristianismo en el siglo II d. C., en su defensa de los cristianos frente a la falsa acusación de que practicaban sacrificios humanos, se refiere a las costumbres abortivas señalando que para ellos constituían homicidio:

«Para nosotros, ya que el homicidio está prohibido, no nos es siquiera lícito acabar con el feto dentro del útero. Impedir que nazca es una aceleración del homicidio, y no hay diferencia entre acabar una vida de alguien que ya ha nacido o de alguien que va a nacer. Porque también este último es un hombre» (TERTULIANO, *Apología IX*, 8).

Son numerosos los autores, como Clemente de Alejandría, Juan Crisóstomo, Jerónimo y Agustín, entre otros, que consideran la interrupción de la gestación como un grave pecado y así lo manifiestan en algunos de sus escritos. De manera que la postura del cristianismo primitivo y de la inmediata tradición posterior fue siempre contraria a la práctica del aborto.

6.4. Católicos y protestantes ante el dilema del aborto

La Iglesia Católica mantuvo también este mismo planteamiento a lo largo de los siglos. Su doctrina fue siempre la misma, promover la defensa de la vida por encima de cualquier otro valor social, económico, psicológico o sanitario, ya que se entendía que ninguno de éstos últimos podía compararse en dignidad y trascendencia con el primero. No obstante, tal defensa incondicional de la vida naciente le llevó a paradojas como la de preferir la muerte de la madre y del feto antes que la de uno sólo.

En efecto, tal como reconoce el teólogo católico Eduardo López: «*Todos sabemos que durante mucho tiempo se mantuvo una postura intransigente: ni siquiera para salvar la vida de la madre estaba permitido acelerar la muerte del feto, condenado irremisiblemente a ella. La única alternativa ética consistía en aceptar con resignación que ambos murieran*» (López, 1997: 139). Sin embargo, en la actualidad son muchos los católicos que defienden la interrupción del embarazo para salvar, al menos, una de las dos vidas.

En el mundo protestante el problema del aborto fue en un principio poco tratado. Los grandes reformadores tocaron muy raramente este asunto en sus enseñanzas morales. De los comentarios de Martín Lutero a los diferentes libros bíblicos puede deducirse que respetaba el orden natural establecido por el Creador y que veía en la fecundación un acontecimiento único y exclusivo de la mano de Dios. Se ha señalado que la doctrina luterana de la justificación por medio de la fe, tendía a quitarle importancia a las buenas obras. Tal doctrina se oponía radicalmente a lo que enseñaba la tradición católica y en base a la opinión de Lutero de que, en determinadas ocasiones, las leyes deben ceder ante la conciencia humana, algunos han sugerido que el padre de la Reforma no veía el aborto como un acto inmoral (Grisez, 1972: 244). Sin em-

bargo, tales interpretaciones resultan muy arriesgadas y especulativas ya que, en realidad, Lutero nunca se manifestó abiertamente sobre la moralidad del aborto.

Juan Calvino, representante típico de la segunda generación de la Reforma, sí que habló explícitamente acerca del aborto. Al referirse al relato bíblico de Onán, condenó de manera clara la interrupción del acto conyugal así como el aborto y escribió: «*Si una mujer expulsa el feto del útero por medio de medicamentos, comete un crimen considerado inexpiable con razón*» (Calvino, *Opera quae supersunt omnia*, Brunsvigae, 1863-1900, XXII, 495). Calvino estaba convencido de que el feto en el vientre de la madre era ya un ser humano y, por lo tanto, debía disfrutar de una protección especial. Si era grave matar a un hombre en su propia casa, pues ése debería ser el sitio más seguro para él, mucho más lo era acabar con el nonato en el mismo claustro materno.

En pleno siglo XX, el teólogo luterano alemán, Dietrich Bonhoeffer, que fue ahorcado en 1945 por oponerse al nazismo de su época, escribió en su *Ética* (Lebeurrier, 1975: 86):

«*Matar al embrión en el seno de la madre significa violar el derecho que Dios otorga a la vida en gestación. La discusión de saber si se trata ya de un ser humano no hace más que camuflar este simple hecho: Dios ha querido crear un hombre a quien le ha sido impedido, intencionadamente, el nacer. Esto no es más que un asesinato*».

Asimismo otro resistente del nazismo, el teólogo protestante suizo Karl Barth, redactó las siguientes palabras en su monumental *Dogmática* (Kirchliche Dogmatik 1932-1964, vol. 16):

«*Quien destruye una vida en germen, mata a un ser humano; tiene el atrevimiento, cosa monstruosa, de disponer a su arbitrio de la vida y la muerte del prójimo, de tomar una vida y destruirla como si le perteneciera más que la suya propia; olvida que Dios es el único dueño, porque fue Él quien la otorgó*»

No obstante, en 1967, la asamblea de obispos de la Iglesia Episcopal estadounidense se manifestó partidaria de suavizar las leyes entonces existentes sobre el aborto. Se continuaba reconociendo el valor absoluto de la vida humana como argumento principal para impedir los abortos de conveniencia pero, a la vez, se contemplaba también la posibilidad de interrumpir el embarazo en beneficio de la madre, del hijo o de ambos, cuando las condiciones terapéuticas así lo recomendaban.

La Convención Bautista de América dio un paso más en su aceptación del aborto provocado. Es conveniente señalar, sin embargo, que tal convención estaba formada preferentemente por las iglesias del norte, mientras que las del sur, más conservadoras e independientes, no se identificaban con tales resoluciones. Incluso entre las iglesias bautistas del norte, de estructura congregacional, no todas tampoco asumían las conclusiones de la convención. Pero, lo cierto es que, en mayo de 1968 se propuso el siguiente dictamen:

«*Porque Cristo nos enseña a afirmar la libertad de las personas y la santidad de la vida, creemos que el aborto debe ser un problema dependiente de una decisión personal responsable. Para conseguir este fin, nosotros, como bautistas americanos, urgimos que se ponga en vigor una legislación que tenga en cuenta:*

Que la terminación de un aborto antes del final de las 12 primeras semanas (primer trimestre) dependa de la petición del individuo (o individuos) a que ataña; al mismo tiempo se ha de considerar el aborto como un procedimiento médico electivo gobernado por las leyes que regulan la práctica médica» (Grisez, 1972: 255).

En el mismo documento se recomendaba una mitigación de las leyes para permitir el aborto después del primer trimestre por las siguientes causas: peligro de muerte para la madre, defectos en el feto, así como embarazo por violación o incesto. También se aconsejaba a las iglesias locales que mantuvieran una visión más realista y adecuada sobre el aborto y la planificación familiar. El principal interés de tal documento fue, sin duda, que supuso un primer enfrentamiento a la doctrina tradicional del protestantismo y que, probablemente, se produjo como una reacción frente al problema social del aborto criminal en Estados Unidos, así como al incremento de la llamada "nueva moralidad", el individualismo y el realce dado a la idea de libertad personal.

En España, sin embargo, las iglesias evangélicas seguían condenando mayoritariamente el aborto, tal como se desprende de las siguientes palabras de José Grau:

«*La conciencia cristiana evangélica -coincidiendo en este punto con la católico-romana- condena el aborto como medio de control de la natalidad. La regulación de los nacimientos y la paternidad responsable deben llevarse a cabo por medios preventivos del embarazo, no por la interrupción del mismo. Esto último equivale a matar vidas humanas, no a controlar su aparición; es un asesinato, no una regulación de la vida»* (Lebeurrier, 1975: 99).

Recientemente, ante el rechazo del Congreso español a ampliar los supuestos de despenalización del aborto, la Federación de Entidades Religiosas Evangélicas de España (FEREDE), que incluye a los bautistas y al resto de las denominaciones evangélicas de este país, expresó su satisfacción por el resultado de tal votación. Los protestantes españoles, a partir de las Sagradas Escrituras, continúan aceptando el carácter sagrado de la vida humana y, aunque no existe unanimidad entre las numerosas iglesias evangélicas, sí se da una opinión mayoritaria que rehúsa claramente el aborto, a excepción de los poco frecuentes casos en los que está amenazada la vida de la madre (*El Periódico*, 25.09.98).

6.5. Aborto y ley civil

En relación a la interrupción voluntaria del embarazo es menester distinguir entre dos tipos de problemas: el ético y el legal. No toda acción inmoral debe ser siempre prohibida por las leyes civiles, ni todo acto ilegal tiene por qué ser también inmoral. El que algunas sociedades permitan legalmente que se practique, por ejemplo, la prostitución, el uso de ciertas drogas o el mismo aborto, no significa que tales actos sean lícitos desde el punto de vista ético. El hecho de que el aborto esté amparado por la legislación jurídica no quita ni añade nada a su moralidad. Lo que es inmoral para la conciencia lo sigue siendo incluso aunque la ley no lo prohiba o sancione. Cuando en una sociedad democrática y plural como la nuestra, la ley tolera determinadas conductas que desde el punto de vista moral pueden resultar claramente deshonestas para muchos ciudadanos, generalmente suele hacerlo en función de la opinión mayoritaria y creyendo que tal permisividad puede resultar más beneficiosa, para el conjunto de la sociedad, que un absoluto rechazo legal.

Sin embargo, conviene tener presente que *despenalizar* no es lo mismo que *legalizar*. La ley civil despenaliza el aborto cuando no lo castiga o penaliza, aunque se siga considerando como un delito que no tiene protección legal. De ahí que su práctica tenga que hacerse en clínicas privadas y mediante presupuesto también privado. Por el contrario, la interrupción del embarazo se legalizaría cuando se le quitara el carácter de delito y empezara, por tanto, a tener el derecho de ser protegido por la ley. En tal caso, el aborto quedaría de alguna manera socializado y los gastos que ocasionara deberían de ser asumidos por la asistencia social del país. En España el aborto se ha despenalizado, pero no se ha legalizado y probablemente no se legalizará nunca. Es difícil que alguna sociedad llegue a legalizar las prácticas abortivas porque ello supondría admitir que el aborto es un acto aceptable por la ley civil y por la ética. No obstante, matar arbitrariamente embriones o fetos humanos jamás podrá considerarse una acción ética. El aborto, en líneas generales, puede ser visto como un mal desde el punto de vista ético, un delito en la perspectiva jurídica e incluso un pecado para la conciencia religiosa. Se trata de tres aspectos diferentes que no conviene confundir.

«Es difícil que alguna sociedad llegue a legalizar las prácticas abortivas porque ello supondría admitir que el aborto es un acto aceptable por la ley civil y por la ética.»

La ley civil de este país contempla el aborto provocado como delito, pero admite tres supuestos en los que deja de serlo y por lo tanto no hay castigo. Se refiere respectivamente al aborto terapéutico, al ético y al eugenésico. Esto significa que en todos los demás casos sigue siendo delito.

LEGISLACIÓN ESPAÑOLA

Artículo 417 bis del Código Penal
(BOE 12.07.85, núm. 166, p. 22.041)

1. No será punible el aborto practicado por un médico, o bajo su dirección, en centro o establecimiento sanitario, público o privado, acreditado y con consentimiento expreso de la mujer embarazada, cuando concurra alguna de las circunstancias siguientes:

1.ª Que sea necesario para evitar un grave peligro para la vida o la salud física o psíquica de la embarazada y así conste en un dictamen emitido con anterioridad a la intervención por un médico de la especialidad correspondiente, distinto de aquél por quien o bajo cuya dirección se practique el aborto.
En caso de urgencia por riesgo vital para la gestante, podrá prescindirse del dictamen y del consentimiento expreso.

2.ª Que el embarazo sea consecuencia de un hecho constitutivo de delito de violación del artículo 429, siempre que el aborto se practique dentro de las doce primeras semanas de gestación y que el mencionado hecho hubiese sido denunciado.

3.ª Que se presuma que el feto habrá de nacer con graves taras físicas o psíquicas, siempre que el aborto se practique dentro de las veintidós primeras semanas de gestación y que el dictamen, expresado con anterioridad a la práctica del aborto, sea emitido por dos especialistas de centro o establecimiento sanitario, público o privado, acreditado al efecto, y distintos de aquél por quien o bajo cuya dirección se practique el aborto.

2. En los casos previstos en el número anterior no será punible la conducta de la embarazada aun cuando la práctica del aborto no se realice en un centro o establecimiento público o privado acreditado o no se hayan emitido los dictámenes médicos exigidos.

Es evidente que en la sociedad debe existir una legislación civil que regule y controle la realidad del aborto. Si los gobiernos se inhibieran y dejaran el camino libre a la iniciativa privada, sin ningún tipo de ordenamiento jurídico, sería cometer una grave irresponsabilidad. La convivencia entre los ciudadanos exige a los legisladores una identificación con los valores morales y con las determinaciones más justas en todo momento. De ahí que el Estado deba plantearse de manera coherente aquello que sea más conveniente para el bien común. El dilema estará en decidir si es mejor la prohibición absoluta del aborto o admitir una cierta tolerancia. Los que defienden la primera opción argumentan que éste es el único camino eficaz para respetar la vida del nonato. La prohibición legal del aborto protegería el derecho más fundamental de todos, el derecho a la vida y, a la vez, eliminaría también el peligro de discriminación hacia otros seres humanos más débiles, como ancianos, deficientes mentales, impedidos, extranjeros, etc. La experiencia de la despenalización del aborto en aquellos países que fueron pioneros muestra que el número de interrupciones voluntarias de la gestación, en contra de lo que se argumentaba y suponía, ha aumentado. Los ciudadanos tienden habitualmente a considerar que aquello que está permitido por la ley es también ético, creándose así en la sociedad unos valores que tienden a rebajar el respeto a la vida humana.

No obstante, frente a esta postura se sitúan los que proponen una liberalización jurídica del aborto que acabaría con la práctica clandestina y con todas sus amargas consecuencias. Se argumenta que el peligro para la vida de la mujer disminuiría notablemente y que la situación de inferioridad de las clases pobres se equilibraría, ya que en la actualidad más del 90% de las gestantes que fallecen a consecuencia del aborto pertenecen al tercer y cuarto mundo. También se sostiene que, al permitir el aborto se estaría creando un marco respetuoso para la libertad de conciencia y la autonomía de la mujer. Incluso hay quienes consideran que el derecho de la mujer a controlar su natalidad es superior al que pueda tener el feto, a quien no se le reconoce todavía como ser humano.

Aunque, tal como se señaló, el nivel ético no siempre coincide con el legal, en el tema del aborto las convicciones personales pueden influir poderosamente sobre las opciones legales. Quienes están convencidos de que no existen argumentos de peso para darle un estatus diferente al feto, con relación al recién nacido, seguramente encontrarán difícil aceptar la práctica legal del

aborto o su despenalización. Pero también hay personas contrarias a tales prácticas abortivas por no considerarlas éticas y, a la vez, opinan que éstas no deberían estar castigadas por la ley. Se trata de ese equilibrio inestable entre legalidad y moralidad, actualizado en el seno del pluralismo occidental.

6.6. Valoraciones éticas del aborto

La vida no nacida es casi siempre la más frágil y silenciosa y, por tanto, la que requiere de una mayor solidaridad por parte de los demás. A veces, tal solidaridad se ve obstaculizada mediante razonamientos filosóficos, teológicos o éticos que pretenden fundamentar un comportamiento abortista. Pero, también es verdad que la defensa de la vida naciente cuenta además con suficiente apoyo entre los grandes del pensamiento y la teología.

a. Relativismo moral

En ocasiones los planteamientos que se hacen acerca del problema que nos ocupa son tan relativos y faltos de base ética que casi se descalifican por sí mismos. Cuando se dice que el aborto es moralmente lícito en aquellas sociedades que lo ven bien e ilícito en aquellas otras que lo condenan y que todo depende, en última instancia, de la cultura particular en la que se viva, lo que se está afirmando es que el aborto es bueno para aquellos que creen que lo es y malo para los que creen que es malo. Es decir, que la ética dependería de la opinión de cada cual, que no habría una sola ética sino múltiples e individuales. Si esto es así ¿por qué se reacciona negativamente cuando alguien hace algo que creemos que está mal? ¿y si él o su cultura piensan que está bien? ¿por qué no aceptar el argumento de que «*si para él está bien, debe estar bien*»? Según tal razonamiento habría que aprobar, por ejemplo, desde la práctica cultural de la ablación del clítoris realizada en Europa, cosa que como es sabido la justicia francesa condena severamente, hasta los múltiples genocidios de la historia que siempre tuvieron detrás un dictador que los consideró buenos o, al menos, necesarios. A nuestro modo de entender, estas posturas relativistas y subjetivistas sobre la moralidad del aborto, o de tantos otros asuntos que tienen que ver con la bioética, casi siempre carecen de la suficiente solidez.

b. Argumentos utilitaristas

El utilitarismo es la tendencia a considerar la utilidad como el mayor de los valores. La ética utilitarista sostiene que la bondad o maldad moral de las acciones humanas depende de los resultados de las mismas. Si un acto tiene buenas consecuencias será bueno, si las tiene malas, malo. Pero, por lo general, la mayor parte de las actuaciones del ser humano no suelen tener resultados tan evidentes, sino que éstos pueden ser en parte buenos y en parte malos. De lo que se trataría, por tanto, sería de realizar las correspondientes operaciones de suma y resta de resultados positivos y negativos respectivamente. De manera que, según la teoría utilitarista, habría que preferir siempre aquella acción que reportara el bien neto mayor. Pronto surgen aquí dos cuestiones: ¿qué se considera como "bien mayor"? y ¿para quién es este bien, para el que actúa o también para los demás? El utilitarismo responde a la primera pregunta afirmando que *«el bien es el placer y la ausencia del dolor»*, mientras que de la segunda dice que *«hay que buscar siempre el mayor bien para el mayor número de personas»*.

El utilitarismo es una teoría ética secular que surgió a partir del humanismo moderno como reacción frente a la ética religiosa tradicional. Durante el siglo XIX se intentó reformar la sociedad y modificar las costumbres implantadas por las religiones oficiales que aliándose con el poder civil y las clases dominantes contribuían a perpetuar las desigualdades sociales. La política practicada por Gran Bretaña y Estados Unidos asumió pronto la ética utilitarista, mientras que en algunos países del resto de Europa fue el marxismo quien la asimiló. Tanto el utilitarismo como el marxismo ponen su mira exclusivamente en este mundo. *«Pero el marxismo coloca el bien en una sociedad ideal -una especie de reino de Dios pero sin Dios- mientras que el utilitarismo lo sitúa en la experiencia de los individuos -una especie de felicidad celestial pero sin cielo-»* (Grisez, 1972: 441). Muchos de los argumentos que se emplean para defender el aborto se apoyan sobre una ética utilitarista. Esto se puede comprobar incluso en los escritos de ciertos teólogos protestantes y profesores de ética, como los del pastor de la Iglesia Episcopal en Cambridge (Massachusetts), Joseph Fletcher, quien en los años 70 llegó a afirmar que ningún acto es intrínsecamente malo, ya que la cualidad moral sólo provendría de las consecuencias. El utilitarismo le llevó a decir que de las cuatro posibles opciones en relación al aborto, a saber: a) la condena de todo tipo de aborto, a excepción del que se hace para salvar la vida de la madre; b) cuando el feto está deformado o es el producto de violación o incesto; c) por cualquier causa, siempre que se realice antes de que el feto sea ya viable y d) permitirlo siempre y por cualquier motivo, él consideraba la última como la más aceptable (Giles, 1996: 281). Es decir, Fletcher aprueba y defiende siempre el aborto. Su consigna fundamental es que *«no debería nacer ningún hijo no buscado»*. O lo que es igual, que la sociedad, los padres e incluso los propios niños no deseados estarían mucho mejor si éstos últimos fueran abortados. Mejor muertos que vivos. Este es, desde luego, un argumento abortista radical pero muy frecuente. ¿No sería mejor para esos niños no nacer nunca que nacer sin ser queridos y convertirse así en víctimas de malos tratos, abusos y explotaciones de todo tipo? La cuestión no es fácil.

No obstante, en muchos embarazos que al principio no son deseados, a medida que transcurren los meses y se acerca el momento del parto, ocurre que la mujer se va ilusionando poco a poco con su bebé y al final lo espera con cariño. Generalmente, los deseos de abortar sobrevienen en las primeras semanas de la gestación, pero cuando el embrión da señales de vida se hace cada vez más difícil desprenderse de él. La madre que nota en el vientre cómo se empieza a mover su hijo, experimenta unos sentimientos que en numerosas ocasiones le hacen cambiar de opinión. Esto indica, al menos, que la clasificación de bebés "no deseados" no suele ser tan simple como propone Fletcher.

En cuanto al asunto de los malos tratos por parte de los padres, a veces se citan estadísticas de tales casos con el fin de justificar el aborto de las criaturas no queridas. Pero ¿acaso disminuiría el número de estos malos tratos si el aborto fuese libre y gratuito? Si todos los bebés que no se desean fueran eliminados sistemáticamente, ¿se trataría al resto con más cuidado y afecto? Pues, la verdad es que no hay ningún estudio en este sentido, pero lo que sí se puede comprobar es que a medida que las sociedades se tornan más permisivas con el aborto, aumentan de forma paralela los malos tratos causados a menores. ¿Por qué será? ¿existe alguna relación entre aborto y malos tratos? ¿no es posible que aquellos padres hostiles, frustrados profesionalmente y con múltiples problemas de todo tipo, lleguen a pensar que si no es malo matar a los fetos antes del parto, tampoco tiene porqué serlo pegarles o abusar de ellos después de nacer? ¿no tendrá la sociedad abortista buena parte de culpa en el problema de los malos tratos a menores? Cuando se pierde el respeto a la vida, casi siempre los que resultan más perjudicados son los más débiles e indefensos.

Si hay que aceptar, según propone el utilitarismo, que la vida humana es buena o mala en función de su utilidad a la sociedad, entonces el hombre no es mucho más que una máquina. La calidad de las personas se evaluará por el rendimiento de sus vidas o por el número de fallos físicos que se den en su organismo. Para ser persona habría que dar positivo en ese control de calidad. Según tal mentalidad es fácil comprender porqué Fletcher argumenta que los niños mongólicos no pueden ser considerados como personas. Sin embargo, el ejemplo y la personalidad de tantos niños nacidos con síndrome de Down demuestra que el valor de una vida humana no puede medirse con un rasero tan pobre. Ser persona es algo más que alcanzar unos determinados niveles de inteligencia.

«Cuando se pierde el respeto a la vida, casi siempre los que resultan más perjudicados son los más débiles e indefensos.»

c. La ética de situación protestante

La teoría ética del filósofo alemán Inmanuel Kant, desarrollada a principios del siglo XIX, fue un intento de traducir al lenguaje filosófico la moral tradicional protestante. Kant rechazó la idea utilitarista de que los actos humanos adquieran su calidad moral por las consecuencias que se derivan de ellos (Grisez, 1972: 454). Se dio cuenta que admitir el utilitarismo equivalía a despersonalizar al ser humano ya que, si todo depende de las consecuencias de los actos, entonces la libertad y la moral serían del todo imposibles. Nunca se estaría en condiciones de saber si se actuaba bien o mal, puesto que no se podían conocer todas las consecuencias de los actos y por tanto no era posible tampoco elegir con libertad. Por el contrario, Kant creía que la conducta moral correcta es aquella que obra con el fin de hacer lo que está bien. Lo importante son las intenciones que brotan de la conciencia. Las acciones son buenas si surgen de una voluntad que desea hacer lo que es bueno y lo que se debe hacer. Este pensamiento ejerció años más tarde una gran influencia sobre algunos teólogos protestantes.

Pensadores como Karl Barth, Dietrich Bonhoeffer, Helmut Thielicke y Paul Ramsey entre otros, coinciden en aceptar la ética de situación, es decir, la creencia de que la voluntad de Dios sólo se puede descubrir mediante la ayuda del Espíritu, capaz de iluminar la conciencia humana en cada situación concreta. Las conclusiones a las que llegan todos ellos acerca del problema del aborto son completamente opuestas a las del utilitarismo de Joseph Fletcher.

Barth, por ejemplo, afirma que el embrión es un ser humano desde el momento de la concepción y que, por tanto, es necesario respetar su vida en gestación ya que Cristo también murió por él. Considera que el aborto es siempre un pecado, pero en aquellas situaciones en las que la vida del feto se contrapone a la de su madre y se decide la muerte de éste, hay que tener fe en que Dios sabrá perdonar los elementos pecaminosos de tal acción. Thielicke sugiere para el mismo caso que, como el niño está menos desarrollado que la madre, existe un fundamento cuantitativo -aunque no cualitativo- para aprobar el aborto. En tal situación habría que considerar la interrupción del embarazo como un mal menor.

d. El aborto en los casos límite

Aparte del aborto terapéutico que como se ha visto ocurre con una frecuencia mínima y no suele plantear problemas éticos de difícil solución, los otros tipos se prestan a valoraciones más delicadas. El aborto eugenésico, como intento de eliminar a los bebés con posibles anomalías, resulta mucho más difícil de justificar desde el punto de vista ético, tal como se trató con motivo del diagnóstico prenatal (sección 5.5.b). Mientras que cuando el embarazo no deseado se produce a causa de violación, el tema se transforma en uno de los llamados casos límite. La mujer que concibe en tales circunstancias no ha podido elegir. Se la ha forzado a engendrar un embrión que ella no desea. Es lógico que sienta aversión hacia su agresor y se niegue a tener un hijo de él. El aborto en tales situaciones debe ser considerado como un mal menor en un mundo de pecado y violencia. La sociedad no puede imponerle a una mujer en tal situación que tenga al niño si ella no desea tenerlo. Lo mismo cabe decir para los casos de incesto, también aquí el aborto puede ser el medio de acabar con un embrión que no se quiere.

No obstante, cabe otra posibilidad. ¿Y si la madre decide libremente engendrarlo y darlo a luz? Es evidente que la víctima de una violación tiene poderosas razones para rebelarse contra lo que le ha ocurrido, pero el bebé no es el agresor. Es una criatura inocente que ha heredado de ella tanto como del violador. Un ser que tiene también derecho a la vida como cualquier otro. ¿Hasta qué punto eliminar al feto es sólo evadir el problema y no realmente solucionarlo? Desde la ética cristiana del amor al prójimo y el valor del débil e indefenso, este conflicto puede iluminarse con una luz nueva. La Biblia enseña que hasta las experiencias más amargas de esta vida pueden beneficiar al ser humano y transformarse en bendición. Para aquellos que a Dios aman todas la cosas son susceptibles de ayudar a bien. La fe del cristiano es capaz de convertir en victoria incluso hasta las propias tragedias.

e. Reflexión final

Los cristianos primitivos se caracterizaron por su respeto a la vida aun no nacida, precisamente en medio de un mundo que solía practicar habitualmente el aborto e incluso el infanticidio. El mensaje de Jesús acerca del amor a los enemigos, el no dar respuesta a la violencia con la misma violencia, la convicción de que no se vence el mal con el propio mal, sino con el bien, creó entre la Iglesia del primer siglo un ambiente de consideración y dignificación de todo ser humano. Jesucristo, además de salvar la infranqueable barrera moral entre Dios y el ser humano, contribuyó decisivamente a revalorizar la vida. Pero no sólo se condenaba el aborto sino también toda actitud que promoviera y legitimara la muerte. Los primeros cristianos supieron ser coherentes con su fe y su defensa de la vida, oponiéndose abiertamente a la pena de muerte, la guerra, la participación de los creyentes en el ejército, siendo críticos por tanto con la defensa de la propia vida, el homicidio, la tortura, el suicidio y la eutanasia.

En la actualidad, todo esto debiera hacer reflexionar al pueblo de Dios, para que su defensa de la vida no se limite a una cómoda condena del aborto hecha desde la distancia y la falta de compromiso. Estar contra la muerte de criaturas inocentes es también abrir vías de ayuda a las mujeres que experimentan su embarazo como una experiencia de injusticia y soledad. Las declaraciones de principio y las acciones legales pueden ayudar pero es menester articular sistemas reales y actitudes personales para hacer que el aborto re-

sulte innecesario. ¿Cómo se mira en las congregaciones evangélicas a las adolescentes solteras que se quedan embarazadas? ¿y a las madres solteras? ¿qué consejos se les da? ¿cómo reaccionan los padres y los abuelos creyentes? ¿qué razones aporta la propia familia? Aquí es donde se ve si se está a favor de la vida. En muchos casos la decisión de abortar la provocan los mismos parientes por motivos absolutamente egoístas.

Estar contra el aborto no es sólo fomentar un cambio de mentalidad frente a la madre soltera, sino también promover una mejor educación sexual de los niños; multiplicar los centros de ayuda psicológica, espiritual, jurídica y económica para las mujeres que atraviesan por esta dificultad; facilitar la adopción de bebés a tantas parejas que los desean y que tanto se les dificulta; subvencionar a las familias integradas por niños minusválidos, etc. Lo importante no es condenar teóricamente la interrupción voluntaria del embarazo, sino entender y difundir el Evangelio de Cristo para que la triste realidad del aborto deje de tener cabida en nuestro mundo.

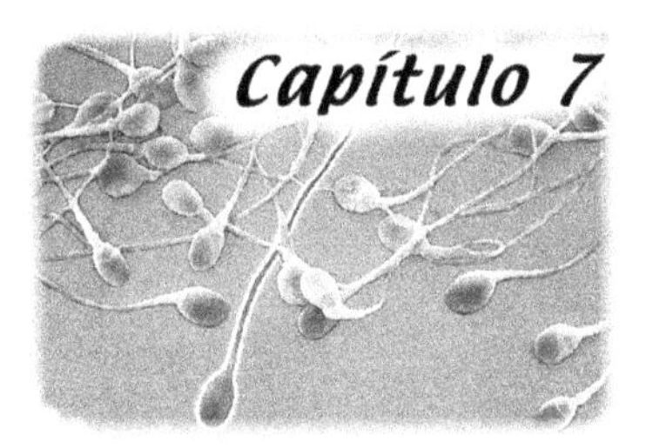

EUGENESIA: EL DESEO DE MEJORAR AL SER HUMANO

Aquella imagen romántica que se tenía de las ciencias naturales a finales del siglo XIX se resquebrajó hasta deshacerse casi por completo, durante la primera mitad del XX. Los estudiosos atávicos de la llamada "historia natural" que confeccionaban inacabables herbarios, adornaban las paredes de sus hogares con bellas colecciones de mariposas o se dedicaban a disecar aves exóticas, se colocaron asépticos uniformes blancos y, desde sus modernos laboratorios, empezaron a conmocionar al mundo, hurgando en las mismísimas entrañas de la vida. La biología ya no fue nunca más lo que era. De los inofensivos estudios de la naturaleza de antaño se pasó a la moderna ciencia de la vida, cargada de retos, promesas, tentaciones y también problemas éticos.

Uno de los primeros tumores malignos que se desarrolló en el corazón de la biología, en la misma ciencia de la genética, fue sin duda el de la eugenesia. Literalmente la palabra significa "buen origen", "buena herencia", "de buena raza" o "buen linaje" y su creación se debe al inglés Francis Galton en el año 1883. Sin embargo, él la definió como «*la ciencia que trata de todos los influjos que mejoran las cualidades innatas de una raza; por tanto, de aquellas que desarrollan las cualidades de forma más ventajosa*» (López, 1997: 113). En esta definición se observan ya algunos de los gérmenes venenosos que emponzoñarían posteriormente todo el pensamiento eugenésico. Es decir, la idea de que se trataba de una verdadera ciencia, el concepto asumido de raza que llevaría fácilmente al de racismo y la creencia en las ventajas o desventajas provocadas por los influjos o "genes buenos" y "genes malos".

7.1. Definición de eugenesia

La eugenesia nació a finales del siglo XIX con la pretensión de ser una ciencia aplicada. El estudio teórico de los factores que pudieran elevar o disminuir las cualidades raciales, tanto físicas como intelectuales, de las futuras generaciones, se fue convirtiendo poco a poco en una serie de acciones prácticas concretas. Su cometido final era conservar y mejorar el patrimonio genético de la humanidad. Este programa teórico-práctico poseía un doble aspecto: negativo y positivo. La llamada *eugenesia negativa* pretendía eliminar directamente aquellas características genéticas no deseables para la especie humana. Con el fin de lograr esta exclusión de rasgos no queridos se proponían medidas tendentes a evitar la descendencia "defectuosa", tales como prohibir los matrimonios que presentaran riesgo genético o impedir los embarazos en aquellas parejas genéticamente incompatibles. Si la concepción ya había tenido lugar, se proponía el aborto eugenésico o la muerte del recién nacido. Las medidas coercitivas estaban a la orden del día y venían respaldadas por la opinión mayoritaria del estamento científico. Se trataba de restricciones que, según se decía, había que imponer a ciertos matrimonios por el bien común de la humanidad. Las esterilizaciones de algunos ciudadanos debían ser también obligatorias. A no ser que prefirieran, aquellos que presentaban taras importantes, permanecer siempre recluidos en centros adecuados, con el fin de evitar que pudieran reproducirse.

La *eugenesia positiva*, por su parte, intentaba difundir al máximo el número de genes y genotipos considerados como deseables, facilitando ciertos matrimonios y otorgando premios a las familias genéticamente seleccionadas que más se reprodujeran. Se organizaron concursos y festivales, que más bien parecían auténticas ferias de ganado. Desde luego, siempre fue más difícil llevar a la práctica la eugenesia positiva que la negativa, ya que las costumbres humanas no se adecúan fácilmente a tales prácticas.

7.2. Antecedentes históricos

Las preocupaciones eugenésicas son en realidad casi tan antiguas como la propia humanidad. Algunos pueblos primitivos mostraron sus inquietudes por la mejora del linaje practicando el infanticidio. En la antigua Grecia se eliminaba sistemáticamente a aquellos recién nacidos que eran considerados débiles o con determinados defectos físicos. Los espartanos, por ejemplo, tenían la costumbre de presentar sus bebés a los ancianos para que éstos los examinaran y decidieran si merecían vivir o tenían que ser arrojados por el desfiladero de Taigetos. Ya antes de tal examen las madres de Esparta lavaban a sus hijos en vino, orina o agua helada con el fin de determinar su carácter y, en cualquier caso, robustecerlo (Flacelière, 1989: 103). Platón (428-348 a.C.) escribe en *La República* los siguientes consejos:

«Las preocupaciones eugenésicas son en realidad casi tan antiguas como la propia humanidad. Algunos pueblos primitivos mostraron sus inquietudes por la mejora del linaje practicando el infanticidio.»

«...harás una selección entre las mujeres, como la has hecho entre los hombres, y aparearás éstos con ellas, teniendo en cuenta todas las semejanzas posibles (...). Poner en manos del azar los apareamientos carnales y demás actos en una sociedad en donde los ciudadanos traten de ser dichosos, es cosa que ni la religión ni los magistrados permitirían (...).

(...) es necesario criar los hijos de los primeros (los individuos escogidos), no los de los segundos (los inferiores), si se quiere mantener el rebaño en toda su excelencia» (Platón, 1966: 312-314).

Incluso el propio Aristóteles (384-322 a.C.) opinaba que *«en lo que se refiere al matar o criar a los hijos, la ley debe prohibir que se críe cosa alguna tarada o monstruosa»* (Aristóteles, 1985: 124).

Los romanos, por su parte, tenían también prácticas similares y arrojaban a los bebés deformes desde la roca Tarpeya, situada sobre un extremo del Capitolio. Algunos autores han creído ver un cierto trasfondo eugenésico en las listas del Levítico que prohiben los casamientos entre personas consanguíneas (Lv. 18:6-13). Sin embargo, un estudio más detallado de las mismas demuestra que tales prohibiciones respondían exclusivamente a cuestiones morales y de carácter religioso. Otra cosa son las prescripciones posteriores que aparecen en el Talmud y las prohibiciones de que determinados individuos con enfermedades como la lepra o la epilepsia contrajeran matrimonio. Aquí sí se detectan medidas eugenésicas. De hecho, tales recomendaciones han influido durante muchos siglos en las legislaciones eclesiásticas posteriores, impidiendo los matrimonios entre personas con un determinado grado de parentesco. El tabú del incesto tiene también un claro significado eugenésico.

No obstante, aunque los planteamientos eugenésicos subsistieron de forma latente a lo largo de la historia, no fue hasta la publicación de los trabajos de Galton, en pleno siglo XIX, cuando la eugenesia fue reconocida como ciencia y adquirió carta de ciudadanía. Las ideas de Francis Galton (1822-1911) acerca de la pureza de la raza y su posible mejora, estuvieron muy influenciadas por las que tenía su primo, Charles Darwin, sobre la cría de animales domésticos y su selección artificial.

a. Darwin y el origen de la eugenesia

El padre de la teoría de la evolución de las especies por selección natural sostenía que los hombres civilizados, al construir hospitales y centros sanitarios para curar a los enfermos, estaban haciendo un flaco servicio a la evolución biológica del ser humano. Si los lisiados, minusválidos o deficientes eran preservados y se les permitía llegar activos a la edad reproductora, con ello se posibilitaba que sus genes portadores de anomalías se transmitieran a la descendencia y se perpetuaran entre la población. Esto, además de alterar la marcha de la selección natural ya que los débiles no eran eliminados, atentaba claramente contra la pureza y el futuro de la raza. Naturalmente, a partir de tales ideas concebir un programa eugenésico era tarea fácil.

Hubo, por tanto, una gran afinidad entre el pensamiento galtoniano y la teoría de Darwin. Una de las evidencias de esta relación se muestra en que los principales científicos eugenistas fueron también fervientes partidarios del darvinismo. Si un personaje de la talla de Darwin compartía y elogiaba en sus trabajos las concepciones de Galton, era razonable esperar que los seguidores del evolucionismo acogieran también con buenos ojos los argumentos eugenésicos. El famoso biólogo inglés, Julian Huxley, que fue uno de los fundadores de la moderna teoría sintética de la evolución y primer director general de la UNESCO, escribió en 1946:

«Cuando la eugenesia se haya convertido en práctica corriente, su acción (...) estará enteramente dedicada, al principio, a elevar el nivel medio, modificando la proporción entre los buenos y malos linajes, y eliminando en lo posible las capas más bajas, en una población genéticamente mezclada» (Thuillier, 1992: 162).

El propio hijo de Darwin, el mayor Leonard Darwin, fue presidente de la Sociedad para la Educación Eugenésica, durante diecisiete años. En sus trabajos proponía que se convenciera a los individuos mejor dotados a tener un elevado número de hijos, mientras que, por otro lado, se persuadiera a los considerados "inferiores" desde el punto de vista biológico, para que se abstuvieran de descendencia. Y en este sentido, la esterilización forzosa se veía como una medida acertada y eficaz.

No obstante, resulta sorprendente la postura tan poco crítica que Charles Darwin mantiene hacia los trabajos de su primo Galton. Siempre se expresó en términos muy laudatorios hacia las teorías de éste, incluso las que mantenían que facultades morales o intelectuales como el genio y la inteligencia se transmitían claramente mediante herencia biológica. Galton no había demostrado esto, ni mucho menos, lo único que se había limitado a constatar fue que los hijos de personajes ilustres terminaban siendo también, en buena parte, ilustres (Soutullo, 1997: 58). Sin embargo, Darwin consideraba que estas afirmaciones constituían ya una demostración suficiente de la herencia del talento. Además creía que el tamaño del cerebro estaba directamente relacionado con el desarrollo de las facultades intelectuales.

Si bien es verdad que Darwin reconoció que la no eliminación de los individuos débiles podría tener consecuencias negativas y conduciría a la degeneración de la humanidad, la puesta en práctica de las medidas eugenésicas le pareció un proyecto utópico que resultaba inviable desde el punto de vista moral:

«Despreciar intencionadamente a los débiles y desamparados, acaso pudiera resultar un bien contingente, pero los daños que resultarían son más ciertos y muy considerables. Debemos, pues, sobrellevar sin duda alguna los

males que a la sociedad resulten de que los débiles vivan y propaguen su raza» (Darwin, 1980: 135).

De manera que, aunque las opiniones de Darwin sobre la eugenesia tuvieran muchos puntos en común con las de Galton, lo cierto es que no fueron siempre completamente coincidentes. Esto no significa que muchos de sus seguidores, los darvinistas que militaron en movimientos eugenésicos, no asumieran todas las ideas galtonianas y las llevaran después a la práctica, incluso hasta derroteros que ni el propio Galton hubiera jamás soñado.

b. Galton y la religión de la eugenesia

En la mayor parte de sus obras, tales como: *Hereditary talent and characters* (1865); *Hereditary Genius* (1869); *English Men of Science, their Nature and Nurture* (1874); *Inquiries into Human Faculty and its Development* (1883); *Natural Inheritance* (1889) y *Essays in Eugenics* (1908), Galton consideró la eugenesia como una verdadera religión, en el sentido de que este convencimiento por mejorar la especie humana era algo tan noble que debía dar lugar a un entusiasmo y casi a un fervor de carácter religioso. Si se asumían como científicas las ideas de que las facultades mentales se transmiten de forma rígida a la descendencia y que existen razas superiores y razas inferiores desde el punto de vista intelectual, moral e incluso social ¿por qué no asumir la obligación de difundir tal credo y luchar por instaurar una política de eliminación del mal, encarnado en forma de taras hereditarias?

Desde luego las ideas de Galton tenían más de ideología religiosa que de verdadera ciencia. Su creencia de que el talento se hereda a partir del de los padres, que constituyó siempre el motivo principal de sus investigaciones estadísticas, nunca pudo ser confirmada pero la mantuvo a lo largo de la vida como un acto de fe personal, una convicción apriorística indemostrable. Estaba convencido de que sus concepciones eran de vital importancia para Inglaterra. Galton era leal a la reina Victoria y como buen ciudadano deseaba ver aumentado el poder del imperio inglés. Había viajado mucho y de las múltiples experiencias vividas llegó a la conclusión de la existencia de razas superiores e inferiores. En su mente se había elaborado lentamente una jerarquía de tales razas. Los negros estaban situados varios peldaños por debajo de los blancos, mientras que entre los europeos los ingleses figuraban a la cabeza y de entre ellos, los buenos industriales, los hombres de ciencia, los religiosos, militares, banqueros y estadistas constituía la flor y nata de la especie humana.

El problema era que tales personajes "superiores" resultaban ser poco fecundos, justo al revés que los representantes de las clases "inferiores". Había, por tanto, que cambiar las cosas. Era menester invertir la tendencia. De ahí que Galton se propusiera fomentar la supervivencia y el desarrollo de las castas altas e impedir la reproducción de los mediocres, a quienes habría que considerar como auténticos "enemigos del Estado" y tratar sin piedad. Le reprochaba a la Iglesia que frenara la reproducción de los mejor dotados intelectualmente, impidiendo a los clérigos que contrajeran matrimonio y tuvieran hijos. Galton estaba convencido de que en el futuro las religiones tradicionales desaparecerían para dejar paso a la eugenesia, que se convertiría así en el principal dogma científico-religioso de la humanidad.

c. Spencer y el darvinismo social

En líneas generales suele hablarse de "darvinismo social" para referirse a cualquier aplicación de las ideas evolutivas de Darwin a las sociedades humanas. Desde esta perspectiva la eugenesia es una forma de darvinismo social ya que pretende llevar a la práctica en las personas, la misma acción que la selección natural ejerce sobre la naturaleza. Es decir, la eliminación de los "débiles". Herbert Spencer (1820-1903) fue un sociólogo inglés, contemporáneo de Galton y Darwin, convencido de que las sociedades humanas progresaban gracias a las fuerzas evolutivas. Su filosofía consistió en defender la lógica del *laissez-faire* capitalista, o sea, que las leyes evolutivas tenían que desplegarse libremente en la sociedad para que el desarrollo social y el progreso económico se hiciera efectivo. La competición entre individuos y clases era siempre buena ya que gracias a esta "lucha por la supervivencia", prosperaban los mejores. Por eso su ideología fue liberal y consistió en no poner trabas a tal confrontación. Spencer se opuso a que el Estado ayudase económicamente a los pobres ya que cualquier intento por erradicar la miseria en el presente supondría, según él, más miseria para el futuro.

No obstante, entre el darvinismo social y la eugenesia hay una importante diferencia. El primero preconiza el liberalismo económico, afirma que la competición es buena y propone, por tanto, la no intervención en los procesos sociales. Sin embargo, la eugenesia predica el establecimiento de un sistema autoritario y policíaco que intervenga directamente sobre los individuos para impedir que los genes "defectuosos" puedan propagarse entre la población (Thuillier, 1984: 780).

Uno de los principales errores eugénicos fue considerar, en base a las creencias del darvinismo social, que los pueblos o las sociedades menos desarrolladas económicamente eran también aquellas que poseían factores genéticos deficientes. Se suponía así que si no habían progresado era debido a que portaban múltiples taras genéticas. Esta falacia, unida al pobre conocimiento que entonces se poseía acerca de las leyes de la herencia, llevó a creer a muchos que las técnicas de selección artificial, utilizadas por los ganaderos, podían mejorar la especie humana genética, económica y moralmente.

El darvinismo social ejerció una importante influencia durante buena parte del siglo XX e incluso volvió a resurgir en movimientos como la sociobiología (ver sección 1.1.b), aunque en la actualidad ha perdido prácticamente toda su vigencia. Las políticas neoliberales hoy en boga, no suelen defenderse desde puntos de vista darvinianos, sino desde planteamientos económicos que ya no se fundamentan en la selección natural de Darwin.

d. Medidas eugenésicas llevadas a la práctica

Durante los doce o trece primeros años del siglo XX se realizaron 236 vasectomías forzosas en retrasados mentales del estado norteamericano de Indiana (Thuillier, 1984: 779). En 1907 este mismo estado aprobó la primera ley de esterilización obligatoria de los deficientes mentales, violadores y criminales. Entre los términos empleados para referirse a las personas que debían someterse a tales medidas, figuraban algunos tan ambiguos como "degenerados hereditarios", "pervertidos sociales" o "adictos al alcohol y las drogas". Tales normas se fueron extendiendo a veintiocho estados más, hasta que en 1935 el número de esterilizaciones practicadas alcanzó la cifra de 21.539. No obstante, las prácticas eugenésicas no fueron siempre tan drásticas, sino que en ocasiones pasaron más desapercibidas. Otra ley de 1924, la *Immigration restriction act*, puso en marcha una selección de los extranjeros inmigrantes que deseaban entrar en Estados Unidos. El argumento racista que inspiraba tal ley era la creencia de que los individuos procedentes del norte y oeste de

Europa eran biológicamente superiores a los que venían del este y del sur. Una vez más las ideas propias de la eugenesia se escondían detrás de la ley. Se consideraba que el patrimonio genético de las personas, la herencia biológica, determinaba el nivel económico y social de éstas, siendo más importante que la influencia del ambiente o la educación que se había recibido a lo largo de la vida.

También en otros países la moda racista caló hondamente. En Alemania, el clima promovido por el nacionalsocialismo de Adolf Hitler fue, por desgracia, el más adecuado para que la eugenesia arraigara con fuerza. En su libro *Mein Kampf*, redactado a partir de 1924, el gran dictador se apoyaba claramente en la biología y en la teoría de la evolución para justificar su descabellado culto a la "pureza de la raza aria". En 1933 fue aprobada la *ley de higiene racial* que permitió la esterilización de muchas personas consideradas deficientes físicos o mentales. Con el fin de purificar la sangre alemana de los "genes defectuosos" de las razas inferiores, seis millones de judíos fueron exterminados en las cámaras de gas, quemados después y sus cenizas utilizadas como abono en los campos. Simultáneamente se practicó también una política de eugenesia positiva mediante la selección de jóvenes de ambos sexos que, según se creía, manifestaban los caracteres arios. Se crearon centros para que estas personas se reprodujeran y pudieran transmitir sus genes a la descendencia.

> ***«Uno de los principales errores eugénicos fue considerar que las sociedades menos desarrolladas económicamente eran también aquellas que poseían factores genéticos deficientes.»***

El movimiento eugénico empezó a decaer a partir de los años treinta debido en parte a los nuevos descubrimientos de la genética, así como a la crisis económica, la gran depresión, que afectó por igual tanto a los nórdicos como a los mediterráneos. Todo esto unido al terrible escándalo provocado por el holocausto nazi en la conciencia de la humanidad, contribuyó a que la filosofía eugenética perdiera paulatinamente credibilidad.

e. ¿Existen las razas?

Durante mucho tiempo los antropólogos mantuvieron la hipótesis de que a los seres humanos se les podía clasificar básicamente en tres razas: blanca, negra y amarilla. El color de la piel, los rasgos faciales, el aspecto de los cabellos o la forma de la nariz eran algunos de los caracteres morfológicos que permitían dividir a las personas en subespecies o razas distintas. La clasificación propuesta en 1944 por el director del Museo del Hombre, Henri V. Vallois aumentaba ligeramente este número. Según su clasificación habría cuatro grupos raciales: australoide, negroide, europoide y mongoloide (Blanc, 1982: 1017). También era esta la opinión del famoso genético evolucionista Theodosius Dobzhansky, quien en 1962 escribía que: «*las razas son un tema de estudio científico y de análisis simplemente porque constituyen un hecho de la naturaleza*» (Gould, 1983: 258). Hasta aquella época la mayoría de los científicos veían las razas humanas como algo evidente en sí mismo. No obstante, en 1964 once autores se empezaron a cuestionar la validez de este concepto de raza humana en el libro *The concept of race* editado por Ashley Montagu.

Actualmente la mayoría de los investigadores considera que la existencia de razas distintas entre las personas, a pesar de las apariencias, no es algo evidente en absoluto. Lo que resulta evidente es la variabilidad geográfica y no las razas. Es verdad que hay una gran diversidad humana por lo que respecta al grado de pigmentación de la piel, la estatura, la forma de la cabeza, el pelo, los labios o los ojos, pero esta gran variedad no se delimita a grupos geográficos distintos, sino que se da en casi todas las poblaciones. El color de la piel, por ejemplo, presenta una variación tan grande, no sólo entre grupos sino también dentro de cada grupo, que resulta imposible utilizarlo como criterio para establecer una clasificación racial. Como escribe Albert Jacquard:

«*El laboratorio de genética biológica de la Universidad de Ginebra ha demostrado que podemos pasar de manera continua de una población muy oscura, como los saras de Chad, a una población clara, como los belgas, mediando tan sólo dos poblaciones: los bushmen y los chaoias de Argelia. Existe un gran número de chaoias que son de piel más clara que muchos belgas, y también hay gran cantidad de chaoias más oscuros que muchos bushmen. La dispersión de esta característica proviene tanto de las diferencias entre individuos de un mismo grupo como de las que existen entre la media de los grupos*» (Jacquard, 1996: 84).

Pero ¿por qué fijarse sólo en el color de la piel? Si las poblaciones humanas presentan variaciones para unos veinticinco mil pares de genes, según se cree ¿por qué tener en cuenta sólo los cuatro pares que determinan el grado de pigmentación cutáneo? ¿no sería más lógico estudiar también aquellos genes que controlan otras características como, por ejemplo, los grupos sanguíneos, el factor Rh, la hemoglobina o ciertas proteínas enzimáticas? Esto es precisamente lo que se ha hecho y el resultado ha sido la constatación de que la distribución mundial de las frecuencias con que aparecen tales caracteres no presenta ninguna coherencia geográfica. Se ha descubierto que a nivel de los genes que controlan los grupos sanguíneos ABO, un europeo puede ser muy diferente de su vecino que vive en la casa de al lado y, sin embargo, muy parecido a un africano de Kenia o a un mongol de Ulan Bator, tomados al azar.

La unidad de la especie humana es mucho más profunda de lo que hasta ahora se pensaba y el color de la piel se muestra insuficiente para justificar una clasificación racial. Esto provocó, a partir de mediados de los 60, que el concepto de "raza" fuera sustituido por el de "población" o "grupo étnico". Por lo tanto, no hay "razas superiores" ni "razas inferiores", como postulaba el eugenismo, porque tampoco existen genes raciales puros. No hay variantes genéticas propias o exclusivas de una determinada etnia que estén completamente ausentes en las demás. De ahí que resulte imposible desde el punto de vista genético clasificar razas. Los antropólogos consideran que esta inexistencia de razas en las especie humana se debe probablemente a los importantes flujos migratorios. El mestizaje que ha caracterizado siempre a las poblaciones humanas a lo largo de la historia habría impedido el aislamiento genético y por tanto, la aparición de verdaderas razas.

f. ¿Se hereda la inteligencia?

Otro de los principios asumidos por el pensamiento eugenésico de Galton fue el de la heredabilidad de la capacidad intelectual. Es decir, la creencia de que la inteligencia era algo innato en las personas y que únicamente dependía de la transmisión biológica de padres a hijos. Si un individuo era más inteligente que otro se debía, según tales opiniones, a que pertenecía a una raza superior. En realidad, la idea de que el talento o el coeficiente de inteligencia es hereditario continúa teniendo sus defensores en la actualidad, como puede comprobarse en publicaciones como *The bell curve*, de Herrnstein y Murray, obra aparecida en los Estados Unidos. También es posible detectar esta creencia en ciertos analistas del Proyecto Genoma Humano, quienes afirman que cuando se conozcan bien todos los genes del hombre será posible determinar su importancia en el desarrollo de la inteligencia, así como manipularlos convenientemente para obtener individuos más inteligentes.

Uno de los primeros contratiempos sufridos por la teoría eugenésica fue el ocurrido con motivo de los "tests de inteligencia" elaborados por psicólogos eugenistas del ejército estadounidense. Tales pruebas fueron realizadas a todos los soldados durante el año 1912 y lo que se pretendía con ellas era medir el grado de inferioridad biológica que presentaban ciertos individuos, para determinar así quiénes habían de ser esterilizados. Se examinó a un total de 1.726.000 reclutas y se descubrió con estupor que cerca de la mitad tenían que ser clasificados como débiles mentales (Howard & Rifkin, 1979: 60). Las consecuencias fueron desastrosas para la credibilidad de la eugenesia y sobre todo de los tests en cuestión porque o bien la mitad de la población norteamericana era mentalmente incompetente, o las pruebas selectivas estaban equivocadas. Pero lo que resultó aún más embarazoso fue la comparación de las soluciones entre los estados del norte y los del sur. En cinco estados del norte, los soldados negros obtuvieron mejores notas que los blancos pertenecientes a ocho estados del sur. La única conclusión lógica que podía sacarse de tales resultados, según los criterios de la eugenesia, era que los negros del norte debían ser genéticamente superiores a los blancos del sur, cosa que los eugenistas no podían de ninguna manera admitir, o bien que el medio ambiente en el que se habían educado estos jóvenes era la causa determinante de su nivel de inteligencia.

El fracaso de tales tests planteó una vez más la controversia acerca de la heredabilidad del talento. La discusión se centraba en torno al papel que jugaban los genes y el ambiente en el desarrollo del intelecto. Los eugenistas tendían a ignorar completamente la influencia de los factores ambientales y le daban toda la importancia a los cromosomas recibidos de los padres. Sin embargo, ciertos descubrimientos de las ciencias sociales y de la genética contribuyeron a revalorizar la educación y el ambiente. Nuevas investigaciones en psicología de la educación durante la primera infancia demostraron correlaciones importantes entre el comportamiento delictivo de algunas personas y la influencia del ambiente en el que se habían criado, su estatus económico, social y cultural. Por otro lado, el genético danés, Johannsen, trabajando con semillas de judía demostró que el peso de las mismas, aunque venía determinado genéticamente, podía variar de manera notable en función del ambiente en que las legumbres eran plantadas (Strickberger, 1974: 276). Esto, unido a otros muchos estudios genéticos con similares resultados, provocó el desmoronamiento de los principales argumentos eugenistas.

En la actualidad, la mayoría de los estudiosos considera que las hipótesis basadas en un determinismo genético rígido de la inteligencia son absolutamente especulativas y carentes de suficiente base experimental. Más bien se acepta que el coeficiente intelectual está regulado probablemente tanto por factores hereditarios como por el medio ambiente, formando una unidad inseparable. La destreza humana para hablar un determinado idioma, por ejemplo, depende tanto de los genes como de los factores ambientales. Los genes influyen en la capacidad para adquirir un lenguaje, pero es el entorno familiar del niño, la escuela y las relaciones sociales lo que despierta y desarrolla más o menos su habilidad para el aprendizaje de la lengua. De manera que un esquimal recién nacido, traído a España y educado aquí, aprenderá español y lo hablará como cualquier otro niño nativo de su edad. A pesar de todo, la idea de que la inteligencia es una característica innata de las personas, continúa formando parte del pensamiento occidental. Todavía se dan determinados grupos, en países como Estados Unidos, que presionan para que el coeficiente de inteligencia sea tenido en cuenta a la hora de determinar el presupuesto en educación u otros servicios sociales (Soutullo, 1997: 138).

No obstante, incluso aunque se supusiera que ciertas cualidades intelectuales, artísticas o musicales estuvieran determinadas directamente por "genes buenos" y deseables, como pensaba Galton, lo cierto es que la notoriedad intelectual no tendría por qué ir asociada a las cualidades físicas o a una mayor resistencia a las enfermedades. Sería muy difícil, por no decir imposible, ser bueno en todo. Lo normal es que las personas poseyeran una mezcla heterogénea de genes "buenos" y "malos". De manera que individuos que seguramente serían seleccionados, según los criterios eugenésicos, por su nivel intelectual, podrían no serlo si se tuviera en cuenta otros factores, como la salud o la posibilidad de contraer cualquier dolencia. Tampoco es posible hablar con propiedad de gen bueno o malo ya que en la mayoría de los casos su posible efecto negativo, perjudicial o mortal sólo se produce dependiendo de los otros genes que lo acompañan o de factores ambientales que influyen en su expresión. Por tanto, es imposible decir que un genotipo sea superior a otro en cualquier situación.

7.3. La eugenesia, hoy

Si bien es verdad que actualmente ya no se aceptan los programas eugenésicos de antaño como si fueran el resultado de una religiosidad científica impuesta por el dogma de la teoría de la evolución, lo cierto es que sin embargo aquella fe en el racismo y el evolucionismo ha sido sustituida hoy por el mito de la ciencia. La fe en el progreso científico, tan característica de la modernidad y que a pesar de su notable disminución durante la época postmoderna, todavía subsiste, continúa poseyendo en el fondo ciertos planteamientos eugenésicos (Cruz, 1997b: 59-63). Durante las tres últimas décadas se ha producido un cierto despertar de la eugenesia como respuesta al miedo de estar estropeando el patrimonio genético de la humanidad. El argumento sigue siendo el mismo de la época de Galton: el progreso de la medicina lleva implícito también el desequilibrio del mecanismo de la selección natural. Los adelantos médicos consiguen que millones de pacientes portadores de genes defectuosos puedan sobrevivir y transmitir su deteriorada herencia a los descendientes. Lógicamente así no se mejora la especie sino que se perpetúan las taras genéticas. A menudo se hace una comparación entre ecología y genética. De igual modo en que el equilibrio ecológico de la Tierra está amenazado por el excesivo desarrollo de la tecnología y la industria, también el patrimonio genético de nuestra propia especie se estaría deteriorando por culpa del progreso de la medicina.

Ejemplos claros de todo esto los constituyen ciertas enfermedades como la fenilcetonuria, ya mencionada a propósito del cribado genético (sección 5.2). Este trastorno genético se cura hoy mediante una sencilla técnica que se viene aplicando desde hace casi 40 años, permitiendo así que los genes portadores de tal dolencia pasen también a la descendencia. Lo mismo ocurre con la diabetes*. Actualmente las mujeres diabéticas pueden dar a luz mucho más fácilmente que antes, pero al precio de transmitir esta enfermedad hereditaria a sus hijos y perpetuar así la existencia de factores genéticos defectuosos.

La nueva mentalidad de la eugenesia pretende solucionar en parte estos problemas por medio de medidas negativas, es decir, desaconsejando el matrimonio o la procreación a personas portadoras de graves taras hereditarias (consejo genético, cribado genético, diagnóstico prenatal). Así como mediante normativas o técnicas positivas, como la selección de gametos practicada en la inseminación artificial, o de embriones en la fecundación "in vitro". Las nuevas tecnologías reproductoras usan unos métodos que son en el fondo de carácter claramente eugénico ya que seleccionan a los mejores donantes de óvulos y espermatozoides, así como a los embriones humanos que se van a implantar. Tal como señala el doctor Javier Gafo: *«Esta eugenesia positiva comienza hoy a ser posible y por cauces asépticos y menos hirientes a la sensibilidad que los usados en la época nazi»* (Gafo, 1992b:56).

«La existencia de personas deficientes suele verse como algo erróneo e impropio de la actual tecnología biomédica, que debería evitarse a toda costa.»

La competitividad propia de las sociedades occidentales, el elevado coste que supone para la medicina el cuidado de ciertos enfermos, así como la concepción hedonista y utilitarista de la vida que se ha venido desarrollando en la llamada sociedad del bienestar, hacen cada vez más difícil la aceptación de personas con graves deficiencias. Los individuos que a causa de sus dolencias no alcanzan determinadas cotas de rendimiento o productividad tienden a ser marginados o infravalorados por esta sociedad de consumo. En un ambiente así, resulta cada vez más difícil para las familias asumir la responsabilidad de un recién nacido con minusvalías crónicas y el aborto eugenésico se contempla como la mejor solución. La existencia de personas deficientes suele verse como algo erróneo e impropio de la actual tecnología biomédica, que debería evitarse a toda costa. Resurge así, casi de forma imperceptible, el viejo fantasma de la eugenesia y en determinadas argumentaciones vuelven a escucharse aquellos antiguos cantos de sirena nazis que pretendían convencer acerca de las "vidas sin valor vital". ¿No se estará formando de esta manera un mundo sin espacio para los más necesitados?

7.4. Eugenesia, ética y fe cristiana

Es cierto que el ser humano tiene la obligación moral de trabajar para que la herencia de sus caracteres genéticos se transmita de la mejor manera posible. Resulta lógico que la ciencia biomédica se esfuerce por fomentar la calidad de vida y, al mismo tiempo, evitar el posible deterioro de la especie humana. No obstante, lo encomiable de tal finalidad no garantiza la legitimidad de todos los medios o procedimientos que se utilicen para lograrlo.

La mentalidad que considera a las personas con deficiencias génicas como equivocaciones de la naturaleza a quienes se les debería haber impedido nacer, resulta sumamente peligrosa porque, aparte del hecho de que todos los seres humanos somos en realidad portadores de determinadas anomalías genéticas, contribuye de forma alarmante a propagar en la sociedad una especie de fiebre por liberarse de los minusválidos. Una caza genética de brujas. Y esta tendencia choca frontalmente contra los más elementales principios del Evangelio. La ética de inspiración cristiana propone precisamente todo lo contrario, la atención y el cuidado especial de los pobres, enfermos, inválidos, leprosos, dementes y demás marginados que puedan existir en la sociedad.

De igual manera en que, según la Escritura, desde el punto de vista moral «*no hay hombre justo en la tierra*» porque no existe ningún ser humano perfecto que «*haga el bien y nunca peque*» (Ec. 7:20), también desde la perspectiva genética esto vuelve a ser cierto. No hay nadie «*entre los nacidos de mujer*» con genotipo absolutamente perfecto. Ciertamente todos somos mutantes que hemos recibido unos genes, cientos de veces alterados y revueltos a lo largo de la historia. Cromosomas que se han mezclado en cada fecundación y que el ambiente los ha ido estropeando y seleccionando hasta llegar a ser lo que hoy son. ¿No debería esta realidad hacernos mucho más humildes, solidarios y responsables con los incapacitados? ¿No es suficiente tal constatación científica para ponerle freno a cualquier tentación eugenésica? ¿No sería mucho mejor abandonar de una vez ese deseo incontrolado que se tiene hoy por el niño perfecto y a la carta?

El ser humano es, gracias a Dios, mucho más que un minúsculo puñado de genes. El hombre y la mujer se miden mediante parámetros más elevados que la talla, el peso o el coeficiente de inteligencia. La educación recibida, el desarrollo de los sentimientos, los valores familiares, culturales, sociales y espirituales, suelen determinar un papel en la constitución de la persona mucho más importante que esos repetitivos pedacitos entrelazados de ADN que los padres traspasan a sus hijos. Es verdad que los genes pueden actuar predisponiendo para determinadas cualidades de tipo espiritual, pero estas características personales dependerán sobre todo del ambiente familiar y educacional en el que se desarrolle cada criatura. De ahí la necesidad de proteger a la familia y cuidar el sistema educativo para que las raíces de la ideología eugenésica no consigan nunca arraigar en esta tierra.

El Señor Jesús les decía a sus discípulos que siempre tendrían pobres con ellos (Mt. 26:11). Quizás también pueda decirse hoy que, por mucho que avance la ingeniería genética, los deficientes continuarán entre nosotros porque las limitaciones, el sufrimiento, el dolor y la muerte acompañarán perpetuamente la singladura humana en esta tierra. Y todas las personas que no llegan al umbral de la "normalidad" merecen cuanto menos el respeto de aquellas que lo sobrepasan.

En otra ocasión, con motivo de la parábola de la fiesta de bodas, el Maestro, dirigiéndose a los fariseos, les dijo: «*Mas cuando hagas banquete, llama a los pobres, los mancos, los cojos y los ciegos; y serás bienaventurado; porque ellos no te pueden recompensar, pero te será recompensado en la resurrección de los justos*» (Lc. 14:13-14). Algunas tradiciones hebreas consideraban que estos cuatro grupos de personas, los pobres y aquellos que padecían defectos físicos congénitos o adquiridos, debían ser excluidos de la comida comunitaria y no podían participar de ciertos banquetes y actos religiosos (Lv. 21:17-23; 2 S. 5:8). Sin embargo, Jesucristo, en contraste con tales costumbres, predica que el cristiano debe abrir su corazón a estas personas para aliviar sus necesidades porque también son sus semejantes. Jesús está abiertamente contra la eugenesia, aunque en sus días no se conociera esta palabra. La generosidad y solidaridad hacia el débil es la praxis básica del cristianismo.

El amor debe ser sin fingimiento y sin esperar nada a cambio. Aunque a veces la mejor recompensa es una simple mirada o una sonrisa de agradecimiento por el sólo hecho de estar vivo. En este mismo sentido el profesor Gafo explica la siguiente experiencia:

«Un niño de 11 años, nacido con graves malformaciones físicas, comentaba espontáneamente después de contemplar un programa de televisión: "yo tuve suerte de nacer antes de que se hablase tanto sobre el aborto". Nos parece que es una frase que debe hacer pensar» (Gafo, 1994: 80).

La opinión del propio interesado es sin duda el mejor criterio para valorar el sentido de una vida humana con anomalías o malformaciones. Al margen de consideraciones eugénicas sobre el valor de los genes, lo que realmente vale del hombre desde la óptica cristiana, es su peculiar dignidad. Toda criatura humana tiene el mérito esencial de haber sido formada a imagen de Dios. ¿Quién está autorizado para decidir hasta dónde llega la imagen divina en cada ser? ¿Con qué criterios se puede determinar quién es persona "normal" para merecer vivir o poder reproducirse y quién no? Ante tal incertidumbre es menester rechazar todas aquellas medidas de la eugenesia que actualicen el racismo, la falta de respeto a la vida humana o la violación de los derechos conyugales.

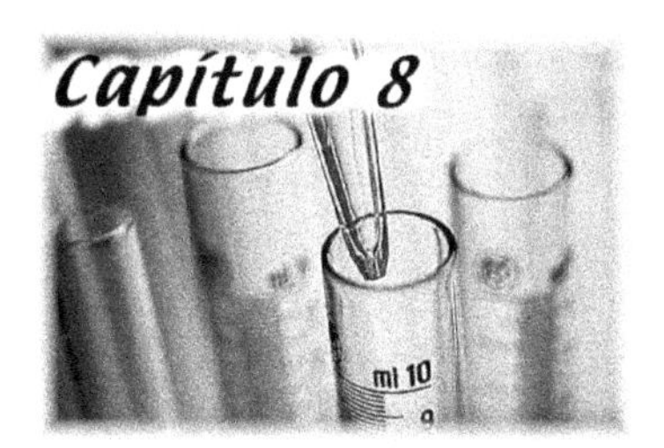

MANIPULACIÓN GENÉTICA Y BIOTECNOLOGÍA

Poder hurgar en algo tan íntimo como los genes responsables de la herencia con el fin de modificar su expresión en plantas, animales y sobre todo, seres humanos, ha disparado la imaginación de numerosos investigadores contribuyendo, a la vez, a sembrar de inquietudes morales los últimos años del agonizante siglo veinte. Si bien es verdad que la mayoría de los grandes descubrimientos científicos han presentado casi siempre dos caras bien distintas, una brillante repleta de esperanzas para la humanidad y otra menos luminosa que, en demasiadas ocasiones, ha servido para incrementar el sufrimiento o la destrucción del propio ser humano, también es cierto que la reciente revelación de la ingeniería genética no escapa a esta fatídica ley y se muestra asimismo ambivalente, polémica y discutible. Es muy posible que la manipulación y el intercambio de material genético solucione en un futuro próximo múltiples dolencias hereditarias, pero esta misma tecnología está preñada de potenciales peligros que pueden hacer realidad aquel inhumano *Mundo feliz* que vislumbrara Aldous Huxley. Para los creyentes se impone, por tanto, la reflexión serena y la ponderación equilibrada desde la ética propia de la fe cristiana.

No se trata de oponerse al avance de la ciencia o de rechazar el progreso de la medicina con argumentos trasnochados y sin relevancia bíblica. Conviene aprender en este asunto de los garrafales errores cometidos en el pasado, como por ejemplo, del acaecido cuando se descubrió la primera vacuna contra la viruela, hecho que levantó una oleada de protestas en ciertos sectores religiosos porque en el cuerpo humano, según se afirmaba, no debía inyectarse ningún producto animal. Tampoco está la solución en dar carta blanca a los científicos para que sean ellos los únicos en decidir aquello que debe o no hacerse. Los investigadores son seres humanos y están sujetos a las mismas tentaciones que cualquiera. En ocasiones, el egoísmo y la competencia puede predominar sobre la ética y la precaución.

Es evidente que el tema de la manipulación genética preocupa actualmente a las sociedades occidentales, como lo demuestra el debate sobre los alimentos modificados y las semillas transgénicas. El reciente fracaso de la cumbre de Cartagena de Indias (Colombia) para aprobar el primer protocolo de seguridad sobre los alimentos transgénicos y su propuesta de reanudación de las negociaciones en el año 2000, ha supuesto la vía libre a la producción y el consumo de organismos transgénicos sin unas pautas preventivas sobre sus posibles riesgos para la salud y el medio ambiente (*El País*, 25.02.99). Son muchos los países que han manifestado su malestar y preocupación por este asunto de la bioseguridad. Algunos gobiernos europeos, como el de Tony Blair, se ven presionados y obligados por la opinión pública a aplazar la siembra de semillas transgénicas procedentes de los Estados Unidos. Los grupos ecologistas, como *Greenpeace* y otros, bloquean las grúas de descarga en los puertos y realizan manifestaciones aparatosas para evitar la entrada de cereales genéticamente tratados. Se trata, por tanto, de un serio problema actual que levanta pasiones y enfrenta los intereses comerciales de la industria biotecnológica con las preocupaciones de los consumidores.

¿Es realmente una cuestión tan seria? ¿hay que temer a la ingeniería genética? ¿son peligrosos para la salud los alimentos transgénicos? ¿hasta dónde puede llegar la libertad de investigación en manipulación genética? ¿debe la bioética definir unos límites claros para cada una de las ramas de la biotecnología? ¿qué conclusiones se pueden sacar a la luz del Evangelio?

8.1. Breve historia de la genética

Habitualmente, en casi todos los libros de texto de biología o de genética, se afirma que el padre de esta ciencia de la herencia fue el fraile agustino

Gregor Mendel, quien en 1865 descubrió las tres famosas leyes cruzando matas de guisantes en el huerto de su monasterio. No obstante, en aquella época no se conocía todavía lo que era el gen. Mendel hablaba teóricamente de "factores hereditarios". Tampoco se sabía nada acerca del ADN, ni de su estructura particular, ni cómo se duplicaba y transmitía la información. Todo esto se fue descubriendo poco a poco durante los 80 años que siguieron al hallazgo del religioso de Heinzendorf (Silesia). De ahí que algunos autores prefieran decir que "la genética ocurrió tras un parto de 80 años" (Lacadena, 1992b: 460).

Se conocen cinco períodos en el desarrollo histórico de la genética. El primero abarca desde 1900, en que fueron redescubiertas las leyes de Mendel, hasta 1940. A lo largo de estos primeros cuarenta años del siglo XX se estudió la transmisión de los caracteres hereditarios de padres a hijos y se investigaron numerosos árboles genealógicos de familia. Los trabajos de Mendel habían sido publicados durante 1866 en el Boletín de Historia Natural de la ciudad de Brno (Checoslovaquia). Sin embargo, lo cierto es que no tuvieron mayor trascendencia entre los hombres de ciencia de la época hasta que en 1900 el botánico holandés Hugo de Vries los descubriera al realizar un estudio bibliográfico, dándose cuenta de su importancia. Lo que Mendel había averiguado era que la transmisión de los caracteres hereditarios venía determinada por algo, una unidad o factor que pasaba de padres a hijos y que él no llegó a conocer nunca, un agente que residía en los organismos y se trasladaba de generación en generación sin mezclarse, de manera independiente, aunque no pudiera verse.

> ***«Los investigadores son seres humanos y están sujetos a las mismas tentaciones que cualquiera. En ocasiones, el egoísmo y la competencia puede predominar sobre la ética y la precaución.»***

El nombre de "genética" le fue otorgado a la ciencia de la herencia en el año 1906 por el biólogo inglés William Bateson, mientras que en 1909 otro biólogo, el danés Wilhelm Johannsen, propuso el término de "gen" para referirse a los factores hereditarios de Mendel. El problema era ahora localizar el lugar exacto en el que se encontraban tales genes dentro de las células. Un año antes el embriólogo estadounidense, Thomas Hunt Morgan, había realizado unos experimentos con la pequeña mosca del vinagre, la hoy famosa *Drosophila melanogaster* (figs. 7 y 8), que le sirvieron para determinar precisamente este lugar. Los genes eran realidades materiales que se encontraban en los cromosomas del núcleo celular. Casi veinte años después, un discípulo de Morgan contribuyó a confirmar que el gen era una partícula física fundamental de todos los seres vivos; el profesor J. Hermann Muller, demostró que los rayos X podían provocar mutaciones en los genes, alterar su composición y modificar completamente su expresión en las proteínas.

En el segundo período, que duró sólo la mitad que el primero, desde 1940 a 1960, los trabajos se centraron en averiguar qué era el material hereditario, su naturaleza, composición, estructura y propiedades; de qué sustancia estaban formados los genes, cuáles eran sus moléculas constituyentes. Unos creían que se trataba de proteínas, como la hemoglobina o la albúmina, mientras otros pensaban que la base genética de la herencia estaba en una sustancia llamada *nucleína* conocida desde 1869, gracias a los trabajos del fisiólogo suizo Johann Miescher. En 1944 el bacteriólogo canadiense O.T. Avery (junto con McLeod y McCarty) demostraron que la nucleína era en realidad el *ácido desoxirribonucleico* (ADN), el principal constituyente del gen. Tal revelación se considera la más importante de la historia de la biología ya que supuso un auténtico cambio de paradigma en el seno de las ciencias naturales.

CABEZA DE MOSCA DEL VINAGRE

Drosophila melanogaster

Microfotografía de cabeza de *Drosophila melanogaster*, llamada vulgarmente mosca del vinagre o de la fruta. Fueron elegidas por Thomas Hunt Morgan en sus investigaciones por la facilidad que presentaban para ser criadas en cautividad; por su numerosa descendencia, ya que cada hembra puede tener hasta 100 crías y, sobre todo, porque sólo poseen cuatro pares de cromosomas que son fácilmente distinguibles al microscopio óptico.

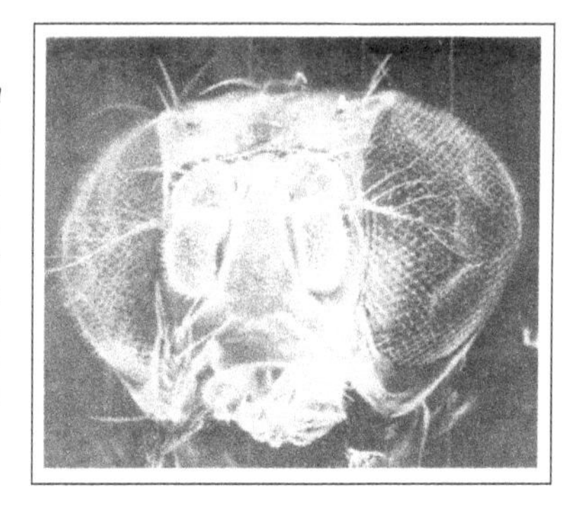

Figura 7

CROMOSOMAS
de Drosophila melanogaster

Cromosomas pertenecientes a células de las glándulas salivares de la mosca del vinagre (*Drosophila melanogaster*). Los genes son fácilmente identificables como estructuras transversales oscuras a lo largo de los cromosomas (De Beer, 1970).

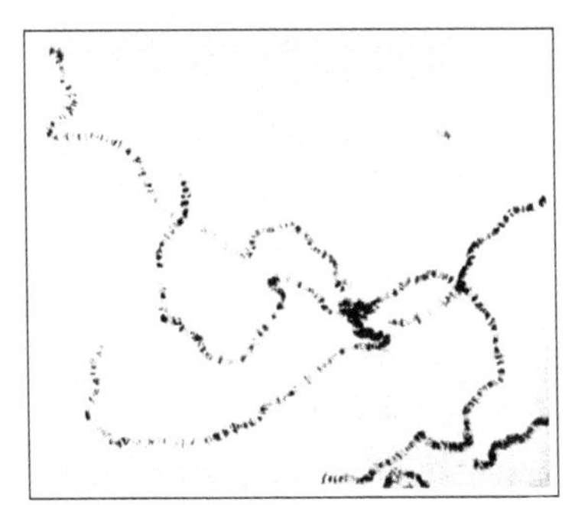

Figura 8

En 1941, dos biólogos estadounidenses G. W. Beadle y E. L. Tatum propusieron la hipótesis conocida como "un gen - un enzima" (Strickberger, 1974: 607) que veía a cada gen como el responsable de la producción de un enzima determinado. A partir de esta idea, el conocido premio Nobel, Francis H. C. Crick, llegó a postular en 1958 la "hipótesis de la secuencia" que afirmaba que a la ordenación de los nucleótidos en el ADN le correspondía también una ordenación de aminoácidos en las enzimas o proteínas.

Cinco años antes, en 1953, el propio Crick junto a James D. Watson habían descubierto y descrito la estructura del ADN, trabajo por el cual ambos obtuvieron el premio Nobel. Se trataba de una molécula compleja con aspecto helicoidal que recordaba una escalera de caracol. Su propuesta fue denominada el modelo estructural de la "doble hélice". Los pasamanos de tal escalera correspondían a las moléculas del azúcar desoxirribosa unidas a ácidos fosfóricos, mientras que los peldaños estaban formados por parejas de bases nitrogenadas. La adenina (A) iba siempre unida a la citosina (C) y la guanina (G) a la timina (T) (fig. 9). En realidad, se pudo comprobar que los eslabones de la larga cadena del ADN, los nucleótidos, estaban constituidos por tres clases de moléculas: el ácido fosfórico, la desoxirribosa y una base nitrogenada (fig. 10). Las dos primeras no variaban nunca pero las bases sí lo hacían. Precisamente en esta sucesión cambiante de las cuatro bases nitrogenadas se hallaba el secreto mejor guardado del ADN. La alternancia repetitiva y, a la

vez, diferente de los pares de nucleótidos era la clave de la información que poseía el ADN (fig. 11). ¿Cómo pasaba tal información desde el ADN hasta las proteínas? Este proceso fue denominado por Crick como el "dogma central de la biología molecular".

El ADN podía duplicarse y sacar copias de sí mismo mediante el proceso llamado replicación*. Esto ocurría cada vez que una célula se dividía y consistía en la formación de una cadena complementaria de nuevos nucleótidos, a partir de cada una de las dos cadenas del ADN antiguo. La molécula originaria se desespiralizaba y cada hebra actuaba como molde para la creación de otra hebra complementaria. Como resultado, la célula hija recibía la misma información genética que poseía la madre (fig. 12).

MODELO DE LA "DOBLE HÉLICE" EN LA MOLÉCULA DE ADN

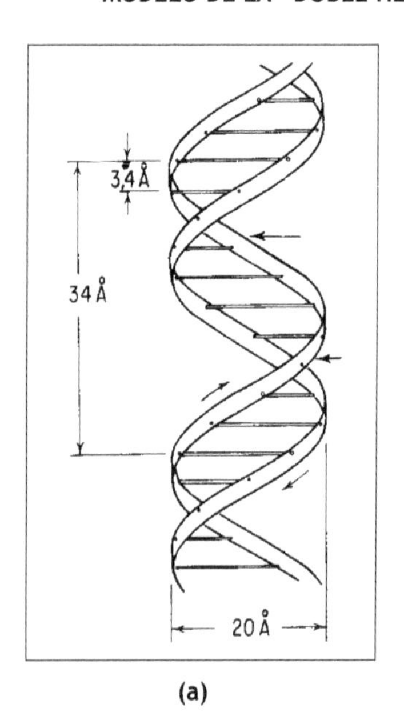

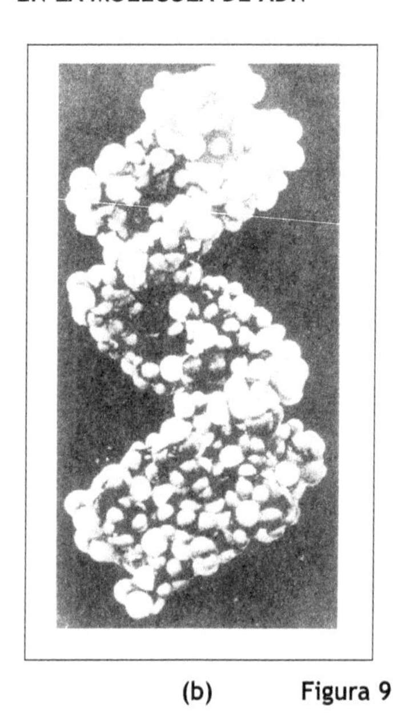

(a) **(b)** **Figura 9**

Modelos de la doble hélice en la molécula de ADN (ácido desoxirribonucleico). a) Las dos cintas helicoidales del exterior representan a las moléculas de azúcar-fosfato, mientras que los delgados filamentos que las enlazan serían los pares de bases unidos entre sí mediante puentes de hidrógeno. b) Representación de la estructura molecular del ADN utilizando modelos de átomos individuales (Strickberger, 1974).

MOLÉCULAS ELEMENTALES Y NUCLEÓTIDOS DEL ADN

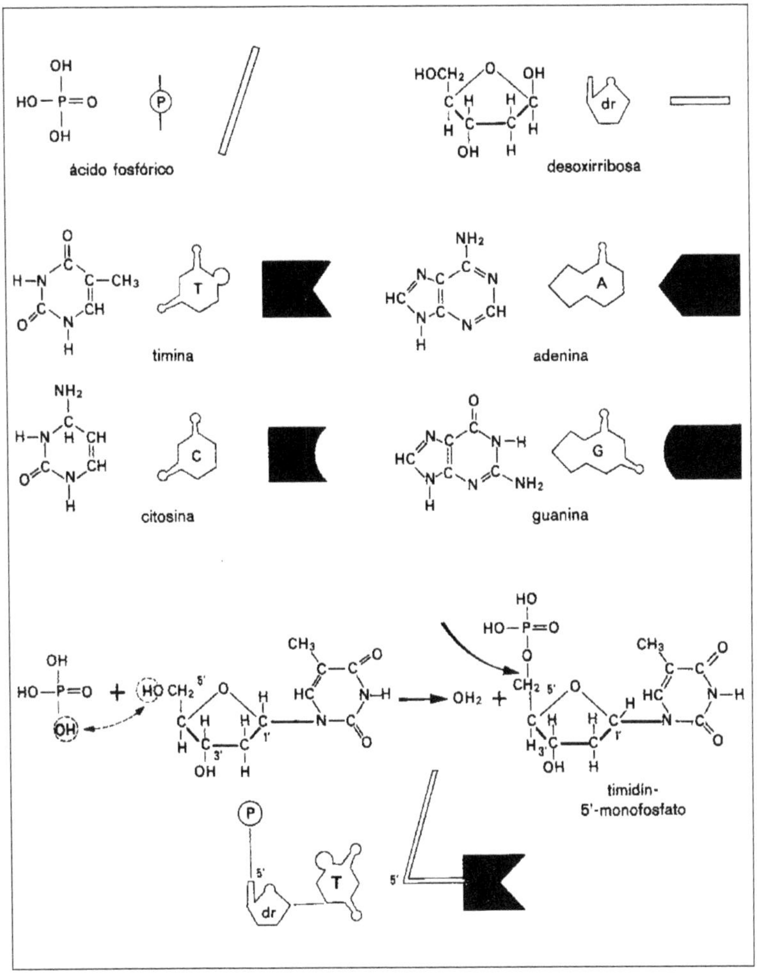

Figura 10

Moléculas elementales y nucleótidos que forman el ADN. Los monómeros que constituyen el ácido desoxirribonucleico son los nucleótidos que, como puede apreciarse en la figura, están formados por tres tipos de moléculas: un ácido fosfórico, un azúcar llamado desoxirribosa y una de las cuatro bases nitrogenadas (timina, adenina, citosina o guanina) (Durand & Favard, 1971).

UNIÓN DE LOS NUCLEÓTIDOS CONSTITUYENTES DEL ADN

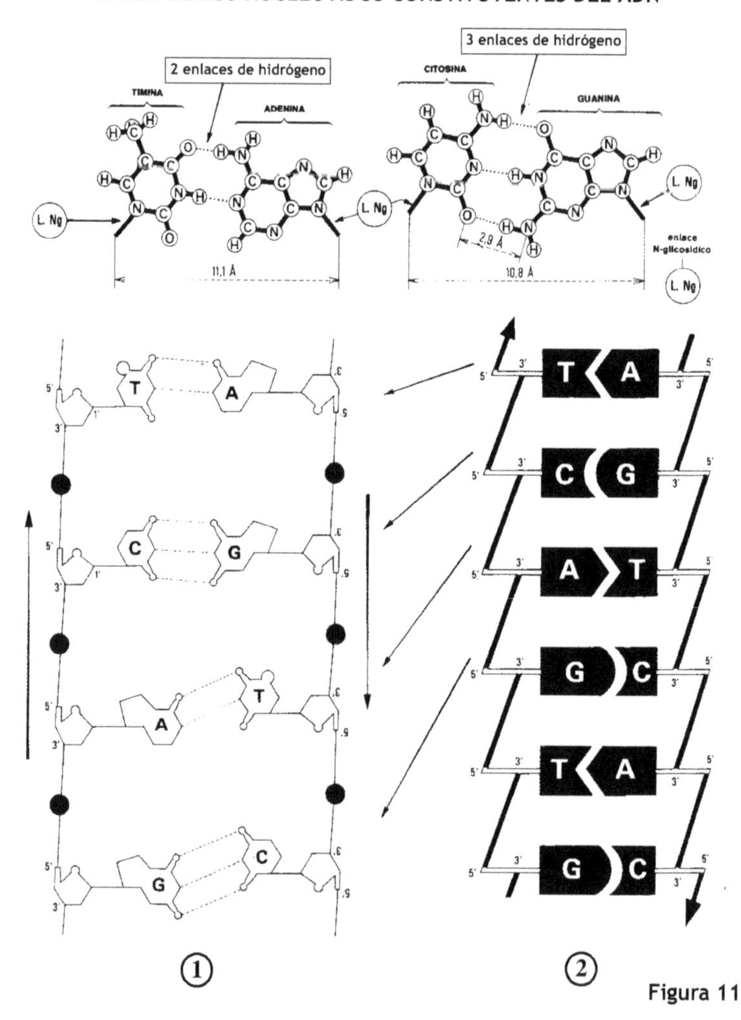

Figura 11

Unión de los nucleótidos constituyentes del ADN. A la estructura molecular que resulta de esta unión se la conoce como estructura secundaria del ADN. Arriba se representa mediante puntos suspensivos los enlaces de hidrógeno que unen a los distintos nucleótidos. Entre la timina (T) y la adenina (A) sólo hay dos puentes hidrógeno, mientras que entre la citosina (C) y la guanina (G) siempre existen tres. Estos enlaces suelen ser débiles pero como hay tantos contribuyen a darle estabilidad a la estructura helicoidal del ADN. El resultado final que se observa abajo, en 1 y 2, es la unión de dos cadenas nucleotídicas antiparalelas por medio de las bases complementarias (Durand & Favard, 1971).

DESESPIRALIZACIÓN DE LA MOLÉCULA DE ADN

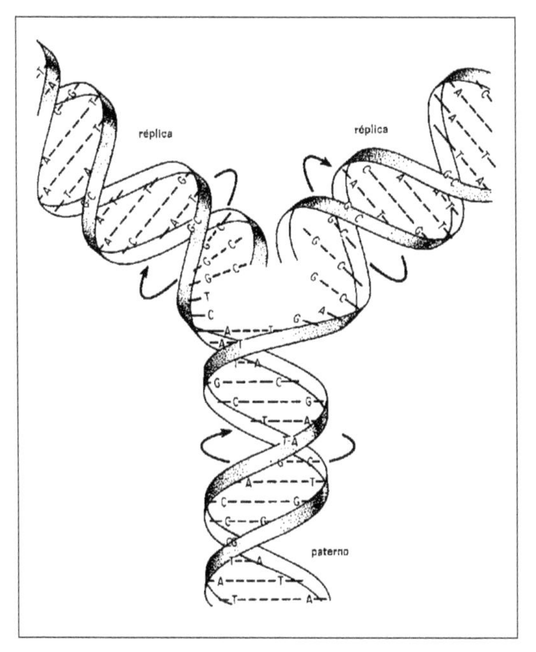

Figura 12

La replicación del ADN o formación de réplicas idénticas de sí mismo se realiza en dos fases. Durante la primera se produce la desespiralización de las dos hebras y en la segunda cada una de estas hebras se aparea con otros nucleótidos celulares hasta constituir las copias hijas del ADN paterno (Strickberger, 1974).

Desde 1960 hasta 1975, en el tercer período de la genética, el principal interés de los investigadores fue descubrir cómo pasaba la información del ADN al ácido ribonucleico mensajero (ARNm*) y de éste a las proteínas. Es decir, el funcionamiento de lo que hoy se conoce como el "código genético". El ARN se parecía al ADN pero presentaba importantes diferencias. En primer lugar, no estaba constituido por una doble cadena de nucleótidos sino sólo por una. En vez del azúcar desoxirribosa presentaba la ribosa y en lugar de la base nitrogenada timina, tenía el uracilo. De manera que estas características hacían de los ARN los ácidos nucleicos idóneos para poder copiar la información contenida en el ADN (fig. 13). El mensaje genético pasaba así de la doble hélice del ADN a una molécula de ARNm, mediante el proceso de la transcripción*, y ésta última abandonaba el núcleo celular rumbo al citoplasma a través de los numerosos poros de la membrana nuclear.

El problema era saber, una vez ya en el citoplasma, cómo se transmitía la información contenida en el ARNm a las proteínas. Es decir, cómo se formaban éstas a partir de la secuencia de nucleótidos que constituía al ARNm. Se comprobó que este fenómeno, llamado traducción*, ocurría en unos pequeños orgánulos del citoplasma que se denominaban ribosomas*. Era allí donde cada tres nucleótidos consecutivos del ARNm lograban atraer hacia sí a un aminoácido específico que servía para acrecentar la cadena en formación de la nueva proteína (fig. 14). Cuando se identificó este código genético se obtuvo la llave maestra universal para conocer cómo se sintetizaban todas las proteínas (fig. 15) y se determinó la esencia del dogma central de la biología molecular, que pudo resumirse con este simple esquema:

ADN -------------------> **ARNm** ---------------> **proteína**

replicación transcripción traducción

En el ADN residían los "planes" informativos para organizar todo el funcionamiento de la célula, pero eran en realidad las proteínas los auténticos ejecutores de dichos planes, las moléculas encargadas de llevar a la práctica todas las reacciones químicas que requiere la vida. Es decir, que el mensaje vital estaba escrito en todos los seres vivos mediante un doble lenguaje: el del ADN de sólo cuatro letras (las bases nitrogenadas A,T,C y G) y el de las proteínas, con 20 letras distintas (el número total de aminoácidos).

ESTRUCTURA GENERAL DE LOS ÁCIDOS RIBONUCLEICOS (ARN)

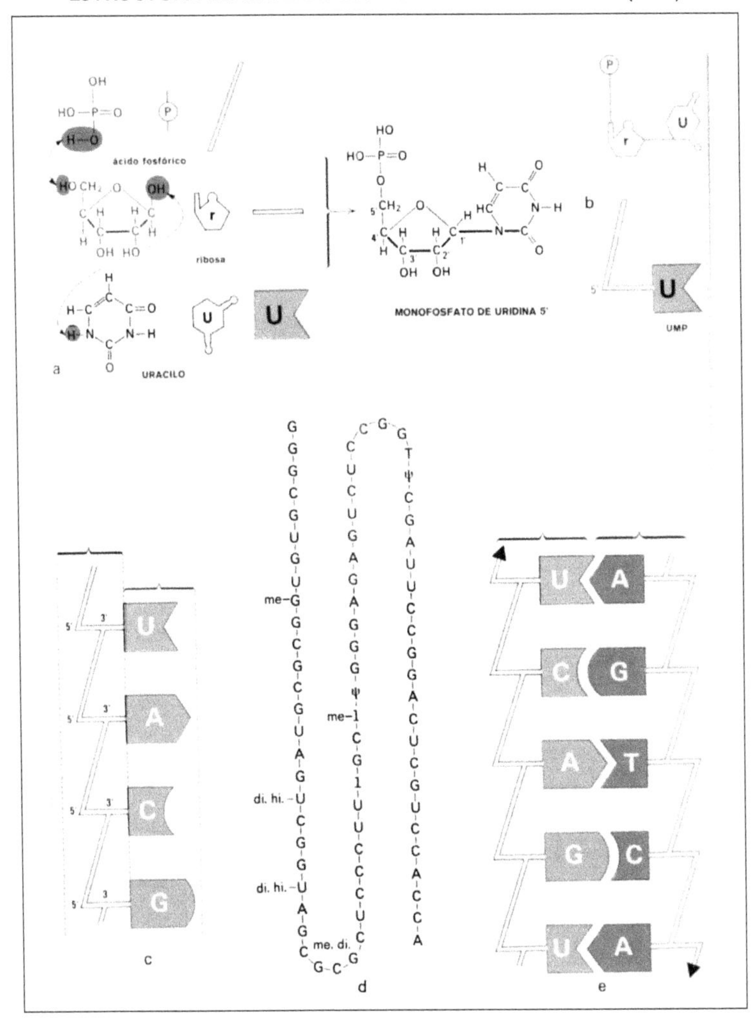

Figura 13

Estructura general de los ácidos ribonucleicos (ARN): a) moléculas elementales constituyentes de un nucleótido; b) representación de un determinado nucleótido, el monofosfato de uridina; c) cadena formada por cuatro nucleótidos diferentes; d) estructura primaria de un ARN de transferencia en la que sólo se señala el encadenamiento de los nucleótidos identificados por la letra correspondiente a su base nitrogenada; e) esquema de una molécula híbrida de ARN y ADN (Durand & Favard, 1971).

FLUJO DE INFORMACIÓN PARA LA SÍNTESIS DE PROTEÍNAS

Flujo de información para la síntesis de proteínas. La serie de nucleótidos del ARNm se forma a partir de una hebra del ADN cuando éste se desespiraliza en el proceso de la transcripción, indicado en la parte superior de la figura. Después, en la parte central, se señala cómo estos nucleótidos en grupos de tres (tripletes) se unen a ciertos ARN de transferencia (ARNt) que portan cada uno de ellos un determinado aminoácido. Esta últimas moléculas, representadas en la figura mediante rectángulos, son los eslabones de las cadenas proteínicas. Así, poco a poco, se van enlazando los distintos aminoácidos hasta completar toda la proteína en el proceso de la traducción (Alberts, 1986).

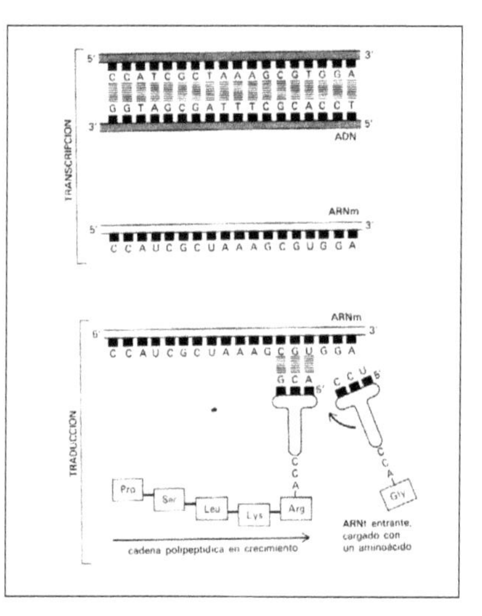

Figura 14

CÓDIGO GENÉTICO

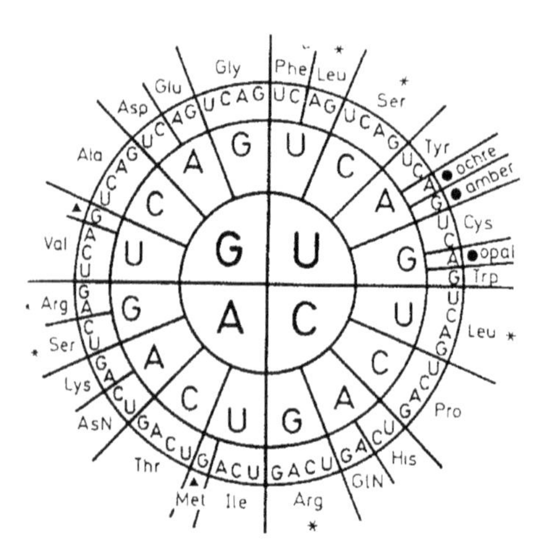

Figura 15

Esquema para leer el código genético. Alineando de dentro hacia afuera tres de las letras que aparecen en los círculos concéntricos y que representan a las bases nitrogenadas del ARNm, es posible determinar qué aminoácido del círculo exterior, señalado por su abreviatura, es codificado por tal triplete. Así, por ejemplo, los tripletes UUU y UUC codifican al mismo aminoácido fenilalanina (Phe). Los asteriscos indican aquellos aminoácidos que aparecen dos veces en el círculo exterior. Los tripletes terminales con los que finaliza la síntesis proteica vienen señalados por un círculo negro, mientras que el triángulo muestra los tripletes iniciales.

En el cuarto período, entre 1975 y 1985, se inician ya las técnicas de la "nueva genética" que empiezan a manipular el ADN, a trocearlo, secuenciarlo e hibridarlo. La ciencia de la herencia deja de ser un estudio teórico para convertirse en una disciplina práctica, tecnológica y manipulativa. Se empieza ya a poder tocar los genes, a partir las cadenas del ADN, a cortar y empalmar por donde conviene. Incluso se superan las barreras tradicionales entre las especies. Es la época en la que se consigue el trasplante de material genético entre organismos tan alejados, desde el punto de vista biológico, como el hombre y la bacteria.

Finalmente el quinto y último período, que va desde 1985 hasta el momento presente, se caracteriza por la llamada "genética inversa". Actualmente se trata de averiguar la estructura y función de los genes pero partiendo de las proteínas que éstos sintetizan, es decir, recorriendo el camino inverso.

8.2. La nueva genética

Las técnicas de manipulación o ingeniería genética se empezaron a emplear a mediados de los años 70 gracias a la posibilidad de romper o fragmentar la molécula de ADN. En efecto, la llamada restricción* consiste precisamente en la partición de las cadenas de ADN en determinados puntos específicos gracias a la acción de unas enzimas denominadas nucleasas de restricción*. Estas moléculas proteicas actúan como si fueran "tijeras" que reconocen determinadas secuencias de bases y cortan allí donde conviene con el fin de obtener fragmentos de ADN que serán posteriormente utilizados (fig. 16). Tales nucleasas son producidas de manera natural por muchas bacterias para protegerse del ataque de los virus invasores y durante la replicación del ADN. A causa del descubrimiento de las nucleasas de restricción, en el año 1979, los investigadores Werner Arber, Daniel Nathans y Hamilton O. Smith, obtuvieron el prestigioso premio Nobel.

La hibridación de los ácidos nucleicos es otra técnica en la que a partir de una sola cadena se pueden obtener, mediante complementación de nucleótidos, moléculas híbridas formadas por dos cadenas (ADN:ADN, ARN:ARN o ARN:ADN).

Así, por medio de la hibridación del ADN, resulta posible determinar el parecido que existe entre dos cadenas procedentes de individuos o especies diferentes. Cuanto mayor sea la tendencia a formar la doble hélice de ADN entre ambas, mayor será también la similitud genética. Este método se suele utilizar para estudiar la posible relación genética existente entre especies diferentes.

TRES TIPOS DE NUCLEASAS DE RESTRICCIÓN

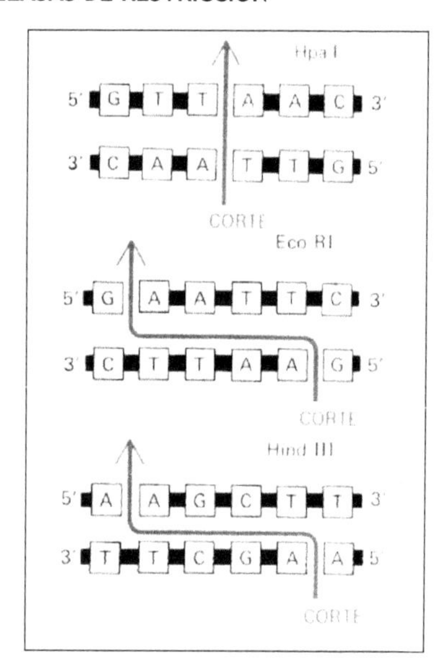

Secuencias de nucleótidos del ADN que son cortadas por tres tipos diferentes de nucleasas de restricción muy utilizadas en ingeniería genética. Tales nucleasas se suelen obtener de varias especies de bacterias. La primera (Hpa I) realiza un corte recto, mientras que las otras dos (Eco RI y Hind III) efectúan una rotura escalonada (Alberts, 1986).

Figura 16

La secuenciación de los ácidos nucleicos es otro método que permite leer directamente la información genética que éstos contienen. Por medio de técnicas de marcaje radiactivo y electroforesis es posible descubrir el orden en que se hallan los distintos nucleótidos en el ADN o ARN. Con este sistema se han determinado ya las secuencias completas del ADN de miles de genes de animales y seres humanos. Se conocen, por ejemplo, las secuencias de nucleótidos de los genes que codifican proteínas como la insulina, la hemoglobina, el interferón y el citocromo c. Esto ha permitido averiguar también el orden que siguen los aminoácidos en las proteínas, al conocer primero la secuencia de los nucleótidos en el gen que determina dichas proteínas. Como la cantidad de información acerca de las secuencias de ADN es tan enorme, ya que los 23 cromosomas distintos que posee el hombre presentan casi 3.000 millones de pares de nucleótidos, este trabajo de secuenciación es lento y requiere la utilización de muchos ordenadores.

Finalmente, el clonado del ADN es la última técnica manipulativa mediante la cual es posible integrar un fragmento de ADN, perteneciente a cualquier especie animal o vegetal, en el interior de un virus o plásmido con el fin de introducirlo en bacterias o levaduras para que éstas puedan amplificarlo o reproducirlo convenientemente. En síntesis, la ingeniería genética consiste precisamente en esto, en introducir un determinado gen humano o animal en una bacteria o célula huésped para que ésta comience a fabricarlo en serie (clonarlo) o a producir la proteína que tal gen codifica. Todo esto fue posible gracias a la obtención por Paul Berg, en 1980, de la primera molécula de ADN recombinante*, trabajo por el que también recibió el premio Nobel. La recombinación es, por tanto, la unión artificial de distintos fragmentos de ADN de procedencias diferentes. Este "pegado" automático de tales fragmentos puede realizarse por medio de unas enzimas llamadas ADN ligasas* que facilitan el apareamiento de las bases complementarias de los dos extremos de ambas cadenas (figs. 17 y 18).

FORMACIÓN DE UN PLÁSMIDO RECOMBINANTE

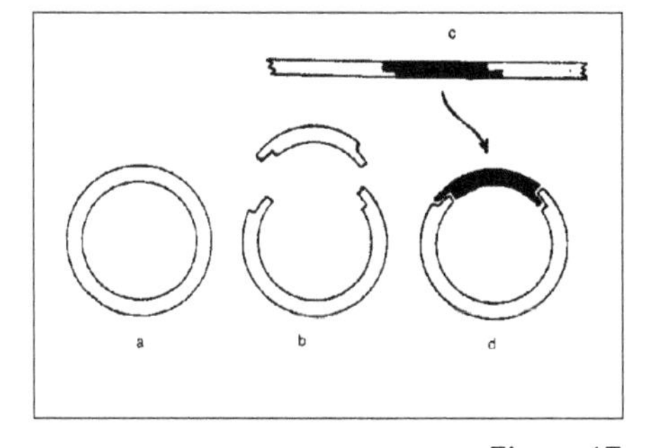

Formación de un plásmido recombinante: a) representación de un plásmido bacteriano formado por ADN circular; b) mediante las nucleasas de restricción es posible cortar un fragmento de dicho plásmido; c) al mismo tiempo puede ser cortado otro fragmento de ADN de cualquier otra célula vegetal o animal que interese clonar; d) mediante las enzimas ADN ligasas se pegan los fragmentos para dar lugar al plásmido recombinante (Gafo, 1992b).

Figura 17

TRANSFERENCIA A BACTERIAS DEL GEN DEL INTERFERÓN HUMANO

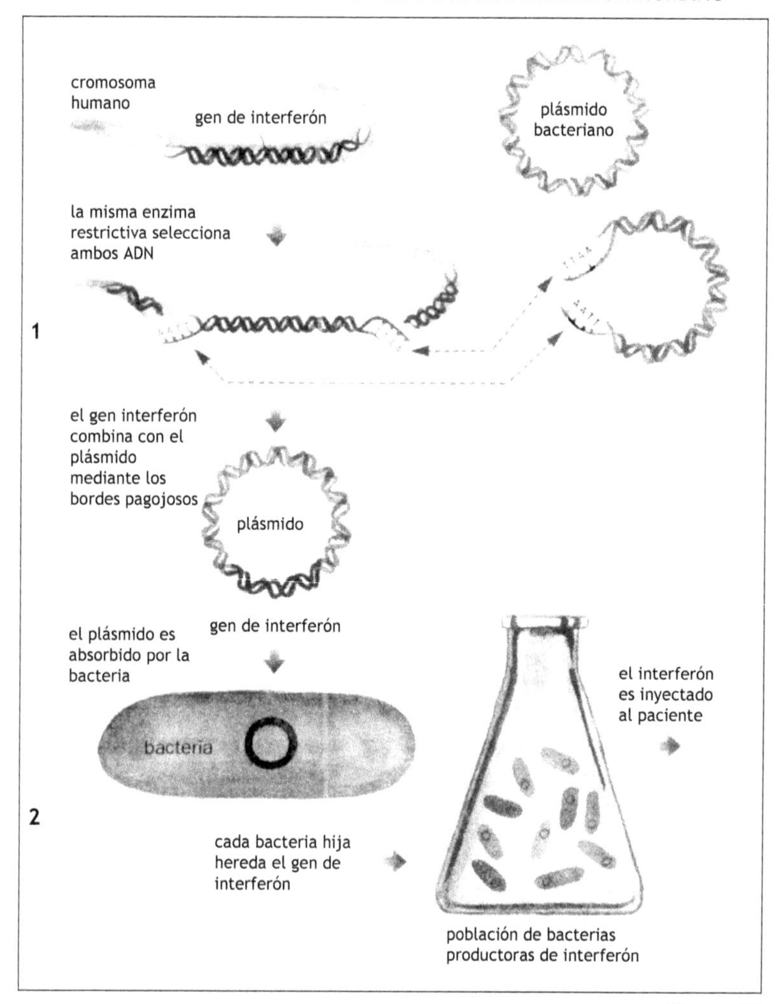

Figura 18

Transferencia a bacterias del gen del interferón humano. El interferón es una de las varias proteínas que aumenta la resistencia de las células humanas al ataque de los virus: 1) el gen que sintetiza el interferón y que se halla en el cromosoma humano es cortado mediante enzimas restrictivas (endonucleasas) y empalmado a un plásmido bacteriano; 2) este plásmido manipulado actúa como vector y se introduce en bacterias que se reproducen originando más interferón. Tales bacterias se convierten así en factorías productoras de interferón humano (Grace, 1998).

a. Las herramientas vivas de la ingeniería genética

Si durante las etapas intermedias del desarrollo histórico de la genética, el organismo preferido por los genetistas para sus experimentos fue, sin duda, la famosa mosca del vinagre, *Drosophila melanogaster*, en los últimos tiempos han sido los microorganismos quienes han cautivado a los investigadores, de manera especial la bacteria *Escherichia coli* (fig. 19). Se trata de un colibacilo fácil de conseguir ya que vive en el intestino humano. Fue descubierto en 1895 por Escherich y su éxito en el campo de la genética se debe además a la rapidez con que se reproduce, cada 20 minutos, así como a la sencillez de su ADN. Sólo posee un único cromosoma circular constituido por unos cuatro mil genes. Pero además de este ADN cromosómico, la bacteria tiene otro tipo de ADN contenido en unos minúsculos anillos de número variable, diseminados por el citoplasma, los llamados plásmidos*. Cada una de tales estructuras circulares presenta alrededor de diez genes con información que puede ser transmitida a otras bacterias por medio del proceso de la conjugación*. Cualquier bacteria es capaz de emitir una especie de tubo estrecho que alarga hasta contactar con otra y logra así intercambiar material hereditario. De esta manera es como ciertas bacterias, que han conseguido sobrevivir a determinados antibióticos, pueden pasar los genes de tal resistencia a otras bacterias hermanas y hacerlas también inmunes como ellas (fig. 20). Por todo esto, la *E. coli* es actualmente uno de los principales instrumentos de la manipulación genética ya que sus propios plásmidos se utilizan como vectores para introducir genes extraños en su interior e iniciar así el proceso de fabricación de ciertos productos biológicos.

BACTERIA *Escherichia coli*

La bacteria *Escherichia coli*, llamada también colibacilo, ha sido el ser vivo más estudiado durante los últimos cuarenta años de existencia de la ingeniería genética. De ahí que su patrimonio hereditario sea el que mejor se conoce actualmente. Esta imagen ha sido realizada mediante microscopia electrónica (Davies, 1987).

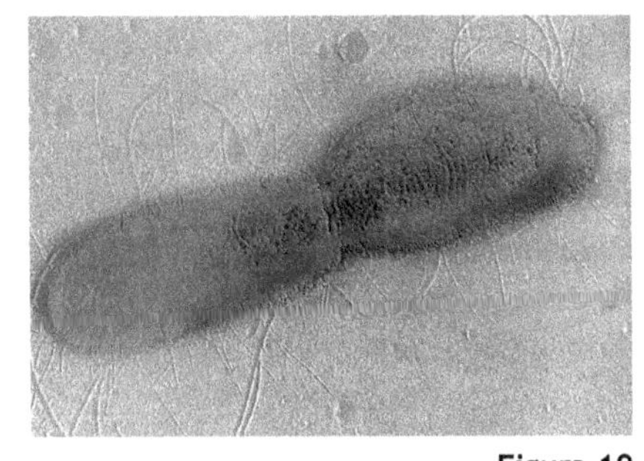

Figura 19

CONJUGACIÓN DE BACTERIAS *Escherichia coli*

Figura 20

Conjugación de bacterias *Escherichia coli*. En el inicio de la conjugación, la célula donadora, más estrecha y alargada, transfiere ADN a la célula receptora que es algo más esférica. Entre ambas se establece un puente citoplasmático a través del cual pueden pasar los plásmidos de ADN; el puente citoplasmático constituye ya un verdadero "pelo sexual" que hace posible la conjugación o sexualidad bacteriana. De esta forma, las bacterias pueden traspasarse su capacidad de resistencia frente a determinados antibióticos (Roland & Szöllösi, 1976).

b. Los virus bacteriófagos

Algunos autores se refieren a los virus* como microorganismos de estructura muy rudimentaria que no llegan a ser células. Otros afirman que son partículas microscópicas sumamente sencillas. Lo cierto es que sólo pueden reproducirse cuando parasitan el interior de alguna célula huésped. Fuera de tales células son completamente inertes y se les llama viriones*. Su metabolismo es mínimo o prácticamente inexistente. Por eso se dice que están en la frontera de la vida. Los virus constan de tres partes: un genoma vírico formado por una o varias moléculas de ácido nucleico, que puede ser ADN o ARN pero nunca los dos juntos; un recubrimiento de naturaleza proteica llamado cápside* (o cápsida) que sirve para proteger al ácido nucleico; y una cubierta membranosa, presente sobre todo en un grupo de virus como los que provocan la rabia, la hepatitis, la gripe, la viruela y el SIDA, que lleva unas proteínas capaces de reconocer a las células huésped e inducir en ellas la penetración de los viriones (fig. 21).

El tamaño de los virus es tan pequeño que la mayoría sólo pueden ser observados a muy elevado aumento, mediante microscopía electrónica. Antiguamente se les llamaba "virus filtrables", es decir, "venenos" capaces de atravesar los filtros que retienen a los demás microorganismos como las bacterias. Cuando un determinado virus introduce su ácido nucleico en el citoplasma de una célula, consigue poner todo el complejo mecanismo biológico de ésta a su servicio y empieza a fabricar copias de sí mismo hasta que la célula es destruida, produciéndose entonces la lisis o muerte celular, y de su interior surgen cientos de virus idénticos al invasor. Cada uno de los cuales irá a parasitar una nueva célula. Este ciclo biológico se conoce como ciclo lítico puesto que termina por destruir la célula huésped.

Un tipo especial de virus, que ha tenido mucha importancia en ingeniería genética, es el de los bacteriófagos* o fagos que, como su nombre indica, subsisten y se reproducen parasitando bacterias (figs. 22 y 23). Existen dos clases de fagos, los *virulentos*, que presentan un ciclo lítico y acaban, por tanto, con la célula huésped y los *atenuados*, en los que el ácido nucleico una vez unido al cromosoma de la bacteria puede quedarse allí de forma inactiva, reproduciéndose con la bacteria y pasando de generación en generación hasta que, en un momento dado, empieza a actuar como si se tratase de un fago virulento y destruye a la bacteria que lo contiene (figs. 24 y 25).

ESTRUCTURA DE LOS VIRUS

Estructura general de los virus. 1) genoma vírico formado por una cadena de ácido nucleico; 2) cápsida de proteínas que envuelve al genoma; 3) nucleocápsida constituida por el genoma y la cápsida; 4) capsómeros o proteínas globulares dispuestas de forma regular y simétrica que integran la cápsida; 5) cubierta membranosa formada por glucoproteínas (a) y lípidos (b). Las pequeñas esferas que rodean al virus son un tipo especial de proteínas capaces de reconocer a la célula huésped que será parasitada (del Hoyo, 1991).

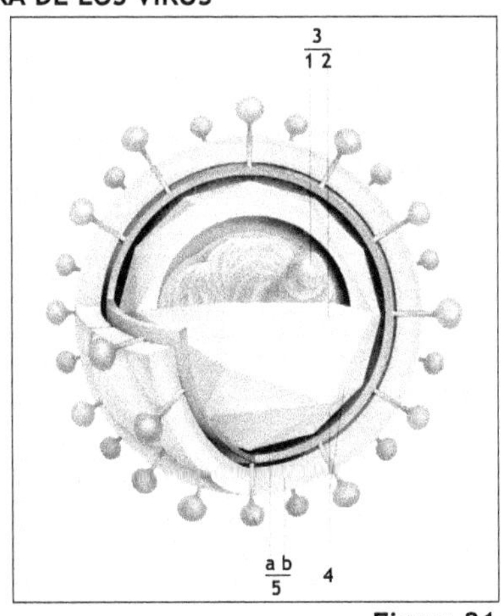

Figura 21

FOTOGRAFÍA DE VIRUS BACTERIÓFAGOS T4 AL MICROSCOPIO ELECTRÓNICO

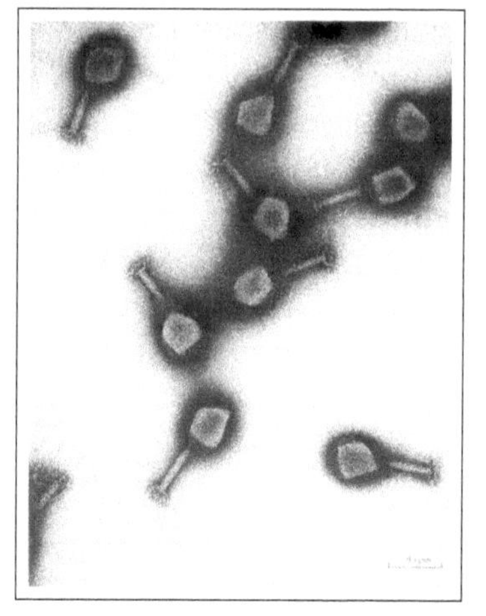

Fotografía de virus bacteriófagos T4 al microscopio electrónico (240.000 aumentos). Se observa en oscuro la cabeza poligonal de cada virus, así como la cola estriada en la que se insertan las seis fibras del sistema de fijación (Roland & Szöllösi, 1976).

Figura 22

DIBUJO DE UN BACTERIÓFAGO T4

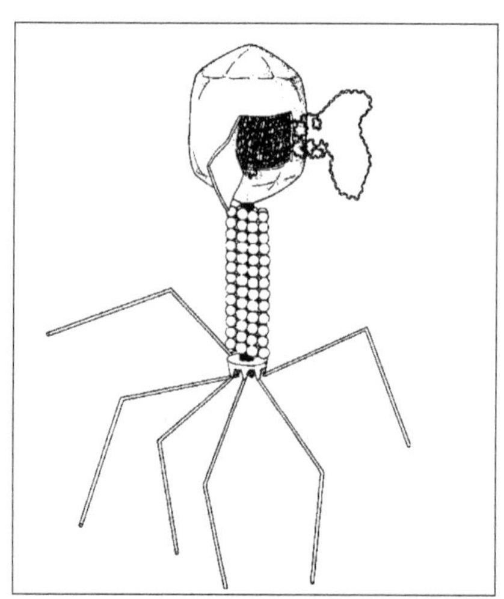

Figura 23

Dibujo de la estructura de un virus bacteriófago T4. La cabeza contiene la hélice de ADN. La vaina de la cola contráctil está formada por 144 esferas proteicas, mientras que las seis largas fibras que forman la cola proporcionan un mecanismo de anclaje para adherirse a la superficie de la bacteria (DuPraw, 1971).

CICLO LÍTICO DE UN VIRUS BACTERIÓFAGO

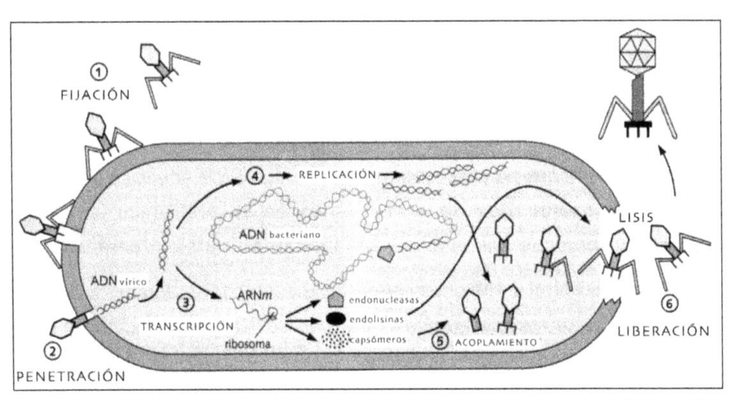

Figura 24

Ciclo lítico de un virus bacteriófago T4: 1) fase de fijación en la que los fagos clavan sus espinas basales en la pared celular de la bacteria; 2) durante esta fase, llamada de penetración, el fago perfora la pared bacteriana mediante unos enzimas que lleva en su placa basal. Después se contrae la vaina de la cola y el ADN vírico se introduce en el citoplasma de la bacteria; 3) fase de eclipse en la que todavía no se observan virus en el interior de la bacteria pero existe gran actividad metabólica: el ADN del fago, gracias al mecanismo de la transcripción, forma ARNm utilizando los nucleótidos del ADN bacteriano. Gracias a este ARNm vírico se forman proteínas como las endonucleasas, endolisinas y los capsómeros que servirán para formar nuevos virus idénticos al invasor; 4) el ADN del virus se replica muchas veces gracias a las enzimas de la bacteria; 5) en la fase de acoplamiento se ensamblan los capsómeros para formar las cápsidas y los ácidos nucleicos penetran en el interior de éstas; 6) por último, en la fase de lisis o liberación, tiene lugar la muerte de la bacteria a causa de la acción de la endolisina y cientos de nuevos viriones salen al exterior dispuestos a infectar otras bacterias.

BACTERIA INFECTADA POR VIRUS

Microfotografía de una bacteria infectada por virus bacteriófagos T4. El ciclo infeccioso está casi completo y la bacteria está a punto de romperse, liberando cientos de nuevas partículas víricas infecciosas (Alberts, 1986).

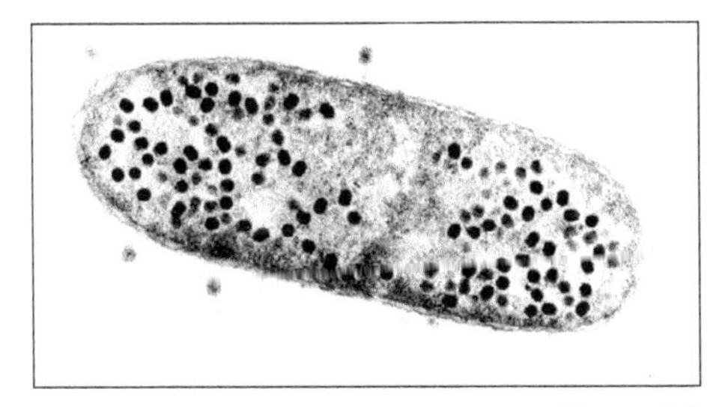

Figura 25

Cuando los virus bacteriófagos generados en el ciclo lítico aniquilan a la bacteria invadida, salen de ella para dirigirse en busca de nuevas bacterias a quienes infectar. En este proceso, parte del ADN bacteriano puede quedar insertado en el ácido nucleico de los virus y transmitirse así a otras bacterias cuando éstas sean invadidas. De manera que los virus actúan como vehículos o vectores que transfieren información genética entre las bacterias parasitadas. Tal propiedad es la que ha conseguido imitar la ingeniería genética para introducir genes humanos o de otros organismos en el interior de las células bacterianas y conseguir que empiecen a fabricar las proteínas deseadas.

¿Qué es, por tanto, la ingeniería genética? ¿una nueva ciencia, o una tecnología? Aunque los resultados que se obtienen de la manipulación de genes sirven para hacer progresar el conocimiento científico de los seres vivos, no cabe duda de que la ingeniería genética es un conjunto de técnicas que permiten aislar genes, modificarlos y transferirlos desde su organismo original a otra especie diferente, con el fin de crear sustancias útiles para el bienestar de la humanidad. Se trata, desde luego, de una tecnología revolucionaria ya que supone un salto cualitativo que rompe, por primera vez, las barreras biológicas existentes entre los seres vivos. Una disciplina que unifica las ciencias naturales con las de la ingeniería para obtener productos y beneficios.

HISTORIA DE LA MANIPULACIÓN GENÉTICA

1665 El británico Robert Hooke descubrió por primera vez las células y les dio este nombre, observando láminas delgadas de corcho.

1675 Un fabricante de lentes holandés, Anton van Leeuwenhoek, mejoró el microscopio óptico y consiguió ver espermatozoides e incluso bacterias.

1839 Dos biólogos alemanes, Matthias Schleiden y Theodore Schwann, enunciaron la teoría celular, que postula que todos los seres vivos están formados por células.

1859 Charles Darwin publicó *El origen de las especies por medio de la selección natural*, obra en la que se exponía la teoría de la evolución de los seres vivos.

1866 El fraile agustino Gregor Mendel publicó *Experimentos con plantas híbridas*, obra que sentaba las bases de la herencia, aunque no se tuvo en cuenta hasta muchos años después.

1869 El fisiólogo suizo Johann Miescher descubrió una sustancia en el núcleo de las células, a la que llamó *nucleína* y que resultó ser el ácido desoxirribonucleico (ADN).

1902 Archibald Garrod pensó que eran los genes quienes portaban las instrucciones para sintetizar las proteínas.

1910 El genetista norteamericano, Thomas Hunt Morgan, trabajando con la mosca de la fruta, estableció que los genes se encontraban en los cromosomas.

1928 El científico británico, Fred Griffith, realizó un experimento con bacterias mediante el que descubrió que algún tipo de "principio transformador" transmitía la virulencia desde ciertas bacterias muertas a otras vivas.

1941 Dos biólogos estadounidenses, George W. Beadle y Edward L. Tatum, propusieron la hipótesis conocida como "un gen-una enzima", en la que se establecía que cada gen sintetiza una determinada enzima.

1944 El bacteriólogo canadiense, Oswald T. Avery, y su equipo demostraron que los genes estaban constituidos por ADN y que eran, por tanto, los que contenían la información genética, y no las proteínas.

1953 Los conocidos premios Nobel, James D. Watson y Francis H. C. Crick, dedujeron la estructura en doble hélice del ADN, a partir de los resultados radiográficos de Franklin y Wilkins.

1961 Marmur y Doty descubrieron la renaturalización del ADN, estableciendo la especificidad y la posibilidad de las reacciones de hibridación de los ácidos nucleicos.

1965 Werner Arber, Daniel Nathans y Hamilton O. Smith descubrieron las enzimas llamadas nucleasas de restricción, capaces de

cortar al ADN. Por este hallazgo se les otorgó el premio Nobel en 1979.

1967 El código genético completo fue descifrado por Severo Ochoa, Har Gobind Khorana y Marshall Nirenberg.

1967 Gellert descubrió la ADN ligasa, enzima que une los fragmentos de ADN.

1969 El equipo científico de J. Shapiro consiguió aislar el primer gen.

1969 P. Berg demostró que fragmentos de un virus de primate, el SV40, eran capaces de unirse al genoma de una bacteria. Surgió así la técnica del ADN recombinante. En el año 1980 se le concedió por este descubrimiento el premio Nobel.

1970 El hindú H. G. Khorana y sus colaboradores sintetizaron el primer gen en el laboratorio.

1973 Los científicos S. N. Cohen y A. Chang obtuvieron el primer plásmido recombinante mediante manipulación genética.

1973 Los mismos investigadores, S. N. Cohen y A. Chang, junto con H. Boyer, lograron transferir el primer gen de origen animal, del sapo *Xenopus laevis* a una bacteria *Escherichia coli*.

1973 Un grupo de especialistas, en el que figuraba H. Boyer, escribieron una carta a las revistas científicas *Nature* y *Science* alertando sobre los peligros de la nueva tecnología genética.

1975 Tuvo lugar la famosa *Conferencia de Asilomar* en la que se propusieron una serie de directrices para regular las técnicas del ADN recombinante.

1975 Se publicaron las dos técnicas de secuenciación de las bases nitrogenadas de los genes, propuestas por W. Gilbert y por F. Sanger, investigadores a los que se les concedió el premio Nobel en 1980.

1978 Maniatis y colaboradores idearon un método para conservar el genoma de cualquier organismo, convenientemente troceado, en el interior de virus bacteriófagos. Se empezó a hablar de genotecas.

1981 Se idearon las "máquinas génicas" o sintetizadores automáticos de genes que producen genes artificiales y segmentos cromosómicos.

1982 Los investigadores estadounidenses, Ralph Brinster y Richard Palmiter, obtuvieron en el laboratorio ratones transgénicos gigantes que poseían doble tamaño que el normal.

1984 Dos años después los mismos autores anteriores consiguieron corregir el enanismo hereditario de algunos ratones.

8.3. Manipulación genética del ser humano

El término "manipulación" posee ciertas connotaciones peyorativas. Manipular significa manejar algo cambiando su naturaleza con la intención de sacar algún provecho. Pero la misma palabra puede referirse también simplemente a la acción de manejar con las manos o mediante instrumentos. Por lo que respecta a la ingeniería genética, es verdad que el conocimiento científico puede emplearse de manera incorrecta y ser, por tanto, manipulativo del ser humano en su peor sentido, pero también cabe la posibilidad de que este saber sea utilizado inteligentemente en provecho de la humanidad. Con el fin de evitar la ambigüedad etimológica de tal concepto, en el presente trabajo se empleará siempre "manipulación genética" en este segundo sentido, sin las implicaciones negativas aludidas.

Antiguamente se consideraba que la salud física de las personas dependía sobre todo de la buena suerte o del buen comportamiento moral de los padres y familiares. En ocasiones, la enfermedad era considerada como una maldición que convenía ocultar o como un inevitable castigo por las faltas cometidas. Sin embargo, en la actualidad las personas no suelen estar tan dispuestas a aceptar sus males fisiológicos. Los cuerpos ya no se ven como esclavos del destino o como cárceles del alma sino que, de alguna manera, los adelantos biomédicos han contribuido a hacer del organismo humano un objeto más de consumo. La visita periódica al médico y los chequeos rutinarios tienen como finalidad mantener y reparar la maquinaria biológica para evitar su deterioro o atajar a tiempo cualquier posible avería. Tales prácticas, que en principio son claramente positivas, demuestran también en cierta medida el grado de materialismo en que se desenvuelve nuestra cultura. El dolor y los padecimientos carecen ya de sentido porque se dispone de las últimas herramientas médicas. Cada afección importante posee un abanico de posibles soluciones en función del presupuesto económico. Pero ¿no contribuye tanta previsión tecnológica a devaluar al ser humano? ¿no se está reduciendo la persona a un montón de materia prima médica? ¿se corre el peligro, con este reduccionismo, de tratar al hombre como si sólo fuera una cadena de nucleótidos? No conviene perder de vista que en biología el todo no es igual a la suma de las partes. La criatura humana es mucho, muchísimo más, que un conjunto de órganos o un puñado de genes.

El hombre, como objeto de estudio de la manipulación genética, puede ser investigado según los diferentes estratos de su organización biológica. Es decir, a nivel molecular, celular, embrionario, como individuo adulto y también desde el punto de vista de las poblaciones.

a. Modificación del ADN humano

Todas las diferencias físicas que existen entre las personas se hallan escritas, desde mucho antes de nacer, en minúsculos pedazos de ADN. Las características que harán de cada cual una criatura vigorosa y saludable o, por el contrario, un ser enfermizo que vivirá pocos años, se encuentran determinadas por el azar de los genes y anotadas en el propio ácido nucleico. Lo que pretenden las nuevas técnicas de la manipulación genética es cambiar este destino hereditario obligatorio y curar lo que hasta ahora resultaba incurable.

En la actualidad se conocen más de cuatro mil enfermedades cuyo origen está en genes defectuosos. Muchos de tales trastornos no aparecen hasta edades avanzadas y pueden deberse a la acción de un único gen, de varios que interactúan o incluso a la combinación de factores génicos y ambientales, como pueden ser ciertos alimentos o el uso de determinados productos tóxicos. Los trozos de ADN que provocan algunas de tales dolencias han sido ya identificados mediante sondas génicas y localizados en los cromosomas.

ALGUNOS TRASTORNOS DE ORIGEN GÉNICO

-artritis	-enfermedad de Lesh-Nyhan*
-asma	-esclerosis múltiple*
-anemia falciforme*	-espina bífida*
-cánceres	-esquizofrenia*
-colesterol alto	-fibrosis quística (mucoviscidosis)*
-diabetes*	-hemofilia*
-distrofia muscular*	-hipertensión arterial
-enfermedad de Alzheimer*	-neurofibromatosis*
-enfermedad de Tay-Sachs*	-síndrome de Down*

Muchas de estas enfermedades hereditarias podrán ser tratadas en un futuro próximo por medio de la terapia génica*. Esta técnica, que será analizada posteriormente, consiste en corregir de raíz aquellos defectos de funcionamiento debidos a alteraciones de ciertos genes. Lo que actualmente ya se está haciendo en determinadas dolencias de la sangre, es introducir el gen "sano" en las células enfermas con el fin de que éstas lo asimilen, se reproduzcan y empiecen a fabricar las proteínas adecuadas que pueden curar al paciente.

También resulta posible usar genes humanos para ser introducidos en otros organismos y conseguir proteínas humanas o estudiar los fenómenos de la expresión génica. En este sentido -según se vio- ya se han realizado numerosas experiencias con microorganismos, como bacterias y levaduras. Los genes humanos que originan ciertas proteínas y sobre todo el de la hormona del crecimiento también han sido introducidos en ratones, conejos, ovejas y cerdos, obteniéndose ejemplares transgénicos de mayor tamaño.

Desde el punto de vista de la bioética estos últimos experimentos pueden plantear ciertas cuestiones. ¿Es lo mismo introducir un gen humano en un microbio que no lo utiliza para sí y que sólo fabrica insulina para ser inyectada después a los enfermos de diabetes, que colocar el gen humano de la hormona del crecimiento en una oveja para que lo utilice eficazmente, sea más grande y viva mejor? ¿Hay alguna diferencia ética entre ambos casos? ¿Tienen carácter sagrado los genes humanos? ¿Pueden considerarse ciertos genes como éticamente más valiosos que otros? El respeto a la dignidad humana pasará siempre por salvaguardar la identidad del hombre. Toda manipulación genética que atente contra esta unidad de la especie humana será claramente rechazable desde la ética cristiana. No obstante, en la perspectiva bíblica la vida no es un concepto unívoco. Hay importantes diferencias de grado entre la vida vegetativa, la animal y la humana.

b. Manipulación de células

En el cuerpo humano coexisten dos clases de células bien distintas. Las *somáticas*, que constituyen la inmensa mayoría de los tejidos o estructuras orgánicas, y las *germinales*, que sólo son los óvulos y espermatozoides. Es obvio que la manipulación genética de las primeras no supone ningún problema ético. Los cultivos celulares, análisis de sangre, biopsias para detección de cánceres y demás estudios de tejidos humanos, se vienen realizando desde hace bastante tiempo y suelen ser prácticas habituales generalmente aceptadas. Otra cosa diferente son las células germinales. La capacidad de generar a todo el individuo después de la fecundación, las hace especialmente importantes desde la perspectiva ética. Manipular genéticamente un gameto puede tener importantes repercusiones sobre el individuo que nazca. De manera que, tanto desde el punto de vista genético como bioético, hay una gran diferencia entre uno y otro tipo de células.

Un experimento delicado que se da con relativa frecuencia en los laboratorios de reproducción y que tiene que ver con la fecundación "in vitro" entre especies distintas, es el llamado *test del hámster*. Se trata de una técnica utilizada para analizar los cromosomas presentes en el espermatozoide humano. Como el paquete haploide formado por los 23 cromosomas masculinos es tan compacto, resulta imposible observarlos al microscopio. Lo que se hace es fecundar un ovocito de hámster con un espermatozoide humano. Cuando el cigoto híbrido hombre-hámster así obtenido alcanza la fase de mitosis, durante la división del pronúcleo masculino, los cromosomas del hombre se hacen claramente visibles y pueden ser filmados o fotografiados. Aún teniendo en cuenta que tal embrión interespecífico es inviable y que el objetivo es estudiar los cromosomas humanos, lo cierto es que esta práctica crea un verdadero problema ético. ¿Es aceptable la creación de embriones híbridos entre el hombre y otros animales? ¿Qué ocurriría si se fecundasen óvulos de chimpancé, gorila u orangután con esperma humano? ¿serían también inviables? ¿hasta qué estado de desarrollo embrionario sobrevivirían?

En nuestra opinión tales prácticas rebasan el límite ético que puede permitirse en investigación científica. No en vano el Consejo de Europa y la mayoría de las legislaciones bioéticas de todo el mundo prohiben claramente la fecundación "in vitro" entre especies distintas. Lo que resulta insólito es que la ley española (35/1988) sobre "Técnicas de reproducción asistida" autorice dicho test. En efecto, en el artículo 14.4 puede leerse:

«¿Es aceptable la creación de embriones híbridos entre el hombre y otros animales? ¿Qué ocurriría si se fecundasen óvulos de chimpancé, gorila u orangután con esperma humano?»

«Se autoriza el test del hámster para evaluar la capacidad de fertilización de los espermatozoides humanos, hasta la fase de división en dos células del óvulo del hámster fecundado, momento en el que se interrumpirá el test».

Como señala el profesor Lacadena: *«el caso del test del hámster es un ejemplo clarísimo de lo que sucede muy frecuentemente: que las normas éticas y jurídicas van por detrás de los hechos científicos. Se trata de justificar éticamente o regular jurídicamente lo que ya es una realidad en el campo de la biomedicina»* (Lacadena, 1992b: 477). Esta es una de esas tendencias de la sociedad que, desde luego, habría que cambiar.

c. Manipulación genetica de individuos (terapia génica)

Por terapia génica* (TG) se entiende la introducción de material genético en un ser humano con la intención de corregirle algún defecto o enfermedad hereditaria. Hay que decir que dentro de tal administración de genes, hoy por hoy, se descarta totalmente la manipulación de la inteligencia, así como del comportamiento o el aspecto físico. De manera que cuando se hable acerca de los problemas éticos de tales aplicaciones, se deberá tener en cuenta que se está pensando en un futuro relativamente lejano.

Desde que en 1991 se celebró el primer congreso internacional dedicado a la terapia génica, son numerosos los casos de transferencia de genes realizados en América, Europa y Asia. Los temores que al principio despertaban tales técnicas parecen haber disminuido considerablemente a la vista de los resultados obtenidos. Las principales dolencias candidatas para la aplicación de la TG son, ante todo, aquellas que se originan a causa de un solo gen defectuoso recesivo. Es decir, las llamadas enfermedades monogénicas. En las demás afecciones hereditarias, como las producidas por anomalías en los cromosomas, por genes dominantes o por varios genes a la vez (enfermedades poligénicas), no es posible de momento aplicar la TG.

Algunos de los padecimientos que fueron señalados para ser tratados mediante esta técnica son: la enfermedad de Lesch-Nyhan*, debida a la ausencia de la enzima HPRT (hipoxantina-guanina fosforibosil transferasa) que produce deficiencia mental y una tendencia compulsiva al automutilamiento; la PNP o deficiencia en polinucleótido fosforilasa que origina una grave inmunodeficiencia y la ADA o deficiencia en la enzima adenosín desaminasa, conocida también como enfermedad de los "niños burbuja", pacientes que deben permanecer aislados ya que su sistema inmunitario no posee las necesarias defensas. Estas tres enfermedades se caracterizan, cada una, por la falta de una determinada enzima que viene, a su vez, codificada por un gen concreto. Bastaría con sustituir tal gen deletéreo por otro sano en algunas células de la médula ósea, que es la región productora de esta enzima, para que el organismo comenzara a producirla y el enfermo sanara. Esto ya se ha podido realizar y los éxitos en tales trasplantes de médula indican que se va por el camino correcto.

La terapia génica teóricamente podría aplicarse a las células somáticas *(TG somática)* o también a las células germinales *(TG germinal)*. Tanto la metodología como las implicaciones éticas de cada uno de estos dos tipos de manipulación genética son diferentes.

Terapia génica en células somáticas

La TG en células somáticas, llamada también *terapia de paciente*, consiste en extraer células del enfermo para insertar en ellas los genes sanos que poseen un efecto dominante sobre los defectuosos. Estas células manipuladas se introducen de nuevo en el órgano afectado del paciente para que comiencen a fabricar las enzimas que le curarán. En cambio, en la TG en células germinales lo que se manipularía serían espermatozoides, óvulos o las células madres que les dan origen (espermatogonias u ovocitos). Esto debería hacerse antes de la fecundación o en las primeras fases del desarrollo embrionario.

Para introducir genes terapéuticos en células somáticas enfermas pueden seguirse dos estrategias: la TG *in vivo* y la TG *ex vivo* (Coloma, 1998: 75). En el primer caso el material genético se transfiere directamente al interior de las células del enfermo. Esto se realiza mediante la inyección de vectores adecuados, como ciertos virus o liposomas*, cuando no resulta posible extraer las células del paciente y hacerlas crecer en un medio de cultivo adecuado. Tal sería el caso de las neuronas del tejido nervioso. En la TG *ex vivo*, por el contrario, se extraen las células del paciente y en el laboratorio se les implanta el gen clonado. Una vez que se han multiplicado convenientemente son reimplantadas en el mismo individuo. Esta técnica sólo puede realizarse en tejidos capaces de sobrevivir fuera del organismo como las células sanguíneas, la piel, el tejido hepático, etc. Hay varias formas de realizar la TG en las células somáticas: a) *insertando* un gen sano que anule el efecto del gen causante de la enfermedad; b) *modificando* el gen defectuoso en el interior mismo del núcleo celular y c) *sustituyendo* el gen anómalo por el normal en una especie de cirugía genética. Sin embargo, en la actualidad sólo es técnicamente posible la primera forma de TG aplicada al ser humano, ya que las otras dos sólo se han conseguido en determinados microorganismos.

La primera TG en células somáticas humanas se realizó en Estados Unidos el 14 de septiembre de 1990 en una niña de cuatro años que padecía una inmunodeficiencia grave, la ADA o enfermedad de los niños burbuja. El tratamiento se hizo en dependencias del NIH (National Institute of Health) bajo la dirección de R. Michael Blaese, Kenneth Culver y W. French Anderson. Se trataba de la carencia de la enzima adenosín desaminasa que hacía que ciertos productos tóxicos se acumularan en los linfocitos T* de la sangre. Como consecuencia, éstos dejaban de producir anticuerpos y la paciente se quedaba sin defensas, vulnerable a cualquier tipo de infección. De la pequeña se extrajeron linfocitos T a los que se les transfirió el gen ADA por medio de ciertos virus modificados. Posteriormente se le volvieron a introducir por vía endovenosa, de manera intermitente a lo largo de un año. La niña mostró una clara mejoría, abandonó la burbuja que la protegía y empezó una vida normal.

La mayoría de los ensayos de TG que se realizan hoy conciernen a distintos tipos de cánceres (tumores cerebrales, ováricos, de mama, de colon, leucemia, etc.) así como a la hemofilia, mucoviscidosis e incluso enfermedades contagiosas como el SIDA. Las perspectivas en este sentido son amplias y alimentan muchas esperanzas. También se está intentando la terapia génica cerebral que hasta el presente era imposible ya que las neuronas son células que no se reproducen. Sin embargo, en el futuro mediante la utilización de vectores derivados del virus *Herpex simplex,* que permiten introducir genes modificados en tales células, es posible que se consiga (Archer, 1993: 129).

Se están llevando a cabo tentativas de TG para tratar la distrofia muscular por medio del trasplante de mioblastos genéticamente manipulados; asimismo determinadas dolencias oculares pueden ser tratadas con vectores que actúan sobre la córnea; se intenta alterar y retrasar el proceso de envejecimiento a través de transferencias génicas. Y, en fin, en un futuro próximo será posible la inyección por vía endovenosa de genes modificados que viajarán en el interior de ciertos virus y enviarán a través de la sangre mensajes genéticos que irán a parar a los cromosomas de células del hígado, cerebro, músculos, páncreas, etc. Será entonces cuando la TG expresará todas sus posibilidades y revolucionará por completo la medicina. No obstante, los mecanismos que regulan la expresión de muchos genes son todavía mal conocidos y la inserción correcta de estos genes en el genoma de las células afectadas continúa siendo azarosa o poco controlada. De momento, hace falta mucho estudio e investigación biomédica para perfeccionar todas estas técnicas y hacerlas más seguras de cara a su aplicación en la sanidad pública.

Terapia génica en células germinales

La TG en espermatozoides y óvulos, llamada también *terapia del embrión,* es bastante más difícil de practicar que en el resto de las células somáticas. Los gametos masculinos presentan un núcleo muy compacto que se resiste a las técnicas químicas o físicas de penetración. Pero es que además, como se necesitan tantos, sería menester manipular millones de ellos para tener una cierta seguridad de que alguno consigue fecundar al óvulo. Los gametos femeninos, óvulos u ovocitos, son más fáciles de tratar que los masculinos y esta operación podría realizarse también antes de la fecundación. No obstante, para estar seguros de que tal manipulación genética se ha realizado de forma correcta habría que tomar células o tejido del embrión. Y aquí es donde aparecen los problemas éticos. ¿Qué ocurriría si las células del feto no hubieran asimilado bien los genes manipulados? ¿Se aplicaría el aborto?

Es evidente que los riesgos de la TG germinal son notablemente superiores a los de la TG somática, ya que las posibles modificaciones en el primer caso afectarían al nuevo individuo y alterarían la herencia genética de las futuras generaciones, mientras que la manipulación genética de células somáticas sólo influiría sobre un determinado órgano y no podría ser heredada por los hijos. Hasta el presente, la TG en células germinales solamente se ha realizado en animales por medio de la microinyección del gen adecuado en el pronúcleo del óvulo recién fertilizado. Los resultados obtenidos indican que esta técnica, por el momento, no puede ni debe ser aplicada a los seres humanos. Las principales razones científicas que lo desaconsejan son: el elevado número de fracasos, ya que el éxito sólo se consigue en el 2% de los casos; los efectos secundarios indeseables, pues como el gen se integra al azar puede ocurrir que se exprese en tejidos y órganos incorrectos; así como la escasa utilidad de esta técnica, ya que en realidad únicamente podría ser eficaz en aquellos casos en que ambos progenitores fuesen homocigóticos recesivos para tal enfermedad. Situación bastante improbable. De todo esto se deduce que, incluso desde el punto de vista técnico, la TG germinal no debe ser aplicada al ser humano.

Valoración ética de la terapia génica

La TG es una técnica biomédica que debe ser vista, en principio, como algo éticamente positivo para luchar contra la enfermedad y el sufrimiento humano. En la variante que afecta a las células somáticas de algunos órganos, se trata de una solución definitiva para ciertos trastornos hereditarios. Sin ninguna duda, es un método mucho más humano que otras "soluciones" que en ocasiones se ofrecen, tales como el aborto eugenésico, la no atención al bebé que nace con ciertas dolencias hereditarias o la prohibición de procrear a quienes presentan taras. Pero también es verdad que la TG sólo debería aplicarse cuando no existe otra alternativa menos arriesgada. Conviene tener en cuenta que se trata de una técnica económicamente muy costosa y que, en la mayoría de los casos, se encuentra todavía en fase de experimentación clínica. De manera que, antes de su aplicación, habría que estar seguros de los beneficios así como de los posibles riesgos para informar convenientemente al paciente.

La situación es muy distinta por lo que respecta a la TG en las células germinales. Son numerosas las opiniones autorizadas que se levantan contra esta práctica argumentando que, una vez que se empiece a aplicar será muy difícil determinar un límite claro donde detenerse y se pasará paulatinamente a una manipulación genética eugenésica y de perfeccionamiento de la especie humana (Archer, 1993: 133). Si se llega a estar en condiciones de introducir genes para curar determinadas enfermedades, ¿acaso no será posible también conseguir una mayor estatura, reducir la obesidad o la calvicie, aumentar la memoria, determinar el aspecto de la cara, el color del pelo, los ojos, etc.? ¿No sería esto como entrar en una nueva era de eugenesia positiva? ¿Quién tendría capacidad para decidir cuáles serían los rasgos genéticos "buenos" y cuáles los "malos"? ¿No atentaría tal terapia contra la libertad de las futuras generaciones y les haría objeto de nuestra planificación?

Pensando en estos posibles peligros algunos países han elaborado leyes que restringen e incluso penalizan a quienes intenten la alteración genética de las células de la línea germinal humana. La ley alemana de defensa de los embriones, que entró en vigor el primero de enero de 1991, castiga tales prácticas con penas de prisión de hasta cinco años. En este mismo sentido se manifestó el Comité Nacional de Ética de Francia en 1990. También la ley española de 1988 adopta la misma actitud con respecto a los embriones *in vitro*. Los 21 países integrantes del Consejo de Europa que suscribieron el Convenio sobre Derechos Humanos y Biomedicina, el 4 de abril de 1997, acordaron que la ingeniería genética *«únicamente podrá tener una finalidad preventiva, de diagnóstico y terapia, y siempre que no tenga por objeto la modificación del patrimonio genético de la descendencia»* (*El País*, 05.04.97).

En tanto que la TG somática realizada con prudencia y respeto hacia el ser humano, tal como se ha señalado, puede considerarse como éticamente aceptable, la TG germinal, por el contrario, despierta numerosos interrogantes éticos y en la actualidad no debiera ser aceptada. Sin embargo, ¿es posible que llegue un día en el que la viabilidad técnica ofrezca suficientes garantías médicas como para llevarla a la práctica? ¿no sería preferible, por ejemplo, erradicar la diabetes en las células germinales, evitando así los sufrimientos, la heredabilidad de la enfermedad y los elevados costes en medicamentos, que mantener a los diabéticos inyectándose insulina durante toda la vida? ¿acaso la TG en células germinales no pasaría entonces a ser un derecho y hasta un deber desde el punto de vista ético? A estas preguntas sólo se les podrá dar una respuesta satisfactoria desde la bioética y la medicina, en algún momento del tercer milenio.

d. Manipulación de poblaciones humanas (eufenesia)

La eufenesia* es la aplicación al ser humano de cualquier fármaco para curar enfermedades de origen genético (Lacadena, 1992b: 489). Se trata de un concepto, propuesto en 1963 por el premio Nobel Joshua Lederberg, que pretende oponerse al de eugenesia. En efecto, si los eugenistas de principios de siglo querían mejorar la especie humana seleccionando el genotipo de las personas, la eufenesia pretende modificar el medio ambiente para que los genotipos defectuosos puedan sobrevivir en él. ¿Cómo es posible hacer esto? Pues simplemente cambiando la dieta alimentaria.

Una muestra de eufenesia sería, por ejemplo, lo que se hizo al añadir yodo a la alimentación de ciertas poblaciones europeas que vivían en zonas montañosas con aguas pobres en este elemento. Las personas que padecían de cretinismo genético y presentaban la glándula tiroides del cuello excesivamente desarrollada (bocio), al tomar yodo de manera continuada, veían como la enfermedad remitía e incluso aumentaba el nivel de inteligencia de la población. Otra muestra aún más importante de eufenesia es la de la fenilcetonuria, ya tratada en el apartado 5.2, en el que el retraso mental provocado por un gen recesivo, se podía evitar administrando al bebé, durante los primeros seis meses de vida, una dieta sin el aminoácido fenilalanina. Es decir, adecuando el ambiente a sus propios genes.

Uno de los principales argumentos eugenistas fue el de considerar que los individuos genéticamente tarados que sobreviven y se reproducen gracias a

los avances de la medicina, constituyen un empobrecimiento genético para la especie ya que consiguen traspasar sus genes deletéreos a la descendencia. Este argumento ha estado siempre detrás de las posturas racistas desde los días de Darwin. Sin embargo, en la óptica de la eufenesia las cosas se ven de otra manera. La existencia de tales errores genéticos en las poblaciones humanas, ¿no sería como el pequeño precio a pagar, si es que estos defectos se pueden corregir tan fácilmente para toda la población? Desde luego, parece que los criterios de la eufenesia están más próximos a los valores evangélicos, sobre todo por lo que se refiere al cuidado de los débiles y enfermos, que los que mantiene su opositora, la eugenesia.

8.4. ¿Qué es la biotecnología?

Una definición quizás demasiado simple de biotecnología podría ser "la comercialización de la biología celular" (Grace, 1998: 22). Mediante esta breve explicación se pretende resaltar la capacidad que poseen los seres vivos para producir sustancias valiosas. En realidad, se trata de un conjunto de técnicas que se utilizan en determinados procesos biológicos, con el fin de obtener materiales útiles para la medicina y la industria. Desde la fabricación de queso, vino, cerveza, pan o yogur, como consecuencia de la fermentación de ciertas levaduras y bacterias, hasta la producción de antibióticos a partir de varias especies de hongos, es posible rastrear la historia de una biotecnología tradicional. Sin embargo, en la actualidad, el término se reserva preferentemente para aquellos procedimientos de la ingeniería genética que pueden modificar las bacterias con el fin de obtener nuevos productos, como hormonas, vacunas, anticuerpos y otras proteínas.

En la Consulta Conjunta realizada a los Expertos sobre Biotecnología y Seguridad de los Alimentos de la FAO/OMS *(Organización para la Alimentación y Agricultura/ Organización Mundial de la Salud)*, que se realizó en diciembre de 1996, la biotecnología moderna fue definida como: «*la integración de ciencias naturales y ciencias de ingeniería para lograr la aplicación de organismos, células y partes de los mismos, y análogos moleculares, para obtener productos y servicios*» (Durán & Riechmann, 1998a: 155). De manera que el concepto de biotecnología suele reservarse para las manipulaciones del patrimonio hereditario que se llevan a cabo en los animales o vegetales, pero no para aquellas que se aplican a la genética humana.

HISTORIA DE LA BIOTECNOLOGÍA

5000 a.C. Los sumerios producían alcohol y vinagre empleando, sin saberlo, microorganismos vivos.

4000 a.C. Se utilizaron ya las levaduas para fabricar pan, vino y cerveza.

1670 En las minas de Riotinto (Huelva, España) se mejoró el cobre con la ayuda de microorganismos.

1680 Se observaron por primera vez los microorganismos con la ayuda del microscopio óptico.

1876 El francés Louis Pasteur descubrió que la causa de las perturbaciones en la fermentación de la cerveza era la presencia de unos microorganismos extraños.

1897 Eduard Buchner descubrió que los enzimas extraídos de las levaduras eran capaces de transformar el azúcar en alcohol.

1910 Se establecieron por primera vez sistemas para purificar a gran escala las aguas residuales mediante el uso de microorganismos.

1914 A partir de ciertos microorganismos se obtuvieron importantes productos químicos como: acetona, butanol y glicerina.

1928 El doctor Alexander Fleming descubrió la penicilina.

1944 Se inició la producción de penicilina a gran escala.

1950 Empezaron a ser descubiertos nuevos antibióticos.

1962 En Canadá se empezó a extraer uranio con la ayuda de microorganismos.

1973 En gobierno de Brasil inició un plan para sustituir el petróleo por alcohol.

1982 Se empezó aproducir insulina humana mediante ADN-recombinante.

a. Nuevos productos biotecnológicos

El principal problema de los diabéticos es que determinadas células de su páncreas no segregan la suficiente cantidad de insulina* que necesitan para regular los niveles de azúcar en la sangre. Se ven, por tanto, obligados a inyectarse esta hormona una o dos veces al día. Antes, la insulina se obtenía a partir de los páncreas de vacas y cerdos. No era idéntica a la humana y provocaba reacciones alérgicas en uno de cada veinte pacientes. Sin embargo, era la única posibilidad que se tenía de regular la enfermedad. Pero en 1982, y gracias a la biotecnología, se consiguió fabricar una insulina humana que evitaba los inconvenientes alérgicos. Fue sintetizado el gen que codifica tal hormona y mediante plásmidos se introdujo en bacterias *Escherichia coli*, que al multiplicarse originaban grandes cantidades de insulina. Si antiguamente se obtenían, por ejemplo, 5 gramos de insulina a partir de los páncreas de 250 vacas, ahora es posible recoger la misma cantidad con sólo 12 kilos de peso húmedo de bacterias. Todo un récord espectacular de la ingeniería genética.

Otra proteína especial relacionada con esta tecnología es el interferón* humano. Se trata de un grupo de moléculas que hacen más resistentes a las células frente al ataque de los virus. Algunos pueden también inhibir la proliferación celular y modificar la respuesta inmunológica de la célula. Estas propiedades hacen de los interferones buenos candidatos en la lucha contra el cáncer. En el pasado, tales proteínas se obtenían de los glóbulos blancos (leucocitos) de la sangre. A partir de dos litros de sangre humana se conseguía casi un microgramo de interferón (Gafo, 1992b: 104). Pero mediante biotecnología, con dos litros de bacterias *Escherichia coli* se producen 50 veces más inferterón que antes. Y, desde luego, resulta mucho más fácil conseguir dos litros de bacterias que dos litros de sangre.

Con la hormona del crecimiento* ocurre prácticamente lo mismo. Es una sustancia humana que únicamente puede obtenerse a partir de la glándula pituitaria del cerebro de cadáveres. Su interés reside en que se emplea no sólo como terapia contra el enanismo, sino también para tratar roturas óseas, osteoporosis, quemaduras graves y determinadas úlceras. Lo que ha permitido la biotecnología es que a partir de un bidón de 500 litros de bacterias *Escherichia coli* pueda obtenerse la misma cantidad de hormona del crecimiento que extrayéndola de 35.000 hipófisis humanas.

También se están consiguiendo logros importantes en el terreno de las vacunas producidas mediante manipulación genética. Enfermedades como la hepatitis B, que con mucha frecuencia lleva a los infectados a contraer cáncer de hígado, gozan ya desde 1987 de una vacuna biotecnológica eficaz. La investigación continúa con otras dolencias como la gripe, trombosis, afecciones renales que requieren frecuentes diálisis, el SIDA y numerosos tipos de cáncer.

La industria puede asimismo beneficiarse notablemente de los productos biotecnológicos. Se están llevando a cabo estudios por parte de empresas públicas y privadas para lograr que determinados cultivos de algas manipuladas genéticamente puedan producir hidrógeno a partir del agua marina y de la energía solar. Este elemento es un excelente combustible que apenas contamina y, lo más importante, procedería de una fuente de energía renovable. También se investiga con ciertas plantas tropicales capaces de producir hidrocarburos que podrían sustituir al actual petróleo. Tales vegetales, después de ser convenientemente modificados y cultivados, producirían sificiente combustible para las necesidades del futuro.

La lista de productos industriales crece y se hace cada año más compleja: obtención de metano a partir de la acción bacteriana sobre materia orgánica; producción de alcoholes como el etanol y el metanol procedentes de fermentaciones vegetales; bacterias que se alimentan de minerales y facilitan así la extración de determinados metales; microorganismos que pueden producir plásticos e incluso descomponer materiales que no son biodegradables; células capaces de producir insecticidas, etc.

Todas estas investigaciones biotecnológicas suponen grandes progresos para la industria y, por lo tanto, están siendo impulsadas por fuertes intereses económicos. Pero desgraciadamente tal afán de lucro por parte de ciertas empresas multinacionales está haciendo surgir también serios e importantes problemas éticos. Como la mayor parte de los biotecnólogos trabajan para empresas privadas, el secreto profesional impera en todas sus investigaciones. Algo tan necesario en el mundo científico como la comunicación de resultados y descubrimientos entre los investigadores, queda automáticamente prohibido por los intereses económicos de las empresas particulares. La rivalidad impone la confidencialidad. ¿Qué repercusiones puede tener esta política científica?

Con tal proliferación de compañías multinacionales en el campo de la biotecnología, existe el peligro de que se origine una nueva forma de colonialismo científico de los países industrializados con respecto al Tercer Mundo. Cuando se le da más valor al dinero que a los intereses humanitarios ¿de qué sirve tanto adelanto tecnológico? Investigaciones que podrían aportar mucho bien a la humanidad se vuelven discriminadoras e insolidarias. ¿Es posible que las grandes empresas de farmacia prefieran invertir en medicamentos que les reportarán más beneficios económicos, que en aquellos otros que podrían salvar más vidas? ¿Se verán relegadas ciertas medicinas útiles por el hecho de tener un mercado reducido? ¿Podría llegarse a no querer fabricar determinadas vacunas eficaces porque con una sola dosis las personas se curarían y se acabaría el mercado? ¿Qué es mejor seguir fabricando y vendiendo insulina, o curar definitivamente a los diabéticos? ¿Por qué no se crea una vacuna contra la malaria, que causa más de veinte millones de muertes al año, y que sería relativamente fácil? ¿acaso porque los países que la padecen no podrían pagarla? Cuando los intereses de los que manejan la industria biotecnológica, en farmacia y biomedicina, sólo tienen en cuenta sus propios beneficios económicos, la ciencia y la investigación se vuelven radicalmente inhumanas.

b. Agricultura, ganadería y alimentos transgénicos

¿Para qué sirve, en realidad, la biotecnología? ¿para saciar el hambre que hay en la tierra o para engrosar todavía más las arcas de la industria agrícola y ganadera? ¿Son peligrosos para la salud los alimentos transgénicos? Estas preguntas están en la base del debate ético sobre la aplicación de la ingeniería genética a la producción agrícola y ganadera. Parece que el deseo de producir plantas y animales transgénicos para el consumo humano tiene como principal objetivo aumentar las cosechas, mediante vegetales que sean resistentes a las plagas, sequías, heladas y que toleren bien el uso de los herbicidas. Por lo que se refiere al ganado, la intención de la biotecnología es mejorar la calidad de la carne, leche, huevos, lana y también obtener animales que crezcan deprisa y sean más sanos. Para contribuir a todas estas metas se están llevando a cabo múltiples investigaciones. En este sentido se trabaja, por ejemplo, en la elaboración de leche de diseño que sea adecuada para producir yogur o que no posea lactosa y pueda así ser consumida por las personas con intolerancia a este producto.

A principios de los años ochenta se descubrió una bacteria, *Bacillus thuringiensis*, que era capaz de producir insecticidas. Cuando un insecto comía accidentalmente una de estas bacterias, en su aparato digestivo se producían unas toxinas que le causaban la muerte. En la actualidad se conocen ya los genes que sintetizan más de cincuenta tipos diferentes de tales insecticidas bacterianos. Lo que ha realizado la ingeniería genética es copiar esta idea de la naturaleza y utilizar estos compuestos contra las plagas de la procesionaria del pino, la oruga de la mariposa del tabaco, el escarabajo de la patata o la oruga de la mariposa del algodón. La ventaja de tales insecticidas es que no afectan al hombre ni al resto de los mamíferos ya que en un medio ácido, como es el intestino, se fragmentan pronto volviéndose inocuos. Además no pueden contaminar el suelo, el agua, ni transmitirse a través de la cadena alimentaria ya que la luz ultravioleta procedente del sol los desnaturaliza rápidamente.

Las aplicaciones biotecnológicas al sector agropecuario son numerosas (Muñoz, 1998: 123). Actualmente, por ejemplo, ya se están explotando comercialmente procesos como:

- la utilización de enzimas para convertir el almidón en productos edulcorantes;
- la obtención de ciertos aromas y sabores;
- la fabricación de jugos de frutas;
- tomates que mantienen su tersura constante e impiden el proceso de maduración;
- alimentos fermentados con nuevas texturas;
- levaduras híbridas;
- petunias de color rosa o bronce y claveles azules;
- algodón transgénico que produce cápsulas mucho más grandes que las normales;
- producción de numerosas vacunas y medicinas para el ganado;
- fertilización "in vitro" de embriones animales;
- hormona del crecimiento para aumentar el peso y la producción de leche;
- animales genéticamente modificados para ser utilizados en el laboratorio como modelos para investigar ciertas enfermedades humanas;
- insecticidas microbianos;
- técnicas de cultivo de tejidos; etc.

Muchas de las críticas que se hacen a la nueva biotecnología esconden detrás argumentos contra el sistema neocapitalista y el enorme poderío de las compañías multinacionales, más que censuras concretas a la tecnología en cuestión. Aunque algunas de tales críticas son ciertas y están bien fundadas, no parece correcto culpar siempre a la biotecnología y a los científicos de los males que son propios del sistema. En estas cuestiones, como casi en todo en esta vida, conviene ser moderados. Cuando se afirma que la ingeniería genética es una agresión a la diversidad biológica, se olvida que la agricultura tradicional también lo es, ya que ha reducido notablemente la variedad y riqueza de los alimentos que se consumen a diario. Decir que la ingestión de genes nuevos y extraños sólo ocurre cuando se comen alimentos transgénicos es también faltar a la verdad, ya que cualquier gen que se toma habitualmente en la dieta es tan extraño como pueden serlo los que manipula la biotecnología. Lo único que esta técnica hace es tomarlos de otro ser vivo y trasplantarlos, no crearlos artificialmente a partir de la nada.

Es verdad que debe existir un protocolo de seguridad que estudie y regule el impacto alimentario y ambiental del empleo de los organismos genéticamente modificados para evitar errores y posible peligros. En este campo de la ciencia en el que todavía tantos mecanismos biológicos siguen siendo un misterio, es menester ser prudentes y aplicar constantemente el principio de precaución. Si hay alguna duda sobre la seguridad de cualquier alimento transgénico es siempre preferible no hacer correr riesgos a las personas y esperar hasta que existan las suficientes pruebas científicas que garanticen su consumo. Pero también es cierto que, según afirman numerosos hombres de ciencia, la biotecnología aplicada a la agricultura y ganadería podría aumentar la calidad nutricional de los alimentos, reducir el uso de productos químicos en la agricultura, así como abaratar los precios y eliminar el hambre del mundo. Si se toman las medidas adecuadas, con el consiguiente respeto ético por el hombre y su entorno, los beneficios para la humanidad seguramente superarán los riesgos. ¿Podrá, de verdad, la ingeniería genética erradicar algún día para siempre el temible fantasma del hambre? Esto también se conseguiría simplemente mediante una equitativa distribución de los alimentos que hoy ya existen. Algo que no depende tanto de la ciencia sino, sobre todo, del corazón del ser humano. De su espíritu solidario y de su amor al prójimo.

c. Tesoros escondidos en selvas y océanos

En realidad la biotecnología no ha inventado nada nuevo, todo lo que manipula procede del genoma ya existente de los seres vivos. Algunas sustancias obtenidas de plantas o animales pueden servir de ejemplo para entrever las increíbles promesas de tales recursos naturales:

- un fármaco anticancerígeno obtenido a partir de cierto árbol, el tejo del Pacífico que crece al noroeste de los Estados Unidos, constituye la droga más importante contra el cáncer que se ha descubierto en los últimos veinte años;
- las sustancias procedentes de las hojas o semillas secas de la planta llamada digital o dedalera *(Digitalis purpurea)* han salvado la vida a millones de enfermos cardíacos, gracias a su acción normalizadora sobre el ritmo del corazón;
- de la corteza del árbol americano llamado quino *(Cinchona sp.)*, se obtiene desde hace bastante tiempo la famosa quinina eficaz para combatir la malaria;
- una liana amazónica es la que suministra el curare que se utiliza para relajar los músculos durante las intervenciones quirúrgicas y para tratar la esclerosis múltiple y la enfermedad de Parkinson;
- un alcaloide extraído del castaño de la bahía de Moreton, en Australia, constituye una clara promesa en la lucha contra el virus del SIDA;
- antes del descubrimiento de la planta vincapervinca en un bosque de Madagascar, sobrevivían menos de una quinta parte de los niños que padecían leucemia. En la actualidad dos drogas extraídas de este vegetal han contribuido a elevar la tasa de remisiones hasta un 80%.

> ***«¿Podrá la ingeniería genética erradicar para siempre el temible fantasma del hambre? Esto también se conseguiría simplemente mediante una equitativa distribución de los alimentos que hoy ya existen.»***

También los animales son valiosos en esta búsqueda biotecnológica de tesoros moleculares escondidos en el fondo de los mares y en el corazón de las más intrincadas selvas:

- el veneno de ciertas abejas se utiliza eficazmente contra la artritis;
- hay más de 500 organismos marinos que suministran productos bioquímicos capaces de combatir el cáncer;
- algunas especies de mejillones descubiertas durante los años ochenta en las filtraciones de metano del fondo del Golfo del México, contenían en sus branquias bacterias capaces de metabolizar dicho gas, es decir, descomponerlo y obtener energía a partir de él;
- ciertos animales submarinos producen sustancias que son imposibles de encontrar en tierra firme;
- una esponja del Pacífico ha permitido desarrollar más de 300 productos químicos que están siendo probados como agentes antiinflamatorios;
- en el fondo de las grandes cuencas oceánicas se han descubierto numerosas especies de bacterias y virus de los que hasta ahora no se sabía nada y que pueden proporcionar una enorme fuente de recursos en ingeniería genética;
- se ha descubierto que ciertas bacterias reductoras del azufre que viven en simbiosis con algunas esponjas marinas producen sustancias capaces de destruir a los virus;
- se ha comprobado que una bacteria que vive a 300 metros de profundidad segrega un compuesto que inhibe la replicación del VIH, el virus causante del SIDA;
- muchos microorganismos marinos proporcionan antibióticos capaces de destruir a las bacterias que resisten los antibióticos actuales;
- algunas plantas marinas del océano Antártico, que reciben luz solar de manera ininterrumpida durante seis meses al año, producen sustancias que absorben la radiación ultravioleta. Estos compuestos son de gran interés para el tratamiento de los cánceres de piel;
- se ha observado cómo los tiburones se recuperan rápidamente de las heridas y cortes que sufren habitualmente. Al parecer la sangre de estos animales posee todo un arsenal de anticuerpos que destruyen

todo tipo de bacterias y virus infecciosos. No se conocen casos de cáncer entre estos peces, incluso después de habérseles inyectado potentes cancerígenos. Se está investigando su tejido cartilaginoso ya que se cree que esta extraordinaria inmunidad podría provenir de ciertas proteínas especiales de sus cartílagos;

- en un pez del Ártico, una especie de platija, se encontró un gen que impedía la congelación de sus tejidos y órganos. El gen anticongelante daba instrucciones al hígado para que fabricara una proteína que impidiera la formación de cristales de hielo en la sangre del pez. Esta gen se ha clonado mediante biotecnología y se ha implantado ya en salmones del Atlántico. El resultado ha sido la obtención de un tipo de salmones transgénicos capaces de vivir en aguas mucho más frías que sus parientes normales.

La capacidad de la biotecnología actual para desarrollar nuevas propiedades en los seres vivos, obtener terapias diferentes contra las enfermedades, reducir la contaminación de la Tierra, así como obtener mejores cultivos que beneficien a la humanidad es increiblemente inmensa. Existe todavía por descubrir un universo de posibilidades que se halla escondido bajo el verdoso dosel de las selvas tropicales y por debajo de la línea azulada de los mares. Es muy posible que los recursos para el futuro de la humanidad dependan básicamente de dos cosas: saber conservar tales tesoros y acertar a descubrirlos con paciencia, rigor científico y respeto por la naturaleza.

d. Cuestiones éticas de la biotecnología

Las inquietudes que suscita la biotecnología en la opinión pública tienen que ver preferentemente con cinco temas que han sido señalados (Grace, 1998: 232). En primer lugar, preocupa la seguridad de los alimentos modificados genéticamente y las repercusiones que pueden tener sobre la salud humana. Suelen formularse interrogantes como ¿se trata de comida segura? ¿tienen el mismo valor nutritivo que el resto de los alimentos normales? ¿pueden provocar enfermedades? Después, interesa la seguridad medioambiental. ¿Hasta qué punto pueden los organismos transgénicos alterar el equilibrio de los ecosistemas o de las poblaciones humanas y animales? ¿Es posible que tales seres puedan transferir al medio sus genes alterados, pasarlos a otros organismos silvestres, reduciendo así de algún modo la diversidad ambiental? En tercer lugar, aparecen las preguntas de carácter ético o solidario, ¿no contribuye tal tecnología a expoliar a los países pobres de sus recursos genéticos? Si realmente los beneficios de esta nueva disciplina son tan evidentes como afirman los tecnólogos ¿tenemos acaso derecho a no utilizarlos para curar enfermedades o para producir abundante alimento? El cuarto nivel se refiere a los efectos sociales y económicos que puede tener la biotecnología sobre la industria agrícola mundial y sobre el comportamiento de las grandes multinacionales, en relación a las patentes y al control de cultivos clave para la alimentación. Por último, en quinto lugar, aparecen las cuestiones de tipo legal. ¿Habría que etiquetar convenientemente cualquier clase de alimento transgénico y sus posibles derivados? ¿contemplan las leyes actuales los intereses de los agricultores? ¿existe suficiente protección legal para los consumidores, el ganado y el medio ambiente?

Cada una de tales preguntas puede recibir una contestación diferente según sea el interlocutor que la responda. No suelen opinar de la misma manera los directivos de las empresas que invierten en investigación biotecnológica que las asociaciones de ecologistas o de consumidores. Es evidente que, en el fondo, cada cual procura defender sus intereses particulares. Incluso, en ocasiones, los medios de comunicación más interesados en las noticias sensacionales, tampoco contribuyen de forma imparcial a crear un estado de opinión equilibrado y real. No obstante, lo cierto es que aquel riesgo casi prometeico con el que se veía la ingeniería genética en sus primeros tiempos, cuando se la acusaba de querer jugar a ser Dios, ha empezado a remitir y actualmente, después de más de veinte años de manipulación genética sin que haya ocurrido ningún desastre importante, los viejos miedos han disminuido considerablemente. Hoy las inquietudes se centran, más bien, en los asuntos éticos que suscitan las patentes de genes humanos, el respeto a las poblaciones indígenas o la explotación comercial de tales informaciones.

Resulta claro que las aplicaciones de la biotecnología a la agricultura y ganadería no revisten la importancia ética que aquellas que actúan directamente sobre el genoma de la especie humana. Sin embargo, desde la visión cristiana de la vida, esta genética vegetal y animal también debieran regirse por una finalidad humanizadora. Cuando la naturaleza es tratada con respeto y mesura, puede repercutir positivamente sobre el ser humano y favorecer a todas las sociedades de la tierra. Por supuesto que deben existir límites concretos frente a todas aquellas acciones negligentes que puedan causar desastres ecológicos o peligros para el hombre.

En la comercialización de los productos derivados de esta técnica debe respetarse siempre la dignidad de cada criatura humana y los gobiernos no deberían permitir actitudes que supusieran un evidente riesgo para la salud pública. Es verdad que todo investigador debe disfrutar de libertad de investigación. Sin embargo, en temas tan delicados como la energía atómica o este que nos ocupa de la ingeniería genética, tal libertad ha de tener una frontera clara, allí donde pueden lesionarse los derechos fundamentales de las personas presentes o futuras. De manera que toda intervención sobre la vida que tenga, como finalidad principal, el deseo de mejorarla, cuidarla, sanarla o que reporte un bien para el ser humano, está éticamente justificada. Por el contrario, las prácticas egoístas que vulneran la dignidad de la existencia humana o que contribuyen a degradar la vida de los demás organismos, son del todo inmorales ya que provocan destrucción y atentan contra la voluntad de Dios.

Los descubrimientos científicos acerca de la estructura íntima de la naturaleza no tienen porqué ser perjudiciales para la humanidad. No obstante, lo cierto es que desde que Caín se levantó contra su hermano Abel, el ser humano ha tenido siempre la posibilidad de utilizar sus conocimientos para bien o para mal. Y esto, por desgracia, todavía no ha cambiado.

Moralidad de las biopatentes

Una patente es una forma de propiedad legal que se concede por un invento o descubrimiento y que le da al propietario el derecho a obtener beneficios de su invento y, a la vez, a excluir a otros de tales beneficios. ¿Es posible hoy patentar genes animales o humanos? ¿se ha llegado a patentar seres vivos? ¿es esto ético? Si Dios es el único dueño de la creación, ¿puede el hombre reclamar la posesión absoluta sobre animales o plantas?

Según la actual normativa de patentes, el hecho de descifrar, reproducir y manipular el material genético de los organismos se entiende como algo que es posible patentar. Por lo tanto, se conceden patentes biotecnológicas por descubrir ciertos genes e, incluso, organismos vivos, variedades o especies enteras. Hoy resulta posible patentar genes humanos y especies de animales o plantas. Desde que en 1980 el Tribunal Supremo de los Estados Unidos dictaminó que cierta bacteria del género *Pseudomonas,* manipulada genéticamente para eliminar el petróleo de las mareas negras, podía ser patentada, muchos países industrializados han venido concediendo patentes sobre todo tipo de seres vivos, así como de material biológico procedente de seres humanos. Se ha llegado al extremo de que con sólo describir la composición química o la función de un determinado segmento de ADN, ya es posible declararse como su "inventor", patentarlo y exigir derechos sobre la utilización que de él se haga y sobre todos los organismos que lo presentan (Bermejo, 1998: 56). ¿Es esto éticamente correcto?

Si se siguen aplicando los derechos de propiedad a organismos que se emplean para cubrir las necesidades básicas de la vida, como alimentos y medicinas, ¿no se está impidiendo que millones de criaturas necesitadas tengan acceso directo a ellos? ¿por qué tienen los agricultores de los países pobres que pagar cada año por plantar las mismas semillas que han venido usando durante siglos? ¿acaso porque ahora han sido manipuladas para dar mejores cosechas y la patente la tiene determinada multinacional? A pesar de la respetabilidad que merece el concepto de "propiedad intelectual" y de que esté amparado por las leyes, ¿es moralmente aceptable este nuevo colonialismo tecnológico? No es lo mismo ser el dueño de una cosecha, que pretender el monopolio absoluto de las semillas de trigo y de su descendencia en todo el mundo y para siempre. ¿No es esto algo tan inaceptable como pretender derechos de autor porque se ha hecho una estupenda fotocopia de la Biblia? ¿tanto privilegio da descifrar los secretos de la vida? Alterar la composición genética de un ratón, sea con la finalidad que sea, no es lo mismo que "inventarlo" por primera vez o crearlo a partir de la nada. Los seres vivos no son un invento del hombre, sino de Dios.

No obstante, algunos autores creen que patentar la secuencia de bases de un gen humano no atenta contra la dignidad del hombre o la inviolabilidad del patrimonio genético de la humanidad (Lacadena, 1993: 119). Se defiende, en este sentido, que patentar un gen humano no es lo mismo que patentar a un hombre. Esto último sería, por supuesto, éticamente inaceptable. Nadie podría decir jamás algo así como: *«usted me pertenece porque yo he patentado sus genes»*. Sin embargo, cualquier patente génica puede no suponer en la práctica más que los derechos para fabricar un determinado fármaco.

De cualquier manera, para evitar que la inmoralidad de ciertas biopatentes reduzcan la vida a un mero producto mercantil y degraden a las propias sociedades humanas, será necesario establecer unos criterios internacionales basados en el respeto a todos los seres vivos, considerándolos como patrimonio común de la humanidad.

8.5. Peligros de la manipulación genética

Desde que en el año 1970 la biología empezó a emplear todo el conjunto de técnicas capaces de aislar genes y estudiarlos para después modificarlos y transferirlos de un ser vivo a otro, en el seno de la comunidad científica comenzó a despertarse una gran inquietud moral, ¿serían peligrosos tales experimentos? ¿podría ocurrir que cualquiera de estos microbios a los que se les introduce el gen de alguna enfermedad grave, como el cáncer, se escapara de los laboratorios y provocara una terrible epidemia? ¿acaso no existe la posibilidad de que algún "científico loco", o subvencionado por cualquier organización terrorista, diseminara entre la población bacterias cargadas con genes que produjeran venenos mortales?

> ***«Será necesario establecer unos criterios internacionales basados en el respeto a todos los seres vivos, considerándolos como patrimonio común de la humanidad.»***

Los principales temores, suscitados en aquella época, se debían al desconocimiento de los posibles efectos patógenos que los organismos modificados podían tener sobre el ser humano o el medio ambiente. Tales preocupaciones motivaron que en febrero de 1975 se realizara en California la famosa Reunión Internacional de Asilomar, en la que se debatieron todos estos asuntos. Por primera vez en la historia de la investigación científica se produjo esta situación tan especial. Los hombres de ciencia se autoimponían una prórroga a sus propias investigaciones. La conclusión a que se llegó fue que, aunque la investigación del ADN recombinante debía continuar, ciertos experimentos requerían una moratoria (Amils y Marín, 1993: 38). El aplazamiento sólo duró 18 meses, hasta que un comité de los Institutos Nacionales de Salud de los Estados Unidos confeccionó un proyecto para regular tales estudios.

Algunos de los principales problemas planteados por la ingeniería genética tienen que ver hoy con las alergias que ciertos alimentos manipulados pueden producir en el ser humano. Si los genes extraídos de una planta son capaces de provocar alergias en determinadas personas, cuando sean manipulados e introducidos en otra seguirán conservando su alergenicidad para tales personas. Esto es, por ejemplo, lo que ocurrió con ciertas habas transgénicas. La compañía norteamericana Pioneer Hibred introdujo un gen de la nuez de coco del Brasil, que provocaba alergia a ciertas personas, en las habas de soja. Esto se hizo con la intención de producir habas de soja con mayor contenido proteico. Sin embargo, al comprobar los efectos alérgicos la compañía decidió detener el lanzamiento de tal producto (Duran y Riechmann, 1998:164). Debido al peligro de los alimentos que pueden producir alergias a algunas personas, sería conveniente el adecuado etiquetado de tales productos o la eliminación total de su uso para la alimentación. Esto es precisamente lo que proponen organizaciones como *Consumers International* que apoyan el principio de que los alimentos transgénicos deben ser tan seguros como sus equivalentes tradicionales y que no debería comercializarse ningún producto que no hubiera superado un examen amplio y adecuado de su seguridad.

Actualmente, después de casi treinta años de manipulación genética, parece que el riesgo no es tan grande como antes se pensaba. Se han realizado ya miles de liberaciones controladas de microorganismos manipulados al medio ambiente y, lo cierto es que no existen noticias de que se hayan producido desastres ecológicos. En principio, cabe pensar que las medidas de control utilizadas son suficientes para garantizar la seguridad de estas prácticas. Lo cual no implica que no se deba continuar investigando el problema de liberar organismos modificados al ambiente, sino que es menester proseguir perfeccionando tales conocimientos. Pero, en contraste con lo que se pensaba durante los primeros años, hoy se cree que los beneficios de la ingeniería genética superan con creces a los riesgos y que gracias a ella la humanidad podrá solventar los principales problemas que tiene planteados.

No hay que cerrar la puerta al estudio científico de la vida en base a ciertas sacralizaciones falsas del mundo natural o del propio ser humano. La enseñanza que se desprende de la doctrina bíblica de la creación muestra que la criatura humana tiene la obligación de conocer y descubrir científicamente la naturaleza en la que ha sido colocada como "imagen de Dios". Y, más aún, debe procurar con todas sus fuerzas "humanizar" esa creación. Frente a cualquier amenaza tecnológica el creyente debe intentar siempre servirse de la técnica y nunca convertirse en servidor de ella. Pero también es verdad que cuando la manipulación genética se vuelve arbitraria y reduce la vida humana a un simple objeto, entra en el terreno de la degradación y puede despojar al hombre de su libertad y autonomía. Como afirma Hans Jonas: «*los actos cometidos sobre otros por los que no hay que rendirles cuentas son injustos*» (Jonas, 1996: 133). Toda manipulación genética del hombre que traspase la frontera de la libertad del prójimo y pretenda programarle o diseñarle según criterios ajenos a él, será opuesta a la ética. Contra esto último siempre habrá que seguir luchando.

8.6. Reflexiones sobre "gen-ética" a la luz de la Biblia

Algunos autores alemanes se han referido de manera ingeniosa a las cuestiones éticas relacionadas con la biología, realizando un juego de palabras y empleando el término "gen-ética" para indicar la "ética del gen" o la reflexión en torno a las consecuencias humanas, ecológicas, económicas, políticas y sociales que pueden derivarse de la manipulación genética (Gafo, 1994: 220). Es obvio que las investigaciones para descubrir los misterios de la creación, siempre que se realicen responsablemente, están respaldadas por las enseñanzas bíblicas. El Dios creador que se revela en el Génesis no es, ni mucho menos, una divinidad celosa que pretenda esconder para sí parcelas privadas, en las que el hombre no pueda penetrar. Descubrir los secretos más íntimos de la materia o de la vida no es profanar algún santuario especial o prohibido de Dios. La ciencia humana no comete ningún tipo de sacrilegio cuando descifra o manipula el ADN.

La orden primigenia dada a la primera criatura humana: «*...llenad la tierra, y sojuzgadla, y señoread en los peces del mar, en las aves de los cielos, y en todas las bestias que se mueven sobre la tierra*» (Gn. 1:28) autoriza e invita al hombre para que colabore y actúe sabiamente en el mundo. Dominar, some-

ter, labrar y cuidar la tierra y a los seres vivos que la habitan son los verbos que reflejan el eterno deseo de Dios para el ser humano. Cuando todo esto se hace de manera equilibrada y teniendo en cuenta las posibles consecuencias para el presente y para el futuro de la humanidad, se está cumpliendo con la voluntad del Creador. Hoy no sería sabio pretender limitar el progreso o intentar volver a los tiempos pasados y querer vivir de espaldas a los avances biotecnológicos del mundo de hoy. La Palabra de Dios permite aquellas investigaciones en la naturaleza que respetan la vida humana y contribuyen a eliminar el sufrimiento y el hambre en el mundo.

La biología moderna ha descubierto que la estructura molecular básica del cuerpo humano es muy similar a la del resto de las criaturas vivas que habitan el planeta. Las sustancias bioquímicas que constituyen a los organismos son notablemente parecidas. Nuestros ácidos nucleicos comparten un elevado tanto por ciento de su secuencia nucleotídica con los de bastantes animales. Dios nos diseñó en su infinita sabiduría para que todas las criaturas fuesemos similares en lo más íntimo de nuestra organización interna. Por medio de los mismos materiales construyó el complejo entramado de la vida. ¿Qué mensaje puede tener esto para el hombre del tercer milenio? El hecho de que nuestras bases genéticas tengan tanto en común con los demás seres vivos, incluso con organismos tan distintos como pueden ser las bacterias, ¿no nos sugiere acaso la solidaridad y responsabilidad que debemos tener hacia el resto de la biosfera? No sólo formamos parte de ella sino que también estamos constituidos físicamente por las mismas sustancias que ella.

Quizá hoy debamos darle más importancia al verbo "guardar" que al "dominar". Es posible que en la actualidad, más que pretender dominar una naturaleza salvaje que se muestra hostil y contraria frente a un hombre insignificante, tengamos la responsabilidad de guardar y conservar la tierra (Gn. 2:15) porque el desarrollo tecnológico humano la ha puesto en peligro, volviéndola frágil y débil. El hombre se ha tornado de repente poderoso, mientras que el planeta y la vida están amenazados de muerte. Por tanto, la única solución sólo puede venir de una actitud de amor y respeto hacia lo creado y de la convicción de que el ser humano debe volver a ser como aquél primer guardián protector del huerto de Edén. Un nuevo Adán.

PROYECTO GENOMA HUMANO

Para hacerse una ligera idea de lo que significa descifrar toda la información genética del ser humano, han sido propuestos varios ejemplos. Uno de ellos afirma que si se compara cualquier célula del hombre con el planeta Tierra cada cromosoma del núcleo celular equivaldría a un país determinado, cada gen podría ser como una ciudad, y un simple nucleótido, que es un eslabón en la cadena del ADN vital, representaría a una sola persona (Blázquez, 1996: 369). El Proyecto Genoma Humano (PGH) sería, por tanto, una labor equiparable a la de tomar la identidad de cada ser humano del mundo. Se calcula que el cuerpo de un hombre adulto, o de una mujer, está formado aproximadamente por unos cien trillones de células somáticas*. Cada una de tales células posee en su núcleo dos juegos de 23 cromosomas* diferentes. Uno de estos juegos puede estar constituido por 3.000 millones de pares de nucleótidos* o bases nitrogenadas. De manera que, como cada núcleo celular tiene en realidad 46 cromosomas, resulta que el número total de nucleótidos de una célula humana es de 6.000 millones. Exactamente igual que habitantes tiene el planeta. A su vez, todos los nucleótidos se agrupan en genes* y se supone que en el genoma completo de una persona pueden existir más de cien mil genes distintos.

Esto es precisamente lo que pretende descifrar el Proyecto Genoma. Averiguar dónde se halla cada gen, en qué lugar *(locus*)* del cromosoma y cuál es la secuencia completa de las bases que lo constituyen. Es como intentar escribir lo que es el hombre, desde el punto de vista genético, con una sola palabra. Pero, eso sí, una palabra formada por tres mil millones de letras. Muchísimas letras de un alfabeto tan simple que no contiene más de cuatro distintas. Las cuatro bases nitrogenadas: A (adenina*), T (timina*), C (citosina*) y G (guanina*). Desde luego, nunca tan poco, supuso tanto.

9.1. Origen del mayor proyecto biológico de la historia

El día primero de octubre de 1990 fue declarado como la fecha oficial del comienzo del Proyecto Genoma Humano. La investigación biológica más importante, hasta la fecha, llevada a cabo por la comunidad científica internacional. En ella trabajan simultáneamente biólogos, químicos e ingenieros informáticos de más de 18 países, entre los que se encuentran: Estados Unidos, Gran Bretaña, la Comunidad Europea, Japón, Australia y Canadá. Todos estos investigadores se agrupan en la Organización Genoma Humano (HUGO) que coordina el trabajo y facilita la cooperación entre los diferentes estados.

El Proyecto consta, en principio, de dos fases diferentes que ya se están llevando a la práctica. En la primera se pretende elaborar el mapa genético completo del ser humano que permita señalar el lugar exacto de cada gen en los cromosomas, mientras que en la segunda fase se realiza la secuenciación, es decir, la lectura de todos los nucleótidos que componen el ADN. Ambas fases se están realizando al mismo tiempo en diversos laboratorios de todo el mundo. Cuando estas etapas concluyan será posible estudiar la función exacta que realiza cada gen, bien de forma individual o en colaboración con otros genes. Entonces se conocerá la base biológica más íntima y profunda del ser humano. No obstante, para estudiar correctamente el genoma del hombre y sacar todas las posibles conclusiones, es necesario compararlo con el de otros organismos. En este sentido, se están llevando a cabo también otras investigaciones genéticas paralelas en seres vivos como la bacteria *Escherichia coli*, el gusano nematodo *Caenorhabditis elegans*, del que ya se ha podido comprobar que comparte con el hombre un 36% de su genoma, la mosca del vinagre, *Drosophila melanogaster* y el ratón.

Al principio se pensó que, a la velocidad de lectura del ADN con la que entonces se trabajaba, el Proyecto estaría concluido para el año 2.005. Después se habló del 2.003. No obstante, lo cierto es que el ritmo de secuenciación ha venido progresando de año en año y actualmente se cree que podrá finalizarse cinco años antes de lo previsto, es decir, a principios del tercer milenio. De hecho, un primer borrador de trabajo de al menos el 90% del genoma humano estará listo para febrero del año 2.000 (*El País*, 16.03.99). El coste total de la investigación fue calculado, de entrada, en 3.000 millones de dólares. Esta enorme cantidad se criticó, tanto por la opinión pública norteamericana como por individuos y entidades del ámbito universitario que veían peligrar el presupuesto para otras posibles investigaciones, sin embargo, la cifra quedaba muy por debajo de los 30.000 millones de dólares que cuesta la estación espacial o los 8.000 de un colisionador de partículas. De todas formas, lo que está claro es que con tales demandas económicas la investigación biológica dejó de ser una ciencia pequeña, y relativamente barata, para entrar de lleno en el terreno de la "gran ciencia". Con ella se inició la aventura científica más importante de todo el siglo XX.

9.2. Repercusiones del Proyecto Genoma Humano

¿Qué se puede esperar de este enorme esfuerzo científico? Cuando sea posible conocer la localización y la función exacta de todos los genes, se comprenderá mejor el metabolismo celular. Las claves acerca de cómo se forman los diversos tejidos, la diferenciación celular, la formación de los embriones e incluso, el por qué de ciertos comportamientos humanos. Los evolucionistas creen que el conocimiento del actual genoma del hombre permitirá entender mejor los mecanismos genéticos que, según su opinión, podrían haber dirigido la aparición de los homínidos, así como las divergencias con el resto de los seres vivos.

A partir de la conclusión del citado Proyecto será posible iniciar también los estudios para modificar el genoma con el fin de que éste empiece a fabricar anticuerpos que solucionen los problemas inmunológicos de numerosas enfermedades y producir hormonas, enzimas, factores de crecimiento, neurotransmisores, etc., que solucionen múltiples dolencias hereditarias. Se tendrán numerosas herramientas para la lucha contra el cáncer y para desenmascarar los mecanismos genéticos que lo originan. Los más optimistas piensan que se dará el paso decisivo para erradicar todas estas taras y anomalías de la humanidad. De manera que las principales esperanzas apuntan hacia los posibles beneficios para la medicina del futuro, sobre todo en lo que respecta a la terapia génica de las más de cuatro mil alteraciones de genes que hoy se conocen. Millones de pacientes afectados por diversos tipos de cáncer, Alzheimer, esquizofrenia o diabetes verán cómo sus diagnósticos iniciales evolucionan favorablemente hasta la curación total.

La posibilidad de predecir y poder así también prevenir tales enfermedades conducirá seguramente a la existencia de una población más sana o, al menos, con más recursos para enfrentarse a la enfermedad. Y estar sanos puede significar también para muchos ser, como señala Adela Cortina, "más dueños de su propio cuerpo y, en esta medida, más libres" (Cortina, 1997: 261). Desde tal perspectiva el Proyecto Genoma Humano parece moralmente legitimado y su realización recuerda aquel pensamiento que Jesús dirigió, en cierta ocasión, a los judíos mostrándoles la conveniencia de permanecer en su palabra: «*...conoceréis la verdad, y la verdad os hará libres*» (Jn. 8:32). El PGH contribuirá, sin duda, a que los seres humanos conozcan su "verdad" fisiológica, su realidad vital y las perspectivas que les depara el futuro. La cuestión es: ¿contribuirá tal conocimiento a hacer, de verdad, más libres a las personas?

Una de las principales críticas de tipo técnico que se han hecho al PGH es la que se refiere al llamado *ADN basura*. Según se cree actualmente, el 97% de todo el ADN celular es repetitivo y no parece contener información genética, ni se le conoce alguna función concreta. Sólo el 3% restante sería el que contiene los 100.000 genes funcionales que se estiman posee el ser humano. Esto significa que si se secuencia todo el ADN del genoma humano, como se está haciendo ya, se estaría realizando un trabajo superfluo que puede suponer algo así como malgastar alrededor de 500 millones de dólares. Desde luego la queja parece fundada, aunque lo cierto es que nadie puede asegurar que en el futuro no se descubra qué parte de estos genes, que hoy se consideran como basura o chatarra genética, tienen alguna función importante o decisiva.

Otro inconveniente importante, quizá el principal, es el que apunta hacia el *nihilismo terapéutico* en el que posiblemente se encontrará al principio la medicina genómica del siglo XXI. Es evidente que cuando se haya completado el Proyecto se tendrá enorme capacidad para diagnosticar múltiples enfermedades, pero muy pocas posibilidades terapéuticas. Se podrá pronosticar a las personas posibles males que les sobrevendrán en el futuro, pero no se sabrá cómo curarlos. Se estará, durante bastantes años, en unas condiciones parecidas a las de la medicina del siglo XIX. Buen diagnóstico frente a mala o nula terapia. Algo parecido a lo que ha venido ocurriendo durante el siglo XX con enfermedades como el cáncer o el SIDA, de las que se conocía bastante bien las causas que las originaban pero, sin embargo, la terapia para su curación no ha avanzado, como hubiera sido deseable, a la misma velocidad. ¿No puede ocurrir que este nuevo conocimiento de las enfermedades futuras sólo sirva para angustiar todavía más a las personas implicadas? Es innegable que todo avance de la medicina supone un beneficio para la humanidad, pero en tanto no se disponga de las soluciones adecuadas, el sufrimiento de aquellos pacientes que conozcan su futuro clínico probablemente se incrementará.

«Es innegable que todo avance de la medicina supone un beneficio para la humanidad, pero en tanto no se disponga de las soluciones adecuadas, el sufrimiento de los pacientes que conozcan su futuro clínico se incrementará.»

Una posible repercusión de la utilización masiva de estas técnicas de diagnóstico puede ser la eliminación de los embriones afectados por factores genéticos anómalos. No obstante, ¿será positiva para la humanidad la utilización generalizada de este tipo de conocimiento? ¿acaso no puede ocurrir que el uso de tales técnicas cree más problemas que soluciones aporte? La obsesión por conseguir el "niño perfecto" o por eliminar toda dolencia ¿no puede abrir la puerta a nuevas formas de discriminación e inhumanidad? ¿es que no tiene derecho cada criatura a ser ella misma, con sus particulares limitaciones y valores, sin tener que responder al deseo perfeccionista de sus padres? ¿no se corre el riesgo, con esta medicina genómica, de considerar a las personas con deficiencias como errores humanos que no aportan nada a la sociedad y que se deberían haber evitado? Este es uno de los temores que despierta el Proyecto Genoma, el de caer en un determinismo reduccionista. El de resucitar, una vez más, al fantasma de la eugenesia y volver a cometer la equivocación de pretender explicar la conducta del ser humano sólo como un producto de sus genes. Algo que podría muy bien dejar abierta la posibilidad para que unos hombres se convirtieran en dominadores y manipuladores de los otros.

9.3. Conclusiones de dos congresos: Valencia y Bilbao

A principios de la década de los noventa se celebraron en España dos congresos interdisciplinares, en Valencia y Bilbao, que trataron sobre las posibles implicaciones éticas y sociales del Proyecto Genoma Humano. Estas reuniones de expertos, que se han venido repitiendo en otros muchos países, se enmarcaron en la filosofía de dedicar una parte del presupuesto de dicha investigación a las cuestiones de tipo ético que se podrían generar. En los Estados Unidos se decidió aportar entre un 3 y un 5 por ciento a estos temas, mientras que Canadá y la Comunidad Europea, más generosos, optaron por un 7 u 8 por ciento. La conclusión de los trabajos presentados en el Congreso de Valencia, realizado en 1990, se resumió en una "Declaración de Valencia '90 sobre Ética y Proyecto Genoma Humano" que constaba de ocho puntos. Nos parece interesante transcribirlos textualmente debido a las importantes consideraciones éticas que realizan (Lacadena, 1993: 112):

«1. Nosotros, los participantes en el Seminario de Valencia, afirmamos que una sociedad civilizada incluye el respeto por la diversidad humana, incluyendo las variaciones genéticas. Nosotros reconocemos nuestra responsabilidad para ayudar a asegurar que la información genética se utilice para potenciar la dignidad del individuo, que todas las personas con necesidad tengan acceso a los servicios genéticos, y que los programas genéticos sigan los principios éticos de respeto a la persona, bienestar y justicia.

2. Creemos que el conocimiento adquirido de la cartografía y la secuenciación del genoma humano originará un gran beneficio para la salud y el bienestar humanos. Apoyamos la colaboración internacional para la investigación del genoma y requerimos la más amplia participación

posible de todos los países del mundo, dentro de los recursos e intereses de cada país.

3. Requerimos la colaboración entre las naciones y las distintas disciplinas en el desarrollo de la investigación y el intercambio de información y materiales relativos al genoma de los seres humanos y de otros organismos.
4. Las cuestiones relacionadas con el uso y abuso de los nuevos conocimientos genéticos han provocado numerosos debates. Además de las discusiones en los círculos científicos, es necesario que tengan lugar de forma urgente debates públicos sobre las implicaciones éticas, sociales y legales de los usos clínicos, comerciales y de otros usos de la información genética.
5. Apoyamos todos los esfuerzos encaminados a la educación del público a través de todos los medios posibles, incluyendo la prensa y las escuelas, sobre la cartografía y la secuenciación genética, las enfermedades genéticas y los servicios genéticos.
6. A la luz del gran crecimiento de la información en los campos de la prognosis y la terapéutica que originará el proyecto genoma, requerimos un mayor apoyo para la formación de consejeros genéticos y para la educación de otros profesionales de la salud.
7. Como principio general, la información genética sobre un individuo debería ser obtenida o revelada sólo con la autorización de dicho individuo o de su representante legal. Cualquier excepción a este principio requiere una fuerte justificación legal o ética.
8. Estamos de acuerdo en que la terapia génica de las células somáticas puede ser utilizada para el tratamiento de enfermedades humanas específicas. La terapia génica de la línea germinal afronta numerosos obstáculos y no ofrece un consenso ético general. Nosotros apoyamos un mayor debate sobre las cuestiones técnicas, médicas y sociales de este tema».

Por su parte, en el Congreso de Bilbao, celebrado en 1993, y que trató sobre los aspectos jurídicos derivados de PGH se propusieron las conclusiones siguientes (Lacadena, 1993: 114):

«1. La incidencia del conocimiento genético en el ser humano demanda ya una detenida reflexión de los juristas para dar respuesta a los problemas que plantea su utilización.

2. La investigación científica será esencialmente libre, sin más cortapisas que las impuestas por el autocontrol del investigador. El respeto a los derechos humanos consagrados por las declaraciones y las convenciones internacionales marca el límite a toda actuación o aplicación de técnicas genéticas en el ser humano.

3. La intimidad personal es patrimonio exclusivo de cada persona y por tanto debe ser inmune a cualquier intromisión. El consentimiento informado es requisito indispensable para interferir en ella. Excepcionalmente, y por motivos de interés general, podrá permitirse el acceso a la misma, en todo caso, bajo control judicial.

4. El cuerpo humano, por respeto a la dignidad de la persona, no debe ser susceptible de comercialización. No obstante, se permitirá la disponibilidad gratuita y controlada con fines terapéuticos o científicos. Los conocimientos genéticos son patrimonio de la humanidad y se comunicarán libremente.

5. La técnica genética aplicada a la identificación personal, siendo susceptible de suministrar más información de la estrictamente necesaria, deberá restringirse a la exigencia indispensable de cada caso concreto.

6. Hasta que lo permitan los avances científicos, y dado que no conocemos las funciones exactas de un solo gen, es prudente establecer una moratoria en el uso de células germinales genéticamente modificadas.

7. Se rechazará la utilización de los datos genéticos que originen cualquier discriminación en el ámbito de las relaciones laborales, del seguro o en cualquier otro.

8. Es aconsejable elaborar acuerdos internacionales y armonizar las leyes nacionales para regular la aplicación de los conocimientos genéticos, así como instaurar un organismo de control supranacional.»

9.4. Problemas éticos del Proyecto Genoma

Ya desde el primer momento en que se empezó a trabajar en este Proyecto, los problemas éticos no fueron olvidados, ni siquiera por la propia comunidad científica. El hecho de haber dedicado una parte del presupuesto para promocionar los debates jurídicos y éticos sobre el genoma humano, así parece confirmarlo. La principal inquietud moral surge de la situación de transparencia total en que puede verse el ser humano tras el estudio de su patrimonio genético. Es evidente que la consecuencia directa del PGH será el llamado "hombre de cristal", es decir la persona que verá radicalmente desvelada su intimidad biológica y que incluso podrá disponer de ella o transportarla en un reducido "diskette" informático. ¿Cómo afectará a los implicados y a la sociedad este tipo de conocimiento? ¿cómo afrontará su existencia una persona que es consciente de estar destinada a contraer un Alzheimer o un tumor maligno? Si tal información llega a oídos de la empresa donde trabaja ¿se le renovará el contrato? ¿no debería la ley prohibir los test genéticos antes de suscribir un contrato de trabajo?, y las compañías de seguros, ¿aplicarán las mismas primas o discriminarán a sus asegurados?

En España, Portugal, Italia, Alemania, Reino Unido y Japón no existe todavía una legislación sobre el uso que pueden hacer las compañías de seguros con esta información genética. En diez estados de los Estados Unidos, país pionero en bioética, las empresas aseguradoras no pueden solicitar el resultado de los test genéticos a la hora de suscribir un seguro médico. De momento la situación es compleja y cada país dicta las normas que considera oportunas. No obstante, ante todos estos interrogantes, la opinión que parece imponerse con más fuerza es la que apunta hacia la más estricta confidencialidad. El derecho a que la intimidad genética esté regulada jurídicamente con el fin de impedir que su utilización abusiva pueda atentar contra la dignidad del ser humano.

Un segundo problema ligado al conocimiento del genoma, al que también nos hemos referido anteriormente, es el de la guerra comercial que mantienen las compañías farmacológicas sobre la propiedad intelectual de los descubrimientos que se realizan y el afán por patentarlos cuanto antes. Esto puede generar varios conflictos a nivel internacional. El posible neocolonialismo científico y técnico que tales asuntos perfilan es capaz de hacer todavía más graves la diferencias existentes entre el primer y el tercer mundo. Aunque el dilema no está tanto entre países, sino sobre todo entre empresas e industrias. Serían, en definitiva, los diferentes grupos industriales quienes dirigirían el mundo. Las objeciones éticas son obvias. ¿Deben ser los expertos en el genoma humano, sean científicos o industriales, quienes decidan el futuro genético de la humanidad? ¿en base a qué intereses pueden determinar lo que es más conveniente? ¿se debe confiar en ellos? ¿en qué son expertos, en medios o en fines? En este último sentido puede haber "expertos en medios, pero no hay expertos en fines, en consecuencia el papel de los expertos consiste en asesorar y no en fijar las metas, que es cosa de los afectados" (Cortina, 1997: 260).

La constatación de ciertos saqueos genéticos realizados por grandes firmas internacionales, como el que protagonizó un grupo de genetistas del Instituto de Genética de Bogotá, supone también un tremendo descrédito y un abuso de los derechos humanos. Los así llamados "biopiratas*", que en este caso eran científicos ayudados por la multinacional farmacéutica Hoffman-Laroche, engañaron a los indígenas asarios de una pequeña población de Sierra Nevada (Colombia) para, con el pretexto de ofrecerles asistencia médica, tomarles muestras de sangre y poder así apropiarse de su información genómica.
Esto es algo que, aunque sea difícil de sancionar legalmente, está al margen de toda ética que pretenda respetar al ser humano.

Recientemente, y tras varios años de discusiones, sesenta expertos de cuarenta países redactaron la Declaración sobre el Genoma Humano y los Derechos Humanos. De entre los veinticinco artículos de que consta el documento, la decisión más importante ha sido la de considerar al genoma del ser humano como patrimonio de la humanidad. Esto puede que no sea mucho, pero es ya un primer paso importante porque significa que la herencia humana merece ser protegida. Hoy, igual que siempre, es menester defender al hombre del propio hombre. En este aspecto parece que no hayamos progresado tanto.

9.5. ¿Está jugando el hombre a ser Dios?

Las relaciones entre ciencia y religión han ocupado siempre un lugar importante en el pensamiento humano. También en el ámbito de la genética tales vínculos se han mantenido constantes. Como escribe Javier Gafo: *«En todo el desarrollo de la Nueva Genética han sido frecuentes las referencias al hecho religioso. Así, Crick ha hablado del 'dogma central de la biología molecular'; Walter Gilbert ha comparado al mismo proyecto genoma con la búsqueda del Santo Grial de la biología molecular. Incluso nuestro Salvador Dalí ha convertido la bíblica escala de Jacob, por la que subían y bajaban los mensajeros de Dios (Gn. 28:11-13), en la doble hélice de Watson y Crick»* (Gafo, 1993: 220).

Es verdad que en algún momento de la reciente historia de la genética parece que ciertos investigadores, procurando ensalzar la importancia de la información contenida en el ADN humano, han llegado casi a una especie de sacralización de las moléculas que constituyen nuestro ácido nucleico. Algunos creen que se trataría casi de material intocable porque, en su opinión, sería el producto final de muchos millones de años de evolución biológica. Una evolución que, según se dice, habría ensayado todas las posibilidades y descartado aquellas inviables o inapropiadas. Sin embargo, ¿no es esta interpretación una manera más de mitificar el poder del azar ciego que poseería la naturaleza? ¿no llega a las mismas conclusiones prácticas de aquellos que, por motivos religiosos, están en contra de cualquier tipo de manipulación genética porque, según ellos, sería como modificar el plan divino y jugar a ser Dios?

«¿Deben ser los expertos en el genoma humano, sean científicos o industriales, quienes decidan el futuro genético de la humanidad? ¿en base a qué intereses pueden determinar lo que es más conveniente?»

Otros incluso han hablado del "factor Frankenstein" para señalar que las repercusiones del Proyecto Genoma Humano podrían consistir en crear nuevas formas de vida que amenazaran no sólo al hombre, sino también a todos los demás organismos terrestres. Incluso algunos líderes religiosos han visto en las técnicas de la ingeniería genética como una reactualización de la tentación bíblica: *«..serán abiertos vuestros ojos, y seréis como Dios»* (Gn. 3:5), en el sentido de rebeldía y soberbia del ser humano que pretendería así atribuirse el poder divino. Desde luego estos temores son legítimos. Cada uno de ellos parece apoyarse en el poco crédito que merece la conducta humana y en los desastrosos ejemplos que, sobre todo, durante éste último siglo ha prodigado la humanidad. No obstante, a nuestro modo de ver, la revelación bíblica no se muestra tan pesimista como todo esto. El plan de Dios para el ser humano no es el de una criatura sometida a la naturaleza que la sacraliza y adora como si formara parte de ella, en el sentido del panteísmo. El Creador bíblico, por el contrario, desea criaturas inteligentes, hechas a su propia imagen, que actúen, cultiven, cuiden y puedan desarrollar su creatividad innata. Eso sí, con prudencia y sentido de la responsabilidad.

La criatura humana de cada generación está llamada a utilizar este planeta de tal manera que pueda traspasarlo en el mejor estado posible a los que vienen después. Es cierto que el conocimiento del mapa genético del ser humano es algo importante que, sin duda, beneficiará grandemente a la humanidad. Pero hay también otros muchos mapas que no son menos importantes. El mapa de los valores morales que realizan a las personas. El mapa del amor, de la solidaridad, del hambre en el mundo y de la pobreza. ¿No sería bueno también escudriñar tales mapas para obtener soluciones eficaces?

Frente a los futuros retos que seguramente planteará el PGH, el principio que debe ser siempre defendido es sin duda el de no alterar jamás el genoma de la especie humana. El de no modificar de manera irreversible la herencia biológica de las futuras generaciones. Si esto no se respeta, entonces sí estaremos ante una situación parecida a la de los primeros padres frente al árbol de la ciencia del bien y del mal. Si tomamos de este fruto prohibido, es posible que se abran nuestros ojos de par en par y descubramos con horror que estamos desnudos. Quizá entonces sea ya demasiado tarde para cerrarlos ante el nuevo hombre-monstruo de cristal, creado por el propio ser humano.

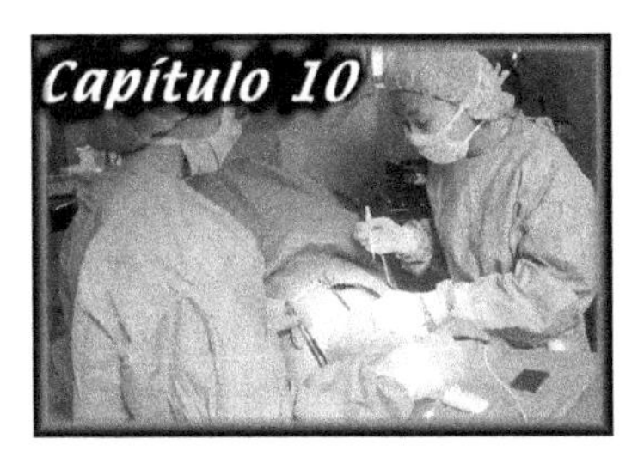

SALUD Y ENFERMEDAD

Aunque no siempre resulten fáciles de definir, lo cierto es que estos dos conceptos, salud y enfermedad, han estado íntimamente relacionados en la conciencia de casi todos los pueblos y se han venido traduciendo en realidades concretas que las personas podían comprender. Muchas han sido las culturas que vincularon de manera directa el estado físico del hombre con sus particulares creencias mágicas y religiosas. Frente a determinados poderes maléficos u hostiles que según se creía eran capaces de postrar al ser humano, había que recurrir a algún ritual sanador que contrarrestara y devolviera la salud. Este es el sentido de tantos sacrificios, ritos, danzas y demás celebraciones mistéricas que han proliferado a lo largo de la historia.

El hombre de la Biblia entiende también la enfermedad como una atadura ocasionada por el poder del mal (Lc. 13:11-16). Según el pueblo hebreo existiría una estrecha relación entre pecado y enfermedad. Es lo que se aprecia, por ejemplo, en situaciones como aquella en la que Jesús sanó al paralítico de Betesda y le dijo textualmente, en unos términos que él podía muy bien entender: *«Mira, has sido sanado; no peques más, para que no te venga alguna cosa peor»* (Jn. 5:14). De acuerdo con tal concepción, el Evangelio muestra siempre a Jesús en lucha abierta contra todo tipo de enfermedades. El perdón de las culpas implica a la vez una ruptura radical entre pecado y trastorno físico. Es precisamente a través de las curaciones y de la expulsión del mal, como se inicia el reino de Dios en la tierra. El Señor toma nuestras enfermedades y carga sobre sí nuestras dolencias (Mt. 8:17). Sólo su poder es verdaderamente capaz de alejar la enfermedad.

Sin embargo, la predicación del Maestro introdujo un nuevo matiz en esta idea que hasta entonces se tenía acerca de la relación entre la enfermedad y el castigo a causa del pecado. Cuando sus discípulos le preguntan, refiriéndose a un ciego de nacimiento: *«Rabí, ¿quién pecó, éste o sus padres, para que haya nacido ciego?»*, la respuesta fue inmediata: *«No es que pecó éste, ni sus padres, sino para que las obras de Dios se manifiesten en él»* (Jn. 9:2-3). Es como si hubiera dicho que la ceguera de aquel hombre servía para honrar a Dios. De manera que, según el Señor Jesús, las afecciones del cuerpo pueden también glorificar a Dios. ¡Qué extraño razonamiento! Por primera vez se rompió la cadena que unía los padecimientos corporales con el pecado o la transgresión moral. Esta revolucionaria idea cristiana fue la que le permitió años después al apóstol Pablo entender su propia enfermedad como una parte del sufrimiento y las aflicciones que los creyentes, por el hecho de ser imitadores de Cristo, deben saber soportar (2 Co. 1:5). Tales concepciones bíblicas partían de la base de que las aflicciones físicas afectaban siempre a la totalidad de la persona. Las enfermedades se entendían como un mal que alteraba todas las dimensiones del ser humano, no sólo la parte orgánica o biológica sino también los sentimientos, las relaciones con los demás y hasta las cuestiones de tipo espiritual.

En nuestros días, por el contrario, parece como si la moderna medicina hubiera caído en la tentación del reduccionismo. Como si la visión científica de la enfermedad consistiera en concentrarse únicamente en el órgano afectado, olvidando las demás dimensiones que componen la totalidad del ser humano. De ahí que, ante el mismo umbral del nuevo milenio, la salud y la enfermedad del hombre continúen planteando serios interrogantes al campo de la bioética cristiana. ¿Cómo debe entenderse hoy la salud? ¿Tiene sentido el dolor y el sufrimiento en la sociedad postmoderna? ¿Es éticamente aceptable pedir responsabilidades morales por el problema mundial del SIDA? ¿Se trata de un castigo divino? ¿De qué manera hay que tratar a los drogodependientes? ¿Son lícitos los trasplantes de órganos? ¿Incluso aquellos que proceden de animales? En el presente capítulo, se procura abordar todas estas cuestiones desde una perspectiva evangélica.

10.1. El cristiano y la salud

La Organización Mundial de la Salud definió el término "salud" como «*el estado de completo bienestar físico, mental y social, y no solamente la ausencia de dolencias o enfermedades*». Esta definición ha sido criticada por ser excesivamente optimista (Elizari, 1991: 267). Si se la toma en todo su rigor, ¿quién podría afirmar que de verdad está sano? ¿quién puede gozar de un "completo" bienestar en todas las áreas de la vida? Quizás sería mejor proponer un concepto de salud más realista, en vez de una definición prácticamente inalcanzable. Aunque también es posible que lo que la OMS pretenda sea tender siempre hacia un ideal que, desde luego, no existe ni se ha alcanzado ya.

La fe cristiana entiende la vida como un don que debe vivirse en toda su plenitud. Esto atañe también, por supuesto, a la salud física. El hombre fue creado por Dios para vivir, no para enfermar y morir. En el propósito inicial del Creador no había lugar para ninguna forma de mal. Desde este planteamiento, cualquier tipo de enfermedad es algo que contradice el plan original para el ser humano y, todavía hoy, sigue estorbando el ansia natural de vivir que anida en el alma de la criatura humana. Es verdad que los deseos divinos fueron truncados prematuramente por la rebeldía del hombre y que, desde entonces, la humanidad padece sus dolorosas consecuencias. Sin embargo, la lucha de la medicina actual contra la enfermedad y el sufrimiento continúa siendo absolutamente legítima. La humanidad tiene el deber moral de conseguir para sí, las máximas cotas posibles de salud y plenitud vital.

No obstante, esto no quiere decir que deba caerse en una sacralización de la salud o en los antiguos planteamientos del epicureísmo que consideraba la búsqueda del placer y del bienestar físico, como el fin supremo del hombre. Es cierto que la salud debe ser considerada como un bien, pero no es el bien absoluto. El creyente tiene que saber aceptar las limitaciones propias de su naturaleza presente. También el amor fraterno, la solidaridad con los necesitados o la entrega por el reino de Dios y la proclamación del Evangelio, pueden demandar de nosotros que seamos capaces de exponer nuestra seguridad personal, de arriesgar la salud o incluso la vida (1 Jn. 3.16). Admitir y aceptar la enfermedad, cuando ya se han procurado todos los recursos espirituales y médicos para curarla, constituye un síntoma de madurez, ya que supone reconocer la condición humana y saber afrontar la realidad del mundo en el que

vivimos. No hay porqué sentirse fracasado cuando se pierde la salud. Para el cristiano, la propia enfermedad puede ser una auténtica escuela de madurez y descubrimiento de la verdad.

10.2. Dolor y sufrimiento

Son muchas las definiciones sobre el dolor, como experiencia traumática y desagradable, que se han dado desde la psicofisiología*. Unos autores lo conciben como ese miedo innato a ciertos estímulos, otros lo ven como la tendencia a evitar el malestar que puede causar cualquier lesión y que impulsa al organismo a huir hasta que desaparece el estímulo. Aquellos que lo reducen a una interpretación naturalista, consideran el dolor como un mero reflejo de protección que serviría para avisar a la persona de otros sufrimientos mucho peores. Una especie de señal beneficiosa por la que el cuerpo comunicaría al "yo" que algo no marcha bien. Esta última interpretación tiene también sus detractores, los que piensan que habría que descartar la idea de que el dolor es beneficioso. Según su opinión, se trataría de algo siniestro que envilece al hombre y lo enferma más de lo que realmente está. Por lo tanto, el médico tendría siempre la obligación de prevenirlo y eliminarlo. Incluso se ha afirmado que el dolor es un modo de expresión por el que quedaría patente cómo es la persona que lo sufre. Es decir que al ser humano no se le conocería bien, en realidad, hasta no ver cómo se comporta frente al sufrimiento (Polaino-Lorente, 1997: 461).

De los cuatro tipos de dolor que puede experimentar el hombre, físico, mental, social y espiritual, quizás el que posee unas connotaciones más negativas sea el primero. Sin embargo, hoy el dolor físico, agudo o crónico, es susceptible de tratamiento mediante fármacos, analgésicos, bloqueos nerviosos u otros métodos. Algunos especialistas en este tema se quejan con frecuencia de que los pacientes no siempre son bien tratados. A veces, por ejemplo, se prescriben insuficientes analgésicos para calmar el dolor que sufren ciertos enfermos de cáncer. En ocasiones, según parece, sólo se receta entre un 20% y un 30% de la cantidad que realmente se necesita, con lo cual el dolor persiste. En otros casos puede ocurrir todo lo contrario. Se emplean fuertes narcóticos para tratar un dolor de mediana intensidad que podría aliviarse bien mediante analgésicos no narcóticos, psicoestimulantes, electroestimulación o bloqueo de nervios. Esto ocurriría como consecuencia del desconocimiento que existe todavía sobre el mecanismo exacto en que ciertas enfermedades originan el dolor (Madrid, 1990: 50). La investigación médica tiene aquí todavía un importante reto que afrontar para el siglo XXI.

Desde una perspectiva más sociológica, ciertos psiquiatras han señalado que los niveles de tolerancia al dolor han disminuido notablemente en el hombre contemporáneo en relación al de otras épocas (Alonso-Fernández, 1969: 76). Es como si en la sociedad tecnificada del bienestar se hubiera incrementado el miedo al dolor y al sufrimiento. Quizás la excesiva preocupación por la salud y el culto al cuerpo, alentados por el hedonismo y la proliferación de analgésicos eficaces, han contribuido a esta fobia hacia el dolor (algofobia*). Tal tendencia podría influir también en el hecho de que tantos jóvenes se precipitaran en el mundo de la drogadicción. Lo cierto es que a pesar del desarrollo tecnológico y del indudable avance de la medicina, el ser humano continúa sufriendo y experimentando dolor. Es como si después de superar la cumbre de cada enfermedad y conseguir la medicina apropiada, se topara otra vez con un horizonte lleno de nuevos retos y epidemias. Frente a esta realidad cabe plantearse, ¿cómo es posible para el cristiano afrontar el misterio del dolor y el sufrimiento en el mundo?

> ***«Ciertos psiquiatras han señalado que los niveles de tolerancia al dolor han disminuido notablemente en el hombre contemporáneo en relación al de otras épocas»***

La Escritura afirma que lo incomprensible para el hombre, tiene sentido en la óptica de Dios. Desde tan singular punto de mira, lo invisible puede verse bien; lo que parece frustar los planes humanos, el Padre lo permite precisamente para realizar al hombre; aquello que aparentemente sólo fomenta el desaliento, resulta que es utilizado para que la criatura crezca en fe y en amor. ¿A que se debe tan tremenda paradoja? El misterio del hombre sólo se resuelve en el Cristo encarnado. La respuesta al dolor de tantos inocentes se encuentra en la cruz del Gólgota, allí donde derramó su sangre el más inocen-

te de todos los inocentes. La pregunta desgarradora ¿por qué me ha ocurrido a mí?, encuentra un eco solidario en ¿por qué le ocurrió a Él? Desde el acontecimiento de la cruz cada criatura humana puede ya encontrarle un sentido pleno a sus propias angustias. El sufrimiento es capaz de realizar al hombre porque por medio de él, Jesús realizó también la salvación de la humanidad. Sólo desde esta perspectiva es posible afirmar con Pablo: «*Ahora me gozo en lo que padezco... y cumplo en mi carne lo que falta de las aflicciones de Cristo por su cuerpo, que es la iglesia*» (Co. 1:24). Para quien no cree en la trascendencia, el sufrimiento es sólo una maldición más, pero para el que desea seguir a Jesucristo y vivir en santidad, de las entrañas del mismo sufrimiento puede extraer suficiente madurez para perfeccionarse día a día. Incluso de esta manera, en medio del dolor, es posible hallar paz y felicidad.

10.3. El problema del SIDA

Nadie se imaginaba, a principios de los 80, la terrible plaga que iba a azotar al mundo a partir de esa década. Parecía hasta entonces que las grandes epidemias, como la peste, eran tragedias del pasado que la medicina, con su rigor científico, se había encargo de desterrar. Sin embargo, en el mes de junio del año 1981 se publicaron una serie de casos extraños producidos en varones homosexuales. Sus respectivos sistemas inmunológicos no reaccionaban frente al ataque de los microorganismos infecciosos. Esta anomalía fue la que alertó a los epidemiólogos sobre la gravedad del mal y le dio nombre a la enfermedad, síndrome de inmunodeficiencia adquirida (SIDA). Las primeras infecciones oportunistas que se detectaron en estos pacientes fueron: una neumonía causada por el protozoo, *Pneumocystis carinii* y un tumor de la piel que originaba ciertas manchas rojas, el sarcoma de Kaposi*. Los síntomas iniciales eran siempre los mismos: fiebre, diarrea, pérdida de peso y crecimiento de los nódulos linfáticos. Sin embargo, ningún enfermo moría propiamente de SIDA sino de otras infecciones paralelas como las mencionadas, junto a las provocadas en las vías respiratorias o el tubo digestivo por determinados hongos.

Los primeros casos se daban generalmente en hombres jóvenes que practicaban la homosexualidad. Después se comprobó que también podía afectar a hemofílicos que se habían sometido a alguna transfusión sanguínea y, finalmente, se vio que entre los drogadictos que se inyectaban heroína por vía endovenosa, existían también numerosos casos. De ahí que se hablara de la enfermedad de las tres "h": homosexuales, hemofílicos y heroinómanos. Desgraciadamente, más tarde se pudo comprobar que no era necesario pertenecer a ninguno de estos grupos de riesgo para contraer la enfermedad. Las prácticas heterosexuales en las que una de las dos personas estaba infectada constituían asimismo una importante vía de contagio.

El esfuerzo por determinar la naturaleza del agente que producía la enfermedad, originó una importante polémica en el mundo científico. Dos investigadores se disputaron el honor, y también los beneficios económicos, de ser los primeros en descubrir el virus del SIDA, el francés Luc Montagnier del Instituto Pasteur de París y el virólogo norteamericano, Robert Gallo. Parece que finalmente se dio la razón al primero y se reconoció que, en efecto, a él se debía la descripción original de este retrovirus* capaz de provocar el SIDA y al que se denominó, virus de inmunodeficiencia humana (VIH) (en inglés HIV).

Actualmente se sabe que el VIH puede estar presente en el semen, las secreciones sexuales y la sangre, por tanto las posibilidades de contagio de esta enfermedad mortal tienen que ver sobre todo con la sexualidad, las transfusiones sanguíneas, el intercambio de jeringas o agujas contaminadas y la relación materno-filial durante el embarazo. Existe un mayor peligro en el coito anal que en el vaginal, ya que la mucosa del recto es más delicada que la de la vagina y, por tanto, los desgarros y las pequeñas heridas son mucho más frecuentes. Es más fácil que el varón infectado contagie a la mujer que a la inversa. Las transfusiones de sangre fueron también al principio una importante fuente de contagio, principalmente para los hemofílicos, pues se desconocía el comportamiento del virus. Sin embargo, aunque en la actualidad tal situación esté ya controlada en los países desarrollados, en el continente africano como consecuencia de la escasez en recursos sanitarios, sigue produciéndose este tipo de contagio. De igual forma, la transmisión del virus entre la madre infectada y el feto puede darse a través de la placenta o durante el parto y la posterior lactancia. De ahí que los facultativos recomienden en estos casos a las madres portadoras del virus que amamanten a sus hijos con leche artificial. Alrededor del 30% de los bebés de madres portadoras del VIH resultan también contagiados y casi la mitad de ellos mueren antes de cumplir

los dos años. Lo que no se ha demostrado es que la infección pueda realizarse a través de la saliva, las lágrimas, la picadura de insectos, los animales domésticos, el aire, agua o los alimentos.

¿De dónde proviene el virus del SIDA? ¿cómo se originó? Actualmente se conocen dos tipos diferentes de virus capaces de provocar la enfermedad, el VIH-1 y el VIH-2. El primero es el más importante y se cree que viene del chimpancé, *Pan troglodytes troglodytes*. Según un estudio publicado en la revista *Nature* por Beatrice Hahn y colaboradores de la Universidad de Alabama en Birmingham (EEUU), el salto de un virus muy similar al VIH-1 desde el chimpancé en el que no provoca la enfermedad, a la especie humana, se habría producido a causa del consumo de carne de este animal, algo que resulta muy habitual en Africa occidental. La difusión del virus a las personas podría haber ocurrido a través de la sangre del mono, al descuartizar y consumir su carne (*El País*, 01.02.99). Ahora los estudios se centran en averiguar por qué el virus no afecta a esta raza de primates y sí actúa, en cambio, en el hombre. Tales resultados podrían aportar la solución definitiva para acabar con la enfermedad. El mismo equipo de investigadores anunció también la identificación del primer caso conocido de SIDA: un hombre bantú que murió en 1959 en la actual República Democrática del Congo, que es precisamente la región donde vive esta subespecie de chimpancés. El origen de la segunda variedad del virus, que aunque más difícilmente también es capaz de causar SIDA, el VIH-2, se ha identificado en otra especie de mono, el *Cercocebus atys*. De manera que actualmente existe el convencimiento de que su origen está precisamente en tales primates. Lo que está claro es que ni el VIH-1, ni el VIH-2, han sido producidos artificialmente en ningún laboratorio del mundo mediante técnicas de ingeniería genética y con la finalidad inmoral de atacar a ningún colectivo humano, como en ocasiones se ha dicho. Esto es algo que la comunidad científica ha rechazado de forma unánime.

Los afectados por el síndrome se dividen entre los enfermos de SIDA y aquellos que son portadores del agente causante de la enfermedad. Estos últimos no están todavía enfermos pero sí contagiados y pueden también desarrollarlo. Según la ONU hay ya 33,4 millones de infectados en todo el mundo y durante el año 1998 murieron dos millones y medio de esas personas (*El País*, 05.03.99). En los países industrializados, gracias a las campañas de prevención y a los nuevos tratamientos farmacológicos, las muertes por SIDA se han reducido en un 80%. En España, por ejemplo, el punto máximo de la epidemia se alcanzó en 1994. Sin embargo, tres años después, la incidencia experimentó un descenso del 30% y en 1998 volvió a descender un 25% respecto al año anterior. Estas cifras relativamente optimistas del primer mundo contrastan, no obstante, con la tragedia que se está produciendo en las naciones no desarrolladas. En ellas se producen 25 nuevos casos de SIDA cada minuto. En la parte más contagiada de Africa, la esperanza de vida se ha visto reducida en 20 años por culpa de esta terrible enfermedad. Aunque en el primer mundo el SIDA disminuya, en el tercero continúa aumentando de manera alarmante. Este parece ser el macabro regalo del segundo al tercer milenio de nuestra era.

a. Biología del SIDA

El medio ambiente en el que vive el ser humano está lleno de microbios que pueden resultar peligrosos para su salud. Estos "invisibles" microorganismos son los virus, bacterias u hongos parásitos que subsisten y proliferan a base de la energía que obtienen destruyendo células humanas. El cuerpo se defiende de todos estos agresores mediante el llamado sistema inmunitario, un complejo mecanismo de defensa que no sólo procura acabar con los agentes invasores, sino que además impide que se desarrollen cánceres a partir de células malignas que puedan nacer en el propio organismo. El sistema inmunitario es capaz de intervenir en cualquier parte del cuerpo gracias a unas células especiales de la sangre, un tipo de glóbulos blancos, los linfocitos*, formados en los órganos linfáticos. Existen dos grandes grupos de linfocitos apellidados con letras mayúsculas, linfocitos T y linfocitos B, porque trabajan de manera diferente. Los primeros sin pensárselo dos veces atacan directa e inmediatamente al agente invasor, mientras que los linfocitos B producen primero unas sustancias llamadas anticuerpos* que embisten contra los microbios, los neutralizan y, por último, los destruyen. La principal característica de estos anticuerpos es su gran especificidad. Existe un anticuerpo concreto para cada tipo de microbio. Si, en alguna ocasión anterior, un determinado microbio penetró en el organismo, éste se acuerda de ello y moviliza a todos los anticuerpos generados en aquel momento. El hecho de que una persona posea anticuerpos contra un determinado invasor es señal inequívoca de que tal agente la ha infectado alguna vez. En esta propiedad se basa la "prueba serológica del SIDA", en la detección de anticuerpos contra el VIH. En realidad, cuando cualquier microbio invade el organismo humano es inmediatamente reconocido por un tipo especial de linfocitos T, los linfocitos T4. Éstos dan la voz de alarma y movilizan a los linfocitos T y a los B para que empiecen a luchar.

¿Dónde radica el espantoso poder que posee el virus del SIDA? ¿En qué consiste su especial eficacia y malignidad? La terrible virulencia de este microbio, que recuerda el aspecto de un balón de fútbol rodeado de champiñones, se debe precisamente a que destruye el mismísimo centro de mandos del sistema inmunitario, los linfocitos T4. Por tanto, es capaz de inmovilizar las defensas del organismo antes aún de que éstas hayan podido organizarse para el combate. La destrucción de los linfocitos T4 acaba con el sistema inmunitario de la persona, exponiéndola a la acción de cualquier infección o cáncer. Todo este proceso se inicia en el momento en que el VIH penetra en el torrente circulatorio sanguíneo. Lo primero que hace es adherirse a la membrana de un linfocito T4, romperla e introducirle su propio ARN vírico. Este ácido nucleico se transcribe a ADN, pasa al núcleo y entra a formar parte del código genético de la célula. A partir de ese momento pueden ocurrir dos cosas: que el virus se quede aletargado e inactivo, con lo cual el linfocito T4 seguirá llevando una vida normal, se dividirá como de costumbre y la persona afectada no tendrá ningún síntoma, aunque a través de la sangre y de las secreciones sexuales pueda seguir infectando sin saberlo a otras personas; o bien que el virus se vuelva activo, se reproduzca muchas veces dentro del T4 y provoque la lisis o muerte de esta célula con la consiguiente liberación de un elevado número de virus del SIDA, que irán a infectar a otros linfocitos T4. En el momento en que un importante número de células T4 han sido destruidas, las defensas del organismo se debilitan y pueden aparecer ya los primeros síntomas de la enfermedad.

¿Existe hoy algún tratamiento eficaz para curar el SIDA? Después de casi veinte años de lucha contra esta enfermedad no existe todavía ninguna vacuna o fármaco que sea completamente eficaz. Es verdad que se han llegado a comercializar muchos productos capaces de frenarla y mejorar las condiciones de vida de los pacientes, pero ninguno de ellos por separado o incluso en cócteles de dos o tres fármacos son capaces de eliminar por completo el virus. Recientes trabajos aparecidos en *Nature Medicine* afirman que tales cócteles de medicinas, a pesar de ser muy eficaces a corto plazo, no pueden abolir el VIH y que se necesitarían, al menos, unos 60 años de tratamiento por paciente para lograrlo (*El País*, 27.04.99). De esta constatación se deduce que la única solución definitiva sería la obtención de una vacuna. La administración de trozos del virus o elementos derivados de él que siendo incapaces de provocar la enfermedad puedan, sin embargo, reestimular la memoria de las células defensivas. En este sentido, Harriet Robinson, del Centro Regional de Investigaciones Yerkes (EEUU) ha presentado ya una vacuna contra el SIDA que ha dado buenos resultados en los experimentos con primates. Otros muchos investigadores trabajan por todo el mundo con este mismo propósito y es probable que en un plazo relativamente corto pueda lograrse. ¡Quiera Dios que se consiga lo más pronto posible!

b. Aspectos éticos del SIDA

Uno de los delicados problemas éticos debatidos en torno a los posibles peligros de contagio de personas sanas por parte de las seropositivas*, ha sido el de realizar a los grupos de riesgo o a toda la población en general y de forma obligatoria, un test cuyo resultado figurase en un documento de identidad, que acreditase tal condición. De la misma manera que actualmente aparece el grupo sanguíneo y el factor Rh, podría señalarse también si el individuo es seropositivo o seronegativo. Se ha argumentado que si se hiciera así, el personal sanitario sabría a qué atenerse en los accidentes y demás situaciones de emergencia. Sería posible extremar las precauciones para evitar posibles contagios. En determinados ambientes médicos ha surgido la cuestión siguiente: *«si la sociedad nos pide que atendamos a todo tipo de pacientes, ¿no es lógico que exijamos saber si son o no seropositivos?»*. El asunto no es fácil de responder. Un test obligatorio para todo el mundo atentaría contra la libertad y el derecho a la confidencialidad que posee cada persona. Por otro lado, el conocimiento de estos resultados ¿no podría provocar una discriminación y un rechazo social de los afectados? ¿cómo reaccionarían las empresas ante la posibilidad de ofrecer empleo a un seropositivo? Frente a tales dudas la mayoría de los pensadores considera que este tipo de test obligatorio y universal no estaría justificado. Otra cosa sería su aplicación a aquellos que voluntariamente quisieran someterse a tal prueba. Pero, por otra parte, no es menos cierto que existe una grave exigencia ética por parte de aquellos afectados que desean contraer matrimonio o convivir conyugalmente con otra persona, de informarle convenientemente acerca de su situación. Lo mismo cabría decir en los casos de intervención quirúrgica, asistencia al dentista, etc. Si se acepta que la sociedad no debe imponer un test obligatorio para identificar a los portadores del VIH, también se requiere desde la perspectiva ética que los seropositivos, conscientes de su estado, sean capaces de manifestarlo en todas aquellas situaciones en las que pueda existir peligro de contagio para otras personas.

En la sociedad occidental se produce un fenómeno éticamente paradójico con el tema del SIDA. Mientras en determinados ambientes se defienden de manera vehemente los derechos de los seropositivos, incluso con la colaboración de los medios de comunicación, en otros, sin embargo, se les estigmatiza, se les margina y la gente se avergüenza de ellos. Nadie esconde, por ejemplo, que un pariente suyo padece hepatitis o está enfermo de cáncer. No obstante, cuando se trata del SIDA, casi todo el mundo lo silencia como si se tratara de una grave afrenta familiar. ¿Por qué ocurre tal contradicción? Nos parece que la altura moral de una sociedad debiera medirse por el trato que ofrece a sus miembros más débiles y necesitados. Al enfermo no debe negársele jamás la ayuda médica incluso aunque sea, desde el punto de vista moral, el principal responsable de la enfermedad que padece, debido a su actitud o estilo de vida. La sociedad debe ejercitar su solidaridad hacia tales pacientes, sin discriminarles por motivos sociales, económicos, raciales o sexuales. Como señala acertadamente el profesor Gafo refiriéndose a los enfermos de SIDA: «*... tienen el mismo valor el homosexual de Los Angeles, apoyado por las reivindicaciones de los movimientos gays, que la prostituta de Nairobi, Kinshasa o Bangkok*» (Gafo, 1994: 299).

Las raíces de ciertas conductas asociales en relación con los seropositivos hay que buscarlas probablemente en la ignorancia, la falta de información y el miedo al contagio de una enfermedad que suele ser mortal. Pero también las formas en que más frecuentemente se contagia el SIDA, sobre todo las prácticas homosexuales y la drogadicción, han contribuido a fomentar esta intolerancia visceral que se observa en ciertos sectores. Sin embargo, el hecho de que no se comparta en absoluto la conducta y el tipo de valores morales que imperan en tales colectivos de riesgo, no puede justificar una actitud inquisitorial y estigmatizadora hacia las personas que sufren la enfermedad. Cualquier criatura humana sigue siendo poseedora de dignidad personal aunque viva sumida en el error, la promiscuidad o la drogadicción. Además conviene tener presente que el SIDA no sólo afecta a quienes llevan vidas moralmente relajadas o equivocadas desde el punto de vista ético. También hay personas inocentes que sufren sus consecuencias, como bebés de padres contagiados, hemofílicos, individuos sanos que han sido contaminados por medio de una transfusión sanguínea, personal sanitario, esposas de maridos infieles, etc. Ninguna de estas criaturas es merecedora de la descalificación y discriminación social que a veces se hace con ellas. Nos parece que la medicina debiera tratar a todos los enfermos, sean inocentes o no, con respeto y compasión al margen del mal que padecen.

¿Quién es, por lo tanto, el auténtico culpable del SIDA? El principal responsable del SIDA es desde luego el virus que lo produce. Ese microorganismo que pasó del chimpancé, en el que no era letal, al ser humano a través de los hábitos alimentarios de ciertas tribus africanas. Desde ahí se extendió al continente americano y después a todo el mundo, al principio por vía heterosexual y después sobre todo por relación homosexual. No es correcto, desde la perspectiva ética, afirmar que los culpables son los homosexuales, los toxicómanos o los consumidores de chimpancés. Es verdad que, en la actualidad, ciertas conductas favorecen su propagación y, desde luego, aquellos miserables que conscientemente contagian a sus semejantes son culpables en primer grado. Sin embargo, la pregunta acerca de la culpabilidad de esta terrible enfermedad podría responderse así: no existen culpables de la aparición del SIDA, ya que fue un acontecimiento accidental, pero ciertos comportamientos humanos sí son responsables de su propagación.

«La medicina debiera tratar a todos los enfermos, sean inocentes o no, con respeto y compasión al margen del mal que padecen.»

Algunas repercusiones sociológicas de la enfermedad del SIDA han sido la mayor aceptación del fenómeno homosexual por parte de la sociedad y el incremento de la llamada "solidaridad gay" (Tarquis, 1996: 21). Tales grupos de personas, conscientes de esta mayor sensibilidad social, han aprovechado la coyuntura para exigir una equiparación legal entre las parejas estables homosexuales y las convencionales heterosexuales. Sin embargo, tal como manifiesta Pedro Tarquis, una cosa es mostrar solidaridad con el sufrimiento de los enfermos de SIDA y otra muy distinta compartir sus convicciones éticas. No nos parece que las parejas de homófilos deban ser consideradas a todos los efectos, equivalentes a los matrimonios o las familias tradicionales, especialmente por lo que respecta a la adopción y educación de los hijos (ver sección 3.6.b).

Otra de las polémicas éticas en torno a esta epidemia es la que han puesto de manifiesto las campañas de lucha contra el SIDA. La recomendación que suelen hacer las autoridades al uso de los preservativos como único método seguro para no contraer la enfermedad, ha sido muy criticada por la Iglesia Católica. La objeción principal que suele hacerse, es que la mejor prevención contra el SIDA es siempre la abstinencia sexual o la fidelidad a una pareja no contaminada y no sólo el uso promiscuo de los preservativos. Asimismo se cuestiona que el condón sea cien por cien eficaz ya que, aunque ofrece bastante buena protección, su eficacia no siempre es absoluta. ¿Por qué las campañas antisida no aclaran convenientemente todo esto? ¿No se está fomentando indirectamente, sobre todo entre los jóvenes, una sexualidad precoz y amoral que puede ser el mejor caldo de cultivo para la propagación de la misma enfermedad que se pretende combatir? A pesar de la avalancha de descalificaciones que han sufrido los obispos católicos por tales manifestaciones, nos parece que desde la ética cristiana tales razonamientos son coherentes y reflejan bien lo que está sucediendo actualmente en el ámbito de las costumbres sexuales. Las relaciones monógamas entre personas que no están infectadas por el VIH son seguras, pero las que se realizan esporádicamente, de manera promiscua y con individuos poco conocidos, aunque se lleven a cabo mediante preservativos, siempre implican un factor de riesgo. A este último comportamiento no puede llamársele "sexo seguro", sencillamente porque no lo es. Lo más seguro es la fidelidad o la abstinencia. En este sentido *«quien proclama la legitimidad de una acción moralmente mala, quien se vanagloria, pongamos por caso, de haber tenido contacto sexual con cien mujeres en un año y califica a los que no obran así de impotentes o estúpidos, quien presenta a los jóvenes ese modo de obrar como el mejor y modélico es sencillamente un canalla»* (Löw, 1992: 113).

c. Teología del SIDA

¿Es la enfermedad del SIDA un castigo de Dios por los pecados de los hombres? Aunque la propagación del VIH pueda entenderse como una consecuencia de la maldad humana, del desequilibrio moral en el que vive parte de la sociedad actual o de la permisividad sexual, lo cierto es que desde la fe auténticamente cristiana no es posible hablar de castigo divino. El carácter del Dios de la Biblia no es el de un sádico vengativo sino que más bien se identifica y queda bien reflejado en la figura de Jesús. El que sabe aproximarse a los enfermos, a los marginados de la sociedad, a los leprosos, las prostitutas, los impuros y pecadores para quitarles la opresión de sus respectivos yugos y hacerles descansar. El Señor conoce tan bien la culpa que no pregunta por ella porque sabe que, en el fondo, todos los hombres somos culpables. ¿Por qué tenía Dios que castigar a unos y no a otros? ¿por qué habría tenido que esperar veinte siglos para sancionar comportamientos que ya existían miles de años antes de la era cristiana? Y en cualquier caso, ¿por qué condena también a criaturas inocentes? Afirmar que el SIDA es un castigo divino es no conocer el carácter del Dios que se revela en Jesucristo. El creyente debe concentrarse, por lo tanto, no en descubrir culpabilidades o en el ejercicio de arrojar la primera piedra contra el prójimo, sino más bien en usar la enfermedad como una posibilidad para la conversión o la restauración moral y espiritual de las personas. ¿Es posible reconocer la imagen de Cristo en el rostro de los seropositivos? ¿Somos capaces de mostrar solidaridad con los contagiados por el VIH? Además de sufrir esta terrible enfermedad continúan siendo personas que, como todo el mundo, requieren del amor de Dios. Sus existencias son valiosas para el Señor. Poseen la inmensa dignidad de ser criaturas hechas a imagen del Creador, por quienes el Señor Jesús murió también en la cruz del Calvario. Sean o no responsables de su dolencia necesitan la redención.

Dicho esto, conviene recordar también que todas las acciones del hombre tienen unas consecuencias concretas. La Biblia afirma claramente: «*No os engañéis; Dios no puede ser burlado: pues todo lo que el hombre sembrare, eso también segará. Porque el que siembra para su carne, de la carne segará corrupción; mas el que siembra para el Espíritu, del Espíritu segará vida eterna*» (Gá. 6:7-8). El Dios de amor del Nuevo Testamento que se manifiesta en Jesús sigue siendo el mismo Dios de justicia del Antiguo Testamento. El apóstol Pablo recuerda el carácter divino indicando que cualquier desorden físico o sexual produce tarde o temprano daño y destrucción.

Actualmente vivimos en un mundo que ha eliminado los antiguos tabúes sexuales. Si antaño casi todo lo relacionado con el sexo se veía como algo negativo y pecaminoso que convenía ocultar, hoy por el contrario lo que se ve fatal es ponerle frenos a cualquier tipo de comportamiento sexual. En el imperio de la amoralidad todo está permitido. Sin embargo, mediante tal permisividad sin límites en el terreno de lo sexual, ¿no se está haciendo cada vez más ancha la fisura del egoísmo e individualismo en las relaciones íntimas de los seres humanos? La gran difusión de ciertas enfermedades de transmisión sexual, la banalización del sexo, la deficiente información sexual que se da a los jóvenes en ciertos ambientes con el consiguiente incremento de los embarazos en adolescentes, ¿no están contribuyendo, de alguna manera, a hacer de aquellas relaciones humanas que debieran ser más profundas, ricas y duraderas, un mero objeto más de consumo? En el seno de la sociedad actual, en la que se procura fomentar la "vida sana", la nutrición equilibrada, el rechazo del tabaco, alcohol y demás drogas, ¿no sería conveniente proponer también una sexualidad más sana y equilibrada? ¿pueden hacer algo en este sentido las iglesias evangélicas? ¿cómo se recibe a los seropositivos que se convierten y deciden cambiar de vida? ¿qué tipo de educación sexual se está ofreciendo a los niños y adolescentes en las congregaciones? ¿quiénes les instruyen en esta materia, los padres, la iglesia o la sociedad? ¿qué se les está enseñando? Se trata de cuestiones muy serias que a veces no se valoran convenientemente, pero que son fundamentales para el futuro del testimonio cristiano.

10.4. Drogodependencias

El ser humano ha venido consumiendo drogas desde la noche de los tiempos. Las civilizaciones china, griega, egipcia, romana y árabe, entre otras muchas, han conocido y utilizado numerosas sustancias naturales que producían ciertos efectos deseados para los rituales religiosos. Durante el siglo XVII de nuestra era se empezó a consumir opio con el fin de tratar ciertas enfermedades tropicales como la malaria. Los chinos introdujeron esta sustancia en

USA y a mediados del siglo XIX la adicción al opio era considerada ya como una enfermedad entre los soldados del ejército norteamericano. La medicina empezó a usar el alcaloide más importante del opio, la morfina, como calmante para el dolor. En el año 1898, H. Dreser, investigando en la Policlínica Bayer de la Universidad de Berlín, logró sintetizar la heroína, una droga derivada de la morfina, pero mucho más potente que ella (Gafo, 1994: 306). A principios del siglo XX se empezaron a fabricar barbitúricos y posteriormente fueron apareciendo otras drogas como el LSD-25. Desde otros contextos geográficos y culturales surgieron también diversas sustancias que se extraían de ciertas plantas y eran consumidas desde épocas muy antiguas. Las más importantes son el hachís, llamado también marihuana, grifa o kiff, que se obtiene a partir del *Cannabis sativa*, o la cocaína extraída de la planta de la coca y típica de las civilizaciones andinas. Es cierto que el consumo de drogas viene de muy antiguo pero también es verdad que nunca constituyó un problema social tan dramático como el que se ha producido en nuestro tiempo.

a. ¿Qué es droga?

La OMS define el concepto de droga mediante estas palabras: «*Toda sustancia que, introducida en el organismo vivo, puede modificar una o varias funciones de éste*». De manera que cualquier producto que, con o sin utilidad terapéutica, sea capaz de cambiar la conducta de la persona porque actúe sobre su sistema nervioso central, puede ser considerado como droga. Esto significa que el tabaco, el alcohol o el café, a pesar de ser sustancias tan habituales, pueden entrar también en esta definición. Una característica importante de tales elementos es que son capaces de incrementar la *tolerancia*, es decir, que el organismo se acostumbra a ellos y cada vez hay que aumentar la dosis para conseguir el mismo efecto. También son susceptibles de crear *dependencia física* o *psíquica*. Cuando el individuo se habitúa al consumo de una determinada droga llega un momento en el que ya le resulta muy difícil prescindir de ella. Depende de la droga para encontrarse bien. En la dependencia física se crea un estado patológico con aparición de malestar y trastornos orgánicos que, en el caso de reducir el consumo o de no disponer de suficiente droga, origina el llamado "síndrome de abstinencia". Si por el contrario se suministra la dosis habitual, se produce un efecto gratificante, calmante y agradable. De hecho, esto último es lo que busca el drogodependiente. En la dependencia psíquica, en cambio, el malestar o la compulsión que origina la abstinencia no es tan intensa y afecta sobre todo al carácter de la persona.

De lo anterior se desprende que la drogodependencia o toxicomanía es una falta de libertad entre la persona y una sustancia determinada. Aquello que originalmente se busca en la droga, la sensación de placer, la evasión de la realidad o el deseo de cambiar la propia situación que rodea al individuo, resulta que se transforman poco a poco en dependencia y esclavitud para el ser humano adicto. Lo que en un principio era una apetencia hedonista se convierte después en una patología tiránica que aliena a la persona.

b. Clasificación de las drogas

Existen diferentes clasificaciones de las drogas o sustancias psicotrópicas. Una de las que se reconoce como más acertada es la siguiente, realizada por G.G. Nahas (Gafo, 1994: 311):

1. Opiáceos
- Opio
- Morfina
- Heroína
- Metadona

2. Psicoestimulantes mayores
- Cocaína
- Anfetaminas

3. Psicodepresores
- Alcohol etílico
- Barbitúricos
- Benzodiacepinas

4. Cannabis
- Hachís, marihuana

5. Alucinógenos
- LSD
- Psilocibina
- Mescalina

6. Solventes
- Benceno, tolueno, acetonas...

7. Psicoestimulantes "menores"
- Tabaco (nicotina)
- Cola
- Cafeína
- Khat

Entre las principales afecciones e inconvenientes psíquicos o fisiológicos que causan los diferentes tipos de drogas destacan los siguientes. La morfina posee una acción depresora sobre los centros respiratorios, por lo que puede provocar la muerte por parálisis respiratoria. La cocaína en forma de polvo blanco, cuando se toma frecuentemente mediante inhalación es capaz de producir perforación del tabique nasal, ya que la vasoconstricción repetida que provoca origina necrosis o muerte de estos tejidos de la nariz. El consumo intenso de anfetaminas actúa sobre el carácter del toxicómano y puede volverlo irritable, agresivo e incluso violento. El alcohol a la larga provoca, como es sabido, alteraciones irreversibles en el hígado. La inhalación ininterrumpida de solventes como el benceno o las acetonas puede llegar a producir incluso el estado de coma o la muerte. Y, en fin, el tabaco tiene una clara acción cancerígena e incrementa el riesgo de alteraciones cardiovasculares.

> ***«Este afán por experimentarlo todo, en un mundo que se ha quedado sin normas éticas ni puntos estables de referencia moral, constituye el mejor trampolín hacia el universo de la droga.»***

c. Causas que llevan a la drogadicción

El aumento del fenómeno de la droga en la sociedad occidental está relacionado con la crisis de valores e ideales que experimenta en general la civilización actual. En la era del vacío existencial en la que se ha perdido la fe en Dios y en el propio ser humano, los individuos procuran coleccionar objetos materiales, experiencias nuevas y diferentes, placeres a corto plazo, algo que les proporcione felicidad aunque sea de manera fugaz y momentánea. Este afán por consumir, unido al deseo de experimentarlo todo, en un mundo que se ha quedado sin normas éticas ni puntos estables de referencia moral, constituye el mejor trampolín hacia el universo de la droga. El crecimiento de la adicción a los productos psicoestimulantes es uno de los principales síntomas de que se dispone hoy para medir la crisis de la civilización contemporánea. El hombre de la postmodernidad subsiste sin un auténtico hogar moral, ético y espiritual. Vive a la intemperie sin ideales ni normas a las que aferrarse frente a las dificultades propias del mundo actual. De ahí que las drogas se vean casi

como el elixir de la felicidad, como aquello que puede colmar las apetencias y el vacío interior.

El ambiente familiar degradado en el que crecen tantos niños que se sumergen después en el mundo de la droga, es también en muchos casos responsable de tales situaciones. Los múltiples divorcios y rupturas de la pareja, la falta de modelos parentales sólidos, la educación excesivamente permisiva, el poco control por parte de los padres, el desarraigo social y cultural, la falta de comunicación real entre los componentes de la familia, son algunos de los motivos que contribuyen de manera decisiva al fenómeno de la drogadicción. Pero también puede haber causas de carácter social o económico como el paro laboral, las aglomeraciones de las grandes ciudades que deshumanizan el medio ambiente, el tipo de barrio en el que se habita, los vínculos con amigos que viven en el mundo de la drogadicción, el desarraigo provocado por las frecuentes migraciones del campo a la ciudad, el fracaso escolar con el consiguiente abandono prematuro de la escuela y la facilidad de acceso a los puntos de venta de droga.

Tampoco hay que olvidarse de los grandes intereses políticos y económicos que suele mover los hilos en el escenario mundial de los narcóticos. La geografía de la producción de droga suele coincidir frecuentemente con la de los países pobres, sin embargo quienes más se benefician de este macabro negocio son casi siempre los países ricos de Occidente. Estos oscuros intereses explican por qué tantos gobiernos toleran o cierran los ojos ante el fenómeno de la droga. El poder de los grandes narcotraficantes, en alianza con otras organizaciones mafiosas de todo el mundo, no sólo es capaz de plantar cara a ciertos gobernantes, sino que constituye una auténtica organización de la muerte a nivel internacional. Pero, generalmente, los más perjudicados son siempre los consumidores individuales.

Generalmente el individuo que accede a los estupefacientes lo hace, al principio, llevado por una curiosidad ingenua. Busca, como se ha señalado, placeres nuevos, experiencias distintas que le evadan de la triste realidad en la que vive o que le hagan olvidar los fracasos que padece. Sin embargo, la droga le va hundiendo poco a poco en una mayor desintegración personal. A medida que aumenta el grado de adicción, la diferencia entre lo que está bien y lo que está mal se empieza a difuminar en la conciencia del toxicómano. La inmadurez que supone querer satisfacer de inmediato todos los deseos, puede anular la propia responsabilidad y el espíritu de sacrificio que hace falta para superar las dificultades de la vida. El drogadicto acaba por no aceptarse a sí mismo y por perder su salud física, psíquica y social. La persona se degrada biológicamente, su salud empeora, su psiquismo le lleva a delirar en ciertos momentos o a interpretar equivocadamente lo que ocurre a su alrededor. Por tanto, las relaciones con los demás se alteran también considerablemente. El único trato social se ve así reducido casi al grupo de adictos con quienes se reúne para continuar drogándose. Se trata en realidad de una agrupación de solitarios que mantienen una comunicación vacía y despersonalizante.

d. ¿Es posible la rehabilitación total?

Con el fin de conseguir un adecuado tratamiento y una rehabilitación completa de los drogadictos se han señalado hasta cuatro modos distintos de aproximación al problema (Gafo, 1994: 322). El primero parte exclusivamente de la perspectiva médica y considera al toxicómano como un enfermo pasivo al que es menester someter a determinadas curas de desintoxicación, mediante fármacos antagónicos de las drogas consumidas. Esto es lo que se realiza por ejemplo con la metadona, analgésico con propiedades parecidas a las de la morfina o heroína, que aunque no resuelve los problemas de dependencia sí soluciona las cuestiones legales ya que es un producto admitido.

El segundo modo se centra en el aspecto psicológico y entiende también al drogadicto como un enfermo que requiere terapia individual o de grupo para profundizar en los motivos reales que le han llevado a su toxicomanía. Desde la tercera perspectiva, la sociológica, el adicto a las drogas se ve como una víctima de la sociedad y, por tanto, lo que se procura es mejorar el entorno en el que habita. La terapia se centra aquí en procurar modificar las relaciones con la familia, los amigos y el mundo laboral. La crítica que con frecuencia suele hacerse a este planteamiento es que resulta muy simplificador ya que elimina por completo la responsabilidad del propio individuo. El hecho de que sea una víctima no significa que carezca de implicaciones en su problema. El cuarto modo, el jurídico, es el que se aproxima al drogadicto desde un planteamiento más represivo ya que no se interesa tanto por la persona sino, sobre todo, por su comportamiento y por las posibles infracciones de la ley que haya cometido.

La rehabilitación total del drogodependiente sería posible cuando se hubiera recuperado el equilibrio en estas cuatro áreas. Si se parte de la base de que, aunque dependa de las drogas, continúa siendo una persona que posee cierto grado de libertad y debe responsabilizarse poco a poco de su propia rehabilitación, se ha dado ya el primer paso importante hacia su curación. Después es menester trabajar de manera progresiva los aspectos afectivos y sentimentales para que recupere su autoestima y su imagen personal. El desarrollo de las relaciones sociales y familiares como el desempeño de roles concretos, el estudio para aumentar su nivel cultural, el autocontrol que le lleve a superar contratiempos o frustraciones en el trato con los demás y todo aquello que contribuya a sobreponerse al sentimiento de fracaso, son facetas importantes para llegar a la rehabilitación definitiva. Todos estos tratamientos médicos y psicológicos son pasos necesarios hacia la curación que pueden verse notablemente favorecidos por un descubrimiento espiritual extraordinario: la persona humana y divina de Jesucristo. La conversión sincera, el arrepentimiento de los propios errores y la aceptación de los valores del Evangelio es la mejor terapia que puede cambiar radicalmente la vida del adicto a las drogas y de cualquier criatura humana.

e. El Evangelio ante las toxicomanías

La droga no es en realidad el problema fundamental del toxicómano, la causa principal que suele llevarle casi siempre a ella es el sinsentido que aprecia en su propia vida. Tal como se ha indicado, la crisis de valores que afecta hoy a la sociedad hace que muchos individuos carezcan de la necesaria armonía interior. El desequilibrio moral y espiritual en que se vive actualmente genera en ciertas personas una inmadurez latente y un carácter débil que no acierta a superar las dificultades y sucumbe fácilmente ante el mundo de la drogadicción. Se ha dicho que el drogadicto es un enfermo de amor, alguien que no sabe amar adecuadamente a los demás, ni siquiera a él mismo, porque no ha conocido el auténtico amor. Aquí es menester hacer las oportunas matizaciones ya que probablemente esta concepción tenga también sus honrosas excepciones. Es posible que, en ocasiones, un exceso de amor mal entendido por parte de los padres haya contribuido a empujar a ciertos adolescentes hacia las drogas. El hecho de no saberles negar nunca nada y de procurarles siempre cualquier tipo de comodidad o gratificación inmediata, ha podido impulsarles a participar en el drama de la drogadicción.

El mensaje del Evangelio es básicamente la proclamación del amor de Dios hacia cualquier criatura humana. De manera preferente son los débiles, los marginados y los enfermos quienes constituyen el centro de la diana a la que se dirigen las saetas de la ternura divina. Jesucristo no desea la degradación ni la muerte de nadie sino todo lo contrario, la conversión y la vida de cuantos se hallan esclavizados por las cadenas de las toxicomanías. Si el drogadicto sufre falta de amor y calor humano, el Señor Jesús fue crucificado y resucitó al tercer día para ofrecerle su amor divino y su consuelo permanente. La correcta comprensión y la aceptación consecuente del mensaje evangélico es capaz de hacer que el adicto a la droga se rehabilite por completo y recupere el verdadero ideal de la vida. No se trata de algo fácil, pero tampoco es imposible. Jesús dijo en cierta ocasión a una mujer: «*Yo soy la resurrección y la vida; el que cree en mí, aunque esté muerto vivirá. Y todo aquel que vive y cree en mí, no morirá eternamente*» (Jn. 11:25-26). Cuando se descubre a Jesucristo el ser humano recupera su auténtica dignidad, adquiere otros ideales más nobles y puede transformarse en un importante instrumento de rehabilitación para otros adictos. Los ejemplos son bastante numerosos. Es posible que la droga no se cure con la droga pero, desde luego, con lo que sí se puede curar definitivamente es con la fe en el poder de Dios. Sólo hay que reconocerlo y someterse a él.

10.5. Trasplante de órganos

La primera vez que se trasplantó un órgano humano con éxito fue en Boston (USA) en el año 1954 y consistió en extraer el riñón sano de un donante e implantárselo a su hermano gemelo. Muchos intentos anteriores habían fracasado porque no se conocían bien los mecanismos de la incompatibilidad y el rechazo. En diciembre de 1967 el Dr. Cristian Barnard realizó el primer trasplante de corazón, provocando así una de las principales noticias del siglo, aunque con poco éxito. Diecisiete años después, en 1984, nació en Estados Unidos una niña a la que se conoció como "niña Fae" que presentaba una anomalía en el corazón. El lado izquierdo de este órgano era mucho más pequeño que el derecho y, por tanto, no podía bombear suficiente sangre para que la niña pudiera sobrevivir poco más de algunas semanas. El 26 de octubre la pequeña fue intervenida en el hospital de Loma Linda, en California, y se le trasplantó el corazón de un mandril. La niña murió el 15 de noviembre del mismo año a causa de las complicaciones surgidas por el rechazo del corazón trasplantado. ¿Qué problemas éticos plantean estas intervenciones? ¿se transgrede algún criterio moral importante? ¿qué pensar de los xenotrasplantes entre animal y ser humano?

a. Tipos de trasplantes

Los transplantes o injertos son operaciones quirúrgicas mediante las que se inserta en el organismo receptor, en este caso una persona, algún tejido u órgano procedente del donante que puede ser otra persona, un cadáver humano o incluso un animal. El fin con el que se realiza tal intervención es obviamente el de conseguir que el individuo receptor recupere las funciones que antes poseía. Se conocen los siguientes tipos de trasplantes:

- *Trasplante autoplástico:* es el que se realiza dentro del propio individuo y consiste en un autoinjerto o autotrasplante, es decir, en el traslado de tejidos de un lugar a otro del mismo organismo. Esto suele hacerse, por ejemplo, para reparar válvulas cardíacas, en cirugía plástica o en los injertos de células suprarrenales en el cerebro del propio paciente con el fin de curar la enfermedad de Parkinson. Se trata del tipo de trasplante que ofrece mayores garantías de éxito ya que en él no existe el riesgo de la incompatibilidad.

- *Trasplante heteroplástico:* es aquel que tiene lugar entre individuos distintos. Si se realiza en organismos de la misma especie, entre dos personas, se llama *homoplástico* (u homólogo), mientras que si tiene lugar en especies diferentes, un animal y un hombre por ejemplo, se denomina *aloplástico* (o heterólogo). La mayoría de los trasplantes que se realizan con éxito en la actualidad, como las sencillas y habituales transfusiones de sangre, son del tipo homoplástico. Pero además hoy se hacen trasplantes de córnea, vasos sanguíneos, glándulas suprarrenales, tejidos óseos, tendones, cartílagos, órganos como el riñón, el corazón, el hígado, la laringe, el páncreas, la médula ósea, etc. Dentro de este tipo de transplantes homoplásticos es conveniente distinguir aquellos que se hacen entre dos seres vivos y los que tienen lugar extrayendo los órganos a un cadáver. En cuanto al tipo aloplástico, en el que el donante es un animal y el receptor una persona, se habla también de *xenotrasplantes* y se llevan a cabo, por ejemplo, en las operaciones de corazón cuando sólo hay que cambiar las válvulas biológicas. Se recurre sobre todo al cerdo por la similitud de sus órganos con los humanos y las demás ventajas que presenta.

En Estados Unidos se realizan más de 20.000 trasplantes de órganos cada año y en el 85% los pacientes sobreviven bien durante varios años con el nuevo órgano. Los antiguos rechazos se solucionan hoy mediante una sustancia llamada *ciclosporina*, capaz de inhibir de forma selectiva el sistema inmunológico para que el órgano trasplantado sea aceptado. Las operaciones de trasplante que suelen tener más éxito son las de riñón ya que permiten una calidad de vida muy superior a la que se consigue mediante diálisis. No obstante, uno de los inconvenientes todavía no resueltos es que el riñón trasplantado pierde su funcionalidad al cabo de unos doce años. Cuando se implanta un riñón no suele colocarse en su lugar natural sino en el abdomen, ya que generalmente los dos riñones antiguos no se extirpan pues siempre pueden realizar pequeños trabajos. El porcentaje de eficacia de estas operaciones es muy elevado, aunque el principal problema sigue siendo la escasez de órganos humanos. Por desgracia muchas personas fallecen mientras están todavía en la lista de espera. El número de pacientes que necesita el órgano en cuestión crece a un ritmo mucho más rápido que el de unidades disponibles.

Actualmente algunas empresas multinacionales están trabajando por modificar genéticamente las células de ciertos cerdos, con el fin de que el sistema inmunológico humano no las reconozca como extrañas y no las rechace. Los órganos de estos animales presentan un tamaño muy parecido a los humanos, tanto en la infancia como en la madurez. Son vertebrados que crían con rapidez y tienen camadas numerosas, por lo que sería posible producir rápidamente un gran número de órganos destinados a salvar vidas humanas. Median-

te este sistema no sólo podrían obtenerse riñones sino también páncreas para solucionar el problema de los diabéticos, hígados para los pacientes de cirrosis o hepatitis, pulmones para quienes sufren la fibrosis quística e incluso corazones destinados a los enfermos cardiovasculares. Es evidente que la investigación biomédica en xenotrasplantes debe asegurarse ante todo de que los virus presentes en la materia genética de los cerdos no se transmitan también a los seres humanos. Poseemos ya, en este sentido, terribles precedentes con los chimpancés y el virus del SIDA. Este es uno de los grandes interrogantes que queda por resolver en el tema de los trasplantes del cerdo al hombre.

Por lo que respecta al corazón artificial parece que tal proyecto goza en la actualidad de poca aceptación y lo cierto es que no se ha avanzado en su desarrollo, quizás como consecuencia de los elevados costes que supondría y los cada vez más menguados recursos sanitarios de que se dispone. Algunos enfermos cardiacos pueden recurrir a la implantación de la asistencia mecánica circulatoria (AMC), conocida también como "ventrículo artificial", aunque esta técnica está indicada sólo para casos muy concretos.

b. Valoración moral

En general, se puede afirmar que desde la ética cristiana no existen argumentos de peso que contradigan la práctica de los transplantes de tejidos u órganos. Los medios utilizados en tales operaciones son proporcionados con los fines que se persiguen, es decir, la sanidad humana. Los trasplantes dentro del mismo organismo no suponen ningún problema ético. Se considera que la parte debe someterse al todo. Cualquier órgano o miembro del cuerpo humano está siempre subordinado al buen funcionamiento de la totalidad del individuo. Incluso el propio sentido común indica que es preferible la pérdida o la amputación de algún miembro corporal si con ello se va a conseguir salvar a la persona. Es posible también que ciertas intervenciones de la cirugía estética tengan sentido si contribuyen a la salud psíquica o emocional del individuo y siempre que no se fundamenten sólo en un culto superficial a la belleza corporal. Tampoco conviene olvidar que toda intervención quirúrgica supone siempre un riesgo y que no es sabio correr peligros gratuitos.

Los trasplantes entre dos personas vivas mediante el lógico consentimiento mutuo y sin que existan intereses económicos son loables desde la perspectiva ética siempre y cuando no supongan riesgos graves para el donante o el receptor, ya que tal actitud demuestra amor y solidaridad hacia el enfermo que sufre. Desde luego, nadie está obligado a hacer de héroe donando los órganos que todavía necesita para vivir. En este sentido todo tipo de presión psicológica o moral sobre los posibles donantes sería algo inmoral que atentaría contra la libertad del individuo.

Los trasplantes homoplásticos de muerto a vivo nos parecen también moralmente lícitos siempre y cuando el difunto lo esté realmente. Desde la bioética cristiana sería muy grave acelerar la muerte de una persona con la intención de extraerle parte de sus órganos para posteriores trasplantes. Para evitar posibles abusos éticos en este terreno quizás sería conveniente que las leyes demandaran la correspondiente certificación de la muerte cerebral junto a la muerte cardíaca del donante. Tampoco se da ningún problema ético cuando se realiza un trasplante entre un donante animal y una persona ya que lo que se busca es siempre la salud humana y su mejor calidad de vida. No obstante, dentro de esta práctica algunos moralistas han manifestado sus repulsas a trasplantar glándulas sexuales procedentes de animales al ser humano ya que esto podría afectar a la personalidad del paciente (Vidal, 1991: 759).

> ***«La ética cristiana no puede aceptar que con el fin de curar a un enfermo se tenga que sacrificar la vida de un embrión humano.»***

Por lo que respecta a los trasplantes de tejido fetal al ser humano adulto, nos parece que atentan contra la inviolabilidad de la vida humana. La ética cristiana no puede aceptar que con el fin de curar a un enfermo se tenga que sacrificar la vida de un embrión humano. Por muy bueno y loable que sea el fin con que se lleva a cabo un trasplante, no es justificable hacer del embrión un simple medio, un mero objeto para tal fin. Y mucho menos producir intencionadamente embriones humanos para extraerles órganos o tejidos de cara a posibles trasplantes. No obstante, otra cosa diferente que no atentaría contra la dignidad humana sería aprovechar los órganos de fetos abortivos o de embriones no viables procedentes de la fecundación "in vitro" para determinados trasplantes. En fin, la Biblia enseña que el cuerpo es un don del Creador del que no debe disponerse a la ligera porque es constituyente de la persona, pero esto no significa ni mucho menos que no pueda ser usado y puesto al servicio del prójimo por amor, para otorgarle salud y sobre todo siguiendo los dictados de la propia conciencia.

10.6. Investigación médica con seres humanos

La experimentación con personas suele realizarse, por ejemplo, cuando se pretende comprobar el efecto de algún fármaco o el resultado de determinada técnica quirúrgica poco practicada. La historia de la medicina muestra numerosos casos de autoexperimentación, es decir, pruebas realizadas por el investigador en su propio cuerpo. Esto es lo que ocurrió, por ejemplo, en 1767 cuando el doctor John Hunter se inoculó una dosis de pus originada por un enfermo de gonorrea, con el fin de demostrar que ésta se transmitía por vía sexual. Años más tarde un colega suyo no fue tan afortunado y murió víctica de una experiencia parecida (Blázquez, 1996: 491). Desde entonces han sido muchos los médicos que se han aplicado a sí mismos, tratamientos que se hallaban en vías de experimentación. Unas veces el resultado tenía un relativo éxito mientras que en otras ocasiones la curación era palpable y el éxito, total. Es evidente que la medicina debe bastante a estas personas que fueron capaces de sacrificarse o arriesgar su vida con el fin de beneficiar a la humanidad. De todas formas, es conveniente tener en cuenta que, aunque tal comportamiento pueda ser legítimo desde el punto de vista ético, en los investigadores y profesionales de la medicina debiera pesar más la sensatez que la temeridad. El que es capaz de ser imprudente con su propia vida ¿cómo puede convencer a los pacientes de que sabrá ser prudente con la ajena? No parece ético arriesgar de uno mismo aquello que no se arriesgaría de los demás.

La experimentación clínica que se lleva a cabo sobre enfermos, con el fin prioritario de lograr su curación o mejora, constituye una lucha contra el sufrimiento humano que está también moralmente justificada. Otra cosa son las pruebas que no se realizan en personas enfermas, sino en sanas y para estudiar sus consecuencias o efectos secundarios. En este tipo de experiencias lo que interesa es ante todo investigar un fármaco y no tanto curar directamente a la persona con la que se experimenta. También en tales casos es menester huir de los abusos y no permitir jamás que la persona sea utilizada como un mero conejillo de Indias o un objeto para fines que, aún suponiendo un bien general, puedan estar mediatizados por intereses económicos o comerciales. La ciencia debe estar siempre al servicio del ser humano y no al revés. Ciertas intervenciones de este tipo no debieran justificarse bajo el pretexto de que constituyen un beneficio para la humanidad, cuando en realidad quienes sostienen estos argumentos pueden estar alentados por otras motivaciones muy diferentes.

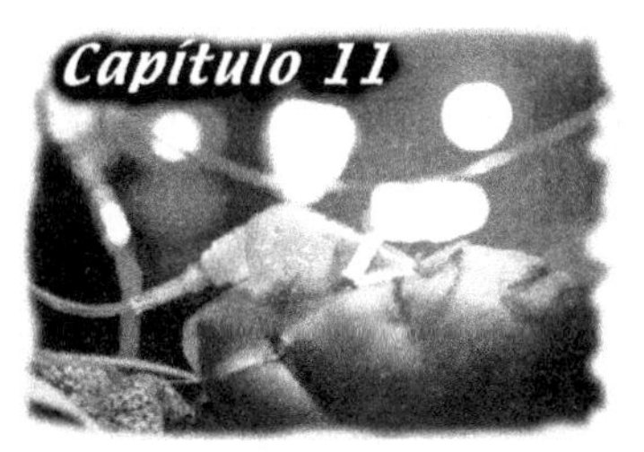

EUTANASIA: ¿MUERTE BUENA?

Los diez años en coma profundo que pasó la joven estadounidense, Karen Ann Quinlan, después de sufrir un desmayo el 14 de abril de 1975 a causa de haber tomado alcohol y tranquilizantes, tuvieron tanta repercusión en la opinión pública que contribuyeron de manera decisiva a poner de moda el delicado asunto de la eutanasia y el concepto de "muerte digna". Posteriormente otros muchos casos han venido sucediéndose casi de forma ininterrumpida y se han sumado a la creciente inquietud despertada por el poder actual de la medicina para alargar la agonía humana. Entre los más significativos cabe citar, por ejemplo, el suicidio del escritor Arthur Koestler y su esposa, ocurrido después de que ambos tomaran una mezcla especial de barbitúricos el 3 de marzo de 1983; el caso del bebé con síndrome de Down que nació en Indiana y se hizo famoso como "Baby Doe", este pequeño presentaba además una malformación en el aparato digestivo susceptible de ser operada con éxito, pero sus padres se opusieron a tal intervención y le dejaron morir; también se dio mucha publicidad en su momento a la enfermera alemana Michaela Roeder, llamada "el ángel de la muerte", quien fue acusada de haber provocado el fallecimiento de 17 pacientes con la intención de abreviar sus sufrimientos; algo que se volvió a repetir en el hospital Lainz de Viena donde cuatro auxiliares de enfermería fueron también detenidas por haber aplicado la eutanasia a 68 enfermos (Gafo, 1989: 27).

En España la reciente historia de Ramón Sampedro, el tetrapléjico gallego que vivió los últimos 29 años de su vida postrado en la cama sin poder mover más que el cuello, ha venido siendo utilizada en favor de esta causa por los

partidarios de la muerte provocada. Durante mucho tiempo Sampedro estuvo pidiendo a las autoridades, sin conseguirlo, que le fuera aplicada la eutanasia. Por último, el lunes 12 de enero de 1998, apareció muerto en la casa de su cuidadora, en la localidad gallega de Boiro. Dejó una carta y un vídeo en los que exculpaba a quienes le ayudaron a morir. La revista *Ajoblanco* publicó poco después algunos de sus últimos escritos entre los que destacan las siguientes frases: *«Hay que actuar de modo que nuestros hechos obliguen a jueces y legisladores a la modificación sustancial de leyes injustamente proclamadas. Realicemos eutanasias racionalmente planificadas, libre y voluntariamente decididas...»* (*La Vanguardia*, 14.01.98).

Las continuas noticias sobre el sufrimiento y la agonía de ciertos pacientes están sensibilizando la opinión del hombre de la calle. A pesar de que actualmente la eutanasia sólo es legal en el estado de Oregón (Estados Unidos), -en otros países como Holanda o Suiza está despenalizada pero no es legal- lo cierto es que un amplio porcentaje de la población española la ven con buenos ojos y serían partidarios incluso de su legalización. A esto contribuyen campañas como la realizada recientemente en su viaje a Barcelona por Philip Nitschke, el primer médico del mundo que la ha practicado a cuatro de sus pacientes bajo el amparo de una ley australiana. No obstante, esta legislación, que estuvo vigente entre julio de 1995 y abril de 1996, fue derogada por las presiones de la Iglesia Católica y de la propia clase médica. A la pregunta de si se ha planteado alguna vez incumplir la ley para "ayudar" a un enfermo, el doctor Nitschke reconoció que la eutanasia seguía siendo un tema tabú y que él personalmente no tenía valor para transgredir la ley como hizo, por ejemplo, su colega americano Jack Kevorkian. También manifestó que "muchos médicos practican la eutanasia, pero no tienen la valentía de revelarlo" (*El País*, 08.05.99). Por su parte, Kevorkian es un patólogo jubilado de 70 años de edad que ha sido condenado en Estados Unidos a 20 años de cárcel por haber reconocido que contribuyó a la muerte de varias personas. Se le identifica en todo el mundo como el "Doctor Muerte" por su defensa activa de la eutanasia.

De todo esto se deduce que el tema del presente capítulo continúa siendo de rabiosa actualidad, a pesar de los 25 años transcurridos desde el caso Karen Quinlan, y sigue planteando serios interrogantes a la conciencia humana. ¿Es la eutanasia éticamente aceptable para el cristiano? ¿qué significa afirmar que la sociedad actual ha gestado una cultura de la muerte? ¿cómo se concibe hoy la cesación de la vida? ¿qué dice la Biblia acerca del suicidio? ¿existen alternativas válidas a la eutanasia?

11.1. Una palabra confusa

Desde el punto de vista etimológico la definición de eutanasia es clara, el prefijo griego *eu* significa "buena" y *thánatos* es "muerte". Por lo tanto el término se refiere a la "buena muerte" o al "bien morir". No obstante, la confusión surge cuando se trata de averiguar lo que el hombre de la calle entiende hoy por eutanasia. Para algunos se trataría de un homicidio hecho por compasión ante el sufrimiento de alguien que voluntariamente pide morir. Para otros, ser partidario de ella sería intentar no convertirse en víctima del llamado "encarnizamiento terapéutico". Procurar tener una agonía sin los angustiosos sufrimientos que puede provocar la actual tecnología médica. Mientras que a veces la eutanasia se entiende también como el derecho a la propia muerte o a lo que se denomina la "muerte digna". Frente a estas posibilidades ¿de qué se habla en realidad cuando se utiliza el término eutanasia? Es importante definirlo correctamente, pues según el significado que se le dé es posible interpretarlo como un crimen que atenta contra la naturaleza humana o como un acto solidario y hasta misericordioso.

Una de las definiciones más completas que hasta ahora se han dado de eutanasia es la siguiente: *«Muerte indolora infligida a una persona humana, consciente o no, que sufre abundantemente a causa de enfermedades graves e incurables o por su condición de disminuido, sean estas dolencias congénitas o adquiridas, llevada a cabo de manera deliberada por el personal sanitario, o al menos con su ayuda, mediante fármacos o con la suspensión de curas vitales ordinarias, porque se considera irracional que prosiga una vida que, en tales condiciones, se valora como ya no digna de ser vivida»* (Ciccone, 1997: 424). Ya en los siglos XVI y XVII se empezó a distinguir entre dos tipos de eutanasia, en función del propósito con que ésta se realiza, la *activa* y la *pasiva*. La primera, llamada también *directa,* sería la que busca terminar con la vida del enfermo, mientras que la pasiva o *indirecta* sólo pretende eliminar o disminuir los sufrimientos aunque de ello se pueda derivar indirectamente el acortamiento de su vida. En nuestra opinión este segundo tipo no debería considerarse como auténtica eutanasia ya que, en realidad, no persigue el fin prioritario de dar muerte al paciente. La eutanasia activa ha recibido a su vez numerosos calificativos. Se ha hablado, por ejemplo, de *eutanasia agónica* para señalar la interrupción de la vida durante la fase terminal; *eutanasia social o eugenésica* que tendría por fin eliminar a los bebés subnormales, enfermos mentales, incurables o personas pertenecientes a razas consideradas inferiores; *cacotanasia*, aquella en la que se da muerte al paciente sin contar con su voluntad y, en fin, la *eutanasia lenitiva*, *suicida* u *homicida* (Vidal, 1991: 504).

En el mismo nivel que la eutanasia, pero opuesta por completo a ella, se sitúa la llamada *distanasia* (también del griego *dis*, "mal, algo mal hecho", y *thánatos*, "muerte"). La idea aquí es la de retrasar la muerte del enfermo mediante todos los medios tecnológicos posibles, incluso aunque se reconozca que no existe esperanza de curación y a pesar del dolor o sufrimiento que se le pueda causar. De manera que la distanasia equivaldría a la "muerte mala", al ensañamiento terapéutico, a la obstinación clínica por conseguir alargar la vida sea como sea. Las atrocidades y encarnizamientos cometidos en tantos hospitales sobre los enfermos terminales han contribuido decisivamente a la difusión de la eutanasia como solución para acceder a una muerte digna. Lo contrario de la distanasia no sería la eutanasia sino la *adistanasia*, es decir, el derecho a morir dignamente, sin someter a los pacientes terminales a prolongadas e inhumanas agonías. Ciertos autores prefieren este concepto de no-prolongación irracional de la muerte (adistanasia) en vez del de eutanasia pasiva, con el fin de no crear confusiones entre lo que es eutanasia y lo que no.

Por último, existe también otro término, el de *ortotanasia*, para referirse a la muerte correcta (del griego *orthos*, "recto" y *thánatos*, "muerte"). Mediante él se pretende señalar la muerte adecuada y a su tiempo, sin acortarla drásticamente ni dilatarla de manera innecesaria. Este concepto rivaliza con el de eutanasia ya que cuestiona que ésta constituya, tal como se pretende, una auténtica buena muerte.

11.2. Historia de la eutanasia

El Dr. Diego Gracia, catedrático de Historia de la Medicina de la Universidad Complutense de Madrid, divide la historia de la eutanasia en tres fases o maneras de entenderla que denomina así: la *eutanasia ritualizada*, la *medicalizada* y la *autonomizada* (Gracia, 1990: 18). El primer tipo lo justifica por la importancia que ha tenido siempre el rito en las diferentes culturas como momento de paso o transición de uno a otro estado. Así en la vida de los distintos grupos sociales el nacimiento, la pubertad, el matrimonio y la muerte venían generalmente delimitados por rituales específicos cuyo significado era ayudar o hacer posible ese tránsito concreto. En el momento de la agonía muchos pueblos utilizaban drogas y venenos como parte de un ritual que les ayudaba a tener una "buena muerte". Este es el sentido, en ciertas culturas precolombinas, de las hierbas con estricnina* que se les hacía tomar a los enfermos incurables entre los indios cuevas de Panamá, o del humo que se hacía respirar en otras tribus a los moribundos hasta que fallecían. Los esquimales tenían la costumbre de despedir a los ancianos y dejarlos abandonados en medio de la nieve porque, según creían, ya les había llegado su "hora". Algunos pueblos sudamericanos poseían el hábito de "despenar" a los irrecuperables, es decir, se les rompían de forma rápida algunas vértebras cervicales con lo cual les sobrevenía la muerte inmediata.

Los espartanos en Occidente solían despeñar a los niños deformes o a las niñas desde el monte Taigeto. El propio Aristóteles era partidario de no criar ningún hijo que fuera físicamente defectuoso. También la costumbre de "rematar" a los heridos de guerra ha sido un práctica general que se llevaba a cabo por motivos "misericordiosos". No en vano el pequeño puñal que se utilizaba en la Edad Media para terminar con la vida de tales heridos se llamaba precisamente "misericordia". De manera que en casi todas las culturas ha existido la necesidad de solemnizar la muerte y para ello, en muchos casos, era el hechicero, mago o chamán el encargado de acelerarla por medio de una eutanasia ritualizada que pretendía evitar así el sufrimiento.

No obstante, con la aparición de la medicina occidental va a ser ya el médico quien asuma el papel de buscar una muerte dulce y practicar así una eutanasia medicalizada que constituiría la segunda fase en la clasificación de Gracia. Las obras de Platón, por ejemplo, reflejan la idea de que en la ciudad

perfecta no deben tener cabida los médicos porque se supone que todos los hombres que la habitan están sanos. En *La República* escribe que la medicina sólo serviría para tratar a los trabajadores manuales que, de hecho, no pertenecerían a la ciudad ni gozarían del privilegio de ser ciudadanos. Los hombres libres no tendrían tiempo para estar enfermos. ¿Qué ocurriría entonces con las dolencias crónicas? El que no fuera capaz de vivir desempeñando las funciones que le eran propias no debería recibir cuidados, ya que se consideraba una persona inútil para la sociedad. Con tal filosofía sanitaria la función del médico quedaba prácticamente reducida a la eutanásica. Esta manera de entender la medicina era propia de una cultura como la griega que rendía culto a la belleza corporal, la fortaleza física y la salud. Sin embargo, no es la filosofía que subyace, por ejemplo, en el famoso juramento hipocrático que ha servido hasta el día de hoy para inspirar a tantos médicos. Los pensadores estoicos admitían también la práctica de la eutanasia y consideraban el suicidio como una buena salida de esta vida, incluso heroica y digna. Séneca, el famoso estoico cordobés, afirmó en sus *Cartas*: *«prefiero matarme a ver cómo se pierden las fuerzas y cómo se está muerto en vida»* (Gafo, 1989: 119). La primera vez que aparece el término "eutanasia" fue en tiempos del emperador romano César Augusto, en un escrito del historiador Suetonio en el que se habla de una muerte pacífica provocada por el médico. Asimismo el erudito latino Plinio el Viejo realizó una lista de enfermedades incurables para las cuales los galenos podían y debían acelerar la agonía de sus pacientes.

Frente a este tema de la enfermedad y la muerte la mentalidad judeocristiana adoptó un punto de vista muy diferente. Ni el judaísmo ni el cristianismo aceptaron el concepto de eutanasia. La Biblia no conoce esta palabra. Tanto en el Antiguo como en el Nuevo Pacto la vida del enfermo, del anciano o del que sufre se concibe siempre desde el respeto, la misericordia y la solidaridad. La predicación de Jesús es hasta tal extremo sensible al dolor del débil que incluso se identifica con él y afirma que hacer el bien a tales criaturas equivale a hacerlo con el propio Jesucristo. Es verdad que quizás se pueda reprochar al judaísmo cierta marginación hacia los leprosos porque se les aisla y recluye en determinadas zonas lejos de las poblaciones. Sin embargo, ninguna norma judía contempla la posibilidad de quitar la vida al leproso o a quien padece cualquier enfermedad incurable. El cristianismo se opuso ya desde su origen a las medidas eutanásicas tal como se ve en las declaraciones de los primeros escritores de la Iglesia primitiva. Lactancio, por ejemplo, escribien-

do acerca de los enfermos terminales dice: «*son inútiles para los hombres, pero son útiles para Dios, que les conserva la vida, que les da el espíritu y les concede la salud*» (Gafo, 1989: 120).

Uno de los grandes médicos de la Edad Media, el filósofo árabe Averroes, recogió las ideas platónicas y se convirtió en un ferviente partidario de aplicar la eutanasia siempre que fuera necesario. Tomando la imagen del cuerpo humano y comparándola con la sociedad defendió la idea de que igual que resultaba legítimo amputar un miembro gangrenado que ponía en peligro a todo el organismo, también era lógico no atender o incluso ayudar a morir a aquellos que ya no resultaban productivos para el cuerpo de la sociedad.

Más tarde, durante el Renacimiento, Francis Bacon (1561-1626), considerado el padre de la ciencia experimental por haber elaborado el método de "expiar la naturaleza" para comprenderla, escribió un texto en el que afirmaba que: «*la función del médico es devolver la salud y mitigar los sufrimientos y dolores no sólo en cuanto que esa mitigación puede conducir a la curación, sino también en cuanto que puede procurar una eutanasia: muerte tranquila y fácil*» (Vidal, 1991: 503). Esta definición se aproxima mucho a la actual y se encuentra también en otros autores como Tomás Moro (1487-1535), que fue canonizado por la Iglesia Católica en el año 1935. En su obra *Utopía* describe cómo los imaginarios habitantes de la isla Utopía practicaban la eutanasia a los enfermos incurables y considera que esto era un acto de sabiduría, religioso y santo. Queda clara la notable influencia de Platón y Averroes sobre la obra de Moro.

> ***«La predicación de Jesús es hasta tal extremo sensible al dolor del débil que incluso se identifica con él y afirma que hacer el bien a tales criaturas equivale a hacerlo con el propio Jesucristo.»***

En el siglo XIX aumentó el interés por este tema que había sido poco importante durante la época de la Ilustración. En la universidad alemana de Gotinga, Karl Marx presentó una tesis doctoral en la que defendió la eutanasia médica y criticó a aquellos facultativos que trataban enfermedades en vez de pacientes y que en cuanto comprendían que no podían curarlos perdían el interés por ellos. Marx insistió: «*No se espera de los médicos que dispongan de remedios*

contra la muerte, sino que tengan el saber necesario para aliviar los sufrimientos, y que sepan aplicarlo cuando ya no haya esperanza» (Humphry & Wickett, 1989: 28). En España las prácticas eutanásicas durante esta época fueron muy comentadas y constituyeron incluso algún argumento literario, por ejemplo en autores como Emilia Pardo Bazán. El filósofo alemán Nietzsche reclamó, en numerosas ocasiones, una eutanasia eugenésica para que fuera aplicada a los "parásitos" de la sociedad, a los enfermos que "vegetan sin porvenir", es decir, a los niños subnormales, enfermos mentales y demás incurables. Lo paradójico de tales ideas es que a pesar de la propaganda en favor del suicidio que Nietzsche hizo durante toda su vida, cuando contrajo la dolorosa enfermedad que le llevó a la muerte no fue consecuente y no se suicidó.

Ya en pleno siglo XX -en el año 1922- dos autores, K. Binding y A. Hoche, escribieron una de las obras que tuvo peores consecuencias para la humanidad. Su título era suficientemente significativo: *La libertad para la aniquilación de la vida sin valor vital*. Se concretó así el término de "vida sin valor vital" y se aplicó a todas cuantas personas podían constituir una carga para la sociedad. Estos planteamientos fueron el abono que hizo germinar una de las páginas más negras de la historia. Si bien es verdad que la eutanasia practicada en los campos de exterminio nazis tuvo poco que ver con el deseo de ayudar a morir que propugnan hoy las asociaciones en defensa de la llamada muerte digna, no cabe duda de que la ética favorable a la eutanasia que predominaba en las facultades de medicina alemanas durante la tercera década del siglo XX, influyó de forma importante en la aceptación de los abusos y crímenes contra la humanidad que cometió el III Reich. En octubre de 1939, Hitler dio la orden de matar de forma secreta a unos 70.000 deficientes psíquicos. Como es lógico estos brutales acontecimientos pesan todavía en el recuerdo de la humanidad cada vez que se abre el debate acerca de la eutanasia, especialmente entre el pueblo alemán.

La eutanasia autonomizada o autónoma constituye la tercera modalidad en la evolución histórica de este concepto, según Gracia. Hasta épocas relativamente recientes los pacientes solían tener poco protagonismo en sus relaciones con el médico. Generalmente era éste quien decidía aquello que era más conveniente en la lucha contra la enfermedad. De ahí que fuese él quien llevara la iniciativa en la aplicación o no de la eutanasia. Sin embargo, en la actualidad las cosas han cambiado. En la época de los derechos humanos el principio ético de la autonomía de los enfermos ha visto incrementada su influencia en las relaciones médico-paciente. A partir del año 1973, en el que la Asociación de Hospitales Privados de los Estados Unidos aprobó la Carta de los Derechos de los Enfermos, la mayoría de los problemas bioéticos se han modificado. Del antiguo y hasta cierto punto paternalista principio de beneficencia, propio de los viejos Códigos Médicos Deontológicos, se ha pasado al de autonomía en el que es el paciente quien desea decir la última palabra acerca de su destino final. Por eso, buena parte de la sociedad rechaza hoy el encarnizamiento terapéutico y solicita la legalización de la eutanasia, exigiendo a los médicos que pongan fin a la vida del paciente cuando éste lo decida. El problema ético será, por tanto, determinar si este protagonismo del enfermo debe tener un límite claro o, por el contrario, el individuo puede disponer de su vida y de su muerte.

11.3. La cultura de la muerte

Uno de los síntomas más característicos de la actual cultura occidental es lo que se ha llamado su "estilo de muerte". De la misma manera en que antaño el sexo y todo lo relacionado con la sexualidad se llegó a considerar como algo indecente que pertenecía al área de los bajos instintos humanos y que por tanto convenía ocultar, actualmente está ocurriendo algo parecido pero con la muerte. El acto de fallecer tiende a enmascararse como si fuera un acontecimiento pornográfico que obligara a las personas educadas a silenciarlo con pudor. Hablar de este tema resulta hoy casi de mal gusto. La familia que padece la pérdida de alguno de sus miembros se comporta, muchas veces, como si hubiera sufrido una denigrante humillación, como si más fuerte que el dolor fuera la vergüenza. En la época del bienestar y el confort tecnológico, la muerte viene a recordar la finitud del ser humano y el fracaso de la poderosa medicina. Por eso se la camufla y disfraza, se la tabuiza o procura relegar de la sociedad contemporánea. El estilo de muerte del hombre actual consiste en procurar disimularla y negarla casi por completo. Vivir como si nunca hubiera que morir. No obstante, como han señalado ya algunos autores, no parece que tal estilo de muerte esté contribuyendo a hacer al hombre más feliz ni más humano.

En medio de este contexto, de esta cultura de camuflaje del morir, la tentación de la eutanasia aparece como una forma de dominar la propia muerte. El eficientismo de la presente época pretende así tomar las riendas y el control de la vida, eliminando a las personas que inevitablemente se han vuelto improductivas, inhábiles o incluso torpes. Los ancianos, que cada vez son más numerosos en el mundo occidental, se ven como seres gravosos e insoportables, a quienes conviene dar una adecuada "solución". Es como si interesara más ayudar a matar bien que a vivir mejor. Como dice el profesor Blázquez: «*Mal está que se apuntille a los toros después de la corrida, pero parece bien el que se apuntille a un enfermo en el lecho del dolor propinándole una pócima letal de morfina. ¿Sinceridad, o cinismo? ¿Buena fe, o degeneración humana?*» (Blázquez, 1996: 514).

Durante los últimos cien años la esperanza media de vida en los países desarrollados ha crecido de forma extraordinaria. Se ha pasado de poco más de los treinta años a superar con creces la frontera de los setenta. Este cambio significa que muchas personas que hasta hace poco morían relativamente jóvenes a causa de múltiples dolencias naturales, ahora gracias al progreso de la medicina gozan de la vida hasta edades avanzadas. Nuestra sociedad, como es lógico, tiene cada vez más ancianos y enfermos crónicos. Sin embargo, continúa basando su funcionamiento en los principios utilitaristas de la competitividad, el activismo y el culto a la juventud. La consecuencia constatable es que se margina a las personas mayores o a quienes padecen dolencias incurables. El primer paso hacia la muerte del individuo lo constituye en muchos casos la jubilación. A la muerte laboral le sigue la muerte familiar, ya que miles de ancianos se ven obligados a vivir en residencias geriátricas. La sociedad actual dificulta que sus mayores puedan habitar y convivir en el seno de la familia nuclear. Los achaques, la enfermedad o la invalidez aumentan progresivamente y aproximan la muerte biológica hasta que el anciano se contempla a sí mismo sin ninguna ilusión por continuar vivo. No es de extrañar que en tal situación muchos pidan la eutanasia. Sin embargo, cabe preguntarse: ¿la pedirían si vivieran de otra manera? ¿exigirían morir si no tuvieran que depender de los demás? ¿solicitarían que se les matara si no estuvieran tan solos y apartados del mundo de los vivos? Es muy probable que no pensaran en la muerte si se les tratara de otra manera.

Existen además otros factores que favorecen la creciente tendencia actual hacia la eutanasia. El secularismo cierra a cal y canto la puerta hacia la trascendencia haciéndole creer al hombre que no hay más vida que la presente y que todos los posibles mundos sólo pueden encontrarse en éste. Esto implica una profunda crisis de valores que hace entender la vida humana únicamente en función del placer o el bienestar que se posee. La enfermedad y la muerte resultan, por tanto, carentes de sentido, estériles y absurdas porque truncan las únicas expectativas que se tienen en la vida. Frente a esta triste realidad se echa mano de la autonomía del individuo y de la sacrosanta libertad para afirmar que todo paciente tiene derecho a disponer de su propia vida si así lo desea. La muerte se convierte entonces en una "liberación reivindicada", en la última amiga capaz de rescatar al hombre del sinsentido del sufrimiento. Si Dios no existe, mejor la nada que el dolor de vivir. Es el individualismo ateo y hedonista el principal responsable del retorno a la eutanasia. Pero también el relativismo de considerar que *«mi vida es mía y hago con ella lo que me da la gana»*, que en el fondo no es más que una declaración de independencia del Creador. Un deseo por derrocar al verdadero Dios del trono de la propia vida y colocar en su lugar otros falsos dioses ansiosos por decidir sobre la vida y la muerte. Si a todo esto se suman las concepciones biologistas y evolucionistas que no aciertan a ver diferencias cualitativas entre la vida humana y la de los animales, resulta que la acción de matar se entiende como una salida éticamente digna. *«Si el ser humano es solamente el animal más desarrollado de la escala filogenética, entonces no hay mucha diferencia entre sacrificar un caballo con peste equina, un gato con leucemia o un anciano con enfermedad de Alzheimer»* (Wickham & Martínez, 1997: 39). De la eliminación arbitraria de embriones o fetos humanos se pasa fácilmente a la eutanasia activa, dejándose llevar por la inercia postmoderna de ese tobogán característico que es la cultura de la muerte.

No obstante, esta escala de valores que se predica hoy choca frontalmente, como veremos, contra la antropología cristiana y los valores del Evangelio.

11.4. Movimientos pro-eutanasia

A la primera asociación creada en defensa de la eutanasia que surgió en Gran Bretaña en el año 1935, se le puso el significativo nombre de EXIT ("Sa-

lida"). Algunos años más tarde se le cambió el nombre por el de The Voluntary Euthanasia Society (V.E.S. "Asociación de la eutanasia voluntaria") y alcanzó cierto prestigio por contar entre sus asociados con intelectuales reconocidos de la talla de Julian Huxley, Georges Bernanrd Shaw, Herbert George Wells y Arthur Koestler, este último fue vicepresidente y tal como se vio terminó su vida suicidándose junto a su esposa (Gafo, 1989: 153). En 1938 se formó también en Estados Unidos la Euthanasia Society of America que sugirió la elaboración del "testamento vital" con el fin de que los ciudadanos que lo desearan pudieran manifestar su rechazo a que se les prolongara artificialmente la vida, en caso de accidente o enfermedad terminal. Asimismo se llegó a solicitar en las Naciones Unidas que el derecho a una muerte digna fuese incluido en la declaración universal de los derechos humanos. En las décadas de los setenta y ochenta aparecen ya por todo el mundo la mayoría de las asociaciones pro-eutanasia que existen hoy. En España está la Asociación por el Derecho a Morir Dignamente (DMD) que fue legalizada en 1984 y cuyo presidente actual es el escritor y filósofo Salvador Pániker.

Los principales planteamientos que defienden todas estas asociaciones pueden resumirse en los siguientes puntos:

- Rechazo de los medios extraordinarios para mantener con vida al enfermo terminal cuando se cree que éste morirá en un plazo máximo de seis meses.
- Defensa de la autonomía del individuo sobre su propia vida y muerte. Cada persona tendría derecho a disponer de su existencia con entera libertad.
- Necesidad de regular una situación que existe de hecho en la sociedad aunque de manera clandestina.
- Promoción del testamento vital o biológico que exprese el deseo del paciente de que se le practique la eutanasia si llega a sufrir una enfermedad dolorosa sin esperanzas de recuperación.
- Definición del dolor como auténtico sinsentido o incluso como algo inmoral que no debe ser impuesto a ningún enfermo. Se opta por el concepto de calidad de vida.

- Afirmación del derecho de cada persona a morir con dignidad pues se entiende que "una vida con pena no vale la pena".
- Se hace énfasis en que el hecho de suprimir la vida de los deficientes psíquicos profundos o de los enfermos terminales es, en realidad, un acto de misericordia hacia ellos.
- Se recalca que la eutanasia no sólo constituye una manifestación humana de solidaridad hacia el que sufre, sino también hacia sus familiares y hacia la propia sociedad que se ven así aliviados de una pesada carga.
- Solicitud de los cambios legales pertinentes en relación con la eutanasia y la difusión de los testamentos vitales.
- En general se tiende a distinguir entre eutanasia y suicidio, aunque en ocasiones los argumentos diferenciadores no suelen presentarse con claridad.

La mayor parte de la argumentación en favor de la eutanasia se basa en el derecho a la autonomía o autodeterminación de los individuos. Se dice que éste es el fundamento de todos los demás derechos humanos, ya que no tendría mucho sentido hablar de derechos si las personas no fueran capaces de decidir por ellas mismas y ser responsables de sus propias vidas. Y de esto se sigue que el derecho a la autonomía moral llevaría implícito también un derecho a controlar la duración de la vida y la manera en que uno desea morir. La única objeción importante que puede hacerse a los que razonan así es que sólo Dios tiene el derecho de quitar la vida del hombre: «*Yo hago morir, y yo hago vivir*» (Dt. 32:39). Sin embargo, ¿qué se puede decir a quienes no creen en Dios? ¿cómo es posible hacerles razonar para que no se quiten la vida, cuando no aceptan la existencia de un Creador? Se puede afirmar, como hace Adela Cortina, que «*la decisión de quitarse la vida es absolutamente peculiar y única por irreversible y por eso desde un punto de vista racional es totalmente desaconsejable*» (Cortina, 1997: 250). Es posible también aducir que la existencia puede ser desesperada y dolorosa durante algún tiempo y que, quizás en el futuro, puede cambiar para mejor. Incluso podemos decir que todos formamos parte unos de otros y que cuando alguien se suicida, la sociedad en general muere un poco porque pierde algo de sí misma. No obstante, en el fondo, es difícil convencer a quien no cree en la existencia de Dios. Cuando no hay fe, lo único que queda es la autonomía moral del individuo. Si Dios no existe, todo está permitido, hasta la divinización del propio ser humano.

11.5. Defensa de la vida

La filosofía de la eutanasia tal como es concebida actualmente no sólo va contra el juramento hipocrático en cuanto defensa de la vida, sino que choca directamente con los principios básicos de la medicina. Mediante su aplicación no se pretende promover la salud y el bienestar del individuo sino su aniquilación prematura. Por tanto, la eutanasia no puede ser una forma de medicina, más bien se trata de una forma de homicidio, incluso aunque se lleve a cabo por compasión. Pretender que sean los médicos quienes asuman la responsabilidad de dar muerte a sus pacientes es atentar contra los pilares en que se fundamenta todo el edificio de la salud pública. Si tal práctica llegara a legalizarse el descrédito más peligroso podría caer sobre el estamento médico. ¿Cómo se acudiría en busca de sanidad al facultativo que ha aplicado ya la eutanasia a varios de sus pacientes? ¿no desaparecería la confianza en él? ¿no podría despertarse en el enfermo el miedo a que el médico decidiera que su caso es susceptible de eutanasia? ¿no está ocurriendo esto ya en algunos hospitales holandeses?

Uno de los argumentos que se suele emplear en favor de la eutanasia es el del "derecho a una muerte digna". Las diferentes técnicas médicas permiten hoy salvar muchas vidas que antaño se perdían. Sin embargo, también es verdad que a ciertos enfermos terminales la tecnología puede alargarles dramáticamente la agonía. Ahí están los famosos ejemplos de algunos jefes de estado como el del general Franco en España, Tito en Yugoslavia o Hirohito en Japón. Con el fin de evitar tales situaciones de encarnizamiento terapéutico, se propone la eutanasia como una muerte digna. No obstante, una cosa es la dignidad de la vida y otra diferente la dignidad de la persona. Hay vidas dignas y vidas indignas, como también puede haber muertes dignas e indignas. Pero por indigna que haya sido la vida o la muerte de un ser humano, él como persona ha gozado siempre de la misma dignidad. Las criaturas humanas, desde que nacen hasta que mueren tienen la misma dignidad, ya que ésta no depende de ninguna circunstancia externa sino del hecho de pertenecer a la especie humana. Tanta dignidad puede haber en el acto de renunciar al empecinamiento de las técnicas médicas y aceptar sólo los calmantes que eliminen el dolor, como negarse a tomarlos y elegir la espera de la muerte con plena conciencia. Ninguna de estas dos opciones se consideran eutanasia y también son muertes dignas. Una persona no pierde dignidad por sufrir. Lo indigno es pretender basar su dignidad en el hecho de que no sufra. En cambio, ¿es digno provocar la muerte de un semejante, aunque sea por compasión? No es lo mismo negarse al encarnizamiento terapéutico que asumir la eutanasia, como tampoco lo es "ayudar a morir" que matar.

> ***«Una persona no pierde dignidad por sufrir. Lo indigno es pretender basar su dignidad en el hecho de que no sufra. En cambio, ¿es digno provocar la muerte de un semejante, aunque sea por compasión?»***

En relación con el derecho a disponer libremente de la propia vida son muchas las cuestiones que se suscitan. Cuando el enfermo terminal solicita la muerte ¿hasta qué punto existe verdadera lucidez en su petición? ¿no está siendo condicionado por el dolor y la enfermedad? ¿no está solicitando ante todo que cese su sufrimiento o que alguien se ocupe de él? Las motivaciones de una decisión tan drástica pueden ser múltiples, incluso hasta la influencia de los familiares en uno u otro sentido es capaz de llegar a ser decisiva. Pero, en cualquier caso, ¿es suficiente el deseo del individuo para disponer de su propia vida? ¿es aceptable, por ejemplo, la ablación del clítoris cuando lo pide la propia mujer? ¿por qué esto suele verse mal y, en cambio, la eutanasia no? La decisión final sobre la vida del individuo, ¿sólo le afecta a él? ¿no perjudica en nada a la sociedad?

En el mundo occidental se está dando actualmente una paradoja que consiste en aprobar leyes para proteger los derechos de los animales, mientras que a la vez se proponen otras que atentan contra la vida de las personas. Está bien que se defienda la fauna de los malos tratos que le causa el hombre, pero ¿acaso no convendría también reivindicar una verdadera "ecología humana" que estuviera comprometida con la protección de la vida y la dignidad de las personas?

11.6. Legalización de la eutanasia

Tal como se señaló, actualmente la eutanasia sólo está legalizada en Oregón (Estados Unidos) mientras que en países como Holanda y Suiza se ha despenalizado pero todavía no es legal. En España, a raíz de la muerte de Ramón Sampedro, fueron presentadas recientemente al Congreso dos propuestas de ley sobre despenalización de la eutanasia y sobre disponibilidad de la propia vida. Las dos fueron rechazadas por abrumadora mayoría y el debate sobre este tema se desvió al Senado. Las razones que dieron algunos miembros del Congreso para justificar este resultado fueron que si prosperasen tales proposiciones, los médicos podrían verse obligados a acabar con la vida de muchas personas que no lo hubieran solicitado. Acerca del asunto de Sampedro, Andrés Ollero del Partido Popular se preguntó: *«¿La tetraplejia es un fuerte menoscabo a la dignidad de la persona?»* y respondió: *«No pocos tetrapléjicos han protestado contra esa idea»* (*El País*, 18.02.98). Por su parte, Luis Mardones de Coalición Canaria, manifestó que aunque las encuestas indican que el 67% de los españoles son favorables a la eutanasia, este apoyo decrece entre los de más edad, lo cual es significativo e indica que el tema debe meditarse.

El Código Penal español no menciona el concepto de "eutanasia" y, por lo tanto, no posee ninguna regulación al respecto. Se considera homicidio cualquier muerte provocada aunque sea por compasión o para evitar el sufrimiento. Tampoco se admite el derecho a suicidarse ni a prestar ayuda a quien desea quitarse la vida. El artículo 409 del Código Penal afirma claramente que *«el que prestare auxilio o induzca a otro para que se suicide será castigado con la pena de prisión mayor; si se lo prestare hasta el punto de ejecutar él mismo la muerte será castigado con la pena de reclusión menor»*.

Los argumentos que se vienen esgrimiendo en favor de la legalización de la eutanasia suelen coincidir con los ya mencionados con motivo de las asociaciones pro-eutanasia (sección 11.4). Por el contrario, quienes rechazan tal legalización tienen en cuenta los siguientes aspectos (Gafo, 1989: 202):

- La existencia de alternativas válidas como aquellas que solucionan el problema del dolor físico y las relaciones afectivas de los enfermos terminales.

- Se insiste en que con mucha frecuencia lo que hay detrás de la petición de eutanasia es un deseo de mayor atención y calor humano.
- Una ley despenalizadora podría colocar a ciertos enfermos terminales bajo una presión que les llevara a autorizar su propia eliminación sin que, en realidad, fuera ésta su verdadera voluntad.
- Una ley de este tipo podría deteriorar la relación de confianza entre el enfermo y el personal sanitario, especialmente el médico.
- Si se aceptase tal legalización existiría el peligro de pasar de una eutanasia aplicada sólo al enfermo que lo solicita, a otra eutanasia impuesta al paciente terminal inconsciente que no ha podido expresar su voluntad.

11.7. Características del enfermo terminal

Cuando una persona manifiesta su deseo de morir, lo que verdaderamente anhela no es que lo maten de inmediato sino que le solucionen su problema principal. Puede querer que le eliminen el dolor o le rescaten de la soledad en que se encuentra. Quizás desea superar su incapacidad y no seguir siendo una carga para nadie. Es posible incluso que sienta miedo en lo más profundo de su ser o rabia por la situación que le ha tocado padecer. También cabe la posibilidad de que esté agotado o deprimido y la vida se le haga demasiado cuesta arriba como para superarla por sí solo. Frente a estos múltiples estados anímicos ¿no sería mejor procurar darle una solución coherente a su tragedia particular que quitarle la vida de raíz como él demanda? Quien exige la muerte lo que en realidad necesita, además de cuidado médico, es amor humano y calor espiritual. Está pidiendo afecto de sus allegados y consuelo para superar la etapa definitiva de su existencia.

Es verdad que no existen dos enfermos iguales y que cada cual vive el desarrollo de su dolencia de manera diferente. No obstante, la psiquiatra suiza afincada en Estados Unidos, Elisabeth Kübler-Ross, después de dedicar buena parte de su vida a estudiar el comportamiento de los moribundos escribió un libro titulado *Sobre la muerte y los moribundos*, en el que defendía la

existencia de cinco fases diferenciadas en el proceso de toda enfermedad terminal. Como la investigación se realizó en Norteamérica, los resultados reflejaban lógicamente los comportamientos de los enfermos de aquella región. Según sus trabajos existirían las siguientes fases:

1) *Fase de negación:* La primera reacción del enfermo al enterarse de su grave dolencia es el aturdimiento y la negación. No se lo quiere creer, piensa que debe haber una equivocación o que el médico no ha acertado en el diagnóstico. Este deseo por negar la realidad puede, a veces, perdurar durante toda la enfermedad.

2) *Fase de cólera, ira o rebeldía:* El enfermo se vuelve agresivo y se cuestiona constantemente por qué le ha ocurrido precisamente a él. Le echa la culpa a sus familiares, a los médicos e incluso si es creyente a Dios, aunque en realidad la ira va dirigida contra sí mismo. En esta etapa el trato con el paciente se vuelve difícil ya que está muy susceptible y, en ocasiones, se producen inevitables enfrentamientos con los parientes más cercanos.

3) *Fase de negociación, pacto o regateo:* Si se ha permitido al enfermo que exteriorice su enfado puede pasar a una fase de sumisión y negociación. Cuando ha asumido su dolencia y el hecho de que le queda poco tiempo de vida inicia una especie de regateo con el médico o con Dios. Tiende a obedecer las prescripciones del doctor. Se propone cambiar de vida y ser mejor que antes. Los creyentes intentan, a veces, pedirle al Señor más tiempo, por ejemplo, hasta el nacimiento de su nieto o hasta ver casados a los hijos.

4) *Fase de depresión, desánimo o pena:* Cuando se comprueba que la negación, el enfado o el regateo no eliminan la enfermedad se cae en una etapa de depresión. El mundo que le rodea deja de ser importante para él. Tiende a aislarse y le molesta la actividad que percibe a su alrededor. No desea comunicarse con nadie, pierde el apetito y se da

cuenta de que va a morir. La pena que todo esto le produce empieza a prepararle para la última etapa.

5) *Fase de aceptación, resignación y paz interior:* Es el momento en que el enfermo asume y acepta su situación con paz y serenidad. Ya ha superado la depresión y el enfado aunque se siente débil. Está dispuesto para abandonar esta vida. Lo ideal es que todo enfermo llegue a esta fase de madurez pero para lograrlo se requiere la colaboración de los familiares o de las personas que le rodean. En esta etapa se necesita más que nunca cariño, consuelo y cuidado.

La doctora Kübler-Ross concluye su obra afirmando que el hombre de nuestro tiempo necesita aprender a morir. Cada época de la historia ha tenido su manera particular de enfrentar la muerte pero en nuestra cultura actual, el escamoteamiento y la ocultación que se hace del acontecimiento más importante de la vida, después del nacimiento, sólo contribuye a bloquear la capacidad de familiares y personal sanitario para acompañar al paciente terminal. Las actitudes que se adoptan frente a los moribundos no sólo reflejan la compasión que se siente hacia ellos, sino también el propio miedo y la angustia que experimenta el hombre contemporáneo ante la muerte.

CARTA DE UNA ALUMNA DE ENFERMERÍA EN FASE TERMINAL A SUS COLEGAS

(R. Delgado, en *JANO*, 6-17,II,1985)

«Soy una alumna que va a morir. Escribo esta carta a todas las que os preparáis para ser enfermeras, con la esperanza de haceros partícipes de lo que yo experimento, a fin de que un día estéis -ojalá- más preparadas para ayudar a los que van a morir.

Me quedan todavía de uno a seis meses de vida, tal vez un año, pero nadie quiere hablar de esto. Me encuentro, por ello, ante un muro sólido y frío. El personal no quiere ver al moribundo como persona y, por consiguiente, no puede comunicarse conmigo. Yo soy el sím-

bolo de vuestro miedo. Entráis de puntillas en mi habitación para traerme la medicación y tomarme el pulso, y desaparecéis una vez cumplida vuestra tarea. ¿Es por ser alumna de enfermería o simplemente como ser humano por lo que tengo conciencia de vuestro miedo y sé que vuestro miedo aumenta el mío? ¿De qué tenéis miedo? Soy yo la que muere. Me doy cuenta de vuestro malestar, pero no sé qué decir ni qué hacer. Os suplico que me creáis. Si os preocupáis de mí, no me podéis hacer daño. Decidme solamente que tenéis esta preocupación: no necesito nada más.

Ciertamente surge en nosotros la pregunta "por qué" y "para qué", pero no esperamos, en verdad, que se nos dé la respuesta. No huyáis. Tened paciencia. Todo lo que necesito es saber que alguien estará a mi lado para coger mi mano entre las suyas cuando lo necesite.

Tengo miedo. Quizás estéis cansadas de muertes: para mí es una novedad. Morir...nunca me ha ocurrido. Es, en cierta manera, una ocasión única. Habláis de mi juventud, pero cuando se está a punto de morir no se es tan joven.

Hay cosas de las que me gustaría hablar. No os quitaría mucho tiempo. De todas formas, no lo pasáis tan mal en el hospital. Si nos atreviéramos a reconocer dónde estamos y a admitir, vosotras como yo, nuestros miedos, ¿acaso esto haría menos valiosa nuestra competencia profesional? En verdad, ¿está excluido realmente que nos comuniquemos como personas, de forma que cuando nos llegue la hora de morir en el hospital tengamos a nuestro lado personas amigas?».

La Comisión de Ética de la Sociedad Catalano-Balear de Cuidados Paliativos, que es pionera en España de la medicina paliativa, ha realizado el siguiente decálogo de derechos del enfermo terminal (Vidal, 1994: 68). Según esta Comisión el enfermo que está próximo a morir tiene derecho a:

1. Ser tratado como persona humana hasta el fin de su vida.
2. Recibir una atención personalizada.
3. Participar de las decisiones que afecten a los cuidados que necesita.
4. Que se le apliquen los métodos necesarios para combatir el dolor.

5. Recibir respuesta adecuada y honesta a sus preguntas, dándole toda la información que él pueda asumir e integrar.

6. Mantener su jerarquía de valores y no ser discriminado porque sus decisiones puedan ser distintas a las de sus cuidadores.

7. Mantener y expresar su fe.

8. Ser tratado por profesionales competentes, capacitados para la comunicación y que puedan ayudarle a enfrentarse con su muerte.

9. Recibir el consuelo de la familia y amigos que desee que le acompañen en el proceso de su enfermedad y en la muerte.

10. Morir en paz y con dignidad.

11.8. Testamento vital o biológico

El primero en proponer los *Living-Will* o *testamentos vitales* fue el abogado de Boston partidario de la eutanasia, Lewis Kutner. Después han sido muchas las asociaciones que han venido promoviendo su difusión. En realidad se trata de un documento firmado por el interesado, en plenitud de facultades, por el que solicita a sus médicos, abogados y familiares que no se le prolongue la vida de manera artificial o por medios extraordinarios, en caso de que un accidente o enfermedad le hicieran caer en un proceso clínico irreversible. Tales testamentos vitales o biológicos han sido reconocidos en algunos Estados de USA, sin embargo, carecen de validez en la mayoría de los países ya que si lo que se pretende es acabar con la vida del enfermo terminal, aunque sea con su consentimiento, ningún testamento puede obligar al médico a matar a su paciente. De manera que en tales casos el testamento sería nulo e ineficaz. No obstante, si lo que se pretende es rechazar el encarnizamiento terapéutico y evitar que se prolongue artificialmente la agonía, entonces el testamento puede tener validez ética y jurídica.

La *Congregación para la Doctrina de la Fe* en su *Declaración sobre la Eutanasia*, realizada en 1989, propuso el siguiente testamento vital cristiano que, con mínimas modificaciones, nos parece también que podría ser perfectamente asumible por el pueblo evangélico ya que expresa bien la actitud cristiana ante la muerte y rechaza tanto la eutanasia activa como la prolongación inhumana de la agonía.

TESTAMENTO VITAL CRISTIANO

«A mi familia, a mi médico, a mi pastor, a mi notario:

Si me llega el momento en que no pueda expresar mi voluntad acerca de los tratamientos médicos que me vayan a aplicar, deseo y pido que esta Declaración sea considerada como expresión formal de mi voluntad, asumida de forma consciente, responsable y libre, y que sea respetada como si se tratase de un testamento.

Considero que la vida en este mundo es un don y una bendición de Dios, pero no es el valor supremo y absoluto. Sé que la muerte es inevitable y pone fin a la existencia terrena, pero desde la fe creo que me abre el camino a la vida que no se acaba, junto a Dios.

Por ello, yo, el que suscribe... pido que por si mi enfermedad llegara a estar en situación crítica irrecuperable, no se me mantenga en vida por medio de tratamientos desproporcionados o extraordinarios; que no se me aplique la eutanasia activa, ni se me prolongue abusiva e irracionalmente mi proceso de muerte; que se me administren los tratamientos adecuados para paliar los sufrimientos.

Pido igualmente ayuda para asumir cristiana y humanamente mi propia muerte. Deseo poder prepararme para este acontecimiento final de mi existencia, en paz, con la compañía de mis seres queridos y el consuelo de mi fe cristiana.

Suscribo esta Declaración después de una madura reflexión. Y pido que los que tengáis que cuidarme respetéis mi voluntad. Soy consciente de que os pido una grave y difícil responsabilidad. Precisamente para compartirla con vosotros y para atenuaros cualquier posible sentimiento de culpa, he redactado y firmo esta Declaración.»

Fecha... Firma...

11.9. El suicidio en la Biblia

El acto por el que una persona se causa la muerte, con conocimiento y libertad suficiente, es lo que habitualmente se conoce como suicidio. Se trata de la mayor violación que existe de la propia vida. Un gesto irreversible mediante el cual se rechaza la soberanía absoluta de Dios sobre la existencia humana. Entre los griegos, los estoicos se caracterizaron por su defensa del suicidio. El filósofo Zenón de Elea se quitó la vida con el fin principal de demostrar sus teorías acerca del suicidio. También entre los pueblos celtas y romanos la acción de acabar con la propia vida llegó a considerarse como una demostración honrosa de valentía. Así Séneca defendía la idea de que el hombre sabio puede demostrar mediante el suicidio su amor y fidelidad a la patria. Han sido bastantes los teóricos del suicidio a lo largo de la historia y, sobre todo, en la época moderna. Pensadores como Hume, Montesquieu, Schopenhauer, Nietzsche o Durkheim, eran fervientes partidarios de renunciar a la vida cuando ésta ya no les fuera agradable o satisfactoria. En la actualidad son también numerosas las personas y entidades que defienden el derecho al suicidio libre y despenalizado. Se afirma, por ejemplo, que *«en una sociedad liberal, basada en el principio de la autonomía moral del individuo, la ley no debería influir en evitar que en ciertas circunstancias la gente se quite la vida. En otras palabras, aunque el suicidio pudiera ser o no un pecado en algunas circunstancias, desde luego no debería ser un delito»* (Charlesworth, 1996: 46). De manera que en el inicio del tercer milenio el suicidio tiende a convertirse casi en una institución social reivindicada por determinadas corrientes de pensamiento.

¿Cómo puede valorarse este asunto desde la Biblia? Ya se ha señalado en numerosas ocasiones que la vida humana, en la perspectiva de la Escritura, se concibe siempre como un don de Dios. Sólo el Creador tiene autoridad sobre la vida y la muerte de su criatura. Es, por tanto, el verdadero propietario que la concede en usufructo para que el ser humano la administre y rinda cuentas al final de su buena o mala gestión. Esta creencia de los cristianos primitivos supuso una colisión frontal contra la cultura del suicidio que predominaba en el mundo pagano.

A pesar de que, en general, el suicidio es raro en la Biblia, no obstante en las páginas del Antiguo Testamento se describen algunos casos famosos en los que determinados personajes se quitaron la vida. Abimelec es uno de los primeros (Jue. 9:53-54). Cuando estaba intentando quemar la puerta de una torre, durante el transcurso de una sublevación cananea, cierta mujer le arrojó un pedazo de rueda de molino y le rompió el cráneo. La deshonra que ésto suponía para él le hizo pedir a su propio escudero que lo atravesara con la espada. Algo parecido ocurrió con Saúl y su escudero (1 S. 31:3-5). También Ahitofel se ahorcó cuando comprobó que Absalón no había seguido su consejo (2 S. 17:23). Zimri, el comandante del rey Asa, después de cerciorarse de que sus intrigas habían salido mal, se encerró en el palacio real, le pegó fuego y murió quemado (1 R. 16:18). Sansón, no sólo se vengó de tres mil filisteos derrumbando la casa donde se reunían, sino que él mismo pereció también en aquella hazaña (Jue. 16:27-30). Incluso en el Nuevo Testamento se relata el suicidio de Judas Iscariote después de traicionar al Señor Jesús (Mt. 27:5). ¿Cómo explicar todas estas acciones contra la propia vida?

La ley mosaica del Antiguo Testamento no se refiere directamente al suicidio porque lo contempla dentro del homicidio. Si la muerte provocada a otra persona estaba condenada por la ley de Dios, ¡cuánto más reprobable sería matarse uno mismo!. Estos acontecimientos bíblicos no constituyen la norma, ni tampoco suponen una aprobación de la conducta suicida sino que por el contrario, el pueblo judío despreciaba a quienes se quitaban deliberadamente la vida. El ejemplo de Job es suficientemente revelador al respecto. Cuando está atravesando los peores momentos de su vida es capaz de gritar: «*¿Por qué no morí yo en la matriz, o expiré al salir del vientre?... Pues ahora estaría yo muerto, y reposaría*» (Job 3:11,13). Sin embargo, a pesar de sus calamidades y sufrimientos jamás contempla el suicidio como una opción éticamente aceptable. Los casos que figuran en la Biblia son simples constataciones históricas de hechos puntuales que desgraciadamente ocurrieron pero que, de ningún modo, son moralmente aprobados. El suicido es para el hombre bíblico una clara violación del quinto mandamiento del Decálogo ya que sólo Dios tiene poder y es soberano sobre la vida humana. Como afirma el apóstol Pablo en su carta a los romanos: «*Porque ninguno de nosotros vive para sí, y ninguno muere para sí. Pues si vivimos, para el Señor vivimos; y si morimos, para el Señor morimos. Así pues, sea que vivamos, o que muramos, del Señor somos*» (Ro. 14:7-8).

Pero nuestra vida y nuestra muerte no sólo le afecta al Dios Creador y a nosotros mismos, sino también a las demás personas con quienes convivimos.

No habitamos dentro de una burbuja aislada. Nadie vive sólo para sí, de ahí que el hecho de quitarse la vida tenga también repercusiones negativas sobre los demás. Como escribe Hans Jonas: «*Puedo tener responsabilidad por otros cuyo bienestar depende del mío, por ejemplo como mantenedor de mi familia, como madre de niños pequeños, como titular decisivo de una tarea pública, y tales responsabilidades limitan sin duda no legalmente, pero sí moralmente, mi libertad de rechazar la ayuda médica. Son por su esencia las mismas consideraciones que restringen también moralmente mi derecho al suicidio*» (Jonas, 1997: 161). Desde la visión bíblica el suicidio es moralmente tan inaceptable como el homicidio.

11.10. Alternativas a la eutanasia

«El paciente terminal personifica el fracaso de la medicina moderna ante el eterno fantasma de la muerte.»

Es innegable que uno de los factores que más pueden influir en la decisión de un enfermo de acabar con su vida es la deshumanización que existe en tantos hospitales. En los países desarrollados más de las tres cuartas partes de la población muere en tales centros. Sin embargo, lo que resulta más contradictorio es que los hospitales están pensados y diseñados para sanar a los pacientes pero no para ayudarles a morir. Los médicos han sido educados para alargar indefinidamente la vida de los enfermos. Su principal misión es curar a los que son recuperables. Sin embargo, suelen estar poco preparados para enfrentarse con el enfermo incurable. El paciente terminal personifica el fracaso de la medicina moderna ante el eterno fantasma de la muerte. El personal sanitario no suele tener tiempo, ni formación adecuada, para enfrentarse con los problemas emocionales que plantean tales pacientes. Esta situación puede verse agravada sobre todo por el ambiente impersonal, anónimo y masificado que se da en los grandes centros hospitalarios. La burocracia que se genera a veces contribuye a que las características individuales del paciente se diluyan en un mar de informes, papeles y estadísticas. En algunos de tales centros pueden pasar cada día por la habitación de un enfermo más de veinte personas pertenecientes al hospital. Como con ninguna de ellas se establece una comunicación personal sincera, resulta que el paciente se siente aislado y sufre su anonimato en silencio, en medio de una multitud sanitaria que no se siente directamente implicada en su problema. Suele ocurrir con frecuencia que aquellas relaciones de carácter más humano se establecen preferentemente con el personal auxiliar, camilleros o limpiadoras, en vez de con los propios profesionales de la medicina.

No es extraño que frente a esta deshumanización hospitalaria algunos pacientes pidan que se les aplique la eutanasia. No obstante, si se procurara buscar un equilibrio en el cuidado y el trato emocional con tales enfermos, probablemente el número de peticiones en este sentido disminuiría considerablemente. La relación entre el médico y el paciente debería ser siempre de amistad sincera entre dos seres humanos iguales. El médico se ha concebido siempre, desde los tiempos de Hipócrates, como aquel amigo que hace el bien al débil, que le comunica la verdad acerca de su estado de salud y le acepta tal como es, procurando ayudarle para que alcance la sanidad. La medicina actual debe procurar volver a este ideal y conseguir que el facultativo sea otra vez el confidente personal cercano, capaz de acompañar en los momentos decisivos de la vida. Cuando ya no es posible curar, todavía se puede consolar y tranquilizar.

Entre los derechos de los pacientes terminales figura el de no sufrir dolores físicos que puedan ser evitados clínicamente. Hoy es posible controlar adecuadamente hasta un 95% de los dolores provocados por dolencias como el cáncer. Pero si ante el sufrimiento del cuerpo los profesionales de la medicina pueden proporcionar los adecuados medios analgésicos, frente a la angustia moral también es necesario ofrecer consuelo y esperanza. La medicina paliativa constituye una solución adecuada para la enfermedad terminal porque no persigue tanto curar como cuidar y aliviar.

En este sentido, la experiencia de los hospicios ("hospices") ingleses creados y regentados por cristianos evangélicos constituye un excelente ejemplo para todo el mundo. La filosofía de tales centros hace énfasis en algunos aspectos principales. El dolor físico no se concibe como algo aislado sino como aquella sensación desagradable capaz de originar también un dolor psíquico y moral, una angustia vital, un miedo que puede llevar al agotamiento o a la depresión del enfermo. De ahí que la relación personal entre el médico o el personal sanitario y el paciente sea tan importante. Es evidente que hay que solucionar primero el dolor físico pero no es posible olvidarse o dejar de tratar el segundo dolor, el moral. Se procura que el paciente no se sienta nunca solo o aislado, para ello se da importancia a las salas espaciosas y a la compañía del voluntariado, sobre todo en los enfermos que no tienen familia. Se da énfasis a la apariencia personal del paciente y se intenta que sea lo más normal posible, que lleve siempre sus propios vestidos. Los médicos de tales centros son conscientes de que la medicina es útil siempre para humanizar la etapa final de la existencia. También se ayuda a aceptar la muerte y se proporciona el consuelo religioso y espiritual para aquellos enfermos que lo desean.

La directora de uno de tales centros, la doctora Saunders, recibió una carta de un antiguo presidente de la Euthanasia Society de Gran Bretaña en la que éste manifestaba lo siguiente, después de visitar el hospicio que ella dirigía: «*Me gustaría venir a morir a este hogar. Si alivia el dolor del paciente y le hace sentirse apreciado, entonces no recibirá ninguna petición de eutanasia: pienso que la eutanasia es la admisión de la derrota y un enfoque totalmente negativo. Deberíamos trabajar para comprobar que no es necesaria*» (Gafo, 1989: 97).

11.11. Discusión ética sobre eutanasia

Hoy casi todo el mundo está de acuerdo en que el encarnizamiento terapéutico es algo inhumano y éticamente inaceptable. Prolongar la agonía del moribundo sólo sirve para hacerle sufrir más. Pero por otro lado, también resulta evidente que el personal sanitario debe procurar la salud de todos sus pacientes, así como intentar que vivan el mayor tiempo posible. ¿Cómo pueden conjugarse adecuadamente estas dos tendencias? La respuesta que debería asumir la medicina actual tiene que venir de la mano de un tratamiento más humano a los enfermos que están próximos a morir. No es posible seguir cometiendo el error de idolatrar la vida. Creer que la existencia humana es el bien absoluto y supremo frente a la muerte, que sería por oposición el mal absoluto, es una de las grandes equivocaciones de la cultura en la que vivimos. Hay que superar la idea que anida en tantos profesionales de la medicina moderna de que la muerte es el gran fracaso del médico. Esto lleva en muchos casos a intentar prolongar la vida de manera casi irracional. Morir no es fracasar sino que constituye el destino del hombre desde que viene a este mundo. Conviene, por tanto, aprender a convivir con la idea de la muerte como aquella "vieja amiga" que nos espera detrás de la última esquina de la vida. Ante esta evidentísima realidad es menester educar a las personas para que sepan cómo afrontar su trance final. La decisión sobre los diferentes aspectos de la dolencia debe ser tomada siempre que sea posible por el propio enfermo. En muchos casos será preferible decantarse por una mayor calidad de vida que por el impulso casi visceral de querer más cantidad de vida. El médico y la propia familia tienen que saber aceptar la voluntad del paciente. Hay situaciones en las que quizás sea mejor no realizar una determinada intervención quirúrgica que puede alargar la vida pero a costa de hacerle perder al enfermo importantes propiedades vitales.

¿Qué pensar de aquellas situaciones, que ya se están produciendo en muchos hospitales de todo el mundo, en las que se impone legal o ilegalmente la eutanasia al paciente terminal que se encuentra en estado de coma? En el caso del enfermo inconsciente que no ha manifestado su expreso deseo de que se le aplique o no la eutanasia, nos parece que no resulta ético quitarle la vida aunque ésta esté notablemente empobrecida. La vida es un valor tan básico y personal que nadie posee atribuciones suficientes para arrebatarla a ningún otro ser humano. No obstante, conviene tener presente, como señala Jonas, que «*hay una diferencia entre matar y permitir morir*» (Jonas, 1997: 167). No es lo mismo dejar morir que quitar la vida. Los familiares y el médico pueden decidir que no se prolongue artificialmente el proceso terminal del enfermo y que se le deje morir en paz. Esto es moralmente aceptable pero, por el contrario, decidir acabar con su vida mediante la eutanasia activa sería disponer de una vida ajena de forma completamente injustificada.

¿Y en el caso de que el enfermo pida expresamente que se le practique la eutanasia o lo haya dejado claramente especificado en un testamento vital? ¿sería éticamente aceptable cumplir con su voluntad? Nos hemos referido ya a las diferentes fases que, según la doctora Kübler-Ross, puede atravesar el enfermo terminal. En alguno de esos momentos la persona es capaz de tomar una decisión drástica sobre su existencia que, en realidad, no refleje lo que verdaderamente anhela su corazón. Hay etapas de pesimismo, frustración, rabia o incluso desesperación en la vida del paciente terminal que ha sido informado de su enfermedad. Es dudoso que la eutanasia solicitada en tales momentos responda a un deseo genuino y meditado de morir. Quizás lo que se está solicitando es una mayor atención, sinceras muestras de afecto o que el dolor físico desaparezca. Generalmente cuando se solucionan tales problemas suele extinguirse también el deseo de acabar con la propia vida.

No obstante, a pesar de todas estas consideraciones, hay pacientes terminales que están convencidos de lo que solicitan. Lo han meditado libre y sosegadamente sin coacciones de ningún tipo. Pero aún así continúan pidiendo la eutanasia. Puede tratarse de personas mayores que carecen de responsabilidades familiares o que son conscientes de constituir una pesada carga para sus seres queridos. Criaturas a quienes el sufrimiento físico y moral se les hace tan cuesta arriba que se sienten incapaces de superarlo ¿Qué hacer en tales casos? Aparte de lo que dispongan las leyes de los diferentes países ¿existen auténticas objeciones éticas que deslegitimen una petición de tales características? Al ser humano que no cree en un Dios trascendente es muy difícil convencerle de que el suicidio no sea una opción correcta. Para la ética secular que no contempla la existencia del Ser Supremo sólo hay un posible punto de referencia: la libertad y autonomía del propio hombre. Cuando se le da la espalda al Creador, la criatura humana se erige en medida de todas las cosas y desde este horizonte ético prácticamente no existen argumentos capaces de rechazar la eutanasia. Si no hay una vida después de la muerte, si el hombre no es imagen de Dios y la existencia humana no es un don divino ¿qué sentido puede tener el dolor, el sufrimiento y la propia muerte? Desde esta concepción no existen argumentos válidos que puedan negarle al ateo la capacidad de poner fin a su propia vida. Otra cosa será la disponibilidad del médico o las enfermeras que lo atiendan. Estos profesionales tienen todo el derecho de acogerse a la objeción de conciencia si así lo creen necesario y, desde luego, nadie puede obligarlos a practicar un acto que atente contra sus principios. Algunos médicos han diseñado sistemas para que sea personalmente el propio paciente quien se aplique la eutanasia.

Sin embargo, desde una concepción cristiana de la vida, la respuesta a la eutanasia es radicalmente diferente. El mal continúa siendo un mal aunque se realice queriendo hacer un bien. El que cree que Jesús de Nazaret es el Hijo de Dios y Señor de su vida, no es que se transforme de repente en un masoquista empedernido que busque siempre el dolor o el sufrimiento en esta vida, sino que entiende tales realidades como experiencias que pueden estar cargadas de sentido. La criatura que sufre y acepta de forma madura su pena puede llegar a ser más humana y a enriquecer su propia personalidad. Por el contrario, pretender huir siempre de todo sufrimiento es frustrarse constantemente ya que en esta vida tal pretensión resulta por lo general imposible. La muerte desde la fe pierde, como decía el apóstol Pablo, "su aguijón". Aunque muchas veces no se comprenda la tragedia del dolor y los caminos que Dios utiliza para llevar a cabo sus propósitos, el creyente aspira a identificarse con el sufrimiento de Cristo en la cruz y a confiar plenamente en él. El cristiano acepta que la vida es un regalo del Creador y espera en que, de la misma forma en que el grano de trigo tiene que morir y descomponerse primero antes de germinar y dar fruto, también su existencia terrena debe apagarse de forma natural antes de resucitar a una nueva vida como aconteció con el propio Jesucristo. Cuando esta fe anida en el alma humana, la eutanasia suele dejarse en las manos de Dios. Él continúa siendo el principio y el fin.

11.12. Vivir el morir

La vida del ser humano tiene valor por ella misma. Su mérito no aumenta o disminuye en función de las características personales del titular que la posea. Situaciones como la vejez, la soledad, la enfermedad o la inutilidad laboral no pueden robarle importancia ni convertirla en instrumento para dudosos fines. De ahí que la vida del hombre sea también el principal fundamento de todos los demás bienes. La ética cristiana ha considerado siempre que el valor de la vida humana debe ser cuidado especialmente por encima de los demás valores porque se trata de un bien superior regalado por Dios. En él tiene su origen y su destino último. De esta inviolabilidad de la vida humana se sigue que cualquier forma de homicidio o suicidio es claramente contraria a la voluntad del Creador. No obstante, es conveniente distinguir aquí entre suicidio y entrega voluntaria de la vida en favor de los demás o de la causa del Evangelio. El Señor Jesús constituye para el creyente un evidente ejemplo en este sentido. El Maestro amaba la vida pero no se mostraba indiferente ante la muerte. Las lágrimas de la viuda de Naín cuando iba a enterrar a su hijo le desgarran el alma. El Hijo de Dios llora frente a la tumba de su amigo Lázaro. Los enfermos y mutilados le conmueven consiguiendo así que él los sane. Pero Cristo no le da la espalda a la muerte sino que va directamente a su encuentro afirmando que «*...yo pongo mi vida, para volverla a tomar. Nadie me la quita, sino que yo de mí mismo la pongo*» (Jn. 10:17-18). Es el amor al Padre y a la criatura humana el que mueve la voluntad de Jesucristo. Esta actitud ha sido, sin embargo, mal interpretada desde círculos ajenos a la fe. Se ha dicho que Jesús «*se suicidó premeditadamente, al no abandonar la ciudad cuando supo que su crucifixión era inminente*» (Humphry & Wickett, 1989: 381). También se ha manifestado que la idea de que Dios da la vida y sólo él puede quitarla, aunque está profundamente arraigada en la tradición judía y cristiana, en realidad, lo estaría «*de una forma bastante incoherente, ya que ambas tradiciones religiosas dan un estatus al mártir que deliberadamente ofrece su vida y muerte por Dios*» (Charlesworth, 1996: 37). ¿Hay algo de cierto en estas afirmaciones?

> ***«Cuando la fe cristiana anida en el alma humana, la eutanasia suele dejarse en las manos de Dios. Él continúa siendo el principio y el fin.»***

Lo primero que conviene señalar es que Jesús no se quita la vida, sino que la pone de forma libre y generosa en manos del Padre por amor a los hombres. Él no quería morir en la cruz. En el huerto de Getsemaní oró amargamente diciendo: «*Padre mío, si es posible, pase de mí esta copa; pero no sea como yo quiero, sino como tú*» (Mt. 26:39). Es verdad que su sacrificio fue necesario para redimir a la humanidad, pero Jesús no se suicidó. Lo mataron las autoridades romanas en combinación con las judías. Los demás mártires que ha tenido la fe cristiana desde el primer siglo de nuestra era no fueron tampoco suicidas que atentaron contra sus vidas por motivos religiosos. Otros fueron quienes les quitaron la vida. El verdadero mártir de la fe no se suicida, sino que es víctima inocente de un homicidio. La vida humana es un valor fundamental de la persona, pero no es el valor supremo. Según el Evangelio, hay que estar dispuesto a dar la vida por los demás o por el reino de Dios, como hizo el Señor Jesús, cuando sea menester hacerlo. Esto no es suicidarse sino simplemente ser coherente con la propia fe. Cuando un valor abso-

luto, como la Iglesia o la extensión del reino, está en peligro, ofrecer la vida es algo que dignifica al cristiano y no tiene absolutamente nada que ver con la eutanasia o el suicidio.

La esperanza cristiana de una vida más allá de la frontera de este mundo natural empapa de sentido el misterio del sufrimiento y la muerte. Vivir para el Señor supone, desde la óptica de la fe, reconocer que el mal se transformará gradualmente en el bien. Es la misma idea que transmite el apóstol Pablo: «*Ahora me gozo en lo que padezco por vosotros, y cumplo en mi carne lo que falta a las aflicciones de Cristo por su cuerpo, que es la iglesia*» (Col. 1:24).

El ejemplo de Jesucristo rechazando aquel brebaje que pretendía embotar sus sentidos en el instante de la muerte, es suficientemente significativo (Mt. 27:34). Hoy mediante la tecnología médica se priva a los moribundos, muchas veces innecesariamente, de esos últimos minutos de lucidez. No obstante, es muy importante que las personas puedan despedirse de sus seres queridos y prepararse para el viaje final. ¿Cuántas criaturas han aceptado el Evangelio en esos decisivos momentos? No es correcto robarle la muerte a nadie.

El creyente debe ver su propia muerte como la veía Jesús, como el encuentro definitivo con la Vida. Fallecer no es el fin, sino el principio. El día de la muerte coincide con el día del nacimiento a la verdadera Vida. De ahí que mientras habitamos en este mundo debamos dar muestras de vida en medio de tantas huellas de muerte, odio, injusticia e insolidaridad como nos rodean por todas partes. Los cristianos tenemos que seguir llevando el mensaje de la resurrección y de la vida a aquellas víctimas de esta cultura de la muerte. Nuestro ejemplo y nuestra manera de comportarnos ante tal salida pueden suponer un convincente testimonio. El que cree en Jesucristo como su salvador personal tiene que aprender a mirar cara a cara a la muerte.

Capítulo 12

BIOÉTICA Y BIODERECHO

En la primavera del año 1997 más de veinte países europeos firmaron en Oviedo (España) un convenio sobre derechos humanos y biomedicina. Se trataba del primer texto jurídico internacional sobre este asunto que pretendía supeditar el desarrollo médico y biológico a los derechos humanos y la dignidad de la persona. En los 38 artículos comprendidos en 14 capítulos de que constaba el documento, se proclamaba la primacía del ser humano sobre el interés de la ciencia. Este *Convenio de Asturias*, como fue llamado, prohibía cualquier discriminación de las personas por motivos genéticos. Sobre el tema de la ingeniería genética declaraba que ésta debería tener una finalidad eminentemente terapéutica y nunca podría modificar el patrimonio genético de la descendencia. La elección del sexo de los hijos quedaba descartada, salvo cuando fuera necesaria para evitar graves anomalías hereditarias. La creación de embriones humanos con fines experimentales era también excluida. Lo mismo ocurría con la venta de órganos o partes del cuerpo humano. Todo paciente debía ser convenientemente informado antes de someterse a cualquier intervención médica. Declaraciones de principios como éstas son siempre bienvenidas pero su efectividad real únicamente se consigue cuando tales disposiciones se transforman en leyes recogidas por los códigos penales de los diferentes países. Es a partir de la década de los noventa cuando la bioética entra tímidamente en el campo jurídico y hace nacer poco a poco la nueva especialidad del *bioderecho* para que sea éste quien se ocupe de la justicia en los diversos ámbitos de la vida.

12.1. Nivel jurídico y nivel moral

Uno de los problemas que se plantea entre la ética y el derecho es el que ha venido siendo denunciado reiteradamente por ciertos sectores de la Iglesia Católica. ¿Puede la ley civil sustituir a la conciencia de las personas? ¿Es lícito que la ética sea cambiada por el derecho? ¿Deben las leyes aprobar o permitir comportamientos que estén condenados por la moral cristiana? La respuesta que se ofrece desde estos mismos ámbitos es que «*cuando las leyes bioéticas abstraen, prescinden o corrompen los principios morales elementales sobre el respeto incondicional a la vida humana naciente o menesterosa, pierden toda su legitimidad y quienes las imponen se convierten en tiranos... Así de claro: o el bioderecho se somete al tribunal de la ética castiza, basada en la ley natural, que exige el respeto radical a toda vida humana desde el momento de su concepción hasta su natural ocaso, o convertimos la bioética en un reino de tiranos peores que los nazis*» (Blázquez, 1996: 544). Es evidente que aquellas leyes que atentan claramente contra la fe o las creencias religiosas de los individuos son susceptibles de ser incumplidas. Como declaró Pedro y los demás apóstoles a quienes les prohibían predicar el Evangelio: «*es necesario obedecer a Dios antes que a los hombres*» (Hch. 5:29). La ley civil no debería sustituir a la conciencia ni dictar normas que excedieran su competencia.

Sin embargo, la realidad es que hoy vivimos en una sociedad plural donde coexisten diversas concepciones del mundo y de la vida. Se hace necesaria, por tanto, una moral cívica que haga posible la convivencia entre los ciudadanos que profesan distintas morales religiosas o incluso ateas. Este entendimiento mutuo sólo puede existir cuando se comparten unas normas morales mínimas. De manera que tal moral cívica de mínimos, compartidos entre personas que pueden tener diferentes concepciones del ser humano o distintos ideales de vida, sería absolutamente imprescindible para garantizar la convivencia social. No obstante, esta moral mínima no puede identificarse en exclusiva con ningún grupo que promueva una moral de máximos. Podrá convivir, dialogar y compartir ejemplos o testimonios personales, pero ninguna comunidad religiosa o laica deberá imponer por la fuerza sus creencias a las demás. Entre otras cosas porque esto destruiría la base misma de la convivencia y el pluralismo ideológico. Tal como escribe Adela Cortina: «*carece de sentido presentar como alternativo el par "moral cívica/moral religiosa", ya que tienen pretensiones distintas y, si cualquiera de ellas se propusiera "engullir" a la otra, no lo haría sino en contra de sí misma»* (Cortina, 1997: 197). En el mundo occidental, ni la moral civil puede renunciar a su pasado cristiano, ni tampoco el cristianismo debe abandonar el diálogo ético con la sociedad secular. Los creyentes tenemos que ser conscientes de que la fe o los patrones morales cristianos no se pueden imponer a nadie. Dios no ordena, sino que invita y deja espacio para la respuesta libre del ser humano. Jesucristo no vino a traer la ley sino la gracia. Es cierto que el cristianismo encierra una moral de máximos para hacer la vida del hombre éticamente buena, pero si se quiere vivir en medio del pluralismo hay que aprender también a respetar a esa otra moral cívica de mínimos. Cuando esto no se tiene en cuenta aparece el sectarismo y las posturas totalitarias que son contrarias a la verdad y a la auténtica libertad que promueve la Palabra de Dios.

12.2. Ámbito del bioderecho

Una de las dudas que plantea el bioderecho contemporáneo es la que se refiere a su radio de acción. En principio, éste comprende la justicia referida al ser humano y al resto de los organismos que constituyen la totalidad de la biosfera. No sólo la legalidad de las cuestiones biomédicas que tienen que ver con el hombre, desde la fecundación a la muerte, sino también el interés por aplicar justicia en aquellas acciones que pongan en peligro los ecosistemas naturales. La cuestión sería, ¿es la vida humana la piedra angular del edificio de la bioética y el bioderecho o, por el contrario, se considera que comparte tal honor con la vida de animales y plantas? ¿hay alguna diferencia sustancial entre la vida del hombre y la de los demás seres vivientes o son todas la vidas cualitativamente iguales? Desde la concepción cristiana de la bioética la cosa está clara. Sólo la criatura humana es imagen de Dios. La dignidad de las personas no permite equipararlas con el resto de la creación. Por tanto, el bioderecho debe fundamentarse principalmente en las relaciones entre individuos libres y conscientes. La correspondencia con los animales y plantas, así como con el resto de los organismos, no puede ser considerada igual que la existente con las personas. Esto no significa tampoco una licencia para menospreciar al resto de la vida no humana, sino que precisamente la inviolabilidad de la vida humana debe hacerse extensible también a toda la naturaleza viviente.

12.3. Disposiciones legales de la bioética

El interés actual por la bioética queda patente en la proliferación de comités nacionales que se observa en todo el mundo. Estos comités de bioética se interesan por explorar todos los caminos que existen en el mapa de las ciencias de la vida. Su función principal consiste en aconsejar a los respectivos gobiernos acerca de las posibles reglamentaciones que deberían tenerse en este campo. Suelen ser consejos formados por especialistas en diversas disciplinas: biólogos, médicos, juristas, expertos en ética, teólogos, psicólogos, etc. que sugieren leyes para que sean evaluadas y, en su caso, aprobadas por el poder legislativo. Estos comités nacionales, a su vez, procuran reunirse en consejos internacionales mucho más amplios. Tal sería el sentido, por ejemplo, del Comité Internacional de Bioética (CIB) de la UNESCO que trabaja elaborando principios universales sobre temas referentes a la ética de la vida para que sean aprobados por los Estados.

Uno de los principales documentos pioneros en temas de bioética fue el que se presentó en julio de 1984 en Londres bajo la dirección de la profesora Mary Warnock. El título de este Informe gubernamental británico fue *Report of the Committee of Inquiry into Human Fertilisation and Embryology*. Su importancia se debe a la tremenda influencia que ha ejercido sobre todos los demás documentos de este tipo aparecidos después en el resto de los países. El texto del mismo es el que se reproduce a continuación.

RECOMENDACIONES DE LA COMISIÓN WARNOCK
(Londres, Reino Unido, julio de 1984) (Lacadena, 1990: 100-106)

A) ***El organismo para la concesión de licencias y sus funciones:***

1. Debe establecerse una nueva autoridad estatutaria para la concesión de licencias para regular tanto la investigación como aquellos servicios para la esterilidad que la comisión ha recomendado sean objeto de control.
2. Debe haber una sustancial representación de legos en la materia como miembros de la autoridad estatutaria para regular la investigación y los servicios para la esterilidad; el presidente debe ser un lego.
3. Todos los facultativos que ofrezcan los servicios que la comisión ha recomendado sean prestados sólo con licencia, y todos los locales utilizados en tal prestación, incluido el suministro de semen fresco y bancos para el almacenaje de óvulos humanos, semen y embriones congelados, deben ser autorizados por el organismo para la obtención de licencias.
4. La AID (inseminación artificial por donante) estará disponible, adecuadamente organizada y sujeta a autorización, para aquellas parejas infértiles respecto de las que pueda ser apropiada. La prestación de servicios de AID sin licencia para ese fin debe ser constitutiva de sanción.
5. Los servicios de IVF (fecundación "in vitro") deben continuar disponibles, sujetos al mismo tipo de autorización e inspección recomendado para la regulación de AID.
6. La donación de óvulos debe ser aceptada como una técnica reconocida en el tratamiento de la esterilidad, sujeta al mismo tipo de autorización y control recomendado para la regulación de AID y IVF.
7. El método de donación de embriones, que supone la donación de semen y óvulos fecundados "in vitro", debe ser aceptado como tratamiento para la esterilidad, sujeto al mismo tipo de autorización y control recomendado para AID, IVF y la donación de óvulos.

8. La técnica de donación de embriones por lavado no debe utilizarse actualmente.

9. No deben usarse óvulos congelados en procedimientos terapéuticos hasta que se demuestre que no comportan ningún riesgo inaceptable. Esto será materia de examen por parte del organismo para la concesión de licencias.

10. El uso clínico de embriones congelados podrá continuar su desarrollo bajo la vigilancia del organismo antedicho.

11. La investigación realizada sobre embriones humanos "in vitro" y el manejo de tales embriones deben ser permitidos sólo con licencia.

12. Ningún embrión humano derivado de fecundación "in vitro" (congelado o no) puede mantenerse vivo más de catorce días después de la fecundación si no es implantado en una mujer; tampoco se le puede utilizar como objeto de investigación más de catorce días después de la fecundación. Este período de catorce días no incluye el tiempo durante el cual el embrión esté congelado.

13. Debe obtenerse consentimiento sobre el método de utilización o destrucción de embriones sobrantes.

14. Como medida de buen procedimiento, ninguna investigación debe ser realizada sobre un embrión sobrante sin el consentimiento informado de la pareja de la cual se generó, siempre que esto sea posible.

15. Las fecundaciones entre especies como parte de un programa reconocido para mitigar la esterilidad o en la valoración o diagnóstico de la escasa fertilidad, deben estar sujetas a autorización y es condición para la concesión de la misma que el desarrollo de cualquier híbrido resultante sea interrumpido al nivel de las dos células.

16. El organismo competente para la concesión de autorizaciones considerará la necesidad de realizar estudios de seguimiento sobre los niños nacidos como resultado de las nuevas técnicas, incluyendo la necesidad de mantener un registro central de tales nacimientos.

17. La venta o compra de embriones y gametos humanos debe ser permitida sólo con licencia del organismo para la concesión de licencias y sujeta a las condiciones prescritas en él.

B) *Principios que deben regular la prestación*

18. Como medida de buen procedimiento cualquier tercero que done gametos para el tratamiento de esterilidad debe ser desconocido para la pareja antes, durante y después del tratamiento; igualmente el tercero no debe tener conocimiento de la identidad de la pareja asistida.
19. Algún tipo de asesoramiento debe estar a disposición de toda pareja estéril y de todo tercero durante cualquier etapa del tratamiento, tanto como parte integrante del Servicio Nacional de Salud como en el sector privado.
20. En el caso de formas más especializadas de tratamiento para la esterilidad, el consentimiento por escrito de la pareja debe ser obtenido, siempre que sea posible, antes de comenzar el tratamiento como medida de buen procedimiento. Cualquier consentimiento por escrito debe obtenerse en un impreso apropiado de consentimiento.
21. El consentimiento formal por escrito de la pareja debe siempre ser obtenido como medida de buen procedimiento antes de comenzar el tratamiento AID. El impreso de consentimiento debe ser íntegramente explicado a ambas partes.
22. Por ahora, debe establecerse un límite de diez niños engendrados por cada donante.
23. En los casos en que un facultativo rehúse facilitar tratamiento, deberá dar una explicación completa de sus razones al paciente.
24. Los números del Servicio Nacional de la Salud de todos los donantes deben ser contrastados por las clínicas donde hagan sus donaciones contra una nueva lista central de los números del SNS de los donantes existentes, que debe mantenerse separada del registro de donantes del SNS.
25. Debe tenderse hacia un sistema en el que a los donantes de semen se les pague únicamente sus gastos.
26. Los principios de buen procedimiento ya expuestos respecto de otras técnicas deben aplicarse a la donación de óvulos: el anonimato del donante, la limitación cifrada en diez del número de niños nacidos de los óvulos de una donante, franqueza con el niño sobre sus orígenes

genéticos, la disponibilidad de asesoramiento para todas las partes y consentimiento informado.

27. Debe ser aceptada la práctica de ofrecer gametos y embriones donados a quienes corren riesgo de transmitir taras hereditarias.

28. Todo tipo de equipos para seleccionar el sexo de los llamados "hazlo tú mismo" deben ser colocados bajo el control previsto por la Ley de Medicina con el fin de garantizar que tales productos sean seguros, eficaces y de un nivel aceptable para el uso.

29. Debe continuar el uso del semen congelado en la inseminación artificial.

30. Debe haber revisiones automáticas cada cinco años de los depósitos de semen y de óvulos.

31. Debe existir un período máximo de diez años para el almacenaje de embriones después del cual el derecho a determinar su uso o destrucción debe pasar a la autoridad de almacenaje.

32. Cuando muera un miembro de una pareja, el derecho de usar o destruir cualquier embrión depositado por esa pareja deberá pasar al sobreviviente. Si mueren ambos, ese derecho debe pasar a la autoridad de almacenaje.

33. Cuando no haya consenso entre la pareja, el derecho a determinar el uso o destrucción de un embrión debe pasar a la autoridad de almacenaje como si hubiera vencido el período de diez años.

C) *La prestación del servicio*

34. Debe finalizarse la recolección de estadísticas adecuadas sobre la esterilidad y los servicios para la misma.

35. Cada autoridad sanitaria debe revisar sus instalaciones para el estudio y tratamiento de la esterilidad y considerar, separadamente de los servicios de ginecología general, el establecimiento de una clínica especializada en esterilidad, que mantenga relaciones estrechas con otras

unidades especializadas y que incluya servicios de asesoramiento genético organizados a nivel regional y suprarregional.

36. Donde no sea posible establecer una clínica independiente, los pacientes con problemas de esterilidad deben ser atendidos separadamente respecto de los que reciben otro tipo de tratamiento ginecológico, siempre que esto sea posible.

37. Debe establecerse un grupo de trabajo a nivel nacional compuesto de departamentos centrales de salud, autoridades sanitarias y aquellos que trabajen en el campo de la esterilidad, para redactar una guía detallada sobre la organización de los servicios.

38. Debe considerarse la inclusión de proyectos sobre servicios para la esterilidad como parte de la próxima confección de planes estratégicos de la autoridad sanitaria.

39. La IVF debe seguir prestándose dentro del Servicio Nacional de la Salud.

40. Uno de los primeros cometidos del grupo de trabajo debe ser la valoración de la mejor forma en que pueden organizarse los servicios de IVF dentro del Servicio Nacional de la Salud.

D) *Límites legales a la investigación*

41. El embrión humano debe recibir algún tipo de protección legal.

42. Cualquier uso no autorizado de un embrión *in vitro* constituirá en sí mismo un delito.

43. La legislación debe disponer que la investigación pueda llevarse a cabo sobre cualquier embrión resultante de fecundación *in vitro* , cualquiera que sea su procedencia, hasta el decimocuarto día después de la fecundación, pero sujeta a toda restricción que pueda imponer la autoridad competente para la concesión de autorización.

44. Será delito manejar o utilizar como objeto de investigación cualquier embrión humano derivado de la fecundación *in vitro* más allá del límite de catorce días.

45. Ningún embrión utilizado como objeto de investigación debe ser implantado en una mujer.
46. Cualquier uso sin licencia de fecundación entre especies utilizando gametos humanos debe ser un delito.
47. La colocación de un embrión humano en el útero de otra especie en orden a la gestación debe considerarse como un delito.
48. El organismo propuesto deberá promulgar una guía sobre qué tipos de investigación, aparte de aquellos prohibidos por la ley, serían difícilmente aceptables desde puntos de vista éticos en cualquier circunstancia y que, por tanto, no serían autorizados.
49. La venta y la compra de gametos o embriones humanos debe constituir un delito.

E) Modificaciones legales

50. Los niños AID deben ser contemplados por la ley como hijos legítimos de sus madres y de los maridos de éstas, cuando ambos hayan dado su consentimiento al tratamiento.
51. Debe modificarse la ley de manera que el donante de semen carezca de derechos y deberes paternales respecto al niño.
52. Siguiendo la Comisión Inglesa de Derecho, debe presumirse que el marido ha consentido a la AID, salvo prueba en contrario.
53. La ley debe ser modificada en el sentido de permitir que el marido sea registrado como el padre.
54. La legislación debe disponer que cuando nazca un niño de una mujer como resultado de la donación de un óvulo de otra, la mujer que dé a luz debe ser considerada a todos los efectos por la ley como la madre de ese niño; y la donante del óvulo no debe ostentar derecho ni obligación alguna en relación con ese niño.
55. La legislación propuesta debe cubrir los niños nacidos como resultado de la donación de embriones.

56. Debe introducirse legislación que convierta en delictiva la creación u operación en el Reino Unido de agencias entre cuyos fines esté el reclutamiento de mujeres para embarazos subrogados o la realización de gestiones a favor de individuos o parejas que deseen utilizar los servicios de una madre portadora; tal legislación debe ser lo suficientemente amplia como para incluir tanto organizaciones lucrativas como no lucrativas.
57. La legislación debe ser lo suficientemente amplia como para hacer penalmente responsables a los profesionales y otras personas que ayuden dolosamente a establecer un embarazo subrogado.
58. Debe establecerse por ley que todos los acuerdos que tengan como objeto la subrogación serán contratos ilegales y, por tanto, estarán desprovistos de acción para hacer efectivo su cumplimiento.
59. La legislación debe prever que cuando una persona muera durante el período de depósito o no pueda ser localizada en la fecha de revisión, el derecho a utilizar o destruir sus gametos congelados deberá pasar a la autoridad de almacenaje.
60. Debe introducirse una legislación que prevea que cualquier niño nacido por medio de AIH (inseminación artificial por el marido) que no estuviese en el útero en la fecha de la muerte de su padre, no será tenido en cuenta para sucederle o heredarle.
61. Debe dictarse una legislación que garantice la inexistencia del derecho de propiedad sobre un embrión humano.
62. A efectos de establecer la primogenitura, el factor determinante será la fecha y la hora de nacimiento y no la fecha de fecundación.
63. Debe sancionarse una legislación que prevea que cualquier niño nacido como resultado de IVF, utilizando un embrión congelado y almacenado, que no estuviese en el útero en la fecha de la muerte de su padre, no será tenido en cuenta para sucederle o heredarle.

Como puede verse se trata de un documento que aspira a satisfacer las necesidades de una sociedad plural y que, tal como se ha señalado anteriormente, corresponde a una moral civil y por tanto de mínimos. Algunas de las

propuestas que se realizan no satisfacen a la bioética cristiana, sobre todo por lo que se refiere al respeto a la vida humana naciente. No obstante, ante el pluralismo de una sociedad liberal que tiende a considerar a los individuos como entidades autónomas, el Estado se ve de alguna manera obligado a legislar para garantizar la convivencia y solucionar, en la medida de sus posibilidades, aquellos problemas éticos que se dan en el mundo real. Sin embargo, esto no significa, como en ocasiones se intenta hacer creer, que la ética laica del Estado sea superior a la ética religiosa de los creyentes. Nada más lejos de la verdad.

Así mismo, de forma paralela a la presentación del Informe Warnock, el Consejo de Europa elaboró durante la década de los ochenta otros proyectos de recomendaciones bioéticas que debido a su importancia también reproducimos a continuación. Se trata de documentos que, en líneas generales, resultan bastante más positivos que el anterior ya que se inspiran en la doctrina europea sobre los derechos del hombre.

CONSEJO DE EUROPA

Proyecto preliminar de recomendaciones sobre los problemas derivados de las técnicas de la procreación artificial.

(Estrasburgo, 17 de octubre de 1984) (Lacadena, 1990: 107-114)

Preámbulo

• Considerando que la meta del Consejo de Europa es conseguir una mayor unidad entre sus miembros, especialmente a través de una armonización de legislaciones sobre materias de interés común.

• Considerando que las técnicas de procreación artificial en seres humanos y el previsible desarrollo de las mismas suscita delicados problemas éticos, sociales, médicos y legales.

• Considerando la demanda y el uso creciente de estas técnicas en nuestras sociedades.

• Considerando que en el caso de la procreación artificial humana debería tomarse en consideración que los embriones humanos y fetos resultantes tienen el potencial para convertirse en un ser humano, y por tanto, deberían ser objeto de respeto y protección apropiada.

Recomienda a los gobiernos de los Estados miembros de este Consejo de Europa adoptar legislación en conformidad con los artículos anexos, o tomar las medidas oportunas para asegurar su ejecución obligatoria.

PRINCIPIOS

I. Definiciones y principios generales

Artículo I

En relación con la aplicación de estos principios:

a) *Inseminación artificial* significa la introducción de esperma en la vagina o útero de la mujer por otros medios que no sean las relaciones sexuales.

b) *Fecundación in vitro* significa la unión de un óvulo humano extraído instrumentalmente con un espermatozoide, y producida en una probeta.

c) *Embrión* significa el organismo resultante de una unión de gametos hasta las seis semanas siguientes a la fecundación; por el contrario, *feto*, es el organismo en desarrollo desde el final de este período hasta el nacimiento.

d) *Manipulación de embriones* significa cualquier acto llevado a cabo sobre el embrión, en particular todo tipo de intervención, tratamiento y manejo con propósitos de procreación, diagnósticos, terapéuticos o de investigación.

e) *Donante de gametos* significa aquella persona que dona sus gametos para que los utilice un tercero.

Artículo 2

Las técnicas de procreación artificial podrán utilizarse (en una pareja) únicamente cuando:

a) otros tratamientos de esterilidad hubiesen fallado o no presentasen ninguna posibilidad de éxito; o

b) existiese un grave peligro de transmitir al niño una grave enfermedad hereditaria; y

c) hubiere probabilidad de éxito y no existiesen riesgos notables que pudiesen afectar negativamente la salud y bienestar de la madre o del niño.

Artículo 3

Las técnicas de procreación artificial no deberán usarse con el propósito de escoger el sexo del futuro niño, excepto cuando debiese ser evitada una enfermedad hereditaria seria conectada con el sexo.

Artículo 4

Las técnicas de procreación artificial únicamente podrán utilizarse si las personas interesadas han prestado su consentimiento notificado de forma expresa (y por escrito).

Artículo 5

Todo uso de las técnicas de procreación artificial y manipulación de embriones vinculada con ellas, deberá realizarse bajo la responsabilidad de un facultativo y en los establecimientos autorizados por la autoridad estatal competente.

Artículo 6

El facultativo o establecimiento que utilizase las técnicas de procreación artificial deberá asegurarse antes de obtener el consentimiento requerido por el artículo 4, de que las personas interesadas tengan apropiada información y consejo sobre las posibles implicaciones médicas, legales y sociales de este tratamiento, y particularmente de aquellas que puedan afectar el interés del niño que pueda nacer como resultado de este método.

Artículo 7

El facultativo o establecimiento que utilizase las técnicas de la procreación artificial deberá realizar las oportunas averiguaciones e investigaciones con el fin de prevenir la transmisión por parte del donante de cualquier enfermedad hereditaria o infecciosa, o de otros factores que puedan suponer un peligro para la salud de la mujer o del futuro niño.

Artículo 8

1. El facultativo y equipo del establecimiento médico que utilicen las técnicas de la procreación artificial, deberán mantener el anonimato del donante y, sujetos a los requisitos que exige la ley en procedimientos legales, guardarán secreto de la identidad de los miembros de la pareja así como del hecho de la procreación artificial.
2. Sin embargo, la legislación podrá prever que el niño, a su mayoría de edad, pueda tener acceso a la información referente a la forma de su concepción y las características de su donante. (Podrá también, en casos apropiados y si las personas interesadas estuviesen informadas de esta posibilidad antes de que la fecundación tuviese lugar, ser notificado de la identidad del donante).

Artículo 9

1. Cuando la procreación artificial haya sido llevada a cabo de conformidad con esta Recomendación, el niño será considerado por la ley como el hijo de la mujer que le hubiese dado a luz. Si la mujer estuviese casada, el cónyuge estará considerado como el padre legítimo, y si hubiese dado su consentimiento, ni él ni ningún otro podrán disputarse la legitimidad del niño por el solo hecho de la procreación artificial.

En el caso de una pareja no casada, al compañero de la mujer que hubiese consentido no se le permitirá oponerse a la institución de los derechos y deberes paternos en relación con el niño, a no ser que pruebe que el niño no nació como resultado de la procreación artificial.

2. Ninguna relación de filiación podrá establecerse entre los donantes de gametos y el niño concebido como resultado de la procreación artificial. Ningún procedimiento por manutención podrá ser dirigido contra un donante o por éste contra el niño.

Artículo 10

El número de niños nacidos de los gametos de un donante en concreto será limitado por la legislación.

Artículo 11

No se permitirá la procreación artificial llevada a cabo con semen del marido o compañero difunto. (Sin embargo, un Estado podrá permitirlo siempre y cuando se establezcan los derechos de la persona resultado de este nacimiento.)

Artículo 12

1. No se permitirá la obtención de beneficio alguno por donaciones de óvulos, esperma, embriones o cualquier otro elemento proveniente de ellos. Sin embargo, la pérdida de ganancias así como los gastos de transporte y otros causados directamente por la donación podrán restituirse al donante.
2. Una persona o un cuerpo público o privado que esté autorizado para ofrecer gametos con el fin de la procreación artificial o investigación no ganará ningun beneficio.
3. La donación de gametos para la procreación artificial debe ser incondicional (y no puede ser revocada).
4. Cuando una persona, de uno u otro sexo, depositase gametos para su propio uso futuro, la autoridad de almacenaje se asegurará periódicamente de que los deseos del depositante no han cambiado. Si el depo-

sitante muriese durante el período de almacenaje o no pudiese ser encontrado al término de dicho período, el derecho de uso y disposición de los gametos pasa a la autoridad de almacenaje. Para decidir sobre el método de disposición, la autoridad deberá actuar de acuerdo con los deseos previamente expresados por la persona interesada.

5. Los gametos no serán almacenados por un período superior al fijado por la legislación.

II. Inseminación artificial

Artículo 13

Alternativa I.

La inseminación artificial en una madre subrogada, entendiendo por tal la practicada en una mujer que lleva un embrión hasta su nacimiento para el beneficio de otra persona o pareja, podrá permitirse si:

a) Se realizase sobre una base exclusivamente benévola:

b) la madre subrogada tuviese la opción en el nacimiento de quedarse con el niño si así lo desease, y

c) cualquier acuerdo según el cual la madre subrogada se comprometiese a renunciar al niño fuese nulo.

Alternativa II.

La inseminación artificial de una madre subrogada, entendiendo por tal a una mujer que lleva un embrión para el beneficio de otra persona o pareja, no será permitida.

III. Fecundación «in vitro»

Artículo 14

Alternativa I.

La fecundación "in vitro" deberá ser realizada usando gametos de, por lo menos, uno de los miembros de la pareja. No se permitirá la fecundación "in vitro" realizada por gametos donados por dos personas ajenas.

Alternativa II.

En principio, la fecundación "in vitro" deberá realizarse con los gametos de, por lo menos, uno de los miembros de la pareja. Sin embargo, el uso de gametos donados por dos personas ajenas podrá admitirse cuando las condiciones previstas en el artículo 2 sean aplicables a ambos miembros de la pareja.

Alternativa III.

En principio, la fecundación "in vitro" deberá realizarse con los gametos de los miembros de la pareja. Sin embargo, en casos excepcionales, podrá ser utilizado el esperma de un donante ajeno. No se permitirá el uso de huevos ni embriones donados.

Artículo 15

El trasplante de embriones del útero de una mujer al de otra no se permitirá.

Artículo 16

No se permitirá la fecundación "in vitro" en una mujer subrogada, que es la de una mujer que lleva un embrión hasta su nacimiento para el beneficio de otra persona o pareja.

Artículo 17

1. El número de embriones estará estrictamente limitado al número necesario para aumentar la posibilidad del éxito de la procreación. (Si fuese posible, todos los embriones deberán ser implantados.)
2. Los embriones únicamente serán congelados con el acuerdo de las personas interesadas y no serán almacenados por un período superior a diez años ni inferior al fijado por la legislación.
3. En el caso de que los embriones fuesen almacenados para el uso de una pareja, cada miembro de la pareja será invitado a expresar su deseo sobre la disposición de cualquier embrión que no utilizase para su propia procreación. Tal deseo será respetado por la autoridad y podrá ser modificado únicamente después del nacimiento o en caso de que se abandonase el tratamiento.

IV. Manipulaciones de embriones

Articulo 18

Ningún embrión podrá someterse a experimento alguno con propósitos de investigación dentro del útero, pero sí son admisibles las intervenciones diagnósticas y terapéuticas dirigidas a promover el desarrollo y nacimiento del niño.

Artículo 19

Alternativa I.

Ningún tipo de investigación sobre embriones está permitida.

Alternativa II.

1. La investigación sobre embriones (no utilizados para la procreación) está permitida si:

a) La madre (y el padre) ha (han) dado su consentimiento.

b) Un comité ético ha aprobado la investigación.

c) La investigación tuviese propósito (científico), diagnóstico o terapéutico que no pudiese ser alcanzado por otro medio.

d) El embrión no se utilizase después de... días desde la fecundación.

2. (Ningun embrión será formado exclusivamente con propósitos de investigación.)

3. La partición de un embrión con el fin de utilizar una de sus partes con un propósito diagnóstico estará permitida si es que se encaminase a probar una enfermedad seria o anomalía en el futuro niño y si las condiciones a), b) y d) mencionadas en el párrafo 1 se cumpliesen.

Artículo 20

1. La implantación de un embrión humano en el útero de cualquier otra especie o viceversa estará prohibida.
2. La unión de un gameto humano con los de otra especie también estará prohibida. Lo mismo se aplica a cualquier unión de embriones u otra operación que posiblemente creasen una quimera.
3. (Sin embargo, la legislación podrá prever que la fecundación entre especies podrá ser admitida para investigaciones dirigidas a aliviar la infertilidad siempre y cuando el desarrollo de cualquier híbrido resultante sea paralizado en el nivel de dos células.)

ASAMBLEA PARLAMENTARIA DEL CONSEJO DE EUROPA

Recomendación 934 relativa a la ingeniería genética

(Texto adoptado por la Asamblea el 26 de enero de 1982) (Vidal, 1991: 682-685)

LA ASAMBLEA

1. Consciente de la inquietud que provoca en la opinión pública la aplicación de nuevas técnicas científicas de recombinación artificial de materiales genéticos provenientes de organismos vivos, designadas con el nombre de «ingeniería genética»;
2. Considerando que esta inquietud se debe a dos causas distintas:
   a) La relativa a la incertidumbre reinante sobre las consecuencias de la investigación genética en la salud, seguridad y medio ambiente.
   b) La relativa a los problemas jurídicos, sociales y éticos que a largo plazo surgen con la posibilidad de conocer y manipular las características genético hereditarias de un individuo.
3. Considerando las repercusiones de la investigación en la salud, seguridad y medio ambiente, y que:
   a) Las técnicas de ingeniería genética ofrecen un inmenso potencial agrícola e industrial que, en los decenios próximos, podrá ayudar a resolver los problemas mundiales de producción alimentaria, de energía y de materias primas.
   b) El descubrimiento y puesta a punto de estas técnicas representa un logro fundamental del conocimiento científico y médico (universalidad del código genético).
   c) La libertad de investigación científica -valor fundamental de nuestras sociedades y condición para su adaptación a las transformaciones del panorama mundial- conlleva deberes y responsabilidades, especialmente en lo que concierne a la salud y se-

guridad del público en general y de los trabajadores científicos así como en la no contaminación medioambiental.

d) A la luz de los conocimientos y de la experiencia científica de la época, la incertidumbre que reinaba en cuanto a las repercusiones de los experimentos de ingeniería genética sobre la salud, seguridad y medio ambiente era un motivo legítimo de inquietud al inicio de los años 70, hasta el punto que en aquel momento indujo a la comunidad científica a solicitar el abstenerse de ciertos tipos de experimentos.

e) Los conocimientos y la experiencia científica han permitido, en estos últimos años, el clarificar y disipar una buena parte de las incertidumbres que rodeaban la investigación experimental, hasta el punto de llevar a un relajamiento de las medidas de control y de limitación instauradas o previstas inicialmente.

f) El público en general y los trabajadores de los laboratorios deben, en todos los países, beneficiarse de un nivel estricto y comparable de protección contra los riesgos que implica la manipulación de micro-organismos patógenos en general, tanto si se recurre o no a técnicas de ingeniería genética.

4. Considerando los problemas jurídicos, sociales y éticos, tratados por la 7.ª Audición parlamentaria pública del Consejo de Europa (Copenhague, 25 y 26 mayo 1981) sobre ingeniería genética y derechos humanos se afirma que:

a) Los derechos a la vida y a la dignidad humana garantizados por los artículos 2 y 3 de la Convención Europea de Derechos del Hombre implican el derecho a heredar las características genéticas sin haber sufrido ninguna manipulación (texto francés) [*sin haber sido cambiadas artificialmente* (texto inglés)]

b) Este derecho debe ser anunciado expresamente en el contexto de la Convención europea de los Derechos del Hombre.

c) El reconocimiento explícito de este derecho no debe oponerse al desarrollo de la aplicación terapéutica de la ingeniería genética (terapia de genes), llena de promesas para el tratamiento de ciertas enfermedades transmitidas genéticamente.

d) La terapia de genes no debe practicarse ni experimentarse sin el consentimiento libre e informado de los interesados o, en el caso de experimentación sobre embriones, fetos o menores, con el consentimiento libre e informado de los padres o tutores.

e) Los límites de la aplicación terapéutica legítima de las técnicas de ingeniería genética deben estar definidas con claridad, dadas a conocer a los investigadores y experimentadores, y estar sujetas a revisiones periódicas.

f) Deberían elaborarse las grandes líneas de regulación en vistas a proteger a los individuos de las aplicaciones de estas técnicas con fines no terapéuticos.

5. Formulando el deseo de que la Fundación Europea de la Ciencia mantenga en estudio:

   a) Procedimientos y criterios para la autorización del empleo en medicina en agricultura y en industria, de los productos de técnicas de ADN recombinante.

   b) Los efectos de la comercialización de las técnicas del ADN recombinante, en la financiación y orientación de la investigación fundamental en biología molecular.

6. Invita a los gobiernos de los Estados miembros:

   a) A tener en cuenta las nuevas valoraciones que han tenido lugar en estos últimos años entre la comunidad científica, en lo referente a los niveles de riesgo de la investigación que comporte técnicas de ADN recombinante y de adaptar sus sistemas de vigilancia y control en función de estas nuevas valoraciones.

   b) A estipular la evaluación periódica de los niveles de riesgo de la investigación que comporte técnicas del ADN recombinante, dentro del marco reglamentario previsto para la valoración de los riesgos ligados a la investigación que implique la manipulación de micro-organismos en general.

7. Recomienda que el Comité de Ministros:

   a) Elabore un acuerdo europeo sobre lo que consiste una aplicación legítima de las técnicas de ingeniería genética a los seres humanos (incluídas las generaciones futuras), desarrolle las legislaciones nacionales en consecuencia y promueva la consecución de acuerdos análogos a nivel mundial.

b) Provea el reconocimiento expreso en la Convención Europea de los Derechos Humanos, del derecho a un patrimonio genético que no haya sufrido ninguna manipulación, salvo por la aplicación de ciertos principios reconocidos como plenamente compatibles con el respeto a los derechos humanos (por ejemplo, en el dominio de las aplicaciones terapéuticas).

c) Provea la confección de una lista de enfermedades graves susceptibles de ser tratadas por la terapia de los genes con el consentimiento del interesado (aunque ciertas intervenciones hechas sin el consentimiento, al igual que la práctica en vigor para otras formas de tratamiento médico, pueden ser consideradas como compatibles con el respeto de los derechos del hombre siempre que una enfermedad muy grave tenga el riesgo de transmitirse a la descendencia del interesado).

d) Determine las normas que rijan la preparación de la información genética de los individuos, con particular énfasis en proteger los derechos a la vida privada de las personas implicadas de acuerdo con las convenciones y resoluciones del Consejo de Europa relativas a la protección de los datos.

e) Examine si los niveles de protección de la salud y de la seguridad del público en general y de los empleados de laboratorio que se ocupen de experimentos o de aplicaciones industriales relacionados con microorganismos sometidos a técnicas de ADN recombinante son suficientes y comparables en toda Europa, y si la legislación y los mecanismos institucionales existentes ofrecen un marco suficiente para asegurar a este fin su verificación y su revisión periódicas.

f) Procure, por los controles periódicos efectuados en relación con la Fundación Europea de la Ciencia, que las medidas nacionales de limitación de la investigación sobre el ADN recombinante, así como las medidas establecidas para velar por la seguridad en los laboratorios, tiendan a converger y a evolucionar (bien que por vías distintas) hacia una armonización en Europa, a la luz de los nuevos datos y de la investigación de las nuevas valoraciones de los riesgos.

g) Examine el proyecto de recomendación del Consejo de las Comunidades Europeas sobre el registro de los experimentos que impliquen ADN recombinante y sobre su notificación a las autoridades nacionales y regionales en vista a la puesta en común de sus disposiciones en los países del Consejo de Europa.

h) Examine la patente de los microorganismos modificados genéticamente por técnicas ADN recombinante.

RESOLUCIÓN DEL PARLAMENTO EUROPEO SOBRE LOS PROBLEMAS ÉTICOS Y JURÍDICOS DE LA MANIPULACIÓN GENÉTICA

(16 marzo 1989) (Vidal, 1991: 685-692)

– Vistas las propuestas de resolución doc. 2420/ 84, 2-596/ 84, 2-630/ 84, 2715/84, B2-148/86, B2-1665/85, B2-534/86, B2-619/86, B2-704/86, B2-989/ 86, B2-72/ 88.

– Vista la propuesta del Presidente de la Comisión, formulada ante el Parlamento Europeo el 15 de enero de 1985, relativa al derecho de iniciativa.

–Vistos los resultados de las audiencias llevadas a cabo por la Comisión de Asuntos Jurídicos y de Derechos de los Ciudadanos los días 27 a 29 de noviembre de 1985 y 19 a 21 de marzo de 1986.

–Vistos los trabajos preliminares que han realizado en el ámbito de la biotecnología, especialmente mediante el informe Viehoff.

–Visto su dictamen de 15 de febrero de 1989 sobre la propuesta de la Comisión relativa a un programa plurianual específico de investigación en salud: diagnóstico genético, análisis del genoma humano (COMM (88) 424 final– SYN 146).

—Visto el informe de la Comisión de Asuntos Jurídicos y de Derechos de los Ciudadanos y las opiniones de las Comisiones de Medio Ambiente, Salud Pública y Protección del Consumidor, de Derechos de la Mujer y de Asuntos Políticos (doc. A2-327/88).

A) Considerando los conocimientos adquiridos por la ciencia y la investigación en los últimos años, en el ámbito de la ingeniería genética, y los progresos ulteriores que una y otra pronostican para el futuro.

B) Considerando los resultados de la investigación y su aplicación en la lucha contra la esterilidad humana.

C) Considerando que la ingeniería genética ejerce ya hoy un profundo influjo en la vida social.

D) Considerando de modo particular que el análisis del genoma brinda, por una parte, la posibilidad de mejorar el diagnóstico, la prevención y la terapia, pero que, por otra, entraña el riesgo de que se impongan criterios eugénicos y preventivos de que se empleen los análisis genéticos como instrumentos para el control social y la segregación de capas enteras de la población, de que se seleccionen fetos y embriones según propiedades exclusivamente genéticas, y de que se provoquen alteraciones sustanciales en nuestra convivencia social.

E) Considerando que no existen métdos científicos seguros para calibrar las consecuencias, a medio y largo plazo, de la liberación en el medio ambiente, en principio irreversible, de organismos manipulados genéticamente.

F) Profundamente consternado por el hecho de que se esté experimentando con la liberación de tales organismos.

G) Considerando que se debe respetar la dignidad y la autodeterminación de la mujer en las medidas legislativas necesarias.

H) Considerando que el problema del aborto se diferencia de las cuestiones tratadas en la presente resolución y que nadie puede invocar dichas cuestiones en la discusión sobre el tema del aborto.

En relación con el método:

1. Expresa su intención de estudiar las cuestiones sociales, económicas, ecológicas, sanitarias, éticas y jurídicas que plantean los nuevos avances de la ingeniería genética desde la fase misma de investigación y desarrollo, y de evaluarlas de manera concreta.

   Debiendo incluirse aquí los efectos secundarios (sociales) eventualmente indeseados y no intencionados.

2. Pide a la Comisión de las Comunidades Europeas que haga suyas las valoraciones éticas y jurídicas del Parlamento y presente, en el ámbito de sus competencias, propuestas de actos jurídicos comunitarios.

3. Pide a los Gobiernos y a los Parlamentos de los Estados miembros que tomen las iniciativas pertinentes en sus respectivos ámbitos de competencias y espera de ellos intervenciones paralelas en las organizaciones internacionales de las que son miembros sus Estados.

4. Pide a la Asamblea Parlamentaria del Consejo de Europa y a su Comité de Ministros que emprendan iniciativas similares.

5. Resuelve, con este objeto, tomar la iniciativa de crear una comisión internacional, compuesta de forma pluralista para la valoración ética, social y política de los resultados de la investigación del genoma humano y de su posible aplicación, cuyas tareas serán:

   a) Producir una visión de conjunto de los programas, objetivos y resultados de la investigación relacionada con el estudio del genoma humano y ponerla a disposición de la opinión pública y de los responsables de las decisiones políticas.

   b) Formular opiniones respecto a estos programas de investigación y, cuando éstos cuenten con el apoyo de la Comunidad Europea, seguir su desarrollo y controlar su aplicación.

   c) Fijar los principios del uso de los resultados de los análisis genéticos del ser humano y presentarlos a la discusión pública.

   d) Fomentar y organizar conferencias internacionales y otras formas de intercambio permanente de información y de opiniones sobre este tema con objeto de alcanzar acuerdos a nivel mun-

dial y sentar principios éticos para el uso de los conocimientos que resulten del análisis del genoma humano.

e) Apoyar las decisiones del Parlamento Europeo, de la Comisión y del Consejo en todas las acciones al respecto mediante informaciones, opiniones y una adecuada información y participación de la opinión pública.

f) Dicha comisión estará integrada por diputados del Parlamento Europeo de los Parlamentos nacionales, miembros de las organizaciones que representan en particular a los grupos especialmente afectados (mujeres, trabajadores asalariados, consumidores, minusválidos, empleados en el sector sanitario) así como por expertos.

6. Desea que esta comisión disponga de los fondos necesarios para mantener una secretaría permanente e independiente de otras instituciones, para poder reunirse con regularidad y sobre todo para financiar los necesarios trabajos científicos.

En relación con el marco jurídico:

7. Subraya de nuevo la libertad fundamental de la ciencia y de la investigación.

8. Considera las restricciones a la libertad de la ciencia y de la investigación impuestas en particular por los derechos de terceros y de la sociedad por ellos constituída, como la expresión legal de la responsabilidad social y global de la actividad del investigador y de la investigación.

9. Reconoce como derechos que determinan dichas restricciones, ante todo la dignidad del individuo y la dignidad del conjunto de todos los individuos.

10. Considera como tarea irrenunciable del legislador definir estas restricciones.

11. Considera que la función de los comités de ética y de las organizaciones profesionales de derecho público consiste exclusivamente en concretar las normas establecidas por los legisladores.

En relación con el análisis del genoma en general:

12. Exige como condición indispensable para el empleo de análisis genéticos:

    a) Que éstos, así como el asesoramiento correspondiente, tengan exclusivamente como fin el bienestar de las personas afectadas, que se basen exclusivamente en el principio de la libre decisión y que los resultados de un reconocimiento de los afectados se les comunique por expreso deseo de éstos. Ello significa asimismo que ningún médico tiene el derecho de informar a familiares de las personas afectadas sin el consentimiento de éstas.

    b) Que en ningún caso se utilicen con el fin científicamente dudoso y políticamente inaceptable de lograr una "mejora positiva" del acervo genético de la población, de conseguir una selección negativa de rasgos genéticamente indeseables o de establecer "normas genéticas".

    c) El trazado de un mapa génico sólo podrá ser llevado a cabo por un médico; se deberá prohibir la transmisión, la recopilación, el almacenamiento y la valoración de datos genéticos por parte de organismos estatales o de organizaciones privadas.

    d) Que debido a su peligrosidad, no se elaboren estrategias genéticas con vistas a solucionar problemas sociales, ya que esto destruiría nuestra capacidad para considerar la vida humana como una realidad compleja que jamás podrá comprenderse plenamente mediante un único método científico.

    e) Que los conocimientos obtenidos mediante análisis genético sean absolutamente dignos de crédito y faciliten datos claros acerca de situaciones clínicas precisas y definidas cuyo conocimiento sea de inmediata utilidad sanitaria para los propios interesados.

En relación con el análisis del genoma en trabajadores:

13. Subraya que la selección de trabajadores individualmente propensos a determinados riesgos no pueden constituir en ningún caso una alternativa a la mejora del ambiente del lugar de trabajo.

14. Exige que se prohíba de forma jurídicamente vinculante la selección de los trabajadores según criterios genéticos.
15. Pide que se prohíban en general los análisis genéticos en los reconocimientos médicos sistemáticos.
16. Pide que se prohíban las investigaciones genéticas previas a la contratación de los trabajadores de uno y otro sexo por parte de los empresarios con objetivos de carácter médico-laboral y que sólo se permitan aquellas que éstos decidan libremente, realizadas por un facultativo de uno u otro sexo de su elección, aunque no por un médico de la empresa, y en relación con la salud actual y sus posibles peligros debidos a las condiciones de un determinado lugar de trabajo; que los resultados se comuniquen exclusivamente a los interesados y que su posible difusión sólo se efectúe por parte de los interesados mismos, y que se persiga judicialmente cualquier violación de los límites del derecho de información.
17. Subraya el derecho de los trabajadores de uno y otro sexo afectados a que se les informe minuciosamente sobre los análisis propuestos y sobre el significado de los posibles resultados, a que se les aconseje antes de que se realicen dichos análisis y a negarse a someterse a análisis genéticos en cualquier momento sin tener que declarar el motivo de su negativa y sin que dicha decisión les acarree consecuencias, sean positivas o negativas.
18. Pide que se prohíba la conservación de datos genéticos de los trabajadores de uno y otro sexo y que dichos datos se protejan, mediante medidas especiales, contra el uso indebido por parte de terceros.

En relación con el análisis del genoma para seguros:

19. Hace constar que las compañías de seguros no tienen ningún derecho a exigir que se realicen análisis genéticos antes o después de la firma de un contrato de seguro ni a que se comuniquen los resultados de análisis genéticos ya realizados y que los análisis genéticos no puedan convertirse en condición previa para la firma de un contrato de seguro.

20. Considera que la compañía de seguros no tiene ningún derecho a obtener información sobre los datos genéticos que el asegurado conoce.

En relación con el análisis del genoma y los procedimientos judiciales:

21. Pide que los análisis genéticos en los procedimientos judiciales sólo puedan realizarse con carácter excepcional y exclusivamente por orden judicial y en ámbitos estrechamente delimitados; y que se puedan utilizar únicamente aquellas partes del análisis del genoma que revisten importancia para el caso y que no permiten ningún tipo de deducciones sobre la totalidad de la información hereditaria.

En relación con la terapéutica génica somática:

22. Considera la transferencia génica en células somáticas humanas como una forma de tratamiento básicamente defendible siempre que se informe debidamente al afectado y que se recabe su consentimiento.
23. Considera también como premisa el examen riguroso de los fundamentos científicos para dicha transferencia con el fin de averiguar si se hallan suficientemente desarrollados como para que se pueda responder de un intento de aplicar este tratamiento; que se trata, por tanto, de sopesar el beneficio y el riesgo.
24. Expresa su deseo de que se elabore un catálogo de indicaciones, claro y jurídicamente reglamentado, sobre las posibles enfermedades a las que podrá aplicarse esta forma de terapéutica, catálogo que se revisará periódicamente conforme a los avances de la ciencia médica.
25. Propugna que se reconsideren los conceptos de enfermedad y de tara genética para evitar el peligro de que se definan en términos médicos como enfermedades o taras hereditarias lo que no son sino simples desviaciones de la normalidad genética.
26. Insiste en que la terapia genética se pueda llevar a cabo únicamente en centros reconocidos y por un personal cualificado.

En relación con las intervenciones de la ingeniería genética en la línea germinal humana:

27. Insiste en que deberán prohibirse categóricamente todos los intentos de recomponer arbitrariamente el programa genético de los seres humanos.

28. Exige la penalización de toda transferencia de genes a células germinales humanas.

29. Expresa su deseo de que se defina el estatuto jurídico del embrión humano con objeto de garantizar una protección clara de la identidad genética.

30. Considera asimismo que aun una modificación parcial de la información hereditaria constituye una falsificación de la identidad de la persona que, por tratarse ésta de un bien jurídico personalísimo, resulta irresponsable e injustificable.

En relación con la investigación realizada en embriones

31. Recuerda que el cigoto requiere protección y que, por lo tanto, no puede ser objeto de experimentación de forma arbitraria; opina que una reglamentación de este problema mediante directrices profesionales en el ámbito de la Medicina resulta insuficiente.

32. Pide que se definan con carácter jurídicamente vinculante los posibles campos de aplicación de la investigación, del diagnóstico y de las terapéuticas, particularmente también prenatales, de manera que las intervenciones sobre los embriones humanos vivos o sobre fetos o bien los experimentos sobre éstos estén justificados sólo si presentan una utilidad directa (y que no se puede realizar de otra manera) para beneficio del niño en cuestión y de la madre y si respetan la integridad física y psíquica de la mujer en cuestión.

33. Pide que se lleve a cabo un "screening" en recién nacidos solamente en casos de enfermedades curables y basándose en el principio de la libre decisión y que la no realización de este análisis no vaya emparejada con ningún tipo de inconvenientes.

34. Pide que se prohíba y se sancione penalmente la transmisión de estos datos.
35. Considera que sólo se podrá autorizar la utilización de embriones o de fetos muertos con fines diagnósticos cuando exista un motivo reconocido que lo justifique.
36. Pide la prohibición penal del mantenimiento de la vida, por métodos artificiales, de embriones humanos con el fin de efectuar, en el momento oportuno, extracciones de tejidos o de órganos.
37. Exige que los embriones humanos muertos se utilicen con fines terapéuticos o científicos únicamente de la forma en que se lleva a cabo con cadáveres humanos.

En relación con la utilización de embriones con fines comerciales e industriales:

38. Pide que se persiga penalmente toda utilización de embriones o fetos con fines comerciales e industriales, lo cual se aplica tanto a la producción de embriones fecundados "in vitro" con este fin como a la importación de embriones o fetos de terceros países.

En relación con la crioconservación:

39. Propugna que sólo se crioconserven embriones humanos por un tiempo limitado para la implantación destinada al exclusivo embarazo de la mujer a la que se le hayan extraído óvulos con esta finalidad.
40. Pide que se prohíba bajo sanción el tráfico con embriones crioconservados para fines científicos, industriales o comerciales.

En relación con la clonación:

41. Considera que la prohibición bajo sanción es la única reacción viable a la posibilidad de producir seres humanos mediante clonación, así como con respecto a todos los experimentos que tenga como fin la clonación de seres humanos.

En relación con las quimeras y los híbridos:

42. Pide que se prohíba mediante sanción:

    – La producción de embriones híbridos que contengan información hereditaria de distinto origen, cuando se utilice ADN humano para obtener un conjunto celular capaz de desarrollo.

    – La fecundación de un óvulo humano con semen procedente de animales o la fecundación de un óvulo animal con semen procedente de seres humanos, con el fin de obtener un conjunto celular capaz de desarrollo.

    – La transferencia de los conjuntos celulares o embriones mencionados a una mujer.

    – Todos los experimentos dirigidos a producir quimeras e híbridos a partir de material hereditario humano y animal.

En relación con la investigación y las aplicaciones militares:

43. Hace un llamamiento para que se amplíe a los posibles ámbitos de aplicación de la ingeniería genética la "Convención sobre la prohibición del desarrollo, la producción y el almacenamiento de armas bacteriológicas (biológicas) y toxínicas y sobre su destrucción de 10 de abril de 1972".

44. Pide una prohibición legal de la investigación en armamento de categoría C, suprimiendo con ello la insostenible diferenciación entre investigación ofensiva y defensiva, tal como la contempla todavía el convenio de 1972.

En relación con las cuestiones de seguridad:

45. Expresa su deseo de que se elaboren y entren en vigor directivas detalladas sobre la seguridad en el laboratorio para las instalaciones de investigación genética y para los centros de producción correspondientes que establezcan normas vinculantes:

    – Sobre la manipulación de los microorganismos patógenos y la clasificación de los microorganismos (incluidos aquellos que han sido modificados genéticamente) y gérmenes patógenos de acuerdo con los peligros que puedan derivarse de dicha manipulación y en particular de acuerdo con su capacidad de interacción con otros organismos.

- Sobre las cualificaciones demostrables del personal empleado que le capaciten para tener siempre en cuenta los peligros hasta ahora desconocidos de estas nuevas técnicas y para actuar de la forma correspondiente.

46. Encarga a su Presidente que transmita la presente resolución así como el informe de su comisión al Consejo, a la Comisión, a los Parlamentos y Gobiernos de los Estados miembros de la Comunidad Europea y a la Secretaría general del Consejo de Europa.

BIOÉTICA Y ECOLOGÍA

Hablar de ética ecológica puede parecer, a primera vista, una auténtica paradoja. Si la bioética hasta ahora había tenido características exclusivamente humanas ya que se preocupaba por los problemas relacionados con el trato médico dado al hombre, la nueva moral ecológica asume el cometido de intentar solucionar aquellos problemas relacionados con la vida en general. Es lo que se ha apuntado ya en otros lugares de este libro, el paso de una microbioética centrada sólo en el ser humano (*bioética homocéntrica o antropocéntrica*) a una macrobioética en la que importan los temas ecológicos y las estrechas relaciones que existen en la naturaleza (*bioética biocéntrica*). En realidad, la diferencia entre ambas disciplinas no es tan radical como pudiera pensarse ya que cuando se deteriora el medio ambiente en el que vive el ser humano, se está atentando en realidad contra la propia vida del hombre. De manera que la moral ecológica, al preocuparse por la vida en general y el buen funcionamiento de los ecosistemas, constituye también una buena forma de defender a la humanidad.

Otra cosa muy diferente será cuando mediante tal distinción se pretenda declarar la guerra a la criatura humana. Esto es precisamente lo que defiende el integrismo biocéntrico al reivindicar una especie de ecologismo profundo. Como afirmaba el naturalista norteamericano John Muir, a principios del siglo XX: «*si estallara una guerra entre especies, me pondría de parte de los osos*» (Acot, 1998: 173). La idea fundamental de este ecologismo sería la ruptura con cualquier ética homocéntrica o antropocéntrica. Por ello se considera la naturaleza como el valor supremo, mientras que el ser humano sólo se concibe como una especie parásita, destructora y altamente nociva. El filósofo estadounidense Paul W. Taylor, militante y defensor del ecologismo profundo, declaró en 1981 que la desaparición de la especie humana no sería una catástrofe moral, sino un acontecimiento que el resto de los seres vivos aplaudirían calurosamente. No obstante, una cosa es defender a los animales y otra muy diferente querer acabar para siempre con el ser humano. En ecología las posturas radicales pueden resultar, como se verá, sumamente peligrosas.

La palabra "ecología" procede de dos raíces griegas, *oikos* (casa/hogar) y *logos* (estudio). Su sentido sería por tanto el estudio científico de los elementos que constituyen el hogar de los organismos, así como las relaciones de estos elementos con los propios organismos. El primero en utilizar este término fue el biólogo alemán Ernst H. Haeckel en el año 1869. En su opinión, la ecología sería «*el estudio de las relaciones de un organismo con su ambiente inorgánico u orgánico, en particular el estudio de las relaciones de tipo positivo o "amistoso" y de tipo negativo (enemigos) con las plantas y animales con los que convive*» (Margalef, 1974: 1). Esta intrincada red de relaciones que existen en los seres vivos, entre sí y con el lugar donde habitan, suele tender casi siempre hacia el equilibrio. No obstante, tal armonía puede verse alterada drásticamente cuando intervienen agentes extraños al ecosistema, como pueden ser las catástrofes naturales o la actividad desordenada de la humanidad.

13.1. Origen de la crisis medioambiental

Las relaciones entre el hombre y el entorno natural han venido siendo difíciles ya desde la más remota antigüedad. Ejemplos de ello abundan por todos los rincones del planeta y en las más diversas culturas. Los humanos han tenido que luchar siempre con el mundo natural que les rodeaba para conseguir alimento, energía y vivienda. Desde la destrucción de los grandes mamíferos europeos en tiempos prehistóricos hasta la deforestación de la América del Norte precolombina o de islas como la de Pascua (Rapa Nui), pasando por la desertización de las regiones mongólicas, el ser humano ha venido transformando progresivamente el medio ambiente en beneficio propio. Los grandes desastres ecológicos se han provocado en casi todas las épocas. Es probable que quizás sin esta alteración no hubiera sido posible el progreso o, en todo caso, seguiríamos viviendo con las mismas incomodidades de nuestros antepasados. Sin embargo, también es verdad que en la mayoría de las ocasiones tales alteraciones se han realizado sin planificación previa ni respeto por el medio, en base a la idea equivocada de que los recursos de la naturaleza no se acabarían nunca. Lo dramático y grave de la situación actual es que hoy el hombre posee más poder tecnológico que nunca. Las agresiones de antaño resultan mínimas cuando se comparan con las proporciones de aquellas que se llevan a cabo en la actualidad. Esta tremenda diferencia es la que ha servido para denominar la segunda mitad del siglo XX e inicios del XXI, como la era de la doble crisis, la "crisis ecológica global" y la "crisis de civilización".

> ***«Lo grave de la situación actual es que el hombre posee más poder tecnológico que nunca. Las agresiones de antaño son mínimas comparadas con las de la actualidad.»***

La causa inmediata de ambas crisis es, sin duda, el desordenado progreso técnico y económico que ha venido persiguiendo el mundo occidental. Hoy nadie niega que la actitud del hombre ante la naturaleza ha sido y continúa siendo inadecuada. Algunos autores hablan de "mentalidad ecocida" para referirse al suicidio que puede suponer atentar contra la "nave espacial-Tierra" (Martínez Cortés, 1993: 345) e incluso se ha creado el térmico de "ecopecados" con el fin de resaltar las responsabilidades morales de la crisis ecológica. En este sentido, no resulta una novedad la acusación que se hace a la tradición judeocristiana de ser la principal culpable de la actual crisis ambiental. Para ciertos pensadores, como Linn White, la visión antropocéntrica que sostienen el judaísmo y el cristianismo habría servido para ensalzar al hombre como centro del universo y fin en sí mismo, pero a costa de menospreciar al resto de la naturaleza o considerarla un simple recurso para satisfacer las necesidades humanas. Otros, como J. Passmore, disculpan al judaísmo y responsabilizan a la cultura grecocristiana. Según esta opinión, sería a través del pensamiento griego cómo la teología cristiana llegó a considerar la naturaleza sólo desde el punto de vista utilitario, vaciándola casi por completo de todo valor moral. Tampoco la revolución científica de la época moderna, ni la teoría darwinista de la evolución, la ideología marxista o la tecnología científica del siglo XX, habrían contribuido a cambiar esta concepción aprovechada y egoísta de la naturaleza.

De manera que el despertar de la conciencia ecológica ocurriría durante el último siglo del segundo milenio y se materializaría en acontecimientos puntuales como la publicación de la obra *Los límites del crecimiento* (1972), realizada por el Club de Roma, así como la Conferencia de las Naciones Unidas sobre el Desarrollo y el Medio Ambiente que tuvo lugar en Estocolmo durante el mismo año. En la década siguiente aparecieron las primeras Organizaciones no-Gubernamentales, ONGs, que asumieron el reto de empezar a luchar por el medio ambiente. Entidades como World Wild Life Fund (WWLF), Greenpeace, Federación de Amigos de la Tierra o la Unión Internacional de Conservación de la Naturaleza (UICN). Después se celebró la II Conferencia de las Naciones Unidas sobre Desarrollo y Medio Ambiente, conocida como la Cumbre de la Tierra o de Río de Janeiro (1992), en la que participaron alrededor de treinta mil personas.

13.2. Ecopecados de la humanidad

Los cuatro grandes "pecados" ecológicos que han provocado la actual crisis planetaria y que desde hace años vienen constituyendo un auténtico tópico son: la contaminación de la biosfera, el agotamiento de los recursos naturales, la explosión demográfica y la carrera armamentista. La polución ambiental es quizás el factor que más reacciones despierta en la opinión pública porque afecta a elementos, como el aire y el agua, que son esenciales para la vida. La emisión de gases contaminantes a la atmósfera, sobre todo del dióxido de carbono, CO_2, que se produce en la combustión de los hidrocarburos (carbón, petróleo o gas), está contribuyendo a elevar la temperatura global de la tierra. Si la tendencia actual continúa, el deshielo de los casquetes polares con la consiguiente elevación del nivel medio de los océanos puede hacer desaparecer miles de ciudades e islas en todo el mundo. A este oscuro futuro hay que añadir también las repercusiones de la lluvia ácida*, el agujero de ozono* y la contaminación de las aguas de mares, lagos y ríos.

Hoy se está haciendo muy poco para frenar este aumento de los gases que crean el efecto invernadero* y calientan el planeta. Mientras de forma hipócrita se lamenta el incremento de la contaminación del aire, se fomenta a la vez la producción y venta de vehículos que consumen combustibles fósiles y son la principal causa de dicha polución. El coche es el medio de transporte más caro en costes de contaminación atmosférica, en emisiones de CO_2, en ruido y en accidentes (Kidron & Segal, 1999:134). Sin embargo, esto no impide a los gobiernos continuar promocionando la compra de coches y seguir invirtiendo en carreteras, en vez de fomentar el transporte público. Desde la bioética, el acontecimiento de la contaminación de la biosfera no es sólo una actitud irresponsable hacia la naturaleza, sino también un fuerte agravio comparativo entre los diversos habitantes del mundo. Está claro que todos sufrimos las consecuencias de este deterioro del medio, pero lo cierto es que no todos los países contaminan por igual. El triste récord se lo llevan sin duda las naciones industrializadas. Unos somos más culpables que otros.

El agotamiento de los recursos naturales es una realidad que se pone de manifiesto cada vez que un satélite artificial realiza fotografías de la Tierra desde el espacio. La deforestación se detecta por la progresiva disminución de las manchas verdes de vegetación en tales imágenes, mientras que la desertificación aumenta el color claro de las mismas. En los últimos 35 años han desaparecido más bosques y selvas que en toda la historia de la humanidad. Pero por otro lado, los desiertos del mundo extienden cada año sus fronteras ganando una superficie equivalente a la de Portugal. Actualmente nacen más de cincuenta bebés durante el mismo período de tiempo en que la Tierra pierde una hectárea de terreno cultivable.

Hoy se conoce sólo una pequeña parte de la riqueza biológica del planeta. El número de especies que los biólogos han conseguido inventariar es de 1.750.000, aunque se creen que probablemente existen en la biosfera unos catorce millones, sin contar los cien millones de especies de gusanos nematodos que se piensa que pueden existir. Esta increíble variedad de organismos hace posible el equilibrio en los distintos ecosistemas y permite que la vida en general pueda adaptarse a nuevas condiciones, e incluso superar con éxito las catástrofes y agresiones que sufre, siempre que éstas no superen ciertos límites. Pero la pérdida de esta biodiversidad, es decir, del número de especies animales y vegetales, constituye algo más que un simple empobrecimiento. Es una clara evidencia de cómo se ve amenazada la vida por las acciones imprudentes del llamado progreso. Es difícil determinar con exactitud el número de especies que sucumben cada año bajo las ruedas de las máquinas excavadoras o entre los afilados dientes de las motosierras, no obstante se calcula que entre 40 y 300 especies vivas se extinguen para siempre en el mundo. Tal disminución se hace aún más trágica cuando se intuye que en el ADN de esos organismos perdidos, se esconde probablemente el secreto para curar enfermedades tan virulentas como el cáncer o el SIDA. Así es, por ejemplo, cómo recientemente se ha descubierto una sustancia muy similar a la insulina en un pequeño hongo africano, que es capaz de solucionar el problema de los diabéticos mediante su administración por vía oral. El infame e injusto ecopecado humano que supone el agotamiento de los recursos naturales se refleja sobre todo en un detalle. Mientras los países desarrollados que sólo son la cuarta parte de la humanidad gozan del 82% de estos recursos, los países pobres que completan las tres cuartas partes restantes de la población mundial, disponen sólo del otro 18%. ¿Es éticamente justo impedir el acceso al primer mundo de los inmigrantes que buscan trabajo para sobrevivir?

El problema de la superpoblación ya se trató en el capítulo cuarto de esta obra por lo que nos remitimos a él. Acerca de la carrera armamentista, todo el mundo reconoce los perjuicios que viene causando. Según datos del *World Armaments and Disarmament Yearbook*, con el presupuesto que países como Estados Unidos gastan en armamento cada día sería posible alimentar a medio millón de niños al año. Pero los gobiernos pobres tampoco se quedan atrás. Los países en vías de desarrollo, en vez de invertir más dinero en energía o bienes de consumo básico, duplican constantemente su presupuesto militar. Como escribe Ruiz de la Peña, esta especie de «*fiebre enloquecida de un sábado-noche sin domingo de resurrección*» (Ruiz de la Peña, 1992: 186), que supone el gasto en armas, constituye el mayor pecado ecológico de nuestro mundo contemporáneo.

13.3. Filosofía y crisis medioambiental

Desde las distintas concepciones filosóficas se han señalado hasta cinco puntos de vista históricos diferentes en relación con la naturaleza y el medio ambiente (Gafo, 1994: 358). La idea más antigua de todas es la que dio origen a una *actitud naturalista*. Un punto de vista que deriva de la filosofía griega, pero que a pesar de ello sigue estando presente en algunos movimientos ecologistas de la actualidad. Se trata del pensamiento sobre la bondad de la naturaleza. La creencia de que el mundo natural de hoy es siempre orden y armonía. Tal convicción permite suponer que cualquier alteración provocada por el hombre tendría que ser inevitablemente mala. El extremo más radical de esta postura sería la sacralización de la naturaleza, la creencia de que lo natural estaría siempre por encima del hombre y de la sociedad. Este es el planteamiento que asumen ciertos ecologismos conservacionistas.

Sin embargo, tales ideas resultan demasiado simplistas por lo que han sido muy criticadas y calificadas de "ecologismo ingenuo". Como ha subrayado Francisco Fernández Buey: «*la naturaleza es amoral, carece de toda moralidad, en el sentido de que no hay en ella principios sobre normas, costumbres y comportamientos; por tanto, la naturaleza permanece muda sobre uno de los problemas que más nos preocupa a los hombres, el problema del mal... La ley moral es cosa nuestra, de los humanos. No podemos pedir a la naturaleza reciprocidad moral*». Y algunas páginas después propone un ejemplo práctico tomado de la entomología: «*desde el punto de vista de eso que solemos llamar bondad y armonía el comportamiento de los icneumónidos, especie de avispas cuyas larvas practican el endoparasitismo en orugas de mariposas, pulgones y arañas devorándolas poco a poco, aunque respetando el sistema nervioso y el corazón de sus víctimas para que éstas se mantengan vivas, no es precisamente un ejemplo edificante. Quiero suponer que nadie, entre los humanos, querría volver a esta naturaleza*» (Fernández Buey, 1998: 177, 184). Desde la fe cristiana es evidente también que la naturaleza actual está sujeta a «*la esclavitud de corrupción*» -como dice el apóstol Pablo- y que no salió así, tal como hoy la observamos, de las manos del Creador. Sin embargo, la esperanza del cristianismo es que algún día la creación será liberada de tal esclavitud a «*la libertad gloriosa de los hijos de Dios*» (Ro. 8:21).

El segundo punto de vista, basado en la teoría del conocimiento del filósofo escocés David Hume, es la *actitud emotivista*, la creencia de que los juicios morales dependen de los sentimientos. La suposición de que lo que nos agrada sería bueno, mientras que aquello que provoca en nosotros el rechazo habría que entenderlo como malo. En realidad todo dependería de los sentimientos que se originan en las personas. Pero como los animales también pueden sentir dolor o placer, deberían considerarse como sujetos de predicados morales. No al mismo nivel que las personas sino de manera análoga. En esta teoría se fundamentan los derechos de los animales que defienden hoy muchos grupos ecologistas. En el fondo subyace la idea de que el comportamiento de los animales es moralmente bondadoso y que, por tanto, los humanos deberíamos, salvando las diferencias que haya que salvar, portarnos como lo hacen los animales. Se trata también de un emotivismo ingenuo que, no obstante, abunda en nuestros días.

La *actitud utilitarista* ante la naturaleza se fundamenta, por su parte, en las teorías éticas de ciertos economistas del siglo XVIII como Adam Smith. Según tales concepciones, la bondad o maldad de un acto dependería sólo de su utilidad. Si una determinada acción resulta beneficiosa para el mayor número de seres, sean éstos personas, animales o plantas, entonces se tratará probablemente de algo bueno. No cabe duda de que esta actitud está bastante influenciada por el mismo sentimiento emotivista que predomina en la anterior.

Desde un planteamiento radicalmente diferente la *actitud racionalista* derivada de la filosofía de Kant, se opone a las anteriores al afirmar que únicamente las personas son sujetos éticos. Sólo los hombres y mujeres son capaces de razonar y poseen conciencia de sí mismos, los animales no. Los individuos humanos deben ser considerados, por tanto, como fines en sí mismos, mientras que el resto de los seres vivos pueden ser usados como medios. Esto no constituiría nunca una licencia para tratar cruelmente a los animales sino que la compasión hacia ellos y el resto del mundo natural, demostraría precisamente la superioridad, bondad e inteligencia del ser humano. En esta línea se encuentra el ecologismo proteccionista al considerar que el hombre está en su derecho de usar, de forma adecuada y sin ser destructivo, los recursos de la naturaleza.

Por último, la *actitud ecológica*, la más reciente, se inspira en filosofías del siglo XX como la de Zubiri en la que el concepto de mundo adquiere una gran importancia hasta el extremo de que la ética surgiría de la relación del ser humano con este mundo. El hombre podría manipular o alterar la naturaleza pero siempre y cuando justificara que su acción es legítima y necesaria. El ecologismo de esta actitud sería globalizador o ambientalista y consideraría a la especie humana y a sus actividades culturales, científicas, sociales o económicas como formando parte del proceso evolutivo general de la tierra. Esta actitud condena el actual modelo de desarrollo tecnológico, centrado en los beneficios económicos o en los intereses de ciertos grupos políticos pero no en el propio ser humano, como sería deseable. Algunas iglesias cristianas han suscrito documentos afines a tal planteamiento ecológico.

13.4. ¿Es el cristianismo culpable de la crisis ecológica?

> ***«Muchos científicos y pensadores de Occidente no confían ya en los argumentos del cristianismo y prefieren las visiones de la naturaleza que proporciona la religiosidad oriental.»***

Se ha indicado anteriormente cómo algunos autores responsabilizan a la teología bíblica de los problemas ecológicos que existen actualmente en el mundo. Según tales acusaciones el cristianismo habría adoptado del judaísmo la visión lineal de la historia frente a la idea griega del tiempo cíclico. El pensamiento bíblico acerca de una historia que tuvo un inicio, un punto alfa, y se va desarrollando hasta que sobrevenga el final, el punto omega, habría sido el más adecuado para dar lugar a la creencia en el progreso creciente y sin límites. El cristianismo sería, por tanto, la religión del crecimiento exponencial. La actual tragedia ecológica hundiría sus raíces en esta arrogancia cristiana de suponer el señorío ilimitado del hombre, en base al mandato divino de crecer y dominar la tierra. Tales convicciones religiosas habrían dado lugar a la ética calvinista del rendimiento y a la moral productivista y consumista de nuestro tiempo que sería la principal responsable de la destrucción medioambiental. De ahí que muchos científicos y pensadores de Occidente no confíen ya en los argumentos del cristianismo y prefieran las visiones de la naturaleza que proporciona la religiosidad oriental. En este sentido se afirma que las religiones primitivas tendrían una visión más armónica del ser humano en relación con el ambiente que le rodea. La creencia animista de que cada ser natural -hombre, animal, planta o roca- es poseedor de un alma o fuerza vital, motivaría a los creyentes de tales religiones hacia un mayor respeto por la naturaleza. La llamada "madre tierra" no se entendería como materia inanimada sino como un organismo vivo y sensible, capaz de autorregular sus ciclos. Un ser que respira y tiene influencia sobre los humanos. Estas serían, por ejemplo, las religiosidades propias de muchos pueblos indios repartidos por todo el continente americano. Asimismo para el hinduismo la creencia en la reencarnación y en los diferentes estadios por los que pasan los seres vivientes, fomentaría una actitud de respeto hacia todos los organismos y el medio ambiente en general. Lo mismo ocurriría en el budismo ya que los animales se ven como hermanos del hombre y el no matar a los seres vivos sería una de las mayores virtudes. Por el contrario, el islamismo y las religiones judeocristianas, que toman al pie de la letra el relato bíblico de la creación, colocarían al hombre en un pedestal inadecuado que le haría creerse icono de Dios. Los humanos habrían actuado siempre como tiranos explotadores de la creación porque a ello contribuiría la profunda fosa de separación que el propio texto bíblico sugiere entre el ser humano y el resto de los animales. ¿Qué hay de cierto en todas estas críticas? ¿es en verdad culpable el cristianismo?

No es posible negar que la cultura occidental se ha forjado sobre la superioridad arrogante del hombre en el universo y en base a un dominio abusivo de la naturaleza. No obstante, lo primero que se debería admitir es que muchas de las actitudes que se han venido manteniendo a lo largo de la historia, por personas y comunidades que se llamaban cristianas, no han estado ni mucho menos a la altura de los valores propiamente cristianos, ni tampoco en consonancia con la auténtica enseñanza bíblica sobre la creación. La Biblia no se refiere a este tema sólo en el libro del Génesis, también en los Salmos se habla del origen del mundo. En el Salmo 104, por ejemplo, la creación aparece como reflejo de la bondad del Creador y el creyente puede a través de ella experimentar el amor y la proximidad de Dios. Esta concepción implica que la naturaleza no es únicamente para ser dominada por el hombre, sino que constituye a la vez un don divino capaz de provocar en el ser humano una actitud de respeto, admiración y amor. El creyente que no se maravilla ante la creación de Dios, ni sabe apreciar su poderosa mano detrás de los millones de galaxias o entre los delicados estambres de una flor, es que no ha entendido la Escritura bíblica. Quien destruye o contamina deliberadamente el mundo natural y al mismo tiempo confiesa su fe en Jesucristo, no está siendo coherente con su cristianismo.

Por el contrario, el mensaje del Nuevo Testamento que aparece en muchas parábolas contadas por el Señor Jesús, transmite para quien sabe leer entre líneas una clara actitud de conocimiento, respeto e identificación con la armonía y belleza de los procesos naturales. La semilla de mostaza que crece hasta transformarse en un árbol capaz de cobijar a las aves del cielo; la fermentación silenciosa de la levadura; la belleza de los lirios del campo o el propio Sol que derrama sus poderosos rayos sobre justos e injustos, constituyen ejemplos del prematuro y sano "ecologismo" que empapaba la predicación de Jesucristo. También en las cartas del apóstol Pablo se deja ver esta valoración por el mundo creado. El Hijo de Dios no sólo aparece como la imagen del Dios invisible sino como "el primogénito de toda creación" (Co. 1:15). Si el propio Creador se humaniza y nace en el seno de su creación es porque ésta vale la pena y merece consideración. El centro del universo creado no es ya el hombre Adán sino el Hijo del Hombre, porque en él, por medio de él y para él fueron creadas todas las cosas. De manera que, en la perspectiva cristiana, el dominio humano sobre la naturaleza debe someterse siempre al señorío de Cristo. Esto significa que es prioritario el amor y la deferencia a cualquier manipulación abusiva. En Romanos 8: 19-23 se reconoce que la creación está actualmente "sujetada a vanidad", es decir, subsistiendo en el fracaso, llevando una existencia diferente a aquella para la que fue originalmente formada. Pero, a pesar de esta situación, llegará el momento en que se producirá la liberación definitiva de esta "esclavitud de corrupción".

No parece justo acusar a la Biblia o al mensaje cristiano de haber originado la crisis ecológica, precisamente cuando tanto el Antiguo como el Nuevo Testamento defienden la creación y consideran al Hijo de Dios como su especial primogénito. Es cierto que en determinados ambientes de tradición cristiana no se ha respetado el mensaje bíblico y se ha actuado de manera equivocada, frente a un mundo que se apreciaba como hostil y amenazante, pero la Palabra de Dios no es culpable de los errores que cometen las personas. También los hombres que desconocían el mensaje bíblico han dado muestras de destrucción salvaje del entorno natural. No se puede decir que los pueblos bárbaros europeos, por ejemplo, estuvieran influidos por la doctrina judeocristiana de la creación ya que todavía no habían sido evangelizados y, sin embargo, mantenían como es sabido una lucha abierta y destructiva contra la naturaleza. Por otra parte también conviene reconocer que la industrialización y el desarrollo tecnológico que han provocado la actual crisis ecológica, surgieron

en una época en la que florecía sobre todo el secularismo y la ciencia no estaba precisamente sometida a las iglesias cristianas.

La teología bíblica de la creación no sacraliza la naturaleza como hacen otras religiones de carácter panteísta, pero sí enseña que si somos criaturas debemos respetar el conjunto de la creación porque pertenecemos a ella. Lo contrario sería como arrojar piedras sobre nuestro propio techo. El hombre formado a imagen de Dios no se concibe, desde la Biblia, como un señor despótico y explotador, sino como el intendente, el administrador o tutor del mundo natural. No puede por tanto vivir saqueando la creación y extenuando de forma irreversible los recursos que el Creador le ha confiado. Tiene, por el contrario, el deber de gestionar la tierra con sabiduría y sin avaricia porque, en definitiva, el único soberano de este mundo es y será siempre el Señor. Esto significa que los cristianos debemos asumir la responsabilidad que nos toca para solucionar aquellos problemas ecológicos que estén en nuestras manos. Dios espera precisamente esto de cada uno de sus hijos y la situación actual de la creación lo necesita urgentemente. Tal como escribió San Pablo: «*Porque el anhelo ardiente de la creación es el aguardar la manifestación de los hijos de Dios*» (Ro. 8:19).

13.5. Solución ética al problema ecológico

Nos parece que la explicación de tantos abusos ecológicos no hay que buscarla en la teología de la creación sino en el estilo de vida del hombre. Es menester cambiar esta manera de vivir y empezar a elaborar una ética ecológica sabia y responsable, si se quieren eliminar o al menos disminuir los nocivos resultados de la actividad humana en la biosfera. No creemos que el romanticismo que proponen algunos grupos, de volver a la naturaleza primitiva y prescindir de casi todos los adelantos técnicos, sea la mejor solución a la contaminación ambiental que sufrimos. Hoy sería absurdo pretender renunciar a todas aquellas adquisiciones que la ciencia ha puesto a nuestro alcance. Algunos efectos perjudiciales sí que se podrán paliar o mejorar precisamente mediante nuevos avances tecnológicos, pero intentar volver a vivir como en el siglo XVII sería una auténtica locura. Tampoco la postura fatalista contraria que no acierta a ver soluciones y cae en el pesimismo de aceptar un oscuro futuro que se cree inevitable, puede considerarse como una salida a la crisis ambiental. La filosofía de vivir el momento presente mediante el máximo bienestar posible sin preocuparse por el mañana o por el mundo que van a heredar nuestros hijos, es el acto más egoísta, insolidario e irresponsable en el que hoy se podría caer.

Es necesario, por tanto, ser conscientes de que el problema no se resolverá mediante una mayor tecnología científica, ni tampoco renunciando de forma espartana a ella. En el fondo no se trata tanto de obtener nuevos conocimientos como de tener voluntad de aportar soluciones. El mundo actual necesita voluntad política internacional y también voluntad individual para lograr atajar el problema. Los gobiernos tienen que "querer" asumir respuestas humanas para un asunto tan grave que nos incumbe a todos. Y para ello es menester el ejercicio común de la responsabilidad. Como escribió Hans Jonas: «*El principio de la responsabilidad y la conciencia del peligro deben apartarnos... de la perniciosa ligereza y hacer crecer en nosotros un espíritu de nueva abstención*» (Jonas, 1997: 12). Esta es la solución ética buscada. La abstención de los ricos en favor de los pobres. La única salida es la construcción de la aldea global basada en criterios de igualdad y justicia. La supervivencia pasa necesariamente por la justicia distributiva.

La crisis ecológica nos recuerda que es imposible la buena ciencia si detrás no hay también una buena conciencia y esto sólo es posible cuando se acierta a sustituir el egoísmo por el altruismo. Vivir en paz con la creación implica pacificación de las conciencias; pero la pacificación de las conciencias no es moralmente posible mientras sigan existiendo las enormes diferencias de todo tipo que existen en el mundo. El reciente título del libro de Leonardo Boff, *Ecología: grito de la Tierra, grito de los pobres*, es suficientemente significativo al respecto y viene a poner el dedo en la verdadera llaga del problema. Aunque también es cierto que los seres humanos tenemos responsabilidades no sólo hacia los propios hombres, sino hacia todos los miembros de la comunidad biótica. Para que el hombre no continúe saqueando la naturaleza es necesario crear una atmósfera espiritual responsable de austeridad y fraternidad entre todos los pueblos de la tierra. Hay que desarrollar una conciencia ecológica que se infiltre en todos los códigos éticos del mundo. Desde la bioética

cristiana se formula inevitablemente una cuestión importante, ¿tiene sustento bíblico o apoyo teológico esta nueva forma de conciencia ecológica?

13.6. Teología y conciencia ecológica

La Biblia se refiere en numerosas ocasiones a la preeminencia del hombre sobre el resto de la creación. El salmista, por ejemplo, recuerda que a pesar de la pequeñez e insignificancia humana en el universo, Dios ha querido hacer al hombre «*poco menor que los ángeles*» y ha colocado el resto de los seres vivos «*debajo de sus pies*» (Sal. 8:4-8). La cuestión es determinar si esta concepción bíblica del ser humano como "imagen de Dios" da pie o legitima la situación de explotación irracional del mundo natural. ¿Ampara la Biblia el saqueo abusivo del planeta? ¿qué había en la mente y en el corazón del autor del Génesis cuando escribió: «*Y creó Dios al hombre a su imagen, a imagen de Dios lo creó; varón y hembra los creó*»?

La criatura humana fue diseñada para colaborar con su Creador. El texto bíblico desea comunicar que el hombre y la mujer son representantes o sustitutos de Dios en el gobierno del mundo. Pero este mundo fue creado con un orden y una armonía original tal que continúa todavía reflejando claramente la grandeza de Dios y constituye una revelación de "su eterno poder y deidad" (Ro. 1:20), a pesar de la corrupción del pecado. El hombre no está autorizado para provocar el desorden irrefrenado ni el desequilibrio ecológico. Este es sin duda el mayor ecopecado de la historia, alterar el orden del cosmos creado por Dios. Destruir la estabilidad de los sistemas naturales en base a unos intereses mezquinos y egoístas. La misión humana en el paraíso consistía precisamente en todo lo contrario, "cultivar y guardar" (Gn. 2:15). Fue la conservación y el cuidado de la naturaleza la orden primigenia que Dios dio y que el ser humano tardó bien poco en olvidar. El primitivo destino del hombre habría sido reproducir o perpetuar la actividad creadora de Dios en el mundo. También éste debería ser hoy el auténtico sentido del trabajo, imitar el quehacer divino de los orígenes. Desde tal perspectiva la actividad laboral humana serviría para recordarle al hombre que no es el dueño absoluto de la naturaleza, sino que ésta pertenece a Dios. De manera que la principal tarea de la criatura inteligente debería ser administrar la creación con sabiduría y responsabilidad, como el mayordomo sagaz de la parábola. ¿Por qué no se ha actuado así? ¿a qué se debe esta actitud de abuso y despilfarro? Sólo existe una respuesta, el pecado que anida en el alma del hombre. La rebeldía de darle la espalda al Creador y "creerse como Dios".

Cuando el hombre maltrata la tierra y atropella el orden natural establecido por el Creador, tarde o temprano sobrevienen las consecuencias. Es lo mismo que ocurrió en tiempos del profeta Isaías: «*Y la tierra se contaminó bajo sus moradores; porque traspasaron las leyes, falsearon el derecho, quebrantaron el pacto sempiterno. Por esta causa la maldición consumió la tierra, y sus moradores fueron asolados; por esta causa fueron consumidos los habitantes de la tierra, y disminuyeron los hombres. Se perdió el vino, enfermó la vid, gimieron todos los que eran alegres de corazón*» (Is. 24:5-7). Las consecuencias de la alteración de los planes de Dios conducen inevitablemente a la crisis en todos los ámbitos de la vida. La búsqueda egoísta de mayor productividad y beneficios económicos a corto plazo termina en el despilfarro de los recursos naturales y en la explotación del hombre por el hombre.

«La búsqueda egoísta de mayor productividad y beneficios económicos a corto plazo termina en el despilfarro de los recursos naturales y en la explotación del hombre por el hombre»

Sin embargo, la conciencia ecológica que hunde sus raíces en el Evangelio de Jesucristo para buscar el agua de vida capaz de saciar la sed material y espiritual de un mundo que agoniza, es la única alternativa auténticamente válida que le queda todavía al hombre para restaurar, en la medida de lo posible, el equilibrio de los sistemas naturales y humanos. La propuesta cristiana de fraternidad entre los hombres debe ampliarse hoy a la de comunión con el resto de la naturaleza. Se trata de una comunión ecológica que implica respeto por los ciclos biológicos naturales y sensibilidad hacia una tierra que hemos recibido en heredad. El cristiano debe responsabilizarse en este cometido de prolongar la acción creadora de Dios en el mundo de hoy, ensanchando las fronteras de su concepción fraternal. Quizás sea poco lo que podamos hacer a nivel individual, pero la suma de muchas pequeñas austeridades, abstenciones y ahorros serán como minúsculos granos de arena que repercutirán en la consecución de un mundo menos deteriorado. Es posible también que mediante tal actitud contribuyamos a reducir esa otra crisis, de la que no se suele hablar tanto, la degradación del ambiente espiritual. Aprenderemos a respetar la naturaleza cuando sepamos respetar al Creador de la naturaleza.

Durante el siglo XX se han producido tres revoluciones científicas fundamentales: la del átomo, la del mundo de la electrónica y esta última de la genética. La primera fue importante para responder a las preguntas acerca de qué es y cómo está formada la materia del universo. Sin embargo, después de experimentar sus últimas consecuencias en Hiroshima, Nagasaki y el resto de las miles de centrales nucleares por todo el mundo, parece que el descubrimiento de la energía atómica ha dejado una desagradable resaca en la memoria de la humanidad.

La transformación de la sociedad provocada por la revolución electrónica es tan evidente que casi no es necesario hablar de ello. El mundo se ha empequeñecido convirtiéndose en una auténtica aldea global. La comunicación ha hecho realidad lo que nuestros antepasado no podían ni siquiera imaginar. El planeta azul, mediante innumerables fuegos de artificio, ha conseguido poner en órbitas pequeños satélites fabricados por el hombre que cual mensajeros fieles giran a nuestro alrededor transmitiendo la información a cualquier punto de la Tierra. La informática se ha infiltrado en casi todos los ámbitos de la sociedad desplazando sin piedad a otros tantos inventos mecánicos o eléctricos.

La tercera revolución, la de la ingeniería genética y las técnicas del ADN, no ha hecho más que empezar, pero ya está abriendo todo un universo de posibilidades para el hombre. Seguramente durante el tercer milenio muchos de los misterios que aún encierra la vida serán desvelados y contribuirán a mejorar las condiciones de la existencia humana. No obstante, frente a tal excitante futuro, es como si las antiquísimas palabras del Génesis contribuyeran a oscurecer una parte de este horizonte prometedor. Aquellas frases diabólicas: «*no moriréis; sino que sabe Dios que el día que comáis de él, serán abiertos vuestros ojos, y seréis como Dios...*» (Gn. 3:4-5), continúan resonando en lo más profundo de la conciencia humana. La Biblia prosigue advirtiéndonos de los posibles peligros y de los cantos de sirena del conocimiento en los que el hombre puede caer. La ciencia sin conciencia es capaz de convertirnos, no precisamente en dioses, sino en los peores monstruos del cosmos. De ello tenemos ya elocuentes experiencias históricas. ¿Es correcto que el ser humano controle su propio futuro biológico haciendo uso de la manipulación genética y programándose a sí mismo? ¿no es esto una manera de ser "como dioses"?

Los últimos descubrimientos de la nueva genética plantean cuestiones que rebasan el ámbito de la pura investigación científica para irrumpir de lleno en el de la bioética e incluso en el de la teología. Detrás de esta última revolución se esconde el mundo de la fe y la concepción que cada cual posee de lo que es, en el fondo, el propio hombre. ¿Somos fines o sólo medios? ¿sujetos conscientes o simples monos desnudos? Como veíamos al principio, la respuesta a tales cuestiones condicionará cualquier reflexión ética.

Vivimos actualmente en un mundo ideológicamente plural en el que se aspira a una ética de mínimos que permita la convivencia en paz. Se busca la síntesis de los diferentes puntos de vista con la finalidad de que puedan satisfacer a la amplia mayoría. Las bioéticas laicas expresan la opinión general de las distintas sociedades, aunque no todos los ciudadanos estén siempre de acuerdo en las propuestas que se aceptan. Esto es precisamente lo que ocurre cuando se analizan las conductas humanas a la luz de la Biblia. Las éticas de mínimos no suelen satisfacer a la conciencia cristiana.

Tal situación es la que nos ha llevado a realizar el presente trabajo. El intento de aportar una visión enriquecida por la fe en Jesucristo, como verdadero Hijo de Dios, y por la aceptación de la Escritura como revelación inspirada. Somos conscientes de que la presente propuesta supone una ética de máximos, ¡qué otra posibilidad cabría para una bioética cristiana! Sin embargo, creemos que la ética que se desprende de las páginas de la Biblia no es irrazonable, sino que sus reflexiones nos acercan siempre a la lógica de la misma vida. ¡Quién podría saber más de ese asunto que el propio Creador! Por ello estamos convencidos de que la palabra de Dios sigue y seguirá siendo la mejor solución a todos los conflictos del hombre. Este es por lo menos nuestro deseo, que la luz de la revelación continúe iluminando los senderos del comportamiento humano.

"Lámpara es a mis pies tu palabra, y lumbrera a mi camino"
(Sal. 119:105).

A

Aborto: Interrupción espontánea o intencionada del embarazo antes de que el embrión o feto se haya desarrollado.

Adenina: Una de las cuatro bases nitrogenadas presentes en los nucleótidos del ADN y del ARN.

ADN: Ácido desoxirribonucleico. Molécula que lleva la información genética y está constituida por muchos nucleótidos formados por ácido fosfórico, desoxirribosa y una base nitrogenada.

ADN ligasa: Enzima capaz de unir dos porciones de ADN que están próximas y que, por tanto, juega un papel importante en la reparación del ADN. Se utiliza en ingeniería genética para unir el ADN extraño al del plásmido en el que se pretende incorporar.

ADN recombinante: Molécula que resulta de la unión artificial, mediante ingeniería genética, de segmentos de ADN de procedencia distinta.

Agujero de ozono: La capa de ozono (ozonosfera) constituye un estrato de la atmósfera en el que se concentra la mayor parte del ozono atmosférico. Se da entre los 15 y 50 km sobre la superficie terrestre, y es, en principio, sinónimo de estratosfera. En esta capa se absorbe la mayor parte de la radiación ultravioleta que viene del Sol, lo que determina un aumento local de la temperatura y una protección para los organismos que viven en la Tierra. En la década de los ochenta se observó que la capa de ozono estaba adelgazándose, e incluso desapareciendo, sobre los polos terrestres, lo que se ha denominado el "agujero de la capa de ozono". Se piensa que ha sido causado por una serie de reacciones fotoquímicas relacionadas con los óxidos del nitrógeno procedente de los aviones, y, especialmente, de los clorofluorocarbonos (CFCs) presentes en aerosoles y frigoríficos.

Alelo: Variante de un gen; por ejemplo, para el gen que determina el color de los ojos pueden existir los alelos de color negro, azul, marrón, etc.

Alelo dominante: Alelo que cuando está en heterocigosis con un alelo recesivo manifiesta su fenotipo. Por ejemplo, la altura de la planta de los guisantes está controlada por dos alelos, uno para originar plantas altas (A) y otro para plantas bajas (a). Cuando ambos están presentes (Aa), es decir, cuando la planta es heterocigota, la planta crece alta, ya que el alelo "A" es dominante y enmascara al "a" recesivo.

Alelo recesivo: Alelo que cuando está en heterocigosis con un alelo dominante no manifiesta su fenotipo. El aspecto controlado por un alelo de tipo recesivo sólo se hace aparente en un individuo cuando se presenta en forma doble. En el ejemplo anterior de la planta de los guisantes, una planta baja sería necesariamente (aa).

Algofobia: Miedo al dolor físico.

Alquiler de útero: Sinónimo de "subrogación de útero" y "maternidad de alquiler". Se refiere a la mujer que cede su útero para la gestación de un embrión de otra mujer que le ha sido transferido.

Aminoácido: molécula pequeña que constituye la unidad estructural de las proteínas. En los seres vivos sólo existen 20 aminoácidos distintos que forman todas las proteínas.

Amnios: Envoltura embrionaria más interna llena de líquido y que tiene forma de saco cerrado.

Amniocentesis: Obtención de una muestra de líquido amniótico del útero de la mujer embarazada por medio de una aguja que se introduce a través del vientre de la madre.

Anemia falciforme: Enfermedad hereditaria crónica que se caracteriza por la disminución de los niveles de hemoglobina en la sangre. La hemoglobina es un pigmento verdoso que se encarga de transportar el oxígeno a los tejidos. Este transtorno se debe a una alteración de la hemoglobina que deforma los glóbulos rojos, haciéndoles adoptar forma de "hoz" por lo que son destruidos fácilmente. También se le llama drepanocitosis.

Anencefalia: Ausencia congénita de cerebro, incompatible con la vida.

Aneuploidía: Célula con un cromosoma de más o de menos.

Anidación: Proceso por el que el embrión se une a la pared del útero hacia los seis o siete días después de la fecundación.

Anovulatorio: Anticonceptivo de naturaleza química que impide la ovulación.

Antianidatorios: Dispositivos intrauterinos cuyo fin es evitar la anidación del cigoto.

Anticonceptivos: Medios mecánicos o químicos cuya finalidad es evitar la concepción. Además de los preservativos, el diafragma o la píldora convencional, hoy se está extendiendo cada vez más el uso de la píldora abortiva RU-486.

Anticuerpo: Proteína producida por ciertos linfocitos de la sangre en respuesta a la entrada al organismo de una sustancia extraña (antígeno) para neutralizarla. La unión antígeno-anticuerpo es muy específica.

Antígeno: Cualquier sustancia que el organismo pueda reconocer como extraña y, por tanto, desencadenar una respuesta inmunitaria. Los antígenos pueden ser introducidos en el cuerpo o formarse dentro de él. Generalmente se trata de proteínas.

Antiparalelo: Dícese de las dos cadenas nucleotídicas paralelas del ADN en las que ambas presentan la misma dirección, pero sentidos opuestos.

Antropología: Ciencia que estudia al ser humano en sus aspectos físicos, sociales y culturales. // ETIMOL. Del griego *antropo-* (hombre) y *-logía* (ciencia).

ARN: Acido ribonucleico. Compuesto orgánico complejo de las células vivas relacionado con la síntesis de proteínas. La mayor parte del ARN se sintetiza en el núcleo, desde donde se distribuye a varias partes del citoplasma. Está formado por una larga cadena de nucleótidos en los que el azúcar es la ribosa y las bases son la adenina, guanina, citosina y uracilo. El ARN mensajero (ARNm) es responsable de trasladar el código genético transcrito desde el ADN a los centros de la célula especializados en las formación de proteínas (ribosomas). El ARN ribosómico (ARNr) se encuentra en los ribosomas y está formado por una hebra simple doblada sobre sí misma. El ARN de transferencia (ARNt) está relacionado con el ensamblaje de los aminoácidos para formar la proteína.

Artritis: Inflamación de una o más articulaciones.

Aspermia: Ausencia notable de espermatozoides en el semen.

Astenospermia: Poca movilidad de los espermatozoides.

Azoospermia: Carencia total de espermatozoides en el líquido seminal.

B

Bacteria: Organismo celular microscópico que carece de núcleo diferenciado y que puede multiplicarse por bipartición, división simple o por esporas. Algunas son agentes de determinadas enfermedades infecciosas. // ETIMOL. Del griego *bakteria*, (bastón).

Bacteriófago o fago: Virus parásito de una bacteria. Cada fago es específico de un único tipo de bacteria.

Base nitrogenada: Molécula que forma parte de un nucleótido. En el ADN existen las cuatro siguientes: adenina (A), timina (T), citosina (C) y guanina (G), mientras que en el ARN la timina se sustituye por el uracilo (U). Las bases nitrogenadas dan especificidad a los distintos nucleótidos.

Biodiversidad: Variedad de especies vegetales y animales de la biosfera, así como de los genes que los constituyen y los ecosistemas con los que se relacionan.

Bioética: Ética de la vida. Parte de la filosofía moral o de la ética que estudia la licitud o ilicitud moral de las intervenciones sobre la vida de las personas, aplicando las técnicas biomédicas más avanzadas.

Biología molecular: Parte de la biología que estudia las moléculas que constituyen a los seres vivos.

Biopiratas: Personas vinculadas a empresas químicas o laboratorios que se dedican mediante engaño o extorsión a obtener genes o productos farmacéuticos para uso agrícola o humano con el fin de patentarlos y explotarlos comercialmente. Más de 800 grupos y comunidades indígenas han elaborado una Declaración sobre los Derechos de Propiedad Intelectual y Cultural de los Pueblos Indígenas solicitando una moratoria internacional que impida la comercialización de plantas y genes humanos.

Biopsia embrional: Técnica para estudiar los cromosomas de los embriones fecundados "in vitro" y conocer el sexo de los mismos.

Biotecnología: Uso de organismos o parte de organismos para producir, modificar o mejorar plantas o animales y desarrollar organismos con fines diversos mediante ingeniería genética o ADN recombinante.

Blastocele o **blastocelo:** Cavidad de la segunda fase del desarrollo de un embrión. ETIMOL. Del griego *blastós* (germen) y *kôilos* (hueco).

Blastocito: Nombre que recibe el embrión desde el séptimo día desde la fecundación hasta el decimocuarto.

Blastodermo: Masa de células que procede de la segmentación del óvulo fecundado y que da lugar a la blástula o segunda fase del desarrollo del embrión. ETIMOL. Del griego *blastós* (germen) y *dérmos* (piel).

Blastómero: Cada una de las células que componen la blástula o segunda fase del desarrollo de un embrión.

Blástula o blastocisto: Fase del desarrollo de un embrión en la que se forma una esfera constituida por una sola capa de células indiferenciadas y que corresponde a la etapa anterior a la implantación. También se denomina blastocito.

C

Cánula: Tubo pequeño usado en medicina que se coloca en una abertura del cuerpo para evacuar o introducir líquidos.

Cápsida: Capa proteica que recubre a un virus, también llamada cápside, y que está formada por unidades denominadas capsómeros.

Cariotipo: Conjunto de las características morfológicas externas -forma, tamaño y número- de los cromosomas que existen en una célula.

Catéter: Sonda o tubo delgado y largo usado en medicina, que se introduce por cualquier conducto del cuerpo para explorar o dilatar un órgano o para servir de guía a otros instrumentos.

Cavidad amniótica: Saco lleno de líquido que envuelve al embrión y le proporciona un medio de protección frente a la presión de los órganos maternos.

Célula: Unidad fundamental de los seres vivos, dotada de cierta individualidad funcional y generalmente visible sólo al microscopio. ETIMOL. Del latín *cellula* (celdita).

Célula germinal: Aquella, con dotación cromosómica haploide (n), destinada para la fecundación y procreación de los organismos; gameto.

Célula somática: Célula, con dotación cromosómica diploide (2n), que constituye la mayoría de los tejidos y órganos de los seres vivos. No está destinada a la reproducción.

Célula totipotencial: Célula embrionaria que tiene la capacidad de originar un organismo completo mediante divisiones celulares sucesivas.

Centrifugación: Sometimiento de una sustancia a una fuerza centrífuga para conseguir la separación de componentes que están unidos o mezclados.

Centríolo: Orgánulo intracelular tubular, doble, que durante la mitosis emigra a los polos de la célula y rige la formación del huso acromático.

Cérvix: Cuello, especialmente el uterino.

Cesárea: Intervención quirúrgica que consiste en extraer al feto a través de una incisión practicada en las paredes del abdomen y del útero, que se realiza cuando el parto por vía vaginal es peligroso o imposible a causa de algún transtorno o cuando conviene extraer rápidamente al feto.

Cigoto: Célula huevo que procede de la unión de un gameto masculino, o espermatozoide, con otro femenino, u óvulo, en la reproducción sexual. // ETIMOL. Del griego *zygóo* (yo uno).

Citocromo: Grupo de proteínas que poseen todas un átomo de hierro en el grupo hemo y que forman parte de la cadena transportadora de electrones, de las mitocondrias y cloroplastos. Los electrones son transferidos por cambios reversibles en el átomo de hierro entre la forma reducida y la oxidada.

Citoplasma: Parte de la célula que rodea al núcleo y que está limitada por la membrana celular. ETIMOL. Del griego *kytos* (célula) y *plasma* (forma).

Citosina: Una de las cuatro bases nitrogenadas presentes en los nucleótidos del ADN y el ARN.

Clina: Cambio gradual de una característica o de la frecuencia de un gen, siguiendo una determinada dirección u orientación geográfica o ambiental.

Clonación: Método para la obtención de descendientes genéticamente idénticos al organismo del que proceden. Consiste en introducir en un óvulo desnucleado el núcleo de otra célula somática con la intención de obtener una nueva célula que dé lugar al embrión.

Clones: Descendientes hereditariamente idénticos obtenidos mediante reproducción no sexual.

Código genético: Sistema que permite traducir la información genética contenida en el ADN para la obtención de proteínas específicas.

Comités de ética: Instituciones de carácter consultivo que pueden agrupar a médicos, biólogos, personal sanitario, juristas, filósofos, teólogos, etc. y que sirven para hacer recomendaciones o elaborar proyectos susceptibles de ser utilizados en la redacción de leyes.

Conducto deferente: Conducto excretor del testículo que va desde el epidídimo hasta el conducto eyaculador.

Conjugación: Forma de reproducción sexual que se observa en algunas algas, bacterias y protozoos ciliados. En estos casos se unen dos individuos mediante un tubo. El material genético de una de las células pasa a través del tubo a la otra.

Consanguinidad: Unión por parentesco natural de personas que descienden de antepasados comunes.

Cordón umbilical: Conjunto de vasos que unen la placenta de la madre con el vientre del feto.

Corion: Envoltura más externa del embrión que recubre a todas las demás y que colabora en la formación de la placenta. ETIMOL. Del griego *khórion* (piel, cuero).

Corpúsculo polar: Célula que se origina durante la división celular (meiosis) que da lugar a la formación de los gametos femeninos (óvulos).

Crioconservación, criopreservación o congelación: Conservación de gametos o embriones durante largos períodos de tiempo, sometidos a muy bajas temperaturas, con la finalidad de utilizarlos posteriormente para la procreación artificial o en investigación.

Cromatina: Sustancia que contiene material genético y proteínas básicas, y que se encuentra en el núcleo de las células.

Cromosoma: Cada uno de los filamentos de material hereditario que forman parte del núcleo celular y que tienen como función conservar, transmitir y expresar la información genética que contienen. ETIMOL. Del griego *khrôma* (color) y *sôma* (cuerpo).

Cromosoma sexual o heterocromosoma: Es el que decide genéticamente el sexo de la persona. En la mujer hay dos cromosomas sexuales iguales, representados por la fórmula XX, mientras que en el hombre existen dos cromosomas desiguales, XY.

Cuerpo lúteo: Órgano temporal de secreción de progesterona que se forma en el interior del folículo de Graaf del ovario después de la ovulación.

Cuerpo polar: Pequeña célula producida durante el desarrollo del ovocito que contiene uno de los núcleos derivados de la primera o segunda división meiótica, pero que carece prácticamente de citoplasma; polocito.

Chequeo genético: Método de estudio de los cromosomas de una persona que se realiza habitualmente con el fin de ofrecer un consejo genético prematrimonial.

Decidualización: Preparación del útero para la recepción del embrión.

Deontología: Estudio de los deberes y de los principios éticos, especialmente de aquellos que rigen el ejercicio de una profesión, como por ejemplo de la medicina. // ETIMOL. Del griego *déon* (el deber) y -*logía* (ciencia, estudio).

Desespiralización: Proceso de separación de las dos hebras constituyentes de la doble hélice del ADN.

Desoxirribosa: Azúcar de cinco carbonos (pentosa) derivado de la ribosa, que es un componente de los nucleótidos (desoxirribonucleótidos) que forman el bloque estructural de la molécula de ADN.

Diabetes: Enfermedad crónica debida a un déficit en la secreción pancreática de insulina o un defecto de la acción de esta hormona sobre los tejidos orgánicos, lo cual origina una serie de trastornos del metabolismo de los glúcidos, lípidos y proteínas que se manifiesta por un aumento de los niveles de glucosa en sangre.

Diagnóstico preconcepcional: Diagnóstico que se lleva a cabo antes de la unión del óvulo y el espermatozoide en una fecundación "in vitro". Se realiza sobre el primer corpúsculo polar producido durante la primera división meiótica femenina.

Diagnóstico preimplantatorio: Diagnóstico realizado sobre el embrión antes de su transferencia al útero durante una fecundación "in vitro".

Diagnóstico prenatal: Conjunto de técnicas (como la amniocentesis o biopsia de corion) para detectar en el embrión posibles anomalías cromosómicas o situaciones patológicas que sean susceptibles de curación génica.

Diferenciación celular: Proceso mediante el cual las células se especializan de forma permanente para dar lugar a los distintos tejidos.

Diploide: Véase "haploide".

Discriminación genética: Exclusión de la posibilidad de ocupar un puesto de trabajo o de beneficiarse de las ventajas de una póliza médica por razones genéticas. En el Congreso americano han sido ya presentados proyectos para prohibir la discriminación por motivos genéticos a la hora de suscribir seguros de vida.

Dispareunia: Aparición de una sensación dolorosa en el área genital al efectuar el coito que impide su completa y satisfactoria realización.

Dispositivo intrauterino (DIU): Artefacto que se coloca en el interior del útero para impedir la anidación del óvulo fecundado en el endometrio. Su efecto es siempre abortivo.

Distrofia muscular de Duchenne: Gravísima enfermedad hereditaria ligada al sexo que se manifiesta en los varones, ocasionándoles la muerte en general antes de los 20 años. Se caracteriza por una alteración de las fibras musculares de diversos músculos que genera pérdida de fuerza y atrofia muscular.

Dominante: Término que se aplica a un determinado alelo o gen (Ver "alelo dominante")

Donación de órganos: Cesión gratuita de órganos. La ley española requiere que el donante vivo sea mayor de edad, lo decida libremente y lo haga con la finalidad de mejorar las condiciones de vida del receptor. Se autoriza la extracción de órganos de las personas fallecidas, siempre que éstas no hayan dejado constancia expresa de su oposición.

E

Ecografía: Obtención de imágenes visuales del interior del cuerpo mediante ultrasonidos.

Ectodermo: Capa celular externa del embrión que origina, entre otras cosas, el sistema nervioso y a la epidermis.

Ectogénesis: Posibilidad de desarrollar embriones humanos fuera del útero materno en placentas artificiales o animales.

Efecto invernadero: Situación que se produce en la atmósfera por la presencia en ella de ciertos gases (gases de invernadero) que absorben la radiación infrarroja. La luz y la radiación ultravioleta del Sol penetran la atmósfera y calientan la superficie de la Tierra Esta energía es rerradiada en forma de radiación infrarroja, la cual, debido a su gran longitud de onda, es absorbida por sustancias como el dióxido de carbono. El resultado de esta absorción es un incremento de la temperatura en la Tierra y su atmósfera, lo que se llama calentamiento global. El efecto invernadero se considera un serio problema medioambiental capaz de provocar modificaciones climáticas que repercutirían en la producción agrícola y en el deshielo de los polos. Los principales gases de invernadero son el dióxido de carbono, los óxidos de nitrógeno, el metano, el ozono y los clorofluorocarbonos.

Electroencefalograma (EEG): Imagen gráfica del cerebro que se obtiene eléctricamente y registra la actividad cerebral. Se considera decisivo para determinar la "muerte clínica".

Electroforesis: Método de separación de una mezcla de partículas con carga eléctrica en disolución, basado en sus diferentes velocidades de migración al ser sometida la disolución a la acción de un campo eléctrico.

Embarazo ectópico o extrauterino: Es el que se origina cuando el óvulo fecundado no se fija en el útero sino en cualquier otro lugar. Generalmente tal fijación ocurre a nivel de las trompas y su evolución se interrumpe provocando accidentes hemorrágicos que pueden ser graves y requieren la intervención de urgencia. Ciertos embarazos abdominales puede llegar a término, aunque conllevan graves dificultades.

Embrión: Primera fase del desarrollo del huevo o cigoto. En los mamíferos al embrión se le llama "feto" cuando tiene ya las características de su especie. En el hombre, después de tres meses de gestación.

Embrión humano a la carta: Gracias a las técnicas de reproducción asistida, en la actualidad es posible ya seleccionar algunos rasgos del futuro hijo, como el sexo. En Estados Unidos es posible comprar embriones con determinados caracteres.

Endodermo: Capa celular interna del embrión que origina, entre otras cosas, el tubo digestivo.

Endometrio: Membrana mucosa glandular que reviste interiormente al útero. Durante la madurez sexual experimenta fases de proliferación y destrucción.

Enfermedad de Alzheimer: Trastorno neurológico degenerativo, progresivo e irreversible que se presenta a partir de los cincuenta años y provoca un estado demencial. También se llama demencia presenil.

Enfermedad de Duchénne: Miopatía distrófica de origen hereditario que se presenta hacia los cinco años y afecta a los músculos de las caderas y la espalda.

Enfermedad de Lesch-Nyhan: Se debe a un déficit en el mecanismo regulador de la formación del ácido úrico. Se produce un deterioro mental grave que provoca un mecanismo automutilador, con graves mordeduras en labios, lengua y dedos.

Enfermedad de Parkinson: Trastorno crónico del sistema nervioso central provocado por una alteración de los núcleos grises de la base del cerebro, de origen desconocido, y que origina un descontrol en los movimientos musculares automáticos que se efectúan de forma inconsciente.

Enfermedad de Peyronie: Transtorno caracterizado por la formación de una placa fibrosa dura, en los cuerpos cavernosos del pene, que origina durante la erección una angulación que dificulta o hace imposible el coito.

Enfermedad de Tay-Sachs: Es causada por un gen autosómico recesivo. Los niños que la padecen nacen ciegos y a los cuatro o seis meses se les detecta una detención y después una regresión en el desarrollo motor y mental. La muerte se produce entre el primer y el tercer año de vida.

Enucleado: Sin núcleo.

Enzima: Proteína que actúa como un catalizador en una reacción bioquímica. Cada enzima es específico para una reacción o para un grupo de reacciones relacionadas.

Epidídimo: Cuerpo de forma semilunar situado en la parte superior del testículo, formado por el conjunto de conductos seminíferos enrollados y que se continúa con el conducto deferente; contribuye al almacenamiento y maduración de los espermatozoides.

Epistasis: Modificación del fenotipo de un gen debida a la interacción con otro gen distinto.

Epitelio: Capa continua de células que recubre las superficies internas y externas de los órganos.

Epitelio cístico: Primer epitelio que aparece en el embrión.

Esclerosis múltiple: Enfermedad que destruye las vainas de mielina que rodean a los axones de las neuronas, originando placas y numerosas lesiones por todo el sistema nervioso central. Sus síntomas pueden ser: pérdida de fuerza, alteraciones de la sensibilidad, de los sentidos y de la coordinación de movimientos.

Esterilidad: Incapacidad de fecundar en el macho y de concebir en la hembra.

Estricnina: Alcaloide cristalino venenoso que se encuentra en ciertas plantas.

Especie: Conjunto de individuos con capacidad para reproducirse entre sí y tener descendientes fértiles. Hasta la fecha se desconocen casos de cruzamiento entre el hombre y otras especies.

Esperma: Líquido que contiene los espermatozoides que se producen en el aparato genital masculino; semen. ETIMOL. Del latín *sperma*, y éste del griego *spérma* (simiente, semilla).

Espermátida: Célula que procede de un espermatocito y que da origen a los espermatozoides.

Espermatocito: Célula que procede de una espermatogonia y que da origen a las espermátidas.

Espermatogénesis: Formación de los espermatozoides a partir de las espermatogonias en los testículos.

Espermatogonia: Célula germinal masculina que, tras una serie de divisiones, origina los espermatocitos que, a su vez, originarán espermatozoides.

Espermatozoide: Célula sexual masculina que se forma en los testículos. ETIMOL. Del griego *spérma* (semilla), *zôion* (animal) y *-oide* (semejanza).

Espermicida: Sustancia capaz de destruir los espermatozoides.

Espina bífida: Anomalía congénita del desarrollo embrionario de la columna vertebral caracterizada por un cierre defectuoso del conducto vertebral que, a veces, se acompaña de anomalías en la médula espinal y las raíces nerviosas que pueden causar alteraciones neurológicas, como parálisis musculares o trastornos de la sensibilidad.

Esquizofrenia: Enfermedad mental del grupo de las psicosis, caracterizada por un grave trastorno de la personalidad, alteraciones en las funciones del pensamiento, delirios, alteraciones en la percepción y en la afectividad, con marcada desconexión del mundo exterior.

Estrógenos: Hormonas sexuales femeninas producidas por los folículos de Graaf del ovario. Actúan en el desarrollo del aparato genital y de los caracteres sexuales secundarios.

Etología: Ciencia que estudia el comportamiento y las costumbres de los animales, y sus relaciones con el medio ambiente.

Eufenesia: Disciplina que trata de cambiar la expresión de los genes manipulando el ambiente en vez del genotipo.

Eugenesia: Aplicación de las leyes de la herencia a la mejora biológica de la especie humana.

Eugenismo: Actitud racista que pretende favorecer la procreación de individuos presuntamente perfectos, a partir de la manipulación de su patrimonio genético.

Euploidía: Célula con más de dos juegos completos de cromosomas.

Exones: Secuencias de ADN específicas de genes que codifican las proteínas.

Expresividad: Grado de intensidad con que se expresa un genotipo determinado.

Fecundación: Fusión natural o artificial de los gametos masculino y femenino.

Fecundación "in vitro" (FIV): Método de fecundación asistida en el que un óvulo y un espermatozoide son unidos en un tubo de ensayo y el embrión resultante es posteriormente implantado en el útero de una mujer para dar comienzo a un embarazo.

Fenilcetonuria: Alteración genética que se caracteriza por un error en la producción de la enzima fenilalanina hidroxilasa, lo cual impide el aprovechamiento del aminoácido fenilalanina que se acumula en la sangre. Esto provoca trastornos en el desarrollo del sistema nervioso, de manera que si no se toman las medidas adecuadas, el paciente presentará un grave retraso mental.

Fenotipo: Aspecto externo que presenta un individuo y que constituye la manifestación visible, en un determinado ambiente, de su genotipo.

Fertilidad: Capacidad reproductiva que posee una persona. Supone la producción suficiente de gametos normales.

Feto: Nombre que recibe el embrión a partir del tercer mes de embarazo. Véase "embrión".

Fibrosis quística: Es una enfermedad grave del páncreas, llamada también mucoviscidosis, originada por una alteración genética hereditaria que provoca secreciones excesivamente viscosas en las glándulas exocrinas. Tales secreciones forman quistes en el páncreas, aparato digestivo, respiratorio y en las glándulas sudoríparas. En la mayoría de los casos se produce la muerte antes de los 25 años de edad.

Fisión gemelar: División del embrión en los primeros días de su desarrollo que originará los gemelos monocigóticos. Se produce de manera natural o puede ser también artificialmente inducida.

Folículo de Graaf: Vesícula esférica del ovario que contiene un oocito en desarrollo y líquido folicular.

Fórnix: Término general que designa estructuras anatómicas o espacios en forma de arco.

Galactosemia: Anomalía genética hereditaria caracterizada por un fallo en la producción de la enzima galactosa-1-fosfaturidiltransferasa. Se manifiesta después del parto cuando el bebé ingiere alimentos que contienen galactosa, produciéndose alteraciones gastrointestinales diversas. El tratamiento preventivo consiste en una dieta restrictiva en galactosa, que se debe mantener hasta los seis meses.

Gameto: Célula sexual masculina o femenina de un ser vivo. Espermatozoide en el hombre y óvulo en la mujer.

Gástrula: Fase del embrión que sucede a la blástula y en la que se esbozan las hojas o capas embrionarias.

Gemelos dicigóticos: Gemelos no idénticos genéticamente, originados por la fecundación de dos óvulos con dos espermatozoides distintos.

Gemelos monocigóticos: Individuos genéticamente idénticos que proceden de la división natural de un mismo y único óvulo fecundado.

Gen: Fragmento de ácido desoxirribonucleico (ADN) que constituye la más pequeña unidad funcional de un cromosoma.

Gen deletéreo: El que altera el normal desarrollo del individuo o de su capacidad reproductiva pero no produce la muerte.

Gen egoísta: Teoría formulada por E.O.Wilson en 1975 que fue desarrollada posteriormente como escuela sociobiológica. Su extremo reduccionismo propone que los genes son las únicas entidades que tienen existencia real. Los individuos sólo serían las estrategias que poseen los genes para transmitirse y perpetuarse.

Genética: Ciencia que estudia los mecanismos de la herencia de los caracteres biológicos.

Genoma: Información genética que posee el núcleo celular en la secuencia de su ácido desoxirribonucleico (ADN). El genoma del ser humano consta aproximadamente de unos 100.000 genes.

Genoma mitocondrial: Conjunto de material genético (ADN) presente en las mitocondrias del citoplasma celular que contribuye a la fabricación de las proteínas mitocondriales.

Genotipo: Conjunto de genes distintos que posee un individuo en los núcleos de sus células.

Gestación: Proceso intrauterino de desarrollo del embrión que suele durar nueve meses en la especie humana.

Gónada: Órgano reproductor en el que se originan los gametos. Testículo en el varón y ovario en la hembra.

Gonadotropina: Hormona femenina que regula la actividad de los ovarios y del ciclo menstrual.

Guanina: Una de las cuatro bases nitrogenadas presentes en los nucleótidos.

Haploide: Se refiere a la célula o al organismo (conjunto de células) que tienen una dotación simple de cromosomas. En el ser humano esta dotación es de 23 cromosomas y corresponde sólo a las células sexuales. Por tanto, el número diploide sería de 46 cromosomas y correspondería al resto de las células no sexuales o somáticas.

Hemofilia: Trastorno en la coagulación de la sangre debido a una alteración genética hereditaria que se manifiesta por la persistencia de las hemorragias.

Hemoglobina: Proteína transportadora del oxígeno que se encuentra en los glóbulos rojos (eritrocitos) de la sangre. Está formada por dos pares de cadenas polipeptídicas, dos alfa y dos beta, unidas cada una a un grupo hemo central. Cuando se une con el oxígeno forma la oxihemoglobina que transporta el gas vital desde los pulmones al resto de las células corporales, mientras que cuando lo hace con el dióxido de carbono, constituye la carboxihemoglobina y realiza el camino inverso.

Herencia poligénica: Forma de herencia en la que en un carácter determinado intervienen un cierto número de genes. Normalmente afecta a caracteres que presentan variación continua, como la estatura.

Hermafrodita: Individuo que lleva tejidos gonadales masculinos y femeninos más o menos desarrollados.

Heterocigoto: Genotipo formado por dos alelos distintos.

Híbrido/a: Individuo, raza o variedad que resulta de combinar genes de distintas especies. Mediante la manipulación genética se ha conseguido que la creación de híbridos prolifere en agricultura y ganadería.

Hidrocefalia: Acumulación excesiva y persistente de líquido cefalorraquídeo en las cavidades ventriculares encefálicas, lo que produce un incremento de la presión dentro del cráneo y una compresión de las estructuras encefálicas capaz de originar diversas alteraciones neurológicas.

Hipospadias: Malformación congénita que se caracteriza por la localización anómala del meato uretral u orificio de la orina, que en vez de encontrarse en el extremo del glande se halla en la cara inferior del pene.

Hipotiroidismo: Conjunto de alteraciones orgánicas que provocan una producción insuficiente de hormonas tiroideas. Cuando se presenta antes del nacimiento afecta a la maduración del sistema nervioso, origina retraso mental y defectos en el crecimiento.

Homocigoto: Genotipo formado por dos alelos iguales.

Hormona del crecimiento: Hormona secretada por la hipófisis que estimula la síntesis proteica y el crecimiento de los huesos de las extremidades. Se denomina también somatotropina o GH (Growth Hormone). Su producción excesiva determina el gigantismo, mientras que su deficiencia provoca el enanismo.

Humanismo: Movimiento cultural que se desarrolló en Europa entre los siglos XIV y XVI, caracterizado por su consideración del hombre como centro de todas las cosas y por su defensa de una cultura apoyada en el conocimiento de los modelos grecolatinos. // Formación intelectual que se obtiene a partir del estudio de las humanidades y que potencia el desarrollo de las cualidades esenciales del hombre.

I

Individualidad: Propiedad por la que algo es conocido como tal y puede ser distinguido.

Individualismo: Tendencia a anteponer el propio interés al de los demás y a pensar o actuar al margen de ellos.

Ingeniería genética: Conjunto de técnicas que permiten añadir fragmentos de ADN, o genes determinados, a otras moléculas de ADN para que, actuando como vectores, los introduzcan en bacterias para su posible repetición y expresión.

Inseminación: Depositar espermatozoides cerca del óvulo. Puede ser natural, mediante el coito o artificial

Inseminación artificial (IA): Introducción de semen del marido (IAC) o de donante (IAD) en la vagina o en el útero de la mujer por medios técnicos diferentes al coito.

Inseminación heteróloga: La que se realiza con semen de otra especie. Se suele utilizar también impropiamente para referirse a la IA con semen de donante.

Inseminación homóloga: La que se realiza con semen de la misma especie. Impropiamente se utiliza para referirse a la IA conyugal.

Inseminación intraperitoneal: Introducción de semen en el pliegue peritoneal de Douglas, o parte superior del útero, en casos de oligospermia y cuando la secreción cervical del útero impide el paso de los espermatozoides.

Inseminación post-mortem: Inseminación artificial realizada con semen del difunto marido.

Insulina: Hormona proteica secretada por células del páncreas, que promueve la utilización de glucosa por parte de las células del organismo, especialmente las del músculo e hígado, y controla, por tanto, su concentración en la sangre. La baja producción de insulina provoca la acumulación de glucosa en sangre (hiperglucemia) y en la orina (glucosuria). Esta situación, conocida como *diabetes mellitus*, puede ser tratada adecuadamente con inyecciones de insulina.

Interfase: Intervalo entre las fases de la división del núcleo de una célula.

Interferón: Cualquiera de las varias proteínas que aumentan la resistencia de las células al ataque de los virus, al desenmascarar genes que sintetizan proteínas antivirales. Existen varios grupos de interferones, uno de ellos está producido por los linfocitos supresores, que atacan a células tisulares alteradas, como son las células cancerosas. Los interferones pueden ser de gran ayuda en el tratamiento de enfermedades virales y en el cáncer, y actualmente se intenta producirlos en grandes cantidades, mediante clonación genética sobre bacterias.

L

Laparoscopia: Exploración directa de la cavidad abdominal, mediante la introducción de un instrumento óptico, llamado laparoscopio, a través de una pequeña incisión en la pared anterior del abdomen.

Lavado de embriones: Procedimiento para extraer embriones del útero con fines diversos. Se lava el útero para arrastrar a cualquier embrión que todavía no haya anidado en el endometrio.

Levadura: Hongo unicelular del filo Ascomicetos que puede reproducirse sexual o asexualmente. Algunas levaduras producen fermentaciones y se utilizan en la industria del pan y el alcohol.

Línea primitiva: Engrosamiento longitudinal del embrión durante la gastrulación producido por acumulación del mesodermo a medida que este material se traslada de su posición superficial original al interior del embrión.

Linfocito: Tipo de célula sanguínea llamada también glóbulo blanco o leucocito que posee un núcleo grande y poco citoplasma. Se forman en los ganglios linfáticos y constituyen alrededor del 25% de los leucocitos. Son importantes en la defensa inmunológica del organismo. Hay dos poblaciones de linfocitos: los linfocitos B que producen anticuerpos circulares y son responsables de la inmunidad humoral y los linfocitos T, responsables de la inmunidad celular.

Liposoma: Esfera microscópica realizada artificialmente en el laboratorio mediante la adición de una solución acuosa a un gel fosfolípido. Está constituído por una vesícula con membrana parecida a la celular. Suelen utilizarse para transportar determinadas sustancias tóxicas al interior de las células en los tratamientos contra el cáncer. También se pueden usar como vectores en la terapia génica.

Lluvia ácida: Precipitación que tiene un pH menor de 5,0 y que produce efectos muy adversos en la fauna y flora sobre la que cae. La lluvia ácida se debe a la emisión a la atmósfera de varios gases contaminantes, en particular dióxido de azufre y varios óxidos del nitrógeno, originados por la quema de combustibles fósiles y los humos de los coches, respectivamente. Estos gases se disuelven en el agua de la atmósfera para formar ácidos nítrico y sulfúrico que caen a la tierra con la lluvia, la nieve o el granizo. Tales depósitos afectan al crecimiento de las plantas e incrementan la acidez del suelo, lo que provoca asimismo la acidificación de las aguas que drenan los ríos o lagos y que se vuelven incapaces de mantener vida.

Locus: Lugar que ocupa un gen en un cromosoma. El plural es *loci*.

Maternidad de alquiler (o subrogada): Véase "alquiler de útero".

Madre genética: La mujer que dona sus óvulos para que sean fecundados.

Madre gestante: Mujer que lleva a cabo el embarazo poniendo a disposición su útero, sangre y nutrición prenatal.

Madre legal: Mujer que, según las leyes establecidas, asume los derechos y obligaciones de la maternidad, incluso sin ser madre genética ni gestante.

Mapa genético: Esquema que describe los genes de cada cromosoma.

Masa celular interna (MCI): Conjunto de células indiferenciadas pegadas a la pared interna de la cavidad interior de la blástula. De ellas derivará el embrión.

Masturbación: Acción de acariciarse o tocarse los órganos genitales con el fin de obtener placer sexual, eyaculación u orgasmo.

Meiosis: Proceso de división por el que una célula origina cuatro gametos o células sexuales con el número de cromosomas reducido a la mitad.

Menopausia: Cese de la menstruación o regla en la mujer.

Mesodermo: Capa celular embrionaria intermedia, situada entre el endodermo y el ectodermo. El mesodermo da lugar, entre otras cosas, al esqueleto y a los músculos.

Metabolismo: Conjunto de reacciones químicas que se dan en un organismo vivo. Los diferentes compuestos que participan o se forman en estas reacciones se llaman metabolitos. En los animales, la mayoría de los metabolitos se obtienen de la digestión de los alimentos, mientras que en las plantas, el aporte externo sólo incluye materias básicas (dióxido de carbono, agua y sales minerales). La síntesis (anabolismo) y la rotura (catabolismo) de muchos compuestos exige numerosos pasos, que en conjunto se denominan vía metabólica.

Mitocondria: Orgánulo del citoplasma celular encargado de la obtención de energía mediante la respiración celular.

Mitosis: Parte de la división celular a partir de la cual se originan dos núcleos iguales entre sí, con el mismo número de cromosomas y con la misma información genética; cariocinesis. ETIMOL. Del griego *mítos* (filamento).

Mongolismo: Ver "síndrome de Down".

Monómero: Molécula o compuesto que consiste en una sola unidad que puede enlazarse a otras para formar un dímero, trímero o polímero.

Moratoria: Suspensión temporal de algún experimento debido a los problemas éticos que puede plantear.

Mórula: Fase del desarrollo de un embrión en la que la célula huevo o cigoto presenta el aspecto de una pequeña mora. La mórula es la fase anterior a la blástula.

Mucoviscidosis: Ver "fibrosis quística".

Mutación: Cambio producido en un gen, que normalmente altera su secuencia. Las mutaciones dan lugar a nuevas variantes genéticas llamadas alelos.

Nasciturus: El que ha sido concebido pero aún no nacido.

Neonato: Niño recién nacido.

Neurofibromatosis: Enfermedad hereditaria autosómica dominante caracterizada por la presencia de tumores que afectan al tejido nervioso o a la piel.

Núcleo: Parte de la célula que está separada del citoplasma por una membrana y que controla el metabolismo celular.

Nucleótido: Unidad molecular básica que constituye un eslabón o monómero en la cadena de los ácidos nucleicos (ADN y ARN). Existen cuatro nucleótidos distintos para el ADN (que presentan respectivamente las siguientes bases nitrogenadas: adenina, guanina, citosina y timina) y otros cuatro para los distintos ARN (formados también por las mismas bases anteriores a excepción de la timina que es sustituida por el uracilo).

O

Oligospermia: Poca cantidad de espermatozoides en el líquido seminal, lo que dificulta la fecundación del óvulo siendo, por tanto, causa de esterilidad.

Ontogénesis u **ontogenia:** Formación y desarrollo de un ser vivo desde el óvulo hasta la madurez sexual. ETIMOL. Del griego *ón* (el ser) y *génos* (origen).

Oocito: Sinónimo de ovocito. Célula germinal femenina que experimenta la meiosis.

Ovario: Órgano reproductor femenino en el que se originan los óvulos.

Ovocito: Célula que procede de una ovogonia y que da origen a los óvulos. Es el óvulo antes de su fecundación. Existen dos tipos de ovocitos, primarios y secundarios. ETIMOL. del latín *ovum* (huevo) y *-cito* (célula).

Ovogénesis: Formación de óvulos funcionales en el ovario, a partir de ovogonias.

Ovogonia: Célula germinal femenina que, tras una serie de divisiones, origina ovocitos que, a su vez, originarán óvulos.

Ovulación: Desprendimiento de uno o varios óvulos maduros del ovario.

Óvulo: Célula sexual femenina que se forma en el ovario y que, al unirse con el espermatozoide masculino, constituye el cigoto.

P

Paraplejia: Parálisis que afecta a la mitad inferior del cuerpo, a diferencia de la tetraplejia que afecta a las cuatro extremidades.

Partenogénesis: Reproducción mediante la cual un sólo gameto origina un nuevo individuo sin necesidad de fecundación. Se da en ciertos animales invertebrados como los áfidos y los rotíferos en los que una hembra puede reproducirse sin la intervención del macho.

Patente genética: Derecho de propiedad intelectual que otorga un organismo oficial para explotar comercialmente seres vivos producidos mediante biotecnología. Desde el año 1981 a 1995 fueron concedidas en todo el mundo más de mil patentes sobre material genético humano.

pH: Símbolo para indicar la concentración de iones de hidrógeno que posee una solución. El pH de una disolución neutra es de 7; si es superior indica alcalinidad y si es inferior, acidez.

Píldora: Nombre vulgar dado a los anticonceptivos anovulatorios hormonales que se toman por vía oral.

Píldora del día siguiente: Nombre coloquial para referirse a cualquiera de los productos antianidatorios de tipo estrógeno postovulatorio.

Placenta: Órgano redondeado y plano, que durante la gestación se desarrolla en el interior del útero y que funciona como intermediario entre la madre y el feto. El nuevo ser recibe el oxígeno y las sustancias nutritivas a través de la placenta. ETIMOL. Del griego *placenta* (torta).

Plásmido: Pequeña molécula circular de una doble hebra de ADN que se presenta de forma natural en las bacterias y en las levaduras, donde se replica como unidad independiente. Por lo general, sólo representa un pequeño porcentaje del ADN total de la célula en la que se halla, aunque a menudo es portador de genes vitales como los que resisten a los antibióticos. Los plásmidos son muy utilizados en la tecnología del ADN recombinante.

Pleiotropía: Fenómeno por el cual un gen tiene efectos fenotípicos sobre más de un carácter.

Poliembrionía: Formación de más de un embrión por cigoto como consecuencia de la segmentación en una fase precoz del desarrollo. En el armadillo *(Dasypodus)*, por ejemplo, siempre se da a luz cuatro o más gemelos idénticos procedentes de un solo huevo. Los casos más extraordinarios se observan, sin embargo, en los insectos himenópteros parásitos, en los que un solo huevo puede originar hasta 2.000 embriones. En los humanos, los gemelos univitelinos son la forma más sencilla de poliembrionía.

Polimorfismo genético: Variación genética caracterizada por la existencia de diversos alelos de un gen. Puede referirse a individuos, poblaciones o especies.

Preembrión: Óvulo fecundado durante su etapa preuterina (cigoto-mórula). Generalmente se refiere al embrión antes de completar la anidación, es decir, hasta los catorce días desde el momento de la fecundación.

Preservativo: Funda fina y elástica que se usa para cubrir el pene durante el coito y evitar así la fecundación o la transmisión de enfermedades; condón; profiláctico.

Progesterona: Hormona segregada por el cuerpo lúteo del ovario que prepara los órganos reproductores para la gestación y mantiene el útero en un estado adecuado para la nutrición y protección del embrión durante el embarazo, en que también es producida por la placenta.

Pronúcleo: Núcleo del espermatozoide (pronúcleo masculino) después de penetrar en el óvulo durante la fecundación, pero antes de la fusión con el núcleo del óvulo; o núcleo del óvulo (pronúcleo femenino) después de completarse la meiosis pero antes de la fusión con el núcleo del espermatozoide. Los pronúcleos son todavía haploides.

Prostaglandinas: Serie de sustancias de naturaleza lipídica que disponen de actividad hormonal y pueden actuar sobre la musculatura lisa, el ciclo menstrual y el embarazo, provocando el aborto.

Proteína: Compuesto químico de los organismos vivos formado por carbono, hidrógeno, oxígeno, nitrógeno y, en ocasiones, azufre. Está formado por largas cadenas de aminoácidos unidos en una secuencia característica y propia para cada proteína. De manera general las proteínas pueden clasificarse como globulares y fibrosas. Entre las primeras destacan las siguientes: hemoglobina, enzimas, anticuerpos, caseína, albúmina, ciertas hormonas como la insulina, etc.; mientras que en las fibrosas se encuentran la queratina, el colágeno, la actina y la miosina. Cuando las proteínas se calientan por encima de los 50 grados centígrados pierden su estructura y sus propiedades biológicas.

Proyecto Genoma Humano: Programa internacional de investigación para determinar la secuencia exacta de los nucleótidos que constituyen todos los cromosomas humanos.

Psicofisiología: Ciencia que estudia la interrelación entre las funciones corporales y los procesos mentales.

Puente de hidrógeno: Enlace débil que se establece entre moléculas en las que el átomo de hidrógeno está unido de forma covalente a otro átomo muy electronegativo, como el oxígeno o el nitrógeno. Es un enlace muy abundante en las cadenas del ADN y ARN.

Punción folicular: Técnica para obtener un óvulo a través de una cánula que se introduce en el ovario.

Q

Quimera: Organismo cuyos tejidos son de dos o más tipos genéticamente diferentes. Se pueden producir por la fecundación simultánea del óvulo por un espermatozoide y de un cuerpo polar derivado del mismo oocito primario por otro espermatozoide *(quimeras cigóticas)* o por la fusión de dos embriones distintos *(quimeras poscigóticas)*.En biología también se denomina así a los híbridos interespecíficos que resultan de unir células de especies distintas.

R

Raza: Sinónimo de subespecie.

Reacción en cadena de la polimerasa (PCR): Técnica para amplificar ADN (realizar multitud de copias).

Recesivo: Término que se aplica a un determinado alelo o gen (Ver "alelo recesivo")

Recombinación: Intercambio de segmentos cromosómicos o de ADN.

Replicación: Duplicación del ADN mediante la desespiralización de sus dos hebras y la formación de dos nuevas hebras hijas. Este proceso se da en cada división celular.

Reprogramación: Significa que los genes "mudos" vuelven a expresarse. En las células diferenciadas que ya se han especializado sólo se expresa una parte de sus genes (entre el10% y el 50%, según el tipo de tejido), los demás permanecen "mudos". La reprogramación consistiría en que tales genes "mudos" pudieran de nuevo manifestarse.

Restricción, enzimas de: Tipo de enzimas, llamadas nucleasas o endonucleasas, que rompenla cadena de ADN por un punto específico. Son producidas por muchas bacterias para defenderse de los virus.

Retrovirus: Virus que posee ARN en vez de ADN, pero que es capaz de transformar su ARN en ADN por medio de la enzima transcriptasa inversa, volviéndose así capacitado para integrarse en el ADN del huésped. Los retrovirus pueden causar cánceres y enfermedades como el SIDA.

Ribosa: Glúcido monosacárido formado por cinco átomos de carbono que es un componente muy importante del ARN.

Ribosoma: Partículas formadas por ARN y proteínas que se encuentran en el citoplasma de todas las células y en ellas se realiza la síntesis de proteínas.

Rubéola congénita: Enfermedad de origen vírico característica de la infancia. Si se contrae durante el embarazo no representa ningún peligro para la madre pero puede provocar la muerte del feto o diversos tipos de malformaciones congénitas. Se denomina rubéola congénita a aquella que persiste en el bebé durante unos cuantos meses después del parto.

RU-486: Compuesto inhibidor de la síntesis de progesterona que neutraliza, por tanto, su acción biológica. Al producto se le llama también Mifepristone. Se trata de una técnica abortiva ya que al bloquear la producción de progesterona provoca la interrupción del embarazo. Como estimula también la producción de prostaglandinas induce las contracciones uterinas y la expulsión del embrión.

S

Saco vitelino: Bolsa que contiene vitelo que pende de la cara ventral del embrión.

Salpingoscopia: Técnica para visualizar el interior de las trompas de Falopio.

Sarcoma de Kaposi: Cáncer de piel debido a una proliferación anómala de los vasos sanguíneos y de las células del tejido que los rodea. Es frecuente en los casos de SIDA.

Secuencia: Ordenación que presentan los nucleótidos en la cadena de ADN. Cada gen tiene una secuencia determinada que se traduce en la elaboración de una proteína específica.

Segmentación: Primeras divisiones de las células del cigoto.

Selección de sexo: Técnica fecundativa artificial que consiste en separar los espermatozoides X de los Y para predeterminar el sexo del nasciturus.

Seropositivo -a: Referido al resultado de una prueba serológica, es decir, de un análisis del suero sanguíneo hecho para detectar las sustancias que éste contiene, como inmunoglobulinas. Los seropositivos son aquellos pacientes en los que se han detectado anticuerpos del elemento estudiado, por ejemplo, contra el virus del SIDA.

SIDA: Síndrome de inmunodeficiencia adquirida. Enfermedad causada por el virus HIV, que provoca el debilitamiento del sistema inmunológico del organismo. Se transmite mediante infección por contacto y a través de las relaciones sexuales.

Simbiosis: Relación entre individuos de diferentes especies en la que los dos organismos se benefician mutuamente. Por ejemplo, la existente entre el cangrejo ermitaño y las anémonas que viajan sobre la concha, éstas le protegen con su veneno y aquél las transporta facilitándoles la obtención de alimento.

Síndrome de Down: Alteración cromosómica consistente en la presencia de un tercer cromosoma 21 en la dotación cromosómica, que origina unos rasgos faciales característicos, braquicefalia, hipotonia muscular, retraso en el crecimiento y un cierto grado de retraso mental. También se llama trisomía del cromosoma 21 o mongolismo.

Síndrome de Rokitansky-Küster-Hauser: Malformación femenina congénita caracterizada por la ausencia total o parcial de vagina, formación de un útero doble muy poco desarrollado y anomalías renales, pero sin alteración del desarrollo de los caracteres sexuales secundarios.

Singamia: Unión de los gametos en la fecundación.

Subfertilidad: Capacidad de fecundar o concebir inferior a la normal, que puede ser debida a múltiples causas.

Subespecie: Conjunto de poblaciones de una especie que poseen un cierto grado de diferenciación genética con respecto al resto de la especie.

Superovulación: Estimulación artificial de la ovulación de la mujer mediante fármacos y hormonas a fin de obtener varios óvulos maduros en un solo ciclo menstrual, los cuales son extraídos después mediante aspiración del líquido folicular tras la punción del folículo guiada por laparoscopia.

T

Tanatología: Parte de la biología que estudia la muerte, sus causas y sus fenómenos. // Teoría sobre la muerte // ETIMOL. Del griego *thánatos* (muerte) y *-logía* (estudio, ciencia).

Terapia génica: Técnica que procura corregir defectos genéticos por medio de la inserción de nuevas copias genéticas, modificando los genes o eliminando quirúrgicamente los genes anómalos para ser sustituidos por otros sanos.

Teratoma: Tumor complejo de tejidos múltiples que representa las tres capas primitivas blastodérmicas; suele localizarse en los ovarios o en los testículos aunque también puede desarrollarse en otros órganos o regiones corporales. Puede ser benigno o maligno.

Tetraplejia: Ver paraplejia.

Timina: Una de las cuatro bases nitrogenadas presentes en los nucleótidos.

Totipotencialidad: Capacidad de los blastómeros iniciales -al menos hasta el estadio de 8 células- que consiste en dar lugar a la construcción de un embrión completo.

Traducción: Proceso que ocurre en el citoplasma celular mediante el que la información contenida en el ARN mensajero (ARNm) sirve para sintetizar proteínas, gracias al código genético.

Traducianismo: Doctrina según la cual tanto los cuerpos como las almas nacen por generación natural; así, el alma del niño es engendrada por la del padre, de manera análoga a como es engendrado el cuerpo. // ETIMOL. Del latín *traducêre* (transmitir).

Transcripción: Proceso que tiene lugar en las células vivas por el que la información genética del ADN es trasferida a las moléculas del ARN mensajero (ARNm) como primer paso de la síntesis proteica. La transcripción tiene lugar en el núcleo de la célula y precisa de la participación de enzimas de la polimerasa del ARN que ensamblan los nucleótidos necesarios para formar la hebra complementaria del ARNm a partir del molde de ADN.

Transgénico: Organismo que contiene genes de otra especie que le han sido introducidos de manera artificial.

Trisomía: Variación cromosómica numérica en la que un determinado cromosoma se repite tres veces en lugar de dos, que sería lo normal. Suele dar lugar a graves enfermedades genéticas, como el mongolismo o trisomía del cromosoma 21 (ver "síndrome de Down").

Trofoectodermo: Epitelio embrionario que envuelve todas las estructuras embrionarias, forma la capa externa del corion y establece estrecho contacto con los tejidos maternos. Forma el lado embrionario de la placenta; presenta permeabilidad selectiva y fabrica hormonas.

Trompa de Falopio: Tubo con una abertura en forma de embudo junto al ovario, que va desde la cavidad peritoneal al útero. Hay uno a cada lado. Por acción muscular y ciliar conduce los óvulos desde el ovario al útero, y los espermatozoides desde el útero a la zona superior de la trompa de Falopio donde fecundan los óvulos que descienden; conducto uterino.

Unicidad: Carácter o índole de lo que es único.

Vaginismo: Disfunción sexual femenina caracterizada por la aparición de una contracción espasmódica involuntaria de la musculatura de la vagina en el momento de la penetración, de manera que el coito resulta muy molesto o incluso impracticable.

Variabilidad genética: Véase polimorfismo genético.

Varicocele: Dilatación de las venas que vacían la sangre del testículo. Generalmente se debe a un defecto congénito del drenaje de las venas espermáticas que se manifiesta mediante un engrosamiento del escroto y una sensación de peso.

Vasectomía: Operación quirúrgica que se practica a un hombre para esterilizarlo y que consiste en seccionar los conductos deferentes para evitar el paso de los espermatozoides desde los testículos a la uretra.

Vector: Transportador utilizado para introducir un fragmento de ADN (gen) clonado en el núcleo de una célula.

Vellosidad coriónica: Conjunto de protuberancias en el corion de la placenta que aumenta la superficie de absorción entre los tejidos embrionarios y maternos.

Verificación: Nueva técnica en la congelación de los embriones destinados a la congelación "in vitro", los cuales son sometidos previamente a un baño de gelatina con el fin de evitar las eventuales alteraciones de la estructura embrional.

Virión: Virus maduro en el exterior de las células huésped.

Virus: Partícula demasiado pequeña como para ser vista a través del microscopio óptico o para ser atrapada por un filtro de laboratorio, aunque es capaz de reproducirse dentro de una célula viva y poseer un cierto metabolismo independiente. Fuera de la célula huésped los virus son completamente inertes por eso se considera que están en la frontera de la vida. Están formados por un ácido nucleico (ADN o ARN) rodeado por una cubierta proteica o cápside. Los virus pueden parasitar plantas, animales y algunas bacterias y provocar enfermedades como el catarro, la gripe, el herpes, la hepatitis, la poliomielitis, la rabia y el SIDA. Algunos virus están relacionados con el desarrollo del cáncer. Los antibióticos son ineficaces contra los virus pero las vacunas pueden proporcionar cierta protección.

Vivisección: Intervención quirúrgica o disección de animales vivos con fines científicos.

Zona pelúcida: Membrana homogénea formada de mucoproteinas que rodea al ovocito y que desaparece antes de su implantación en el útero.

A

Abimelec 356
aborto,
  criminal 209
  criminológico 201
  espontáneo 200
  eugenésico 218, 222, 235, 271
  provocado 197, 200, 203, 204, 206, 209, 211
  psicosocial 201
  terapéutico 190, 200, 205, 211, 218
Adán 34, 86, 290, 411
ADN,
  basura 294
  recombinante 253, 262, 287, 387, 388, 389, 421, 425, 444
adopción prenatal 99, 124
agnosticismo 17
Ahitofel 356
Alberts, B. 106, 141, 250, 252, 259
alimentos transgénicos 240, 278, 280, 288
alquiler de útero 422, 441
altruismo 37, 83, 129, 413
amniocentesis 190, 191, 192, 422, 429
anencefalia 185, 191, 193, 423
Ángela 119
anidación 70, 94, 100, 104-107, 175, 189, 200, 423, 430, 445
animación
  inmediata 102
  retardada 102
anovulatorios 444
Anthony, Pat 119
antianidatorios 423, 444
anticonceptivos 156, 164, 166, 170, 174, 175, 423, 444
  hormonales 175
antihumanismo 31, 32
antropología
  cibernética 29, 40, 41
  conductista 39
  cristiana 41, 49, 343
  cultural 48
  existencialista 29, 30
  neomarxista 32, 34
Arber, Werner 251, 261
Aristóteles 28, 223, 337
aspermia 424
aspiración o método de Karman 177
astenospermia 75, 424
autoconciencia 36, 38, 40, 41, 45
autonomía personal 53
Avery, Oswald T. 242, 261
Averroes 339
Ayala, F.J. 136
azar 35, 36, 42, 43, 50, 146, 168, 223, 231, 264, 271, 301
azoospermia 75, 424

B

Baby Doe 333
Bacon 339
bacteriófago 258, 259, 424
Barnard 21, 325
Barth 208, 218
Bateson 241
Beadle 243, 261
Berg 253, 262
Bernard 344
Billings 172
Bindi 340, 119
Binding 340
bioderecho 26, 365, 366, 367,

bioética
biocéntrica 401
cristiana 18, 19, 25, 304, 329, 376, 413, 418
homocéntrica 401
laica 15, 18
biología molecular 387, 244, 248, 301, 425
biomedicina 15, 109, 128, 267, 272, 278, 365
biopsia 190, 191, 425, 429
bipartición 136, 139, 424
blastocelo 425
Blastodermo 425
Blastómero 425
blástula 70-72, 425, 436, 441, 442
Blázquez 25, 67, 77, 94, 98, 101, 110, 115, 123, 133, 170, 177, 200, 291, 330, 342, 366
Bloch 33, 34
Boff 413
Bonhoeffer 208, 218
Boyer 262
Briggs 135
Brinster 263
Brown 15, 66, 92, 95
Buchner 275

C

Caenorhabditis elegans 292
Calvino 208
Camus 30
cariotipo 183, 191, 426
castración 116, 177, 178
cavidad 70, 77, 132, 177, 192, 200, 425, 426, 438, 440, 441, 451
cavidad amniótica 70, 426
Cérvix 426
Cicerón 81
Ciclo lítico 259
ciclo lítico 257, 260
Cigoto 71, 427
Clinton 138
clonación
animal 139, 141
humana 65, 90, 136, 138, 146, 148, 149
natural 139
clonado del ADN 253
código genético 312, 385, 247, 248, 250, 262, 424, 427, 450
Cohen 262
coito interrumpido 172
coito reservado 173
coito vulvar 173
Colman 134
Colón 48
conductismo 29, 39, 40, 41
Conferencia de Asilomar 262
Congelación de embriones 97, 98
Congreso de Bilbao 297
Congreso de Valencia 296
Conjugación 255, 256, 427
Consanguinidad 77, 428
Consejo genético 181, 182, 184, 187, 235, 429
consenso social 17
control de natalidad 169
corion 191, 428, 429, 450, 451
Cortina 294, 366, 367, 300
Crick 41, 243, 244, 261, 301
crisis de valores 17, 321, 324, 343
Cromosoma sexual 428
culto al cuerpo 52, 55, 62, 307

CH

Chang 262
chequeo genético 183, 184, 186, 429

D

darvinismo social 227, 228
Darwin 224, 225, 226, 227, 228, 260, 274
Dawkins 37
de Vaux 83, 128
de Vries 241
deficientes mentales 15, 20, 228,
derecho a tener hijos 168, 169
desastres ecológicos 26, 285, 288, 402
despenalizar 211
determinismo 50, 233, 295
determinismo reduccionista 295
diabetes 138, 234, 265, 266, 273, 294, 429, 439
diafragma 174, 423
diagnóstico prenatal 25, 12, 181, 182, 185, 189, 190-193, 199, 201, 218, 235, 429
Dickinson 73
dignidad de la vida 99, 346
Dispositivo intrauterino (DIU) 430
distrofia muscular de Duchenne 183, 430
doble hélice 243, 244, 248, 252, 261, 301, 429
Dobzhansky 230
dogma central de la biología molecular 244, 248
Dolly 15, 133, 134, 137, 138, 140, 141, 142, 143,
donación de embriones 99, 369, 370, 374
drogadicción 25, 307, 314, 321, 322, 324, 325
Drosophila melanogaster 242, 243, 255, 292
dualismo 34, 52, 53
Durkheim 355

E

Eccles 41
Ecografía 94, 190, 430
ecología 234, 347, 401, 402, 413
humana 347

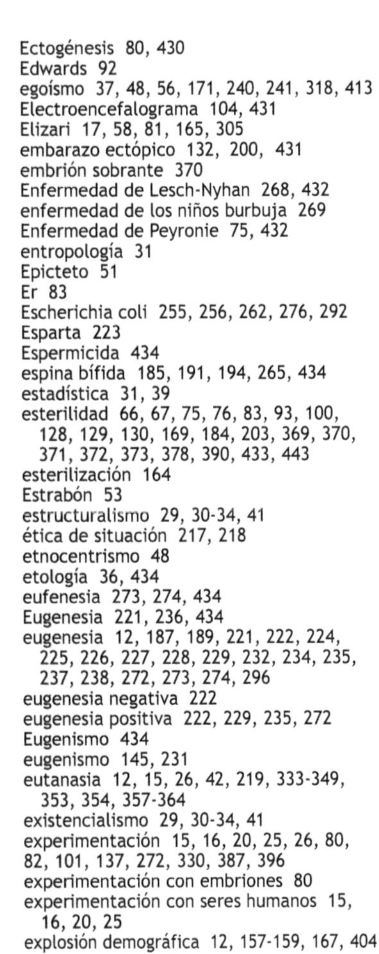

Ectogénesis 80, 430
Edwards 92
egoísmo 37, 48, 56, 171, 240, 241, 318, 413
Electroencefalograma 104, 431
Elizari 17, 58, 81, 165, 305
embarazo ectópico 132, 200, 431
embrión sobrante 370
Enfermedad de Lesch-Nyhan 268, 432
enfermedad de los niños burbuja 269
Enfermedad de Peyronie 75, 432
entropología 31
Epicteto 51
Er 83
Escherichia coli 255, 256, 262, 276, 292
Esparta 223
Espermicida 434
espina bífida 185, 191, 194, 265, 434
estadística 31, 39
esterilidad 66, 67, 75, 76, 83, 93, 100, 128, 129, 130, 169, 184, 203, 369, 370, 371, 372, 373, 378, 390, 433, 443
esterilización 164
Estrabón 53
estructuralismo 29, 30-34, 41
ética de situación 217, 218
etnocentrismo 48
etología 36, 434
eufenesia 273, 274, 434
Eugenesia 221, 236, 434
eugenesia 12, 187, 189, 221, 222, 224, 225, 226, 227, 228, 229, 232, 234, 235, 237, 238, 272, 273, 274, 296
eugenesia negativa 222
eugenesia positiva 222, 229, 235, 272
Eugenismo 434
eugenismo 145, 231
eutanasia 12, 15, 26, 42, 219, 333-349, 353, 354, 357-364
existencialismo 29, 30-34, 41
experimentación 15, 16, 20, 25, 26, 80, 82, 101, 137, 272, 330, 387, 396
experimentación con embriones 80
experimentación con seres humanos 15, 16, 20, 25
explosión demográfica 12, 157-159, 167, 404

F

factor Frankenstein 301
factor Rh 76, 313, 231
familia Mecano 37, 42
Farré 114
feminismo 55, 123
Fenilcetonuria 435
fenilcetonuria 185, 234, 273
Fernández Buey 407
Ferreira-Jorge 119
Feuerbach 58
fibrosis quística 328, 265, 435, 442
Filón 206
finalidad de la creación 47
First 136, 137
Fleming 275
Fletcher 215, 216, 217, 218
Foucault 32

G

Gafo 19, 76, 94, 97, 127, 185, 235, 238, 253, 276, 289, 301, 314, 319, 320, 323, 333, 338, 339, 344, 348, 359, 407
Galton 221, 224, 225, 226, 227, 231, 233, 234
Gallo 309
Garaudy 33
García-Mauriño 95, 123
Garrod 261
Gehlen 43
Gemelos 436
gemelos 69, 105, 106, 114, 119, 139, 435, 445
Gemelos dicigóticos 436
gemelos dicigóticos 69
Gemelos monocigóticos 436
gemelos monocigóticos 105, 106, 114, 139, 435
genética inversa 251
George Wells 344
Gilbert 262, 301
González 108
Gracia 138, 337, 340
gracia 367, 48
Grath 136
Griffin 138
Griffith 261

H

Haeckel 402
Hahn 310
Hall 137
Hamer 112
Hamilton O. Smith 251, 261
Heidegger 29, 30
Hermafrodita 437
Heyman 137
hibridación de los ácidos nucleicos 251, 261
hipótesis de la secuencia 243
Hitler 229, 340
Hoche 340
hombre a ser Dios 300
hombre de cristal 299
hombre-máquina 27
homosexualidad 111, 112, 113, 114, 115, 308
Hooke 260
Hoppe 136
hormona del crecimiento 265, 266, 276, 279, 438

hospices 358
humanismo cristiano 19
Hume 355, 407
Hunter 73, 330
Huxley 225, 239, 344

I

identidad de género 114, 115
Illmensee 136
imagen de Dios 18, 25, 33, 42, 50, 58, 61, 62, 108, 238, 289, 361, 367, 412, 414
Indiana 333, 228
individualismo 32, 150, 209, 318, 343, 439
infanticidio 203, 204, 205, 206, 219, 223
ingeniería
  de la conducta 31
  genética 24, 110, 148, 237, 239, 240, 251, 252, 253, 255, 257, 260, 263, 272, 274, 276, 278, 279, 280, 281, 282, 284, 285, 288, 301, 310, 365, 385, 386, 387, 390, 391, 396, 398, 417, 421, 425, 439
inseminación artificial 12, 65, 73, 74, 75, 76, 78, 80, 85, 87, 89, 90, 93, 116, 118, 120, 124, 129, 235, 369, 372, 375, 377, 381, 439
Inseminación artificial con semen de donante 74, 76, 87
Inseminación artificial con semen del cónyuge 74, 76, 85
Inseminación heteróloga 439
Inseminación homóloga 439
Inseminación intraperitoneal 74, 77, 439
Inseminación post-mortem 439
insulina 252, 266, 273, 275, 276, 278, 406, 429, 439, 446
interferón 252, 254, 276, 439
inviolabilidad de la vida humana 201, 329, 362, 368
inyección 177

J

Jacquard 230
Job 46, 148, 203, 356
Johannsen 233, 241
Jonas 144, 147, 289, 357, 360, 413
Josefo 206
Juan el Bautista 131, 205
Judas Iscariote 356

K

Kant 46, 147, 217, 408
Karen 21, 119-121, 333, 334
Kass 144
Kevorkian 334
Khorana 262
King 135
Koestler 333, 344
Kübler-Ross 349, 351, 360
Kutner 353

L

Lacadena 90, 97, 105, 241, 267, 273, 286, 296, 297, 369, 376
lactancia materna 173
Lactancio 338
laissez-faire 227
laparoscopia 78, 92, 94, 98, 440, 449
Lederberg 136, 146, 273
Leeuwenhoek 260
legalizar 120, 211
Lenoir 138
Lévi-Strauss 32
ley del talión 202
leyes de la genética 37
leyes de Mendel 241
Leyland 92
López 85, 87, 207, 221
Louise 15, 66, 92, 95
Lutero 207, 208

M

macrobioética 12, 25, 26, 401
madre
  biológica 119, 129
  genética 120, 134, 441
  gestante 121, 124, 200, 205, 441
  legal 129, 441
malos tratos 143, 216, 217, 347
Malthus 158-160
manipulación genética 12, 15, 25, 42, 111, 239, 240, 255, 260, 262, 263, 264, 266, 267, 268, 271, 272, 277, 284, 287, 288, 289, 301, 389, 418, 438
máquina 82, 27, 40, 41, 217
Maresca 116
María 111, 120
Martínez 111, 343, 403
Marx 33, 339
marxismo 32, 34, 215
masturbación 75, 80, 83, 84, 441
maternidad 12, 65, 77, 80, 86, 89, 118, 119, 120, 122, 123, 124, 125, 126, 127, 128, 129, 161, 165, 168, 169, 183, 422, 441
Mendel 241, 261
mente 28, 32, 39-41, 226, 414
mezcla de especies 142
microbioética 25, 26
Miescher 242, 261
Misná 205
mística de la mortalidad 30
mitificación del cuerpo 52

Moltmann 45
monismo 52, 53
Monod 35, 36
Montagnier 309
Montagu 230
Montegazza 73
Montesquieu 355
moral paralela 18
Morgan 241, 242, 261
Morin 35, 36, 37
Moro 339
muerte de Dios 31
Muir 401
Muller 242

N

Nathans 251, 261
Necesidad 344
neocolonialismo científico 299
neodarwinismo 38
neodarwinismo social 38
neurología 40
Nietzsche 31, 340, 355
nihilismo terapéutico 295
niña-probeta 66, 95, 15
Nirenberg 262
Nitschke 334
nueva genética 12, 251, 301, 418
Nueva Jerusalén 34

O

Ochoa 262
Ogino-Knaus 172
oligospermia 75, 439, 443
Onán 83, 172, 208
onanismo 83
orígenes 16, 25, 36, 371, 414
oveja Dolly 15, 137, 138, 140-142

P

Palacios 78
Palmiter 263
Palladas 51
Pardo Bazán 340
Parpaleix 116
partenogénesis 80, 133, 151, 152, 153, 444
Pascal 52
Passmore 403
Pasteur 309, 275
pelo sexual 256
pena de muerte 19, 26, 197, 219
Penfield 41
Píldora del día siguiente 176, 444
Pío XII 80
planificación familiar 12, 126, 165-167, 169, 171, 209
plásmido 253, 254, 262, 421, 444
Platón 28, 46, 223, 337, 339
Plinio el Viejo 338
Pool 112
Preembrión 445
preexistencia 102
preservativo 84, 85, 173, 445
principio de totalidad 101
pro opción 123
prostaglandinas 176, 177, 445, 448

Q

Quinlan 21, 333, 334

R

racismo 38, 222, 234, 238
Ramsey 218
raspado 177
Raza 447
raza 20, 37, 79, 101, 137, 144, 146, 148, 206, 221, 224, 226, 229, 230, 231, 310, 438
reduccionismo 18, 29, 41, 179, 264, 304
Relativismo 214, 343
Renard 137
Rensselaer Potter 16, 19
replicación 244, 247, 248, 251, 282, 447
reproducción asistida 15, 65, 67, 68, 74, 78, 79, 81, 90, 98, 99, 107, 119, 121, 136, 137, 149, 169, 267, 431
reprogramación 144, 447
restricción 373, 251, 252, 253, 261, 447
Robinson 313
Roche 121
Roeder 333
Roslin 133, 134, 137, 138, 140, 141
RU-486 176, 423, 448
Ruiz de la Peña 31, 41, 60, 406

S

saco de Douglas 77
Sampedro 333, 334, 348
Sanger 262
santidad de la vida humana 58
Sartre 30, 33
Saúl 356
Saunders 359
Schaff 32
Schleiden 260
Schopen-hauer 355
Schwann 260
secuenciación de los ácidos nucleicos 252
Selección de sexo 448
selección natural 224, 227, 228, 234, 260
semillas transgénicas 240

Séneca 46, 338, 355
sexo anatómico 114
sexo cromosómico 110, 114
sexo legal 114
sexualidad y procreación 85, 86, 88
Shapiro 262
Shettles 136
SIDA 164, 170, 256, 270, 277, 281, 282, 295, 304, 308-317, 328, 406, 447, 448, 452
Sims 137
síndrome de Down 185, 189, 194, 217, 265, 333, 442, 449, 450
síndrome de Klinefelter 110
Síndrome de Rokitansky 449
síndrome de Turner 110
singularidad del hombre 29, 32
Sinms 73
Skinner 39
Smith 251, 261, 408
sociobiología 35, 37, 38, 228
sociología 21, 37
Sócrates 28
Solter 136
Spallanzani 73
Speed 137
Spencer 227
Spernan 135
Sperry 41
Steptoe 92
Stern 127
Stillman 137
Stob 174
Stolcke 123
Strickberger 233, 243, 244, 247
Subfertilidad 449
subfertilidad 67
subjetividad 33, 40
sufrimiento 12, 17, 18, 47, 48, 66, 83, 121, 143, 187, 237, 239, 271, 290, 295, 304-308, 316, 330, 334-337, 343, 347, 348, 358, 361, 362, 364
suicidio 26, 30, 219, 333, 335, 338, 340, 345, 355, 356, 357, 361, 362, 364, 403
superhembras 110
superhombre 27, 33

T

Taigetos 223
Talmud 147, 205, 224
Tamar 83, 172
Tanatología 30, 449
Tarpeya 223
Tarquis 315, 316
Tatum 243, 261
Taylor 402
temperatura basal 173
templo del Espíritu Santo 50, 55, 57
teorías evolucionistas 34
terapia de paciente 269
terapia del embrión 270
terapia génica 25, 265, 267, 268, 269, 270, 271, 294, 297, 440, 449
Teresa de Jesús 52
Tertuliano 206
test de Guthrie 185
test del hámster 266, 267
Testamento vital 344, 353, 354, 360
Thielicke 218
Traducianismo 102, 450
transcripción 248, 250, 259, 450
transexualidad 114, 115
transmundanidad 43
Trasplante de órganos 325
trato hospitalario 25
trisomía 449, 450
trompa de Falopio 69, 77, 451

U

utilitarismo 215, 217, 218

V

Valentine 136
valor absoluto 33, 34, 60, 208, 363
valor relativo 42, 60
Vallois 230
vasectomía 77, 178, 180, 228, 451
vegetal 26, 151, 253, 281, 284, 26
veterinaria 16, 24
Victoria Ana 92
vida animal 144, 50, 16, 26
Vidal 102, 169, 198, 329, 336, 339, 352, 385, 389
virus bacteriófago 258, 259
von Rad 42

W

WARNOCK 369
Warnock 78, 368, 376
Watson 243, 261, 301
White 403
Whitehead 127
Wilmut 133, 137
Wilson 35, 37, 436
Willadsen 136

Z

Zalkember 135
Zenón de Elea 355
Zimri 356
Zubiri 408

Figura 1. Fecundación y primeras fases de la división celular.
(p.71) *(Enc. de Medicina y Salud, EMS, vol. 8, p. 17)*

Figura 2. Trayecto que recorre el cigoto hasta su implantación.
(p.72) *(EMS, vol. 8, p. 19)*

Figura 3. Técnica de la fecundación "in vitro".
(p.96) *(EMS, vol. 8, p. 215)*

Figura 4. Clonación de la oveja *Dolly* (4a) Clonación de humanos (4b)
(p.142-143) (García Mauriño, GM, 111)

Figura 5. Pirámides de edad.
(p.162) *(España, 1981) (Atlas de España. Planeta Agostini, Tomo 7, p. 1247)*

Figura 6. Europa y los estados musulmanes en el año 2080.
(p.163) *(según A. Zurfluh 1994) (P.-L. 253)*

Figura 7. Cabezas de mosca del vinagre, *Drosophila melanogaster.*
(p.242) *(Mundo Científico, vol. 7, p. 800)*

Figura 8. Cromosomas de *Drosophila melanogaster.*
(p.243) *(Atlas de la evolución, de Beer, p. 80)*

Figura 9. Modelo de la "doble hélice" de la molécula de ADN.
(p.244) *(Strickberger, p. 69)*

Figura 10. Moléculas elementales y nucleótidos del ADN.
(p.245) *(Durand y Favard, p. 92)*

Figura 11. Unión de los nucleótidos constituyentes del ADN.
(p.246) *(Durand & Favard, p. 104)*

Figura 12. Desespiralización de la molécula de ADN.
(p.247) *(Strickberger, p. 72)*

Figura 13. Estructura general de los ácidos ribonucleicos (ARN).
(p.249) *(Durand & Favard, p. 111)*

Figura 14. Flujo de información para la síntesis de proteínas.
(p.250) *(Alberts, p. 114)*

Figura 15. Código genético.
(p.250)

Figura 16. Tres tipos de nucleasas de restricción.
(p.252) *(Alberts, p. 165)*

Figura 17. Formación de un plásmido recombinante.
(p.253) *(Gafo, 1992b, p. 82)*

Figura 18. Transferencia a bacterias del gen del interferón humano.
(p.254) *(Grace, 1988, p. 67)*

Figura 19. Bacteria *Escherichia coli.*
(p.255) *(M.C. 71, p. 704)*

Figura 20. Conjugación de bacterias *Escherichia coli.*
(p.256) *(Roland y Szöllösi, 1976, p. 100)*

Figura 21. Estructura de los virus.
(p.257) *(EMS, vol. 7, p. 15)*

Figura 22. Fotografía de virus bacteriófagos T4 al microscopio electrónico.
(p.258) *(Roland y Szöllösi, 1976, p. 111)*

Figura 23. Dibujo de un bacteriófago T4.
(p.258) *(DuPraw, 1971, p. 454)*

Figura 24. Ciclo lítico de un virus bacteriófago.
(p.259)

Figura 25. Bacteria infectada por virus.
(p.259) *(Alberts, 1986, p. 9)*

REVISTAS Y CENTROS AMERICANOS

American Journal of Law and Medicine: cuatrimestral. Es el órgano de American Society of Law, Medicine and Ethics (Boston, USA).

Biolaw: mensual. Publica la University Publications of America (Baltimore, USA).

Cambridge Quarterly of Healthcare Ethics: cuatrimestral. Publica Cambridge University Press (Nueva York, USA).

Cahiers de Bioéthique: anual. Publica la Universidad Laval (Canadá).

Center for Human Bioethics: dirigido por P. Singer, filósofo utilitarista que es codirector de la revista *Bioethics*.

Centre de Bioétique: Centro adscrito al Instituto de Investigación Clínica de Montreal y a la Universidad de Montreal (Canadá)

***Hastings Center Report*:** bimestral. (Nueva York, USA).

***Health Matrix: The Journal of Law-Medicine*:** bienal. Publicación de la Case Western Reserve University, *School of Law*. (Cleveland, USA).

***Journal of Medicine and Philosophy*:** trimestral. Universidad de Chicago (USA).

***Kennedy Institute of Ethics Journal*:** cuatrimestral. Universidad de Georgetown (Washington, USA).

***Linacre Quarterly*:** trimestral. Publicación de la Federación Nacional de Asociaciones de Médicos Católicos (USA).

REVISTAS Y CENTROS EUROPEOS

***Bioethics*:** cuatrimestral. Órgano de la Asociación Internacional de Bioética (Oxford, Inglaterra).

***Bioetica e Cultura*:** semestral. Publicación del Instituto Siciliano de Bioética (Palermo, Italia).

***Cátedra de Bioética*:** de la Universidad Pontificia Comillas en Madrid, que dirige desde su fundación en 1987, el Dr. Javier Gafo.

***Cátedra de Genoma y Derecho Humano*:** de la Universidad de Deusto. Está al frente el profesor Carlos Romeo, uno de los mejores especialistas españoles en temas de Bioderecho.

***Catholic Medical Quarterly*:** trimestral. Publicación de los médicos católicos de Gran Bretaña.

Centro de Bioética de Galicia: inició en 1995 un máster en Bioética y publica la revista *Cuadernos de Bioética*, que es trimestral (Santiago de Compostela, España).

Centro de Documentación adscrito al Centro Consultivo Nacional de Ética (CCNE) (París, Francia).

Centro de Estudios Bioéticos de la Universidad de Lovaina (Bruselas, Bélgica).

Centro Sèvres (París, Francia).

Centro de Ética Médica (Lille, Francia).

International Journal of Bioethics/Journal International de Bioéthique: trimestral (Lyon, Francia).

Departamento de Bioética. Universidad de Navarra (Pamplona, España).

Instituto Borja de Bioética: dirigido desde su fundación por el Dr. Francesc Abel. Publica la revista *Tribuna Abierta*. Posee una de las mejores bibliotecas europeas sobre el tema. (Sant Cugat del Vallès, Barcelona, España).

Instituto de Bioética adscrito a la Fundación de Ciencias de la Salud (Madrid, España).

Instituto Voor Gezondheidsethiek (Holanda).

Journal of Medical Ethics: cuatrimestral (Londres, Inglaterra).

Labor Hospitalaria: Publicación católica de excelente calidad que suele editar números monográficos y artículos traducidos de autores estadounidenses (Barcelona, España).

Máster de Bioética: iniciado en 1990 por el profesor Diego Gracia, catedrático de Historia de la Medicina de la Universidad Complutense de Madrid.

Médecine de l'Homme: bimestral. Centro Católico de Médicos Franceses.

Medicina e Morale: trimestral. Universidad Católica del Sacro Cuore (Roma, Italia).

About Biotech: operado por Acces Excellence, incluye artículos sobre Proyecto Genoma Humano, ingeniería genética y cuestiones éticas: *http://www.gene.com/ae/AB/index.html.*

Aedenat: organización ecologista contraria a la clonación y a la manipulación genética: *http://nodo50.ix.apc.org/aedenat/TERMIN-1.htm.*

Bases de datos sobre bioética: *http://www.wthics.vbc.ca/papers/biomed.html.*

Bases de datos sobre ADN:

http://www.ucsf.edu/research/science-made/abcdna.html.

Bio Online: selección de empresas de biotecnología con detalles de sus proyectos de investigación más recientes:

http://www.bio.com/companies/co-info.toc.html.

Biotechnology Information Center: está gestionado por el U.S. Department of Agriculture y proporciona instrucciones para solicitar patentes, artículos o preguntas: *http://www.nal.usda.gov/bic/*

Centre de Génome Virtuel:

http://gene.md.huji.ac.il/gene/index.html.

Eubios Ethics Institute:

http://www.biol.tsukuba.acsp/macer/index.html.

Gen Bank: base de datos sobre el Genoma Humano del Centro Nacional de Información sobre Biotecnología: *http://www.ncbi.nlm.nih.gov/science96/.*

Global Agricultural Biotechnology Association: *http://www.lights.com/gaba/online/index.html.*

Historia del ADN:

http://outcast.gene.com/ae/AB/BC/Timelines/1900-1953.html.

Human Molecular Genetics: revista inglesa de genética molecular:

http://www.oup.co.uk/hmg.

Institute for Genomic Research:

http://www.tigr.org/.

National Center for Biotechnology Information: incluye cartografías genéticas y bases de datos: *http://chemistry.rsc.org/rsc/cba.htm.*

Nature: revista británica semanal de divulgación científica:

http://www.nature.com/.

Nature Genetics: revista norteamericana especializada en genética: *http://www.genetics.nature.com/.*

New England Journal of Medicine: es la revista médica de más prestigio en el mundo: *http//www.nejm.org/.*

Science: revista publicada por la American Association for The Advancement of Science: *http://www.sciencemag.org/.*

The Lancet: revista semanal que publica las novedades médicas:

http//www.thelancet.com/.

Welcome to Biotech: gestionado por la Universidad de Indiana, incluye un diccionario de biotecnología: *http://biotech.chem.indiana.edu/*

Whitehead Genome Center: *http://www.geno-me.wi.mit.edu.*

WWW virtual library: biotechnogy: *http://www.webpress.net/interweb/cato/biotech/*

BIBLIOGRAFÍA

1. ABEL, F. 1979, Eutanasia y distanasia, *Labor Hospitalaria*, 171:46-61.
2. ABEL, F. 1991, Eutanasia y muerte digna, *Labor Hospitalaria*, 222:366-367.
3. ABELLÁN, J.L. Clonación y biodiversidad, *El País*, 12.04.97.
4. ABRISQUETA, J.A. 1992, *El embrión humano: estatuto antropológico y ético*, en M. Vidal (ed.), *Conceptos fundamentales de ética teológica*, Trotta, Madrid, 439-455.
5. ACOT, P. y otros, 1998, *Biosfera 11. Pensar la biosfera*, Enciclopèdia Catalana, Barcelona.
6. ALBERTS, B. y otros, 1986, *Biología molecular de la célula*, Omega, Barcelona.
7. ALBESA, N. 1990, *Función y trascendencia del especialista del dolor en los centros clínicos de enfermos terminales*, en J. Gafo (ed.), *La eutanasia y el arte de morir*, Univ. Pontificia Comillas, Madrid, 55-65.
8. ALONSO BEDATE, C. 1993, *Biotecnología: países en desarrollo y tercer mundo*, en J. Gafo (ed.), *Ética y biotecnología*, Univ. Pontificia Comillas, Madrid, 143-166.
9. ALONSO-FERNÁNDEZ, F. 1969, *Fundamentos de la Psiquiatría Actual*, vol. II, Paz Montalvo, Madrid.
10. AMILS, R. y MARÍN, E. 1993, *Problemas medioambientales relacionados con la biotecnología*, en J. Gafo (ed.), *Ética y biotecnología*, Univ. Pontificia Comillas, Madrid, 31-74.
11. AMOR, J.R. 1997, La descendencia de las personas con deficiencia mental, *Miscelánea Comillas*, 55:439-477.
12. ANDERSON, W.F. 1986, El tratamiento de las enfermedades genéticas, *Mundo científico*, 59: 620-630.
13. ARANGUREN, J.L.L. 1997, *Ética*, Biblioteca Nueva, Madrid.
14. ARCHER, L. 1993, *Terapia génica humana*, en J. Gafo (ed.), *Ética y biotecnología*, Univ. Pontificia Comillas, Madrid, 123-142.
15. ARISTÓTELES, 1985, *Política*, vol. II, Orbis, Barcelona.
16. ATLAN, H. & BOUSQUET, C. 1997, *Cuestiones vitales. Entre el saber y la opinión*. Tusquets Ed., Barcelona.

17. BARCO, del, J.L. 1992, *Bioética y dignidad humana*, en R. Löw y otros (ed.), *Bioética*, Rialp, Madrid, 9-26.
18. BARRENECHEA, J.J. 1990, *Aspectos legales de la eutanasia*, en J. Gafo (ed.), *La eutanasia y el arte de morir*, Univ. Pontificia Comillas, Madrid, 87-94.
19. BELLANATO, J. y AMOR, J.R. 1995, Bibliografía sobre Ética y Terapia Génica Humana, *Miscelanea Comillas*, 53:103-199.
20. BELLON, G. y otros, 1995, ¿Puede curarse la mucoviscidosis?, *Mundo científico*, 153:25-27.
21. BECKERT, M & LUCAS, H. 1991, ¿Hacia una transformación universal del ser vivo?, *Mundo científico*, 112:424-426.

22. BERDUGO, I. Eutanasia, delitos sexuales y libertad de expresión, *El País*, 25.02.98.
23. BERMEJO, I. 1998, *El debate acerca de las patentes biotecnológicas*, en A. Duran & J. Riechmann (ed.), *Genes en el laboratorio y en la fábrica*, Trotta, Madrid, 53-70.
24. BEUZARD, Y. y otros, 1992, Un modelo transgénico para la drepanocitosis, *Mundo científico*, 122:266-267.
25. BLANC, M. 1982, ¿Existen las razas humanas?, *Mundo científico*, 18:1016-1028.
26. BLANC, M. 1986, La irresistible ascensión de la terapia genética, *Mundo científico*, 56: 310-312.
27. BLÁZQUEZ, N. 1984, *La manipulación genética*, Cuadernos B.A.C., Madrid.
28. BLÁZQUEZ, N. 1996, *Bioética fundamental*, B.A.C., Madrid.
29. BOFF, L. 1997, *Ecología: grito de la Tierra, grito de los pobres*, Trotta, Madrid.
30. BOUGUERRA, M.L. 1992, Los virus modificados: ¿una nueva arma biológica contra lasorugas?, *Mundo científico*, 124:468-469.
31. BRAVO, I. 1998, La clonación de seres humanos a debate, *Mundo científico*, 189:35-37.
32. BRETON, F. y PERRIER, J.-J. 1995, ¿Hay que temer a la ingeniería genética?, *Mundo científico*, 153:12-16.
33. BRU DE SALA, X. Corregir el genoma, *El País*, 07.04.97.
34. BRUGAROLAS, A. 1997, *El ensayo clínico*, en A. Polaino-Lorente (ed.), *Manual de bioética general*, Rialp, Madrid, 311-321.
35. BRUGAROLAS, A. 1997, *La atención al paciente terminal*, en A. Polaino-Lorente (ed.), *Manual de bioética general*, Rialp, Madrid, 378-386.
36. BUENO, F. 1992, *El problema jurídico de la anticoncepción y la esterilización*, en J. Gafo (ed.), *La deficiencia mental*, Univ. Pontificia Comillas, Madrid, 201-217.
37. BYLER, D. 1998, *Los genocidios en la Biblia*, CLIE, Terrassa, Barcelona.

38. CAMBOU, B y MAYAUX, J.-F. 1993, Las biotecnologías de la sangre, *Mundo científico*, 137:686-692.
39. CAMPAGNOLI, C. y PERIS, C. 1997, *Las técnicas de reproducción artificial: aspectos médicos*, en A. Polaino-Lorente (ed.), *Manual de bioética general*, Rialp, Madrid, 204-216.
40. CARDER, J. 1984, *El enigma del sufrimiento humano*, CLIE, Terrassa, Barcelona.
41. CARRASCO, I. y COLOMO, J. 1997, *Trasplantes de tejido fetal*, en A. Polaino-Lorente (ed.), *Manual de bioética general*, Rialp, Madrid, 193-203.
42. CASADO, M. 1998, *Límites al interés colectivo en el campo de la genética clínica: El conflicto entre las exigencias de salud pública y la salvaguarda de la dignidad humana*, en A. Duran & J. Riechmann (ed.), *Genes en el laboratorio y en la fábrica*, Trotta, Madrid, 81-96.
43. CASO, A. El dolor y la moral, *El País*, 21.01.98.
44. CASTELLANO, M. 1997, *El consentimiento informado de los pacientes*, en A. Polaino-Lorente (ed.), *Manual de bioética general*, Rialp, Madrid, 328-339.
45. CASTELLS, M. La oveja y sus parejas, *El País*, 10.03.97.
46. CARRASCO, I. 1997, *Esterilización anticonceptiva*, en A. Polaino-Lorente (ed.), *Manual de bioética general*, Rialp, Madrid, 226-236.
47. CARRETÉ, J.P. 1998, *Alcohol: adorno y tragedia*, CLIE, Terrassa, Barcelona.
48. CARRIÓN, I. La casa de Dolly, *El País semanal*, 13.07.97.
49. CHARLESWORTH, M. 1996, *La bioética en una sociedad liberal*, Cambridge, Gran Bretaña.
50. CICCONE, L. 1997, *La ética y el término de la vida humana*, en A. Polaino-Lorente (ed.), *Manual de bioética general*, Rialp, Madrid, 423-438.
51. COHEN-HAGUENAUER, O. y BORDIGNON, C. 1995, Las esperanzas de la terapia génica, *Mundo científico*, 153:17-21.

52. COLOMA, A. 1998, *Aplicaciones médicas de la biotecnología: El desarrollo de la genética molecular humana*, en A. Duran & J. Riechmann (ed.), *Genes en el laboratorio y en la fábrica*, Trotta, Madrid, 71-80.
53. COMMONER, B. 1998, *A propósito de la biotecnología*, en A. Duran & J. Riechmann (ed.), *Genes en el laboratorio y en la fábrica*, Trotta, Madrid, 23-31.
54. CONFERENCIA ESPISCOPAL ESPAÑOLA, 1998, *La eutanasia es inmoral y antisocial*, Madrid.
55. CONGREGACIÓN PARA LA DOCTRINA DE LA FE, 1987, *Instrucción sobre el respeto de la vida humana naciente y la dignidad de la procreación*, Folletos MC, Madrid.
56. CONSUMERS INTERNATIONAL, 1998, *La ingeniería genética y la seguridad que ofrecen los alimentos: Los intereses de los consumidores*, en A. Duran & J. Riechmann (ed.), *Genes en el laboratorio y en la fábrica*, Trotta, Madrid, 153-175.
57. CORTES, H., WICKHAM, P. & MARTÍNEZ, P. 1997, *La Muerte, dolor, sufrimiento y eutanasia. Una visión cristiana*, Cuadernos Ética y Pastoral, Alianza Evangélica Española, Barcelona.
58. CORTINA, A. 1997, *Ética aplicada y democracia radical*, Tecnos, Madrid.
59. COURTHIAL, P. 1973, *Introducción a la doctrina bíblica del matrimonio*, en A. Dumas y otros (ed.), *Sexo y Biblia*, Ediciones Evangélicas Europeas, Barcelona, 34-64.
60. CRAMPTON, J.M. y otros, 1994, La lucha genética contra los mosquitos, *Mundo científico*, 142:12-21.
61. CRICK, F. 1994, *La búsqueda científica del alma*, Debate, Madrid.
62. CRUZ, A. 1984, Raza, racismo y darwinismo, *Restauración*, 179:19-21.
63. CRUZ, A. 1985, Eugenesia: la tentación de la Biología, *Andamio*, 5:9-12.
64. CRUZ, A. 1997a, Clonación, bioética y dignidad humana, *Alternativa 2000*, 44:10-12.
65. CRUZ, A. 1997b, *Postmodernidad*, CLIE, Terrassa, Barcelona.
66. CRUZ, A. 1998, *Parábolas de Jesús en el mundo postmoderno*, CLIE, Terrassa, Barcelona.
67. CUYAS, M. 1991, El encarnizamiento terapéutico y la eutanasia, *Labor Hospitalaria*, 222:321-327.

68. D'ANCONA, H. 1970, *Tratado de Zoología*, Labor, Barcelona.
69. DARWIN, Ch. 1980, *El origen del hombre y la selección en relación al sexo*, EDAF, Madrid.
70. DAVIES, J. 1987, La ingeniería genética, *Mundo científico*, 71:704-713.
71. DAWKINS, R. 1979, *El gen egoísta*, Labor, Barcelona.
72. De BEER, G. 1970, *Atlas de evolución*, Omega, Barcelona.
73. Del HOYO, J. 1991, *Enciclopèdia de Medicina i Salut*, Enciclopèdia Catalana, Barcelona.
74. DEJONG, A. 1989, *Ayuda y esperanza para el alcohólico*, CLIE, Terrassa, Barcelona.
75. DEPARTAMENTO CONFEDERAL DE MEDIO AMBIENTE DE CC.OO., 1998, *Biotecnologías y sociedad: Reflexiones para avanzar en un debate sindical*, en A. Duran & J. Riechmann (ed.), *Genes en el laboratorio y en la fábrica*, Trotta, Madrid, 263-350.
76. DEXEUS, S. y CALDERÓN, G. 1995, Micromanipulación de espermatozoides, *Mundo científico*, 163:1030-1031.
77. DOBSON, A. 1998, *Ingeniería genética y ética ambiental*, en A. Duran & J. Riechmann (ed.), *Genes en el laboratorio y en la fábrica*, Trotta, Madrid, 237-261.
78. DODET, B. 1987, Los nuevos diagnósticos biológicos, *Mundo científico*, 71:772-780.
79. DOMÈNECH, E. y POLAINO-LORENTE, A. 1997, *Comunicación y verdad en el paciente terminal*, en A. Polaino-Lorente (ed.), *Manual de bioética general*, Rialp, Madrid, 387-406.
80. DORA, Th. 1989, *Las drogas y la juventud*, CLIE, Terrassa, Barcelona.
81. DROUARD, A. 1996, Un caso de eugenismo 'democrático', *Mundo científico*, 170:670-673.
82. DUMAS, A. y otros, 1973, *Sexo y Biblia*, Ediciones Evangélicas Europeas, Barcelona.
83. DUMAS, C. 1994, Fecundación "in vitro" de las plantas con flores, *Mundo científico*, 151:976-977.

84. DuPRAW, E.J. 1971, *Biología celular y molecular*, Omega, Barcelona.

85. DURAND, M. & FAVARD, P. 1971, *La célula*, Omega, Barcelona.

86. DURAN, A., RIECHMANN, J. y otros, 1998a, *Genes en el laboratorio y en la fábrica*, Trotta, Madrid.

87. DURAN, A. y REICHMANN, J. 1998b, *Tecnologías genéticas: ética de la I + D*, en A. Duran & J. Riechmann (ed.), *Genes en el laboratorio y en la fábrica*, Trotta, Madrid, 9-21.

88. ELIZARI, J. 1991, *Bioética*, San Pablo, Madrid.

89. ESPADA, A. El azar y su síndrome, *El País*, 17.03.97.

90. EVERETT, C. 1982, *Derecho a vivir, derecho a morir*, CLIE, Terrassa, Barcelona.

91. FARRÉ i MARTÍ, J.M. 1991, *Sexualitat humana*, en del Hoyo y otros (ed.), *Enciclopèdia de medicina i salut*, Enciclopèdia Catalana, Barcelona, 259-308.

92. FERNÁNDEZ BUEY, F. 1998, *En paz con la naturaleza: Ética y ecología*, en A. Duran y J. Riechmann (ed.), *Genes en el laboratorio y en la fábrica*, Trotta, Madrid, 177-196.

93. FLACELIÈRE, R. 1989, *La vida cotidiana en Grecia en el siglo de Pericles*, Temas de Hoy, Madrid.

94. FRANCHE, C. 1991, Un arma biológica poco común, *Mundo científico*, 112:426-428.

95. FRIDMAN, W.H. 1992, La inmunoterapia de los cánceres, *Mundo científico*, 121:140-149.

96. GAFO, J. 1978, Nuevas perspectivas en la moral médica, *Ibérica Europea*, 219-234.

97. GAFO, J. 1986, *Dilemas éticos de la medicina actual*, Univ. Pontificia Comillas, Madrid, 115-128.

98. GAFO, J. y ESCUDÉ, J.M. 1988, *¿Ciencia sin conciencia?*, Anales Valentinos, Valencia.

99. GAFO, J. 1989, *La eutanasia, el derecho a una muerte humana*, Temas de hoy, Madrid.

100. GAFO, J. y otros, 1990a, *La eutanasia y el arte de morir*, Univ. Pontificia Comillas, Madrid.

101. GAFO, J. 1990b, *Problemática ética de las nuevas formas de reproducción humana*, en J.J. Lacadena y otros (ed.), *La fecundación artificial: ciencia y ética*, PS Editorial, Madrid, 77-97.

102. GAFO, J. 1990c, *La eutanasia y la Iglesia Católica*, en J. Gafo (ed.), *La eutanasia y el arte de morir*, Univ. Pontificia Comillas, Madrid, 113-123.

103. GAFO, J. y otros, 1992a, *La deficiencia mental*, Univ. Pontificia Comillas, Madrid.

104. GAFO, J. 1992b, *Problemas éticos de la manipulación genética*, Ediciones Paulinas, Madrid.

105. GAFO, J. 1992c, *Principales problemas éticos en torno a la deficiencia mental*, en J. Gafo (ed.), *La deficiencia mental*, Univ. Pontificia Comillas, Madrid, 219-238.

106. GAFO, J. y otros, 1993a, *Ética y biotecnología*, Univ. Pontificia Comillas, Madrid.

107. GAFO, J. 1993b, *Problemas éticos del Proyecto Genoma Humano*, en J. Gafo (ed.), *Ética y biotecnología*, Univ. Pontificia Comillas, Madrid, 204-226.

108. GAFO, J. 1994, *10 palabras clave en Bioética*, Verbo Divino, Estella, Navarra.

109. GAFO, J. 1996, Veinticinco años de bioética, *Razón y Fe*, 1178:401-414.

110. GAFO, J. 1997, Los principios de justicia y solidaridad en Bioética, *Miscelánea Comillas*, 55:77-115.

111. GAFO, J. La clonación de Dolly, *ABC Cultural*, 07.03.97.

112. GANTET, P. & DRON, M. 1993, Los colores de las flores, *Mundo científico*, 139:808-817.

113. GARAUDY, R. 1970, *Perspectivas del hombre*, Fontanella, Barcelona.

114. GARCIA LÓPEZ, J.L. 1993, *Problemas éticos de las biopatentes*, en J. Gafo (ed.), *Ética y biotecnología*, Univ. Pontificia Comillas, Madrid, 75-93.

115. GARCIA-MAURIÑO, J.Mª. 1998a, *Nuevas formas de reproducción humana*, San Pablo, Madrid.

116. GARCIA-MAURIÑO, J.Mª, 1998b, *Otras formas violentas de morir*, San Pablo, Madrid.

117. GEHLEN, A. 1980, *El hombre. Su naturaleza y su lugar,* Sígueme, Salamanca.

118. GIL, I. 1990, *¿A dónde va la Tierra? El desequilibrio ecológico de nuestro planeta*, CLIE, Terrassa, Barcelona.

119. GILES, J.E. 1996, *Bases bíblicas de la ética*, Casa Bautista de Publicaciones, El Paso, Texas.

120. GISBERT, J. 1997, *El secreto médico*, en A. Polaino-Lorente (ed.), *Manual de bioética general*, Rialp, Madrid, 298-310.

121. GONZÁLEZ, R. 1998, Los evangélicos y la vida, en LIBRO DEL VI CONGRESO EVANGÉLICO ESPAÑOL, *Una fe, un pueblo, un propósito*, CLIE, Terrassa, Barcelona.

122. GOULD, S.J. 1983, *Desde Darwin*, Hermann Blume, Madrid.

123. GRACE, E.S. 1998, *La biotecnología al desnudo*, Anagrama, Barcelona.

124. GRACIA, D. 1990, *Historia de la eutanasia*, en J. Gafo (ed.), *La eutanasia y el arte de morir*, Univ. Pontificia Comillas, Madrid, 13-32.

125. GRACIA, D. 1992, *Planteamiento general de la bioética*, en M. Vidal (ed.), *Conceptos fundamentales de ética teológica*, Trotta, Madrid, 421-438.

126. GRACIA, D. 1993, *Libertad de investigación y biotecnología*, en J. Gafo (ed.), *Ética y biotecnología*, Univ. Pontificia Comillas, Madrid, 13-29.

127. GRACIA, D. Las lecciones de 'Dolly', *El Periódico*, 01.04.97.

128. GRAU, J. 1973, *La paternidad responsable y la explosión demográfica*, en A. Dumas y otros (ed.), *Sexo y Biblia*, Ediciones Evangélicas Europeas, Barcelona, 105-141.

129. GRAU, J. 1979, *¿Qué hacemos con..?*, Ediciones Evangélicas Europeas, Barcelona.

130. GRIM, F. 1983, *La palabra que ayuda*, CLIE, Terrassa, Barcelona.

131. GRISEZ, G.G. 1972, *El aborto. Mitos, realidades y argumentos*, Sígueme, Salamanca.

132. GROOME, H. 1998, *Investigación agropecuaria y agricultura sustentable: Algunos interrogantes*, en A. Duran y J. Riechmann (ed.), *Genes en el laboratorio y en la fábrica*, Trotta, Madrid, 141-151.

133. GROS, F. 1993, *La ingeniería de la vida,* Acento, Madrid.

134. GUÉNET, J.-L. 1984, La genética del ratón, *Mundo científico*, 38:800-811.

135. GUISÁN, E. 1995, *Introducción a la Ética*, Cátedra, Madrid.

136. GUISÁN, E. La eutanasia y el prejuicio, *El País*, 03.03.98.

137. HABERT, P. 1992, Viñas y virus: la resistencia se organiza, *Mundo científico*, 130:1066-1068.

138. HABERT, P. 1995, La ingeniería genética probada en los campos, *Mundo científico*, 153:30-36.

139. HÄRING, B. 1985, *Ética de la manipulación*, Herder, Barcelona.

140. HERAS, de las, J. 1997, *La relación médico-paciente*, en A. Polaino-Lorente (ed.), *Manual de bioética general*, Rialp, Madrid, 271-278.

141. HERMAN, J.-P. 1994, Parkinson: hacia nuevas terapias, *Mundo científico*, 142:60-62.

142. HOFFMAN, E.P. 1993, La miopatía de Duchenne, *Mundo científico*, 133:224-232.

143. HOUDEBINE, L.-M., 1987, Los animales transgénicos, *Mundo científico*, 71:782-790.

144. HOUDEBINE, L.-M., 1995, El biólogo y el animal transgénico, *Mundo científico*, 153:37-41.

145. HOWARD, T y RIFKIN, J, 1979, *¿Quién suplantará a Dios?*, Edaf, Madrid.

146. HUMPHRY, D. y WICKETT, A. 1989, *El derecho a morir*, Tusquets Ed., Barcelona.

147. JACQUARD, A. 1996, *Los hombres y sus genes*, Debate, Madrid.

148- JÉGOU, B. 1996, ¿Disminuye la fertilidad masculina?, *Mundo científico*, 171:760-765.

149. JOCHEMSEM, H. 1985, Ética y Genética, *Andamio*, 5:13-18.

150. JONAS, H. 1997, *Técnica, medicina y ética*, Paidós, Barcelona.

151. JUAN PABLO II, 1998, *La eutanasia*, Documentos mc, Madrid.

152. JUNCEDA, E. 1997, *Introducción al diagnóstico prenatal*, en A. Polaino-Lorente (ed.), *Manual de bioética general*, Rialp, Madrid, 217-225.

153. KELLY, F. 1982, Las manipulaciones genéticas en embriones, *Mundo científico*, 18:932-943.
154. KELLY, F. 1983, ¿Tienen futuro los ratones gigantes?, *Mundo científico*, 26:664-666.
155. KIDRON, M. y SEGAL, R. 1999, *Atlas del estado del mundo*, Akal, Madrid.
156. KITZIS, A. y CHOMEL, J.-C. 1990, La identificación del gen de la mucoviscidosis, *Mundo científico*, 103:688-690.
157. KLATZMANN, D. 1993, La terapia por genes suicidas, *Mundo científico*, 141:1062-1064.
158. KOLATA, G. 1988, *Hello, Dolly. El nacimiento del primer clon*, Planeta, Barcelona.
159. KÜBLER-ROSS, E. 1974, *Sobre la muerte y los moribundos*, Grijalbo, Barcelona.
160. KÜBLER-ROSS, E. 1990, *La muerte: un amanecer*, Luciérnaga, Barcelona.
161. KÜBLER-ROSS, E. 1991, *Vivir hasta despedirse*, Luciérnaga, Barcelona.
162. KÜBLER-ROSS, E. 1992, *Recuerda el secreto*, Luciérnaga, Barcelona.

163. LACADENA, J.J. y otros, 1990, *La fecundación artificial: ciencia y ética*, PS Editorial, Madrid.
164. LACADENA, J.R. 1992a, *Aspectos genéticos de la deficiencia mental*, en J. Gafo (ed.), *La deficiencia mental*, Univ. Pontificia Comillas, Madrid, 13-62.
165. LACADENA, J.R. 1992b, *Manipulación genética*, en M. Vidal (ed.), *Conceptos fundamentales de ética teológica*, Trotta, Madrid, 457-492.
166. LACADENA, J.R. 1993, *El Proyecto Genoma Humano y sus derivaciones*, en J. Gafo (ed.), *Ética y biotecnología*, Univ. Pontificia Comillas, Madrid, 95-121.
167. LACASTA, J.J. 1992, *El ocio como medio integrador de las personas con minusvalía*, en J. Gafo (ed.), *La deficiencia mental*, Univ. Pontificia Comillas, Madrid, 139-159.
168. LACUEVA, F. 1980, *Ética cristiana*, CLIE, Terrassa, Barcelona.
169. LAHAYE, T. & B. 1990, *El acto matrimonial*, CLIE, Terrassa, Barcelona.
170. LANGLEY-DANYSZ, P. 1987, La biotecnología de los aditivos alimentarios, *Mundo científico*, 71:764-770.
171. LEBEURRIER J.P. y otros, 1975, *Aborto ¿solución o problema?*, Ediciones Evangélicas Europeas, Barcelona.
172. LEJEUNE, J. 1997, *Una reflexión ética sobre la medicina prenatal*, en A. Polaino-Lorente (ed.), *Manual de bioética general*, Rialp, Madrid, 262-267.
173. LEWIS, C.S. 1977, *El problema del dolor*, Caribe, Miami, EEUU.
174. LIBRO DEL VI CONGRESO EVANGÉLICO ESPAÑOL, 1998, *Una fe, un pueblo, un propósito*, CLIE, Terrassa, Barcelona.
175. LÓPEZ, E. 1997, *Etica y vida*, San Pablo, Madrid.
176. LÖW, R. y otros, 1992, *Bioética. Consideraciones filosófico-teológicas sobre un tema actual*, RIALP, Madrid.
177. LÖW, R. 1992, *Fundamentos antropológicos de una bioética cristiana*, en R. Löw y otros (ed.), *Bioética*, Rialp, Madrid, 31-47.
178. LÖW, R. 1992, *Problemas bioéticos del SIDA*, en R. Löw y otros (ed.), *Bioética*, Rialp, Madrid, 9 9-123.
179. LÖW, R. 1992, *Bioética y trasplantes de órganos*, en R. Löw y otros (ed.), *Bioética*, Rialp, Madrid, 139-163.

180. MADRID, J.L. 1990, *Problemática del dolor en el enfermo canceroso*, en J. Gafo (ed.), *La eutanasia y el arte de morir*, Univ. Pontificia Comillas, Madrid, 47-54.
181. MARGALEF, R. 1974, *Ecología*, Omega, Barcelona.
182. MARSCH, M. 1992, *Estar junto al otro. Reflexiones sobre la asistencia espiritual a los deficientes*, en R. Löw y otros (ed.), *Bioética*, Rialp, Madrid, 125-138.
183. MARTÍNEZ, J.Mª., 1975, *Job, la fe en conflicto*, CLIE, Terrassa, Barcelona.

184. MARTÍNEZ, J.Mª., 1992, *La homosexualidad en su contexto histórico, teológico y pastoral*, Cuadernos Ética y Pastoral, Alianza Evangélica Española, Barcelona.

185. MARTÍNEZ CORTÉS, J. 1993, Ecología en *Conceptos fundamentales del cristianismo*, Floristán, C. y Tamayo, J.J., Trotta, Madrid, 344-352.

186. MARTÍNEZ-LAGE, P. y MARTÍNEZ-LAGE, J.M. 1997, *El diagnóstico neurológico de la muerte*, en A. Polaino-Lorente (ed.), *Manual de bioética general*, Rialp, Madrid, 407-422.

187. MASIÁ, J. 1990, *¿Eutanasia o buena muerte?: Cuestiones éticas más allá y más acá de la muerte*, en J. Gafo (ed.), *La eutanasia y el arte de morir*, Univ. Pontificia Comillas, Madrid, 125-145.

188. MASIÁ, J. 1997, Sobrevivir humanamente: la bioética japonesa del Dr. Takemi, *Miscelánea Comillas*, 55:479-488.

189. MAZURIER, C. & GOUDEMAND, M. 1994, Las hemofilias y sus tratamientos, *Mundo científico*, 142:50-56.

190. MEHTALI, M. 1995, Virus para trasplantar a los genes, *Mundo científico*, 153:22-25.

191. MELENDO, T. 1997, *La dignidad de la persona*, en A. Polaino-Lorente (ed.), *Manual de bioética general*, Rialp, Madrid, 59-69.

192. MERAN, J.-G. 1992, *El arte de la red. Ideas para evitar que la muerte sea un hecho disonante*, en R. Löw y otros (ed.), *Bioética*, Rialp, Madrid, 165-186.

193. MIKKELSEN, T.R. 1997, La huida de los genes, *Mundo científico*, 178:323-325.

194. MOLTMANN, J. 1986, *El hombre. Antropología cristiana en los conflictos del presente*, Sígueme, Salamanca.

195. MONGE, M.A. 1997, *La asistencia pastoral en el enfermo terminal: un derecho indeclinable*, en A. Polaino-Lorente (ed.), *Manual de bioética general*, Rialp, Madrid, 479-490.

196. MONOD, J. 1977, *El azar y la necesidad*, Barral, Barcelona.

197. MORIN, E. 1974, *El paradigma perdido, el paraíso olvidado*, Kairós, Barcelona.

198. MUÑOZ, E. 1998, *Nueva biotecnología y sector agropecuario: El reto de las racionalidades contrapuestas*, en A. Duran & J. Riechmann (ed.), *Genes en el laboratorio y en la fábrica*, Trotta, Madrid, 119-140.

199. MUÑOZ, R. 1997, *La ética y las relaciones interprofesionales de los médicos*, en A. Polaino-Lorente (ed.), *Manual de bioética general*, Rialp, Madrid, 279-290.

200. MOURAS, A. y otros, 1994, ¿Cómo privar a las plantas de polen funcional?, *Mundo científico*, 145:382-383.

201. NAKAUCHI, H. y GACHELIN, G. 1993, Las células madre de la sangre, *Mundo científico*, 137:619-623.

202. PARDO, A. 1997, *El punto de vista de las hipótesis secularistas en bioética: una presentación crítica*, en A. Polaino-Lorente (ed.), *Manual de bioética general*, Rialp, Madrid, 162-175.

203. PASSMORE, J. 1978, *La responsabilidad del hombre frente a la naturaleza. Ecología y tradiciones de Occidente*, Alianza, Madrid.

204. PEREGIL, F. 1997, Los niños vienen de California, *El País*, 02.11.97/09.11.97.

205. PERRICAUDET, M. y otros, 1992, La terapia genética por adenovirus, *Mundo científico*, 125:566-568.

206. PERRIER, J.-J. 1988, La miopatía de Duchenne revela su secreto, *Mundo científico*, 85:1191-1192.

207. PERRIER, J.-J. 1994, Hacia una genética del comportamiento del ratón, *Mundo científico*, 148:686-687.

208. PESQUEIRA, E. 1997, *Los comités de ética hospitalaria y la relevancia de sus decisiones*, en A. Polaino-Lorente (ed.), *Manual de bioética general*, Rialp, Madrid, 353-361.

209. PESTAÑA, A. 1998, *Economía política de la biotecnología*, en A. Duran y J. Riechmann (ed.), *Genes en el laboratorio y en la fábrica*, Trotta, Madrid, 33-52.

210. PINO, del, A. *Integración laboral de la persona con minusvalía psíquica*, en J. Gafo (ed.), *La deficiencia mental,* Univ. Pontificia Comillas, Madrid, 117-137.

211. PLATÓN, 1966, *La República*, Clásicos Bergua, Madrid.

212. POLAINO-LORENTE, A. 1997, *Manual de bioética general*, Rialp, Madrid.

213. POLAINO-LORENTE, A. 1997, *Ciencia y conciencia* en A. Polaino-Lorente (ed.), *Manual de bioética general*, Rialp, Madrid, 33-58.

214. POLAINO-LORENTE, A. 1997, *Más allá de la confusión: razones para la prioridad de la bioética*, en A. Polaino-Lorente (ed.), *Manual de bioética general*, Rialp, Madrid, 70-97.

215. POLAINO-LORENTE, A. 1997, *Ética y ley natural*, en A. Polaino-Lorente (ed.), *Manual de bioética general*, Rialp, Madrid, 98-118.

216. POLAINO-LORENTE, A. 1997, *Los fundamentos de la bioética*, en A. Polaino-Lorente (ed.), *Manual de bioética general*, Rialp, Madrid, 119-134.

217. POLAINO-LORENTE, A. 1997, *La ética como propuesta, pretensión y proyecto*, en A. Polaino-Lorente (ed.), *Manual de bioética general*, Rialp, Madrid, 135-161.

218. POLAINO-LORENTE, A. 1997, *Implicaciones éticas de la educación para la salud*, en A. Polaino-Lorente (ed.), *Manual de bioética general*, Rialp, Madrid, 362-377.

219. POLAINO-LORENTE, A. 1997, *Ética y comportamiento suicida*, en A. Polaino-Lorente (ed.), *Manual de bioética general*, Rialp, Madrid, 439-457.

220. POLAINO-LORENTE, A. 1997, *Más allá del dolor y el sufrimiento: la cuestión acerca del s entido*, en A. Polaino-Lorente (ed.), *Manual de bioética general*, Rialp, Madrid, 458-478.

221. POMPIDOU, A. 1994, ¿Pueden limitarse los riesgos del programa genoma humano?, *Mundo científico*, 145:352-353.

222. POOL, R. 1998, Dean Hamer: del gen "gay" al gen de la alegría, *Mundo científico*, 194:24-27.

223. POSTEL-VINAY, O. & MILLET, A. 1997, ¿Qué tal, Dolly?, *Mundo científico*, 180:534-547.

224. PRENTIS, S. 1989, *Biotecnología*, Salvat, Barcelona.

225. PUIGDOMÈNECH, P. 1987, La Biotecnología en España, *Mundo científico*, 71: 759-762.

226. QUERO, J. 1990, *Tratamiento de los recién nacidos con deficiencias*, en J. Gafo (ed.), *La eutanasia y el arte de morir*, Univ. Pontificia Comillas, Madrid, 67-77.

227. QUERO, J. 1992, *Deficiencia mental. Aspectos pediátricos*, en J. Gafo (ed.), *La deficiencia mental*, Univ. Pontificia Comillas, Madrid, 63-79.

228. RAMÓN-LACA, M.L. 1992, *Integración familiar, afectividad y sexualidad*, en J. Gafo (ed.), *La deficiencia mental*, Univ. Pontificia Comillas, Madrid, 81-95.

229. RATZINGER, J.K. 1992, *El hombre entre la reproducción y la creación. Cuestiones teológicas acerca del origen de la vida humana*, en R. Löw y otros (ed.), *Bioética*, Rialp, Madrid, 49-66.

230. RAY, M. 1972, *El descubrimiento del amor*, Ediciones Evangélicas Europeas, Barcelona.

231. REITER, J. 1992, *Medicina predictiva-Análisis del genoma-Terapia genética*, en R. Löw y otros (ed.), *Bioética*, Rialp, Madrid, 77-98.

232. RHONHEIMER, M. 1998, *Derecho a la vida y estado moderno*, Rialp, Madrid.

233. RICHAUME, A. 1995, Las bacterias manipuladas ¿amenazan el ambiente?, *Mundo científico*, 153:42-43.

234. RIECHMANN, J. 1998, *La industria de las manos y la nueva naturaleza. Sobre naturaleza y artificio en la era de la crisis ecológica global*, en A. Duran & J. Riechmann (ed.), *Genes en el laboratorio y en la fábrica*, Trotta, Madrid, 197-235.

235. RIVES, M. 1984, La mejora de las plantas, *Mundo científico, 38:760-773.*

236. RODRÍGUEZ-AGUILERA, C. 1990, *El derecho a una muerte digna*, en J. Gafo (ed.), *Laeutanasia y el arte de morir*, Univ. Pontificia Comillas, Madrid, 95-111.

237. RODRIGUEZ, A. & LÓPEZ, R., 1986, *La fecundación "in vitro"*, Palabra, Madrid.

238. ROLAND, J.-C. y SZÖLLÖSI, A. y D., 1976, *Atlas de biología celular*, Toray-Masson, Barcelona.

239. ROMEO, C.M. 1993, *El Proyecto Genoma Humano: Implicaciones jurídicas*, en J. Gafo (ed.), *Ética y biotecnología*, Univ. Pontificia Comillas, Madrid, 167-201.

240. ROTH, C. 1993, Activar la inmunidad para combatir el cáncer, *Mundo científico*, 139:871-873.

241. RUBERT DE VENTÓS, X. Teología y eutanasia, *El País*, 06.03.98.

242. RUIZ DE LA PEÑA, J.L. 1983, *Las nuevas antropologías*, Sal Terrae, Santander.

243. RUIZ DE LA PEÑA, J.L. 1986, *La otra dimensión*, Sal Terrae, Santander.

244. RUIZ DE LA PEÑA, J.L. 1988, *Imagen de Dios*, Sal Terrae, Santander.

245. RUIZ DE LA PEÑA, J.L. 1992, *Teología de la creación*, Sal Terrae, Santander.

246. SÁDABA, J. 1997, *Diccionario de Ética*, Planeta, Barcelona.

247. SÁDABA, J. y VELÁZQUEZ, J.L. 1998, *Hombres a la carta. Los dilemas de la bioética*, Temas de Hoy, Madrid.

248. SAINZ DE ROBLES, F.-C. 1992, *Los deficientes mentales ante la Ley*, en J. Gafo (ed.), *La deficiencia mental*, Univ. Pontificia Comillas, Madrid, 181-199.

249. SALAS, R. 1992, *La integración de los niños deficientes en las escuela ordinaria. Entre la duda y la esperanza*, en J. Gafo (ed.), *La deficiencia mental*, Univ. Pontificia Comillas, Madrid, 97-116.

250. SANCHEZ BLANQUÉ, A. 1997, *En torno a la ética de la publicidad en biomedicina*, en A. Polaino-Lorente (ed.), *Manual de bioética general*, Rialp, Madrid, 340-352.

251. SANJUANBENITO, L. 1990, *La decisión de tratar: un problema ético*, en J. Gafo (ed.), *La eutanasia y el arte de morir*, Univ. Pontificia Comillas, Madrid, 79-85.

252. SANTOS, A. 1997, *Manipulación genética e intervención en embriones*, en A. Polaino-Lorente (ed.), *Manual de bioética general*, Rialp, Madrid, 179-192.

253. SASSON, A. 1987, Biotecnología y bioindustria, *Mundo científico*, 71:802-808.

254. SAUCLIÈRES, G. 1981, La anemia falciforme: nuevas perspectivas terapeuticas, *Mundo científico*, 7:805-807.

255. SAUCLIÈRES, G. 1985, El tratamiento de las enfermedades genéticas: cuenta atrás, *Mundo científico*, 46:386-388.

256. SAUCLIÈRES, G. 1985, La ingeniería genética en ayuda de los hemofílicos, *Mundo científico*, 46:459-461.

257. SAVATER, F. 1995, *Invitación a la ética*, Anagrama, Barcelona.

258. SAVATER, F. Vuelve la predestinación, *El País*, 16.02.97.

259. SCHATZ, C. y LAMY, D. 1995, Los riesgos asociados al trasplante de genes, *Mundo científico*, 153:28-29.

260. SCHRAGE, W. 1987, *Ética del Nuevo Testamento*, Sígueme, Salamanca.

261. SERANI, A. y BURMESTER, M. 1997, *Ética, historia clínica y datos informatizados (aspectos epistemológicos, antropológicos y éticos)*, en A. Polaino-Lorente (ed.), *Manual de bioética general*, Rialp, Madrid, 291-297.

262. SIMARRO, J. 1995, *Sendas de sufrimiento*, CLIE, Terrassa, Barcelona.

263. SOUTULLO, D. 1997, *La eugenesia desde Galton hasta hoy*, Talasa, Madrid.

264. SPAEMANN, R. 1992, *¿Todos los hombres son personas?*, en R. Löw y otros (ed.), *Bioética*, Rialp, Madrid, 67-75.

265. SKINNER, B.F. 1977, *Más allá de la libertad y la dignidad*, Fontanella, Barcelona.

266. STAMATEAS, B. 1996, *Sexualidad y erotismo en la pareja*, CLIE, Terrassa, Barcelona.

267. STOB, H. 1982, *Reflexiones éticas. Ensayos sobre temas morales*, T.E.L.L., Grand Rapids, MI, EE.UU.

268. STOLCKE, V. 1998, *El sexo de la biotecnología*, en A. Duran & J. Riechmann (ed.), *Genes en el laboratorio y en la fábrica*, Trotta, Madrid, 97-118.

269. STRICKBERGER, M.W. 1974, *Genética*, Omega, Barcelona.

270. TAMAMES, R. 1977, *Ecología y desarrollo. La polémica sobre los límites al crecimiento*, Alianza Universidad, Madrid.

271. TAMBOURIN, P. y WENDLING, F. 1991, Del color del ratón a la migración de las células, *Mundo científico*, 112:429-431.

272. TAPIA, A. 1999, La crisis del SIDA, *Andamio*, I -1999:22-47.

273. TARQUIS, P. 1996, *El SIDA en su contexto histórico, científico y ético cristiano*, Cuadernos Ética y Pastoral, Alianza Evangélica Española, Barcelona.

274. TARSCHYS, D. Europa, los derechos humanos y la biomedicina, *El País*, 04.04.97.

275. TASTEMAIN, C. 1987, Trasplantes de genes para curar ratones estériles, *Mundo científico*, 69:536-537.

276. TEMPÉ, J. y SCHELL, J. 1987, La manipulación de las plantas, *Mundo científico*, 71:792-801.

277. TESARIK, J. 1997, La fecundación humana sin espermatozoides, *Mundo científico*, 178:360-365.

278. TESTART, J. 1988, *El embrión transparente*, Granica, Barcelona.

279. THERRE, H. y SAUCLIÈRES, G. 1988, Manipulación genética: las flores cambian de color, *Mundo científico*, 86: 1168-1169.

280. THUILLIER, P. 1984, La tentación de la eugenesia, *Mundo científico*, 38:774-785.

281. THUILLIER, P. 1992, *Las pasiones del conocimiento*, Alianza Editorial, Madrid.

282. TOLSTOSHEV, P. y LECOCQ, J.-P. 1984, La ingeniería genética y las industrias biomédicas, *Mundo científico*, 38:728-738.

283. TORNOS, A. 1990, *Sobre antropología de la muerte*, en J. Gafo (ed.), *La eutanasia y el arte de morir*, Univ. Pontificia Comillas, Madrid, 33-45.

284. TREVIJANO, M. 1998, *¿Qué es la bioética?*, Sígueme, Salamanca.

285. VALENZUELA, J. Homo clonicus, año cero, *El País*, 11.01.98.

286. VEIGA, A y BOADA, M. 1996, Una alternativa al diagnóstico prenatal, *Mundo científico*, 170:609-612.

287. VIDAL, M. 1990, *El "status humano" del embrión*, en J.J. Lacadena y otros, (ed.), *La fecundación artificial: ciencia y ética*, PS Editorial, Madrid, 63-76.

288. VIDAL, M. 1991, *Moral de la persona y bioética teológica*, PS, Madrid.

289. VIDAL, M. 1992, *Conceptos fundamentales de ética teológica*, Trotta, Madrid.

290. VIDAL, M. 1994, *Eutanasia: un reto a la conciencia*, San Pablo, Madrid.

291. VOLTAS, D. 1997, *La obligatoriedad ética de asistir al paciente*, en A. Polaino-Lorente (ed.), *Manual de bioética general*, Rialp, Madrid, 322-327.

292. von RAD, G. 1988, *El libro del Génesis*, Sígueme, Salamanca.

293. WARCOIN, J. 1997, Las plantas con prohibición de patente europea, *Mundo científico*, 176:121-123.

294. WATSON, J. 1989, *La doble hélice*, Salvat, Barcelona.

295. WHITE, L. 1967, The historical roots of our ecological crisis, *Science*, 155.

296. WICKHAM, P. 1994, La eutanasia, un enfoque cristiano, *Aletheia*, 6:21-34.

297. WICKHAM, P. y MARTÍNEZ, P. 1997, La eutanasia: un enfoque cristiano en *La Muerte, dolor, sufrimiento y eutanasia. Una visión cristiana*, Cuadernos Ética y Pastoral, Alianza Evangélica Española, Barcelona, pp. 36-47.

298. WILSON, E.O. 1980, *Sociobiología. La nueva síntesis*, Omega, Barcelona.

299. WRIGHT, N. 1990, *Cómo aconsejar en situaciones de crisis*, CLIE, Terrassa, Barcelona.

300. ZURFLUH, A. 1997, *El contexto de las conclusiones demográficas y la ética de la transmisión de la vida*, en A. Polaino-Lorente (ed.), *Manual de bioética general*, Rialp, Madrid, 237-261.

Otros libros del mismo autor:

La sociedad moderna está cambiando rápidamente para dejar paso a la postmodernidad: una nueva filosofía de vida que propone -como alternativa a fracaso del estado del bienestar- una estetización de la vida, la eliminación de toda norma, el relativismo de las conductas y el politeísmo de los valores.

¿Cuál ha de ser la actitud del cristianimo y de las iglesias ante este cambio trascendental?

Antonio Cruz plantea un desafío a la iglesia de hoy y da las pautas para alcanzar con el evangelio al hombre de siglo XXI.

La mayor parte de la Buena Nueva que Cristo legó a la humanidad se halla contenida en sus parábolas. De ahí que estudiarlas sea tan relevante para conocer y descubrir lo que Jesús quiso decir a través de ellas al hombre de ayer y de hoy.

Este libro analiza en profundidad las 43 parábolas del Maestro que aparecen en los evangelios sinópticos.

Su estructura es muy clara: contexto, significado, aplicación al mundo actual, resumen y sugerencias para un posible coloquio. Un libro completo que puede ser usado a nivel individual o de grupo.

Libros en preparación:

- *Sociología, mito y realidad* (respuesta cristiana a los mitos actuales)
- *Partir el pan* (reflexiones en torno a la mesa del Señor)

Printed in the USA
CPSIA information can be obtained
at www.ICGtesting.com
LVHW021749171123
764233LV00006B/17